刊行にあたって

数学には，永い年月変わらない部分と，進歩と発展に伴って次々にその形を変化させていく部分とがある．これは，歴史と伝統に支えられている一方で現在も進化し続けている数学という学問の特質である．また，自然科学はもとより幅広い分野の基礎としての重要性を増していることは，現代における数学の特徴の一つである．

「21 世紀の数学」シリーズでは，新しいが変わらない数学の基礎を提供した．これに引き続き，今を活きている数学の諸相を本の形で世に出したい．「共立講座　現代の数学」から 30 年．21 世紀初頭の数学の姿を描くために，私達はこのシリーズを企画した．

これから順次出版されるものは，伝統に支えられた分野，新しい問題意識に支えられたテーマ，いずれにしても，現代の数学の潮流を表す題材であろう，と自負する．学部学生，大学院生はもとより，研究者を始めとする数学や数理科学に関わる多くの人々にとり，指針となれば幸いである．

編集委員

はしがき

連続変数に関する最適化においては，凸解析 — 凸関数の理論 — がその理論的な核となっている．一方，離散変数に関する最適化 (組合せ最適化) にはこのような統一的枠組みはないが，マトロイドと呼ばれる構造が良い性質と認知されている．本書で解説する「離散凸解析」は，凸解析とマトロイド理論の両方の視点から最適化の世界を眺めようとする試みである．標語的には「離散凸解析 = マトロイド理論 + 凸解析」であり，組合せ論的な性質を兼ね備えた凸性という構造を考察するのが「離散凸解析」の主題である．

組合せ最適化の分野においては，60 年代の終わりから劣モジュラ性 ($\simeq$ マトロイド性) と凸性との類似が漠然とした形で議論されていたが，80 年代はじめになるとその関係が明確になり，「マトロイドの双対性 = 凸解析における双対性 + 離散性」という図式が広く受け入れられた．90 年代にはいってから，付値マトロイドの概念が導入され，その双対定理が示された．「離散凸解析」は，これを契機として発展したものであり，80 年代の「劣モジュラ関数 vs. 凸関数」に関する成果を包含する理論となっている．

「離散凸解析」では，通常の凸性に加えて互いに共役な 2 種類の組合せ構造を区別し，それらを M 凸性，L 凸性と呼ぶ．すなわち，「離散凸解析」では M 凸関数と L 凸関数が組合せ構造をもつ凸関数として考察される．

組合せ論的な性質を兼ね備えた凸性という構造は，マトロイドという抽象的な枠組み以前に，いろいろな形で実在している．その一例は非線形抵抗からなる電気回路であり，M 凸性と L 凸性の共役関係は，電流 (フロー) と電位 (ポテンシャル) の関係にあたる．また，Poisson 微分方程式などで記述されるポテンシャル問題においては，微分作用素と Green 関数の関係がこの共役関係に対応している．数理経済学においては財と価格の関係である．

「離散凸解析」の構築および本書の執筆にあたって，多くの方々のご支援を得た．とくに，藤重悟氏は，当初から離散凸解析の意義を認めてくださり，さらに，多面体的な見方の重要性を指摘してくださった．岩田覚氏は，離散凸解析の初期段階のほとんどすべての原稿を読んで多くの有用な注意をしてくださった．また，同氏には，未発表の結果を本書に紹介することを快諾していただいた．塩浦昭義氏には，1996 年以降，共同研究者として数限りない討論につき合っていただくとともに，本書に関する詳細なコメントをいただいた．M/L 凸関数の多面体的凸関数への一般化については同氏に負うところが大きい．田村明久氏，高畑貴志氏には，原稿を精読していただき貴重なコメントをいただいた．杉原正顯氏には，原稿に関する建設的な意見と有用な注意をいただいた．また，梶井厚志氏，金子守氏，高橋陽一郎氏，松本眞氏，宮岡洋一氏，楊再福氏，和光純氏には，文献や専門用語等のご教示をいただいた．この場を借りて，ご支援いただいた皆様に感謝の意を表したい．

本書は「離散凸解析」を体系的に解説した初の成書である．数学的な結果を述べるだけでなく，なぜそのようなことを考えたいのかをできるだけ丁寧に述べたつもりである．「離散凸解析」の諸定理に託した著者のメッセージは，横断的な視点の面白さである．応用の数理を志す若い人々に何かの参考になれば幸いである．

2001 年 7 月

室田一雄

第 2 刷，第 3 刷，第 4 刷に際し，細かな誤りを正すとともに，章末のノートと巻末の参考文献を更新・追加した．

2003 年 8 月，2010 年 4 月，2015 年 9 月

目　次

1

序　論

「離散凸解析」の目標は，「組合せ構造を兼ね備えた凸関数」あるいは「凸集合と類似した離散構造」を数学的に研究することによって離散最適化の世界に新しい見方を与えることである．本章では，数学的あるいは技術的な議論に立ち入ることなく，「離散凸解析」の数理計画法における位置づけ，「組合せ構造を兼ね備えた凸関数」という基本的な問題意識，離散凸関数の研究の歴史などを述べる．

1. 離散凸解析の目指すもの

最初に，「離散凸解析」の数理計画法における位置づけを簡単に述べよう．**数理計画法** (mathematical programming) というのは，**最適化** (optimization) の理論と応用を論じる学問分野のことである．

連続変数に関する最適化問題は通常「Minimize $f(x)$ subject to $x \in S$」の形に書かれ，$x \in S$ という**制約**の下で関数値 $f(x)$ を最小にする x を求める問題である．ここで，関数 $f : \mathbf{R}^n \to \mathbf{R}$ は**目的関数**，集合 $S \subseteq \mathbf{R}^n$ は**実行可能領域**と呼ばれる．とくに，S が凸集合，f が凸関数のときには**凸計画問題**と呼ばれ，理論的にも実際的にも扱いやすい問題である．凸計画問題に対しては，凸関数に関する双対定理を核とする「凸解析」によってその理論体系が完成している (→第 2 章 1 節).

現実問題から生じる最適化問題の中には整数ベクトルを変数とする問題も多く，これらは**離散最適化問題**あるいは**組合せ最適化問題**と呼ばれる．ネットワークフローを代表例とするマトロイド的な問題 (→第 2 章 3 節，第 2 章 4 節) が扱いやすい離散最適化問題として認知されている．実際，マトロイド性は次の 2 点で凸性に似ている．

- **局所最適条件**が**大域的最適性**を特徴づける．したがって，局所的な**降下法**によって最適化が達成される．
- **最大最小定理**のような**双対性**が成り立つ．これによって，双対変数を利用した算法が構成できる．

しかしながら，離散最適化に関しては，凸解析に匹敵するような統一的枠組みは今のところ存在しない．もし，マトロイド的な構造を基礎として凸解析の離散版—凸解析の議論で $\mathbf{R}$ (実数の集合) を $\mathbf{Z}$ (整数の集合) で置き換えた理論—が構築できれば離散最適化の世界に新しい見方を与えることになる．

「離散凸解析」は，以上のような認識の下に，凸解析とマトロイド理論の両方の視点から離散最適化を眺めようとする試みである．連続の側から見るとマトロイド性をもつ凸関数 $f : \mathbf{R}^n \to \mathbf{R}$ の理論であり，離散の側から見ると凸性をもつ離散関数 $f : \mathbf{Z}^n \to \mathbf{Z}$ の理論といえる．さらに一般的には，組合せ論的な性質を兼ね備えた凸性という構造を考察することが「離散凸解析」の主題である．

「離散凸解析」では凸性の上に互いに共役な2種類の組合せ構造を区別し，それらを**M凸性**，**L凸性**と呼ぶ．通常の凸解析では集合や関数の凸性を議論するが，「離散凸解析」で扱う凸集合には**M凸集合**と**L凸集合**があり，「離散凸解析」で扱う凸関数には**M凸関数**と**L凸関数**がある．別の言い方をすれば，凸関数には，M凸関数，L凸関数，およびそのどちらでもないものがあり，M凸関数とL凸関数が組合せ構造をもつ凸関数として「離散凸解析」で考察される．なお，M凸関数とL凸関数の定義については，必要ならば第2章5節を参照されたい．

図1.1に離散凸性をもつ関数と集合のクラスを示す．M凸関数とL凸関数の**共役性**の正確な意味は，**Legendre変換**の下での共役性である．M凸関数で値域が $\{0, +\infty\}$ のもの (M凸集合) は，マトロイドの分野でよく研究されている基多面体と同じものである．L凸関数で値域が $\{0, +\infty\}$ のもの (L凸集合) は，ネットワークフローの分野で基本的な概念である実行可能ポテンシャルのなす多面体と本質的に同じものである．一般に，正斉次凸関数と凸集合は (位相的な正則条件を仮定するとき) Legendre変換の下で1対1対応をもつことが通常の凸解析で知られている．この対応関係に組合せ的な性質を加味して精密化したものとして，正斉次M凸関数 (${}_0\mathcal{M}$) とL凸集合 ($\mathcal{L}_0$)，正斉次L凸関数 (${}_0\mathcal{L}$)

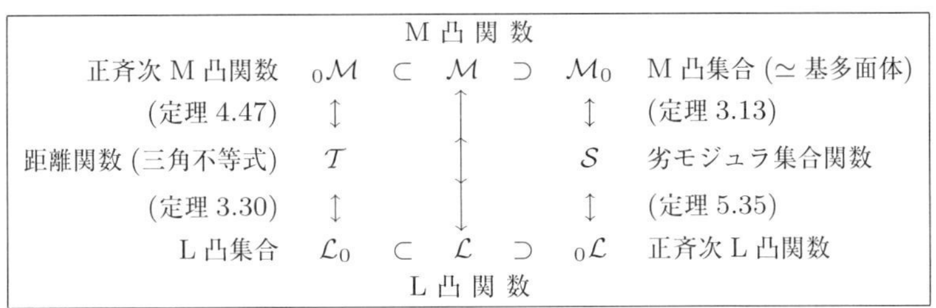

図 1.1　離散凸性の共役関係

と M 凸集合 ($\mathcal{M}_0$) の対応関係が成り立つ．なお，正斉次 M 凸関数 ($_0\mathcal{M}$) は三角不等式を満たす距離関数 ($\mathcal{T}$) と同一視することができ，正斉次 L 凸関数 ($_0\mathcal{L}$) は劣モジュラ集合関数 ($\mathcal{S}$) と同一視することができる．

実は，「組合せ論的な凸性」という構造は，M 凸関数，L 凸関数というような抽象的な枠組み以前に，様々な離散システムとして実在している．その典型例は非線形抵抗からなる電気回路である．伊理 [60] は，凸解析とネットワークフロー理論の黎明期において非線形抵抗回路を凸解析の視点から考察している．Rockafellar [128] は，精密な凸解析の理論を踏まえてその方向を発展させ，有向マトロイド的な組合せ構造と凸解析の接点を論じている．「離散凸解析」においても，非線形抵抗回路に内在する組合せ構造の抽出が大きな指導原理となっている．

第 2 章において，組合せ的性質をもつ凸関数が様々な離散システムに現れる様子を見る．関数の定義域や値域は様々であるが共通する組合せ的性質として**交換公理**と**劣モジュラ性**を抽出し，これに基づいて M 凸関数と L 凸関数の概念を定義する．

実例としては，次の 3 つが基本的である．

- 凸 2 次関数 (第 2 章 2 節): 優対角かつ対称な **M 行列**で定義される凸 2 次関数は，実数ベクトルを変数とする実数値関数 ($\mathbf{R}^n \to \mathbf{R}$ 型の関数) であって組合せ的性質をもつものの例である．ポテンシャル問題の Poisson 方程式などの離散化から生じる行列の性質を，それの定める 2 次形式を通じて調べることに相当する．この場合，M 凸性と L 凸性の共役関係は微分作用素と Green 関数の関係に対応している．この例は，マルコフ過程論やポテンシャル論において重要な**ディリクレ形式**のもつ組合せ的性質を考察することにも相当する．ディリクレ形式は 2 次の L$^\natural$ 凸関数 (L 凸関数の座標面への制限) であり，その Legendre 変換は 2 次の M$^\natural$ 凸関数 (M 凸関数の座標面への射影) である．

- ネットワークフロー (第 2 章 3 節): ネットワークフローは，離散凸性の典型であり，$\mathbf{R}^n \to \mathbf{R}$ 型の関数と $\mathbf{Z}^n \to \mathbf{Z}$ 型の関数の両方が自然な形で現れる．M 凸性と L 凸性の共役関係は，電流 (フロー) と電位 (ポテンシャル) の関係にあたる．

- マトロイド (第 2 章 4 節): マトロイドの一般化である付値マトロイドを，離散凸性をもつ集合関数の例として考察する．集合はその特性ベクトルと同一視できるので，集合関数である付値マトロイドは $\{0,1\}^n \to \mathbf{Z}$ 型の関数と見なすことができる．この型の関数は最も離散的な離散凸関数である．

2. 組合せ構造とは

離散凸解析では凸性に加えて「組合せ的な性質」を考察するのであるが，そもそも「組合せ的な性質」とはどのような性質を意味するのかをマトロイド性とは独立に一般的な立場で考察しよう．数学的に厳密な定義を与えるのではなく，数理的な考察を思い巡らすことが目的である．

まず最初に，凸関数の大域最適性 (最小性) が局所最適性 (最小性) によって保証されるという性質に着目しよう (→定理 2.1)．定義域全域の点を調べなくても局所的な情報だけで最適性の判定ができるいう点で非常に有用な性質である．しかし，ある点 x が局所最適であるというのは x のある近傍 U の任意の点と比べて関数値が大きくはないということであるから，この条件を実際に計算によって確認しようとすると，x の周りの無限個の方向を調べる必要がある．

ところで，実際問題には，$f(x)$ が $x = (x_i \mid i = 1, \cdots, n)$ の各成分 x_i の凸関数 $f_i(x_i)$ の和として

$$f(x) = \sum_{i=1}^{n} f_i(x_i) \tag{1.1}$$

のように書ける場合 (**変数分離形**の場合) がしばしばある．このときは各座標軸

に沿ってだけ関数が極小になっていることを見れば最適性の判定ができる．このように，特定の有限個の方向を見るだけで最適性が確認できるような凸関数(のクラス)は他にないであろうか．われわれは，特定の方向に意味があるという性質を組合せ的な性質の第一の特徴として理解し，これを「**方向の離散性**」と名づけることにする．

方向の離散性を凸解析における分離定理との関連で考えてみよう．集合の分離定理(→定理 2.6)は，二つの凸集合を分離する超平面の存在を主張している．凸集合に何か特別な性質があるとき，この超平面の方向，すなわち，その法線ベクトル $p^* \in \mathbf{R}^n$ を特殊な方向に限ることができないだろうか．たとえば，p^* の成分を $0, \pm 1$ に限ることができないだろうか．逆の言い方になったが，われわれの立場は，法線ベクトル p^* を特殊な方向のベクトルに限ることができるとき，そのような凸集合(のクラス)は組合せ的な性質をもっていると理解しようということである．

方向の離散性を座標変換との関係で考えてみよう．関数 $f(x)$ において変数 x を $x = Sy$ によって y に変換すると，関数 $f_S(y) = f(Sy)$ が得られる(S は任意の正則行列)．$f(x)$ が凸関数であることと $f_S(y)$ が凸関数であることは同値であり，この意味で，凸関数という性質は座標の線形変換の下で不変である．これに対し，変数分離形という性質は任意の座標変換に対しては不変ではなく，許容される座標変換は正則な対角行列 D と置換行列 P による $x = DPy$ の形の変換(番号のつけ替えとスケール変換)に限られる．組合せ的な性質の第一の特徴として挙げた方向の離散性とは，置換行列や対角行列(など)による座標変換によってのみ不変な性質を指すということができる．

たとえば，2 次関数は対称行列による 2 次形式 $f(x) = x^{\mathrm{T}} A x$ として定義され，関数 f の凸性は行列 A の半正定値性と等価である．変数の変換 $x = Sy$ (S は正則行列)は行列の**合同変換** $S^{\mathrm{T}} A S$ に対応するが，行列の半正定値性は任意の合同変換のもとで不変であり，したがって組合せ的性質ではない．方向の離散性をもった 2 次関数は，行列 A の組合せ的性質から生じる．行列の組合せ的性質の典型例は，行列要素の符号パターンであり，これに対応する許容変換は，正の対角要素をもつ対角行列 D と置換行列 P による $D^{\mathrm{T}} P^{\mathrm{T}} A P D$ の形の変換(番号のつけ替えとスケール変換)である．

組合せ的な性質の第二の特徴として「**値の離散性**」がある．実数値凸関数 $\overline{f} : \mathbf{R}^n \to \mathbf{R} \cup \{+\infty\}$ が実質的に整数格子点上で定義されているとしよう．す

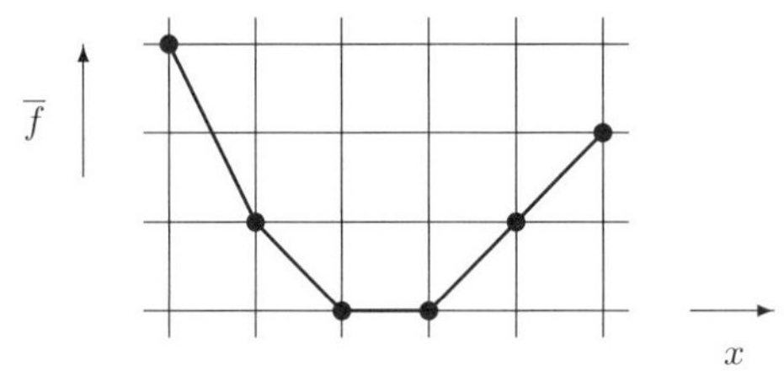

図 1.2　「値の離散性」をもつ凸関数

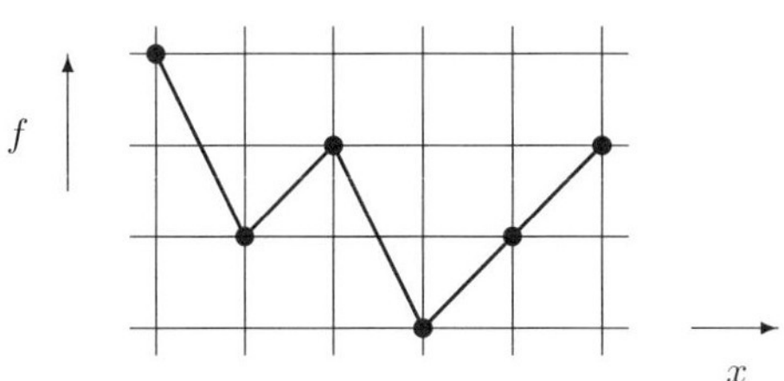

図 1.3　凸関数に拡張できない離散関数

なわち，図 1.2 のように，$\overline{f}$ が整数格子点上での値を適当に線形補間した区分的に線形な関数であるとする．より正確には，整数ベクトルを変数とする関数 $f : \mathbf{Z}^n \to \mathbf{R} \cup \{+\infty\}$ の凸閉包[1]が $\overline{f}$ に一致しているという状況である．このとき，f は $\overline{f}$ を整数格子点上に制限して得られ，$\overline{f}$ は f の凸拡張として得られるので，$\overline{f}$ と f を同一視することができる．この意味で，$\overline{f}$ を離散的な定義域をもつ凸関数と見なすことができる．さらに，$\overline{f}$ の関数値が整数格子点上で整数であるとすると，$\overline{f}$ は実質的に離散的な関数 $f : \mathbf{Z}^n \to \mathbf{Z} \cup \{+\infty\}$ と同等である．任意の関数 $f : \mathbf{Z}^n \to \mathbf{R} \cup \{+\infty\}$ が実数値凸関数 $\overline{f} : \mathbf{R}^n \to \mathbf{R} \cup \{+\infty\}$ の整数格子点上への制限として得られる訳ではない (図 1.3) から，実数値凸関数に拡張できる離散関数は何らかの意味の凸性をもっているといえる．しかしながら，この意味の凸性をもつ離散関数は最適化において必ずしも扱いやすいものばかりではないと思われる．たとえば，$\{0, 1\}$ ベクトルの上で定義された任意の関数 (集合関数) は単位超立方体上の凸関数に拡張されるが，一般の集合関数の最適化は極めて困難な問題である．

---

[1] 凸閉包の定義は後に (2.112) で述べる．

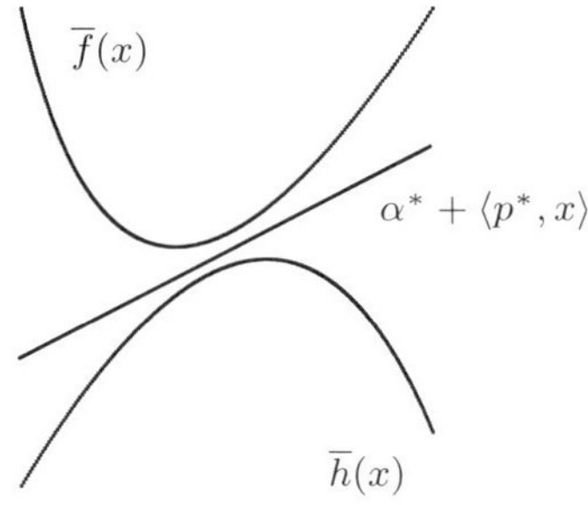

図 1.4　凸関数と凹関数の分離定理

「値の離散性」をもつ凸関数を考えるとき，「値の離散性」が凸関数の分離定理における分離ベクトルの離散性にどのように反映されるかという疑問が自然に湧いてくる．凸関数の分離定理とは，

> [**分離定理**]　$\overline{f}:\mathbf{R}^n \to \mathbf{R}\cup\{+\infty\}$ を凸関数, $\overline{h}:\mathbf{R}^n \to \mathbf{R}\cup\{-\infty\}$ を凹関数とするとき, $\overline{f}(x) \geq \overline{h}(x)$ $(\forall\, x \in \mathbf{R}^n)$ ならば, ある $\alpha^* \in \mathbf{R}$, $p^* \in \mathbf{R}^n$ が存在して
> $$\overline{f}(x) \geq \alpha^* + \langle p^*, x\rangle \geq \overline{h}(x) \qquad (\forall\, x \in \mathbf{R}^n)$$

が成り立つという定理 (→定理 2.7) である (図 1.4 参照)．ここでの問題は，関数 $\overline{f}, \overline{h}$ の「値の離散性」がどのような形で分離ベクトル p^* の離散性に反映されるかということである．分離定理に「値の離散性」を加味した一つの定式化は，α^* と p^* が整数にとれることを要請して，

> [**離散分離定理**]　$f:\mathbf{Z}^n \to \mathbf{Z}\cup\{+\infty\}$ を「凸関数」, $h:\mathbf{Z}^n \to \mathbf{Z}\cup\{-\infty\}$ を「凹関数」とするとき，$f(x) \geq h(x)$ $(\forall\, x \in \mathbf{Z}^n)$ ならば，ある $\alpha^* \in \mathbf{Z}$, $p^* \in \mathbf{Z}^n$ が存在して
> $$f(x) \geq \alpha^* + \langle p^*, x\rangle \geq h(x) \qquad (\forall\, x \in \mathbf{Z}^n)$$

となろう (図 1.5 参照)．ここで「凸関数」の定義はまだ明確でない．ただし，h が「凹関数」であることは $-h$ が「凸関数」であること定義する．

「凸関数」の定義としては，通常の凸関数 $\overline{f}$ に拡張できる f を「凸関数」と定義するのが素朴なアイデアであろう．すなわち，$f:\mathbf{Z}^n \to \mathbf{Z}\cup\{+\infty\}$ が「凸

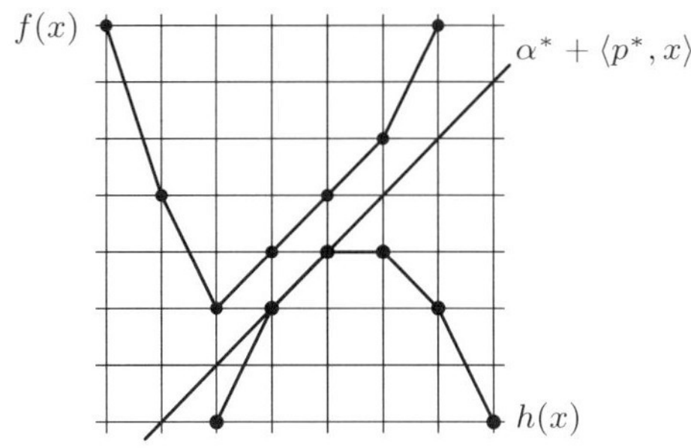

図 1.5　離散分離定理

関数」であることを，ある凸関数 $\overline{f} : \mathbf{R}^n \to \mathbf{R} \cup \{+\infty\}$ が存在して

$$\overline{f}(x) = f(x) \qquad (x \in \mathbf{Z}^n) \tag{1.2}$$

となることとして定義するのである．

1 次元 $(n = 1)$ の場合には，「凸関数」のこの定義は

$$f(x-1) + f(x+1) \geq 2f(x) \qquad (x \in \mathbf{Z}) \tag{1.3}$$

と同値であり (→図 1.2)，確かに，この定義の下で離散分離定理が成立する．しかし，多次元 $(n \geq 2)$ になると事情はそう単純でない．

1.1 ［例］　実数の分離ベクトルさえ存在しない例を示す．$n = 2$ として

$$f(x_1, x_2) = |x_1 + x_2 - 1|, \qquad h(x_1, x_2) = 1 - |x_1 - x_2|$$

を考える．$f(x) \geq h(x)$ $(\forall\, x \in \mathbf{Z}^2)$ であるが，$f(x) \geq \alpha^* + \langle p^*, x\rangle \geq h(x)$ を満たす $\alpha^* \in \mathbf{R}$, $p^* \in \mathbf{R}^2$ は存在しない．f, h はそれぞれ

$$\overline{f}(x_1, x_2) = |x_1 + x_2 - 1|, \qquad \overline{h}(x_1, x_2) = 1 - |x_1 - x_2|$$

で定義される $\mathbf{R}^2$ 上の凸関数 $\overline{f}$, 凹関数 $\overline{h}$ に拡張できるが，このとき $\overline{f}(1/2, 1/2) < \overline{h}(1/2, 1/2)$ となってしまうことに注意されたい．　□

1.2 ［例］　実数の分離ベクトルが存在するにもかかわらず整数の分離ベクトルは存在しない例を示す．$n = 2$ として，

$$f(x_1, x_2) = \max(0, x_1 + x_2), \qquad h(x_1, x_2) = \min(x_1, x_2)$$

を考える．f, h は $\mathbf{Z}^2$ 上で整数値をとり，

$$\overline{f}(x_1, x_2) = \max(0, x_1 + x_2), \qquad \overline{h}(x_1, x_2) = \min(x_1, x_2)$$

で定義される $\mathbf{R}^2$ 上の凸関数 $\overline{f}$，凹関数 $\overline{h}$ にそれぞれ拡張できる．拡張された関数に対し $\overline{f}(x) \geq \overline{h}(x)$ $(x \in \mathbf{R}^2)$ が成り立つので，通常の凸解析における分離定理が適用できる．実際，$p^* = (1/2, 1/2)$ に対して $\overline{f}(x) \geq \langle p^*, x \rangle \geq \overline{h}(x)$ $(x \in \mathbf{R}^2)$ が成立する．このとき当然 $f(x) \geq \langle p^*, x \rangle \geq h(x)$ $(x \in \mathbf{Z}^2)$ が成り立つ．すなわち，この p^* は 元の関数 f と h を分離する．しかしながら，f と h を分離する整数ベクトル p^* は存在しない．すなわち，分離定理は成り立っているが，離散分離定理は成り立たない．　□

これらの例の示すように，凸拡張可能性による離散凸関数の定義は不満足である．離散分離定理が成り立つためには，連続世界に埋め込めるという性質を超えた何らかの深い組合せ論的な性質が求められているのであり，整数格子点上で定義された整数値関数に対して，「値の離散性」と「方向の離散性」の両方を考慮しながら「凸関数」の概念をうまく定義することが必要である．どのような関数に対して離散分離定理が成り立つかという問題は非常に深い内容を含んでおり，離散凸解析の一つの中心的なテーマとなっている．

組合せ構造をもつ凸関数の本質を理解する手掛かりとして，われわれは第 2 章においてネットワークフロー，マトロイドなどの離散的な構造を調べ，これを手がかりとして一般の離散凸関数へと進むことになる．

3. 離散凸関数の歴史

M 凸関数，L 凸関数に至る離散凸関数概念の歴史を簡単に述べる．マトロイドと劣モジュラ関数の歴史を離散凸関数の立場から眺めたものである．

マトロイドの概念は H. Whitney によって 1935 年に導入された．既にこの時点で，交換公理と劣モジュラ性の同値性が，マトロイドの独立集合 (基の部分集合) とマトロイドの階数関数という特殊ケースについて認識されている．

60 年代の終わりに J. Edmonds によっていわゆる「多面体的方法」が創始され，アルゴリズムを強く意識した組合せ数学の分野—組合せ最適化の分野—が開花した．多面体的方法の成功例の一つがポリマトロイド交わり定理という双

対定理の発見である．これを契機として，劣モジュラ (集合) 関数それ自体の研究が盛んになり，劣モジュラ関数と凸関数との類似性が漠然とした形で議論された [27]．しかし，この時点では，劣モジュラ関数は凸関数であるという見方と劣モジュラ関数は凹関数であるとする見方が並存していた (補足 4.27 参照)．

80 年代はじめになり，藤重悟，A. Frank, L. Lovász らの研究により，集合関数の劣モジュラ性と凸性の関係が明確になった．藤重 [37], [38] は劣モジュラ関数と優モジュラ関数の Fenchel 型双対定理を，Frank [33] は劣モジュラ関数と優モジュラ関数の離散分離定理を示した．これらはポリマトロイド交わり定理を書き換えた内容のものであるが，凸解析における基本定理との形式的類似性を示した意義は大きい．Lovász [87] は，集合関数の劣モジュラ性とその Lovász 拡張 (線形拡張) の凸性とが同値であるという基本的な事実を指摘した (第 3 章 2 節参照)．これらの結果，

「劣モジュラ関数 $\simeq$ 凸関数」

「劣モジュラ関数の双対性 $\simeq$ 凸解析における双対性 $+$ 整数性」

という図式が広く受け入れられた．なお，劣モジュラ関数の Lovász 拡張として現れる関数は正斉次凸関数に限られるので，この議論は離散凸関数の理論というよりは，むしろ，離散凸集合とその支持関数の理論であったと見るのが妥当である．

90 年代にはいってから，A. Dress と W. Wenzel により，貪欲算法の観点から付値マトロイドの概念が導入された [24], [25]．付値マトロイドの概念は，マトロイドの交換公理に着目してこれを一般化したものである．元来，マトロイドの誕生の際には劣モジュラ性と対等の立場にあった交換公理であるが，80 年代には劣モジュラ関数に押されて脇役に追いやられていた感がある．少し大袈裟な言い方をすれば，付値マトロイドの導入は交換公理の復権をもたらしたのである．その数年後，室田によりその双対定理が示され [95]，離散凸性との関連が認識された [97]．これらの研究とは独立に，90 年代のはじめには，P. Favati と F. Tardella により，整凸関数の概念も提案され，劣モジュラ集合関数の Lovász 拡張との関連から劣モジュラ整凸関数が考察された [29]．整凸関数の概念は，整数格子点上で定義された関数の凸拡張可能性と最小値の局所的特徴づけを論じる基本的な枠組みを与えたことになる．

「離散凸解析」の枠組みは，80 年代の「劣モジュラ関数 $\simeq$ 凸関数」の議論を

背景としながら，付値マトロイド理論の進展を直接の契機として，1996 年頃に認識されたパラダイムである．「離散凸解析 (discrete convex analysis)」の名称は [100] で室田によって提唱された．交換公理に基づく M 凸関数，劣モジュラ性に基づく L 凸関数の概念はそれぞれ [99] と [100] で導入された．M 凸関数の「M」は Matroid の頭文字，L 凸関数の「L」は Lattice の頭文字である．この用語によれば，80 年代の「劣モジュラ関数 $\simeq$ 凸関数」の議論は正斉次 L 凸関数の話であり，付値マトロイドの議論は $\{0, 1\}$ ベクトル上の M 凹関数の話として位置づけられる．

M 凸関数，L 凸関数の変種として，$\mathrm{M}^{\natural}$ 凸関数，$\mathrm{L}^{\natural}$ 凸関数の概念がそれぞれ室田・塩浦 [106] と藤重・室田 [42] で導入された．$\mathrm{L}^{\natural}$ 凸関数と劣モジュラ整凸関数は同じものであることがわかっている．M 凸性，L 凸性を論じる際に多面体的な見方はごく自然であるが，多面体的 M/L 凸関数の概念は室田・塩浦 [107]

表 1.1　歴史 (マトロイド性と凸性)

年頃	人名	項目
1935	Whitney [151]	マトロイドの公理
		交換公理 $\Leftrightarrow$ 劣モジュラ性
1965	Edmonds [27]	ポリマトロイド
		多面体的方法，交わり定理
1975		重みつき交わり問題
	Edmonds [28]	
	Lawler [84]	
	伊理–冨澤 [63]	ポテンシャルの存在
	Frank [32]	重み分割の存在
1982		凸性との関係
	Frank [33]	離散分離定理
	藤重 [37]	Fenchel 型双対定理
	Lovász [87]	Lovász 拡張 (線形拡張)
1990	Dress–Wenzel [24] [25]	付値マトロイド
		公理，貪欲算法
	Favati–Tardella [29]	(劣モジュラ) 整凸関数
1995	室田 [95] [97]	付値マトロイド交わり定理
	室田 [99] [100]	M 凸関数，L 凸関数
		Fenchel 型双対定理，分離定理
	室田–塩浦 [106]	$\mathrm{M}^{\natural}$ 凸関数
2000	藤重–室田 [42]	$\mathrm{L}^{\natural}$ 凸関数
	室田–塩浦 [107]	多面体的 M/L 凸関数

によって陽に提示された．

既に述べたように，集合関数に対しては劣モジュラ性が凸性にあたるとの認識が80年代のはじめに得られていたが，離散凸解析の研究の副産物として，整数格子点上で定義された関数に対しては劣モジュラ性と凸性は互いに独立な性質であるという認識が得られた．実際，$\mathrm{M}^\natural$ 凸関数は優モジュラであって凸関数に拡張可能であり (定理 4.25, 定理 4.29)，一方，$\mathrm{L}^\natural$ 凸関数は劣モジュラであって凸関数に拡張可能である (定理 5.17)．このように，整数格子点上の劣モジュラ性と凸性は互いに独立な性質であるけれども，劣モジュラ性が離散凸性と深く関わっているというのもまたこの分野の専門家の共通認識である．

表 1.1 に，マトロイド研究の歴史のなかで凸性と関係する事柄を抜きだして示した．なお，マトロイド理論の流れと独立に，離散関数や離散集合の凸性というテーマを扱った文献も多い ([57], [79], [93] など)．2003 年に離散凸解析の英文の成書 [156] が刊行された．その他に，離散凸解析を体系的に解説したものとして，[40] の VII 章，[163], [164], [165] がある．

2

組合せ構造をもつ凸関数

本章は「離散凸解析」への導入部であり，後に展開する公理的・抽象的議論の動機を与えることを目的とする．通常の凸解析の基礎事項を述べた後に，いくつかの典型例を通じて「組合せ構造を兼ね備えた凸関数」あるいは「凸集合と類似した離散構造」という言葉の意味を説明する．典型例としては，Poisson 方程式や線形抵抗回路の記述に現れる行列の符号パターン，ネットワークフロー問題 (非線形抵抗回路)，マトロイド，の 3 つを取り上げる．共通する組合せ構造として交換公理と劣モジュラ性に着目し，さらに両者が表裏一体の関係（凸解析における共役関係）にあることを述べる．この共役関係は，電気回路においては電流 (フロー) と電位 (ポテンシャル) の関係である．最後に，「離散凸解析」の主役である M 凸関数と L 凸関数の概念を導入する．

1. 最適化と凸関数

1.1　最適化問題

関数 $f(x)$ が与えられたとき，その最小値を与える x を求めよというような問題を最適化問題と呼ぶ．たとえば，2 次関数

$$f(x) = x^2 - 8x + 3 \tag{2.1}$$

の最小値を求めよという問題である．しばらくの間，関数 f は実数ベクトルを変数とする実数値関数 $f : \mathbf{R}^n \to \mathbf{R}$ とするが，本書の主題である「離散凸解析」においては，整数ベクトルを変数とする整数値関数 $f : \mathbf{Z}^n \to \mathbf{Z}$ も考察することになる．

上の 2 次関数の最適化問題は簡単で，$f(x)$ の微分 $f'(x) = 2x - 8$ がゼロになる点を計算して $x = 4$ が答えとなる．では，4 次関数

$$f(x) = 3x^4 - 4x^3 - 12x^2 + 3 \tag{2.2}$$

の場合はどうだろうか．同様に微分すると，$f'(x) = 12x^3 - 12x^2 - 24x = 12x(x+1)(x-2) = 0$ を満たす点は $x = 0, -1, 2$ の 3 個あり，これだけではどの点が最小値を与えるのかわからない．関数値 $f(0) = 3$, $f(-1) = -2$, $f(2) = -29$ を計算してみてはじめて $x = 2$ が答えと判明する．実は，$x = 0$ は極大値，$x = -1$ は最小値でない極小値，そして，$x = 2$ が最小値を与えている．

上の 4 次関数の例で，$x = -1$ は最小値でない極小値を与えていた．これを少し専門的な用語を使って言い表すと，$x = -1$ は局所最適性をもつが大域最適性をもたないということになる．この言葉を正確に定義しておこう．点 x が**大域 (的) 最適** (global optimal) であるとは，任意の y に対して $f(x) \leq f(y)$ が成り立つことをいう．また，点 x のある近傍 U が存在して，U の中の任意の y に対して $f(x) \leq f(y)$ が成り立つとき，x は**局所 (的) 最適** (local optimal) であるという．大域最適は**最小**，局所最適は**極小**ということと同じである．明らかに最小値は極小値であるから，大域最適性から局所最適性が導かれる．しかし，上の例が示すように，この逆は成り立たない．

関数の局所的な状況は微分などを計算すればわかるので，局所最適性は計算可能な性質と考えてよい．たとえば，上の 4 次関数の例では，2 階導関数 $f''(x) = 36x^2 - 24x - 24$ の符号 $f''(0) = -24 < 0$, $f''(-1) = 36 > 0$, $f''(2) = 72 > 0$ から，$x = 0$ は局所最適でなく，$x = -1$ と $x = 2$ は局所最適であることが判明する．

これとは対照的に，大域的最適性を直接的な計算によって確認するのは難しい．一方，最適化問題において求められているのは大域的な最適解である．このジレンマは最適化問題において本質的な困難であって，これを一般的に解決する術 (すべ) はない．どんな最適化問題を与えられても大域最適解を出すようなアルゴリズムを作ることはまず不可能である．そこで，道は二つに分かれる．

第一の道は，この困難に正面から挑み，できるだけ広い範囲の最適化問題に対して有効なアルゴリズムを開発しようという方向である．最適化問題は現実社会で様々に利用されているので，この方向は応用の観点から極めて重要である．しかし，広い範囲の最適化問題を対象とするのであるから，厳密な意味での大域的最適解を出すことは諦めざるをえない．理論的な保証はさておき，実

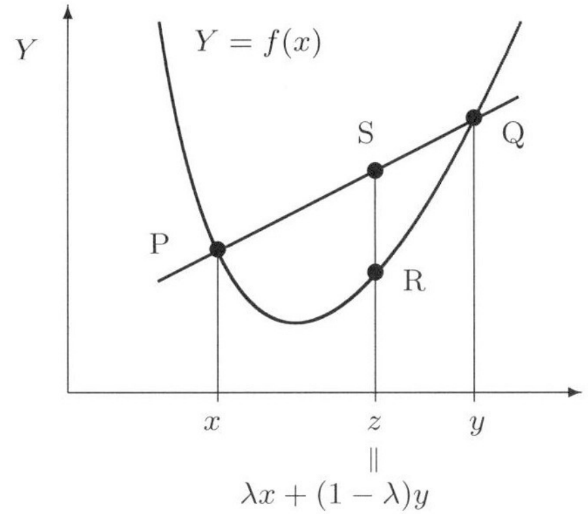

図 2.1　凸関数の定義

際的な立場から見て有用な解が求められるかどうかが主な関心事である．

第二の道は，理論的に扱える美しい世界を広げようとする方向である．上の2次関数の例では，幸いなことに局所最適解が大域最適解であった．このような幸いなる状況をできるだけ一般的に捉えようとするとき，中心的な役割をするのが「凸関数」という概念である．これは図 2.1 のように定義される．すなわち，関数 $f(x)$ のグラフ上の任意の 2 点 $\mathrm{P} = (x, f(x))$, $\mathrm{Q} = (y, f(y))$ に対して，この 2 点に挟まれた範囲で $f(x)$ のグラフが線分 PQ より下にあるとき，関数 $f(x)$ は**凸**であるという (より丁寧に「**下に凸**」ということもある)．そして，凸である関数を**凸関数**という．式を使って書けば，任意の x, y, および $0 \leq \lambda \leq 1$ を満たす任意の実数 λ に対して不等式

$$\lambda f(x) + (1-\lambda) f(y) \geq f(\lambda x + (1-\lambda) y) \tag{2.3}$$

が成り立つような関数 f を凸関数と呼ぶということである．$z = \lambda x + (1-\lambda) y$ とおくと，図 2.1 において，$\mathrm{R} = (z, f(z))$, $\mathrm{S} = (z, \lambda f(x) + (1-\lambda) f(y))$ であり，不等式 (2.3) は S が R より上にあることを表している．多変数の場合 (x がベクトルの場合) にも，不等式 (2.3) によって凸関数の概念が定義される．例に用いた 2 次関数 (2.1) は凸関数であり，4 次関数 (2.2) は凸関数でない．

凸関数のいいところは，局所最適性から大域最適性が導かれることである．

2.1［定理］　凸関数の局所最適値 (極小値) は大域的にも最適 (最小) である．

証明　点 x を凸関数 f の局所最小値とすると，x のある近傍 U があって，任意の $z \in U$ に対して $f(z) \geq f(x)$ が成り立つ．任意の点 y を考える．不等式 (2.3) において $\lambda < 1$ を十分 1 に近くとると $z = \lambda x + (1-\lambda)y \in U$ となるので，

$$\lambda f(x) + (1-\lambda)f(y) \geq f(\lambda x + (1-\lambda)y) \geq f(x).$$

これより $f(y) \geq f(x)$ が得られる． ■

2.2［補足］　関数 f が滑らかな場合には，f の凸性は 2 階導関数の非負性 $(f''(x) \geq 0)$ と同値である．多変数の場合には，ヘッセ行列 $\left(\dfrac{\partial^2 f}{\partial x_i \partial x_j}\right)$ が各点で半正定値であることと同値である．なお，一般に，対称行列 A が「任意のベクトル x に対して $x^{\mathrm{T}}Ax \geq 0$」を満たすとき**半正定値**という．また，「任意のベクトル $x \neq \mathbf{0}$ に対して $x^{\mathrm{T}}Ax > 0$」を満たすとき**正定値**という．

(半) 正定値性の判定条件を挙げておこう．対称行列 A の行番号集合 (=列番号集合) を $\{1, \cdots, n\}$ とする．A の部分行列 (小行列) で行番号集合が I，列番号集合が J であるものを $A[I, J]$ と表すとき，$I = J$ である小行列を A の**主小行列**と呼び，その行列式を**主小行列式** (principal minor) と呼ぶ．このとき，

$$A \text{ が半正定値} \iff A \text{ の任意の主小行列式} \geq 0, \tag{2.4}$$

$$A \text{ が正定値} \iff A \text{ の任意の主小行列式} > 0 \tag{2.5}$$

が成り立つことが知られている．さらに，行番号集合が $I = \{1, \cdots, k\}$ $(k \leq n)$ の形の主小行列を**首座小行列**と呼び，その行列式を**首座小行列式** (leading principal minor) と呼ぶ (首座小行列の概念は A の行番号のつけ方に依存することに注意)．このとき，

$$A \text{ が正定値} \iff A \text{ の任意の首座小行列式} > 0 \tag{2.6}$$

も成り立つ．主小行列式は 2^n 個，首座小行列式は n 個あることに注意されたい．なお，正定値性，半正定値性は Gauss の消去法と同様の掃出し演算により，$\mathrm{O}(n^3)$ 回の四則演算で判定できる． □

1.2　凸解析の基礎

「離散凸解析」のための予備知識として，通常の凸解析における基本概念を説明

する．精確な記述は専門書 ([56], [126], [127], [129], [141] など) に譲る．これからは，関数値が $\pm\infty$ となる可能性を許すこととし，関数 $f : \mathbf{R}^n \to \mathbf{R} \cup \{\pm\infty\}$ に対して，

$$\mathrm{dom}\, f = \{x \in \mathbf{R}^n \mid -\infty < f(x) < +\infty\} \tag{2.7}$$

を f の**実効定義域**と呼ぶ．また，ベクトル $a, b \in (\mathbf{R} \cup \{\pm\infty\})^n$ に対し，実数の**区間** $[a, b]$ (あるいは $[a, b]_{\mathbf{R}}$ とも書く) を

$$[a, b] = [a, b]_{\mathbf{R}} = \{x \in \mathbf{R}^n \mid a_i \leq x_i \leq b_i \ (i = 1, \cdots, n)\} \tag{2.8}$$

と定義する (a, b の成分に $\pm\infty$ がある場合の不等式の意味は明らかであろう)．

関数 $f : \mathbf{R}^n \to \mathbf{R} \cup \{+\infty\}$ が**凸関数**であるとは，f が不等式

$$\lambda f(x) + (1-\lambda) f(y) \geq f(\lambda x + (1-\lambda) y) \qquad (x, y \in \mathbf{R}^n; 0 \leq \lambda \leq 1) \tag{2.9}$$

を満たすことである．凸関数の値として $-\infty$ を排除していること，および，不等式 (2.9) において $+\infty \geq +\infty$ と約束していることに注意されたい．なお，実効定義域 $\mathrm{dom}\, f$ が空集合でないような凸関数 f を**真凸関数**と呼ぶ．また，(2.9) における不等号から等号の場合を除外した条件

$$\lambda f(x) + (1-\lambda) f(y) > f(\lambda x + (1-\lambda) y) \qquad (x, y \in \mathbf{R}^n; 0 < \lambda < 1) \tag{2.10}$$

を満たす関数 f を**狭義凸関数**と呼ぶ．2 次関数 $f(x) = \frac{1}{2} x^{\mathrm{T}} A x$ (A は対称行列) については，

$$f \text{ が凸関数} \iff A \text{ が半正定値}$$
$$f \text{ が狭義凸関数} \iff A \text{ が正定値}$$

である．

関数 $h : \mathbf{R}^n \to \mathbf{R} \cup \{-\infty\}$ は，$-h$ が凸関数のとき，すなわち，

$$\lambda h(x) + (1-\lambda) h(y) \leq h(\lambda x + (1-\lambda) y) \qquad (x, y \in \mathbf{R}^n; 0 \leq \lambda \leq 1) \tag{2.11}$$

を満たすとき，**凹関数**と呼ばれる．

集合 $S \subseteq \mathbf{R}^n$ が**凸集合**であるとは，S が条件

$$x, y \in S,\ 0 \leq \lambda \leq 1 \Longrightarrow \lambda x + (1-\lambda) y \in S \tag{2.12}$$

を満たすことと定義される (空集合は凸集合である)．直感的には，くびれのない集合が凸集合であり，とくに，凸集合は穴のあいていない集合である．集合 S が条件

$$x \in S,\ \lambda > 0 \Longrightarrow \lambda x \in S \tag{2.13}$$

を満たすとき，S は**錐**であるという．凸集合である錐を**凸錐**という．S が凸錐をなすための必要十分条件は，

$$x, y \in S,\ \lambda, \mu > 0 \Longrightarrow \lambda x + \mu y \in S \tag{2.14}$$

で与えられる．有限個の 1 次不等式で規定される集合

$$S = \{x \in \mathbf{R}^n \mid \sum_{j=1}^{n} a_{ij} x_j \leq b_i \ (i = 1, \cdots, m)\} \tag{2.15}$$

(ただし $a_{ij} \in \mathbf{R}$, $b_i \in \mathbf{R}$) は**凸多面体**と呼ばれる典型的な凸集合である．ここで $b_i = 0$ $(i = 1, \cdots, m)$ のとき，S は凸錐である．

集合 S の有限個の点 $x_1, \cdots, x_m$ に対し，

$$\lambda_1 x_1 + \cdots + \lambda_m x_m \qquad (\text{ただし} \ \sum_{i=1}^{m} \lambda_i = 1, \lambda_i \geq 0 \ (1 \leq i \leq m)) \tag{2.16}$$

の形の表現をこれらの点の**凸結合**と呼ぶ．S が凸集合ならば，S の点の任意の凸結合は S に属する．凸とは限らない集合 S に対して，S を含むすべての凸集合の共通部分は S を含む最小の凸集合である．これを S の**凸包**と呼ぶ．S の凸包は，S の有限個の点の凸結合の全体に等しい．S の凸包は閉集合とは限らないが，集合 S を含む最小の閉凸集合を S の**閉凸包**と呼ぶ．S が有限集合ならば，S の凸包は閉凸包に一致する．

凸集合 $S \subseteq \mathbf{R}^n$ を含む最小のアフィン集合 (線形空間を平行移動したもの) を S の**アフィン包**と呼び, $\mathrm{aff}\, S$ と表す．S の**相対的内点**を，$\{y \in \mathbf{R}^n \mid \|y - x\| < \varepsilon\} \cap \mathrm{aff}\, S \subseteq S$ となる $\varepsilon > 0$ が存在するような点 $x \in S$ (すなわち，$\mathrm{aff}\, S$ から誘導される相対位相に関する内点) と定義する．S の相対的内点の集合を S の**相対的内部**と呼び，$\mathrm{ri}\, S$ と表す．

凸集合と凸関数の間には密接な関係がある．集合 $S \subseteq \mathbf{R}^n$ に対し，その**標示関数** $\delta_S : \mathbf{R}^n \to \mathbf{R} \cup \{+\infty\}$ を

$$\delta_S(x) = \begin{cases} 0 & (x \in S) \\ +\infty & (x \notin S) \end{cases} \tag{2.17}$$

と定義すると，

$$S \text{ が凸集合} \iff \delta_S \text{ が凸関数} \tag{2.18}$$

が成り立つ．したがって，凸集合の概念は凸関数の概念を用いて (2.18) によって定義することができる．逆に，凸集合の概念から凸関数の概念を定義することもできる．グラフ $Y = f(x)$ の上側の集合を**エピグラフ**と呼び，記号

$$\mathrm{epi}\, f = \{(x, Y) \in \mathbf{R}^{n+1} \mid Y \geq f(x)\} \tag{2.19}$$

で表すと，上の定義 (2.9), (2.12) の下で

$$f \text{ が凸関数} \iff \mathrm{epi}\, f \text{ が凸集合} \tag{2.20}$$

が成り立つ．したがって，この関係を凸関数の定義とすることができる．なお，$\mathrm{epi}\, f$ が $\mathbf{R}^{n+1}$ の閉集合であるような凸関数 f を**閉凸関数**と呼ぶ．

凸関数の族 $\{f_i \mid i \in I\}$ に対して，各点ごとの最大値として定義される関数 $f(x) = \sup\{f_i(x) \mid i \in I\}$ は凸関数である．ここで，添字集合 I は無限集合でもよい．とくに，有限または無限個の 1 次関数の最大値として書ける関数は凸関数である．

関数 f のエピグラフ $\mathrm{epi}\, f$ が $\mathbf{R}^{n+1}$ の凸多面体であるとき，f を**多面体的凸関数**と呼ぶ．関数 f が多面体的凸関数であるためには，実効定義域 $\mathrm{dom}\, f$ が凸多面体であって，f が $\mathrm{dom}\, f$ 上で有限個の 1 次関数の最大値として書けることが必要十分である．このとき，$\mathrm{dom}\, f$ は有限個の凸多面体に分割されて，各多面体上で f は 1 次関数となっている．1 変数 ($n = 1$) の場合の多面体的凸関数は，(有限または無限) 区間上の凸な折れ線関数である (直線分の個数は有限)．1 変数の多面体的凸関数の全体を $\mathcal{C}[\mathbf{R} \to \mathbf{R}]$ という記号で表す．

関数 f の最小値を与える点の集合を**最小値集合**と呼び，$\arg\min f$ という記号で表す．すなわち，

$$\arg\min f = \{x \in \mathbf{R}^n \mid f(x) \leq f(y)\ (\forall y \in \mathbf{R}^n)\} \tag{2.21}$$

である．式 (2.9) から容易にわかるように，f が凸関数ならば $\arg\min f$ は凸集合である．ベクトル $p \in \mathbf{R}^n$ によって定まる線形関数を f から引いた関数を

$f[-p]$ と書くことにする．すなわち，$p=(p_i)_{i=1}^n$ と $x=(x_i)_{i=1}^n$ の内積[1]を

$$\langle p, x\rangle = \sum_{i=1}^n p_i x_i \tag{2.22}$$

として

$$f[-p](x) = f(x) - \langle p, x\rangle \qquad (x \in \mathbf{R}^n) \tag{2.23}$$

である．f が凸関数ならば $f[-p]$ も凸関数であり，したがって，$\arg\min f[-p]$ は凸集合である．

任意の関数 f と点 $x \in \mathrm{dom}\, f$ に対して，

$$\partial_{\mathbf{R}} f(x) = \{p \in \mathbf{R}^n \mid f(y) - f(x) \geq \langle p, y-x\rangle \ (\forall y \in \mathbf{R}^n)\} \tag{2.24}$$

で定義される集合を，f の点 x における**劣微分**と呼ぶ．$\partial_{\mathbf{R}} f(x)$ は半空間の族 (y を添字とみる) の共通部分として定義されているから凸集合である．f が凸関数で x が $\mathrm{dom}\, f$ の相対的内点ならば $\partial_{\mathbf{R}} f(x)$ は空でないことが知られている．$\partial_{\mathbf{R}} f(x)$ の要素 p は**劣勾配**と呼ばれる．f が凸関数で x において微分可能ならば，劣微分はただ一つの劣勾配からなる集合となり，その劣勾配は勾配 $\nabla f(x) = (\partial f / \partial x_i)_{i=1}^n$ に一致する．

任意の関数 f, 点 $x \in \mathrm{dom}\, f$, 方向 $d \in \mathbf{R}^n$ に対して，(片側) **方向微分**を

$$f'(x; d) = \lim_{\alpha \searrow 0} \frac{f(x+\alpha d) - f(x)}{\alpha} \tag{2.25}$$

と定義する．ここで $\alpha \searrow 0$ は α が正の側から 0 に近づくことを表す．f が凸関数ならば $f'(x;d)$ が存在し，d を変数とする関数 $f'(x;\cdot) : \mathbf{R}^n \to \mathbf{R} \cup \{-\infty, +\infty\}$ は凸関数となる．f が多面体的凸関数ならば，各 $x \in \mathrm{dom}\, f$ に対して，ある $\varepsilon > 0$ が存在して，

$$f'(x; d) = f(x+d) - f(x) \qquad (||d||_\infty \leq \varepsilon) \tag{2.26}$$

が成り立つ．

関数 $f : \mathbf{R}^n \to \mathbf{R} \cup \{+\infty\}$ (凸とは限らないが $\mathrm{dom}\, f \neq \emptyset$ とする) に対し，

$$f^\bullet(p) = \sup\{\langle p, x\rangle - f(x) \mid x \in \mathbf{R}^n\} \qquad (p \in \mathbf{R}^n) \tag{2.27}$$

---

[1] p と x は互いに他の双対空間に属するので，正確には，内積ではなく pairing である．

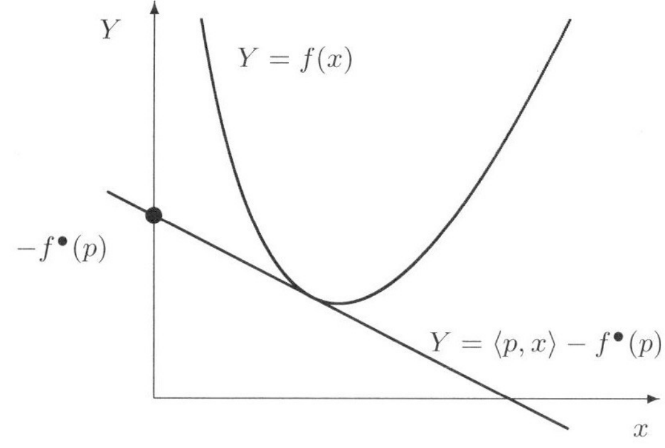

図 2.2　共役関数 (Legendre–Fenchel 変換)

で定義される関数 $f^\bullet : \mathbf{R}^n \to \mathbf{R} \cup \{+\infty\}$ を f の **(凸) 共役関数**と呼ぶ．$f^\bullet$ は 1 次関数の族 (p を変数，x を添字とみる) の各点ごとの最大値として定義されているから凸関数である．同様に，関数 $h : \mathbf{R}^n \to \mathbf{R} \cup \{-\infty\}$ の **(凹) 共役関数** $h^\circ : \mathbf{R}^n \to \mathbf{R} \cup \{-\infty\}$ を

$$h^\circ(p) = \inf\{\langle p, x\rangle - h(x) \mid x \in \mathbf{R}^n\} \qquad (p \in \mathbf{R}^n) \tag{2.28}$$

と定義する．$h^\circ(p) = -(-h)^\bullet(-p)$ である．

関数 f が滑らかな凸関数で，各 p に対して式 (2.27) における sup を達成する $x = x(p)$ が存在する場合には，$x = x(p)$ は方程式 $\nabla f(x) = p$ の解として定まり，

$$f^\bullet(p) = \langle p, x(p)\rangle - f(x(p)) \tag{2.29}$$

と表現される．共役関数の意味は図形的にも理解しやすく，$n = 1$ の場合には，図 2.2 に示すように，$Y = f(x)$ のグラフの傾き p の接線の Y 切片 (Y 軸と交わる点の Y 座標) が $-f^\bullet(p)$ である．

写像 $f \mapsto f^\bullet$ は，凸解析の文献では **Fenchel 変換**あるいは **Legendre–Fenchel 変換**と呼ばれている．この変換の本質は式 (2.29) のほうが見やすいが，これは **Legendre 変換**と呼ばれるもので，理工学のあらゆる分野に登場する．

2.3［例］　凸関数

$$f(x) = \begin{cases} x \log x & (x > 0) \\ 0 & (x = 0) \\ +\infty & (x < 0) \end{cases} \tag{2.30}$$

の共役関数を式 (2.29) により計算すると，$f^\bullet(p) = \exp(p-1)$ となる．　□

共役関数 $f^\bullet$ の共役関数 $(f^\bullet)^\bullet$ を f の**双共役関数**と呼ぶ．$(f^\bullet)^\bullet$ は (各点での値が)f を超えないような最大の閉凸関数であり，f が閉真凸関数ならば $(f^\bullet)^\bullet$ は f に一致する．

2.4［定理］　閉真凸関数 f に対して，$f^\bullet$ は閉真凸関数であり，$(f^\bullet)^\bullet = f$.

定義 (2.24) と定理 2.4 から，閉真凸関数 f とベクトル $x, p \in \mathbf{R}^n$ に対して，

$$\begin{array}{ccc} p \in \partial_{\mathbf{R}} f(x) & \Longleftrightarrow & x \in \arg\min f[-p] \\ & & \Updownarrow \\ & & f(x) + f^\bullet(p) = \langle p, x \rangle \\ & & \Updownarrow \\ x \in \partial_{\mathbf{R}} f^\bullet(p) & \Longleftrightarrow & p \in \arg\min f^\bullet[-x] \end{array} \tag{2.31}$$

の関係が成り立つことがわかる．

集合 $S \subseteq \mathbf{R}^n$ に対し，その標示関数 $\delta_S : \mathbf{R}^n \to \{0, +\infty\}$ の共役関数 ${\delta_S}^\bullet$ は S の**支持関数**と呼ばれる．$S \neq \emptyset$ に対して

$${\delta_S}^\bullet(p) = \sup\{\langle p, x \rangle \mid x \in S\} \qquad (p \in \mathbf{R}^n) \tag{2.32}$$

は正斉次な閉真凸関数となる．なお，一般に関数 g が**正斉次**とは，任意の $\lambda > 0$ と $p \in \mathbf{R}^n$ に対して

$$g(\lambda p) = \lambda g(p) \tag{2.33}$$

が成り立つことをいう ($\mathrm{dom}\, g \neq \emptyset$ ならば $g(0) = 0$ である)．定理 2.4 により，閉凸集合と正斉次閉真凸関数は 1 対 1 に対応する．大雑把に言えば，正斉次凸関数は凸集合の「裏の姿」である．たとえば，真凸関数 f と $\mathrm{dom}\, f$ の相対的内点 x に対して，方向微分 $f'(x; d)$ は d の関数として正斉次閉真凸関数であり，

劣微分 $\partial_{\mathbf{R}} f(x)$ の支持関数に等しい:

$$f'(x;d) = (\delta_{\partial_{\mathbf{R}} f(x)})^{\bullet}(d). \tag{2.34}$$

集合 S の標示関数 δ_S の双共役関数 $(\delta_S{}^{\bullet})^{\bullet}$ は S の閉凸包の標示関数に等しい．錐 $S \subseteq \mathbf{R}^n$ に対して，

$$S^* = \{p \in \mathbf{R}^n \mid \langle p, x\rangle \leq 0 \ (\forall\, x \in S)\} \tag{2.35}$$

で定義される凸錐を S の**極錐** と呼ぶが，S^* の標示関数 δ_{S^*} は S の支持関数 $\delta_S{}^{\bullet}$ に等しい．S が閉凸錐ならば $(S^*)^* = S$ が成り立つ．

2.5［補足］　有界な多面体 S の支持関数を考えよう．S の頂点の集合を S^0 とすると，S は S^0 の凸包に等しく，また，容易にわかるように，$\delta_S{}^{\bullet} = \delta_{S^0}{}^{\bullet}$ である．多面体 S は有限個の半空間の共通部分としても書けるが，その非冗長な表現を $S = \bigcap_k \{x \in \mathbf{R}^n \mid \langle p_k, x\rangle \leq b_k\}$ とすると，$b_k = \delta_{S^0}{}^{\bullet}(p_k)$ が成り立つ．このように，Legendre–Fenchel 変換は，凸多面体の「頂点 (S^0) $\leftrightarrow$ 面 (b_k, p_k)」の表現変換に対応している．第 3 章において，多面体のもつ組合せ的な性質が頂点の性質としてどう表現されるか，面の性質としてどう表現されるか，そしてそれらがどのような相互関係にあるか，が主題となる．これを Legendre–Fenchel 変換という視点から理解することにより，離散凸関数への展開が得られる．　□

凸解析の真髄は双対性にある．双対性は様々な形をとって現れるが，ここでは分離定理と Fenchel 最大最小定理を述べる．

分離定理の基本は，二つの凸集合の分離に関するものである．

2.6［定理］(集合の分離定理)　$S_1, S_2 \subseteq \mathbf{R}^n$ を空でない凸集合とする．

(1) $S_1 \cap S_2 = \emptyset \implies$ ある非ゼロベクトル $p^* \in \mathbf{R}^n$ が存在して

$$\inf\{\langle p^*, x\rangle \mid x \in S_1\} \geq \sup\{\langle p^*, x\rangle \mid x \in S_2\}. \tag{2.36}$$

さらに S_1 と S_2 が閉集合で少なくとも一方が有界ならば，$\geq$ を $>$ に置き換えることができる．

(2) $\mathrm{ri}\, S_1 \cap \mathrm{ri}\, S_2 = \emptyset \iff$ ある $p^* \in \mathbf{R}^n$ が存在して (2.36) かつ

$$\sup\{\langle p^*, x\rangle \mid x \in S_1\} > \inf\{\langle p^*, x\rangle \mid x \in S_2\}. \tag{2.37}$$

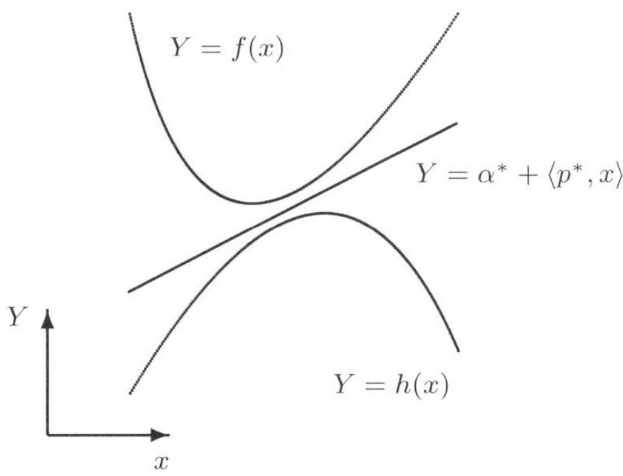

図 2.3　凸関数と凹関数の分離定理

証明　証明は，[126] の Theorem 11.3, Theorem 20.2, Corollary 11.4.2 を参照されたい． ■

関数の分離定理は，図 2.3 のように，凸関数 $f : \mathbf{R}^n \to \mathbf{R} \cup \{+\infty\}$ と凹関数 $h : \mathbf{R}^n \to \mathbf{R} \cup \{-\infty\}$ を分離するような 1 次関数の存在を主張するものである．

2.7 [定理] (関数の分離定理)　f を真凸関数，h を真凹関数とし，条件

(a1) $\mathrm{ri}\,(\mathrm{dom}\,f) \cap \mathrm{ri}\,(\mathrm{dom}\,h) \neq \emptyset$,

(a2) f, h ともに多面体的で，$\mathrm{dom}\,f \cap \mathrm{dom}\,h \neq \emptyset$,

のいずれかが成り立つとする．$f(x) \geq h(x)$ $(\forall\, x \in \mathbf{R}^n)$ ならば，ある $\alpha^* \in \mathbf{R}$, $p^* \in \mathbf{R}^n$ が存在して，

$$f(x) \geq \alpha^* + \langle p^*, x\rangle \geq h(x) \quad (\forall\, x \in \mathbf{R}^n). \tag{2.38}$$

証明　条件 (a1) を仮定する．$S_1 = \{(x, Y) \in \mathbf{R}^{n+1} \mid Y \geq f(x)\}$, $S_2 = \{(x, Y) \in \mathbf{R}^{n+1} \mid Y \leq h(x)\}$ は凸集合で，$\mathrm{ri}\,S_1 \cap \mathrm{ri}\,S_2 = \emptyset$. 定理 2.6(2) により，ある $(-p^*, p_0^*) \in \mathbf{R}^{n+1}$ によって S_1 と S_2 は (2.36), (2.37) のように分離される:

$$\inf\{-\langle p^*, x\rangle + p_0^* Y \mid (x, Y) \in S_1\} \geq \sup\{-\langle p^*, x\rangle + p_0^* Y \mid (x, Y) \in S_2\},$$

$$\sup\{-\langle p^*, x\rangle + p_0^* Y \mid (x,Y) \in S_1\} > \inf\{-\langle p^*, x\rangle + p_0^* Y \mid (x,Y) \in S_2\}.$$

もし $p_0^* = 0$ とすると，$S_1' = \mathrm{dom}\, f$ と $S_2' = \mathrm{dom}\, h$ が $-p^*$ によって (2.36), (2.37) のように分離されることになるが，これは定理 2.6(2) により仮定 (a1) に反する．したがって，$p_0^* \neq 0$ であるが，このとき $p_0^* > 0$ なので $p_0^* = 1$ としてよい．$\alpha^* = \inf\{-\langle p^*, x\rangle + Y \mid (x,Y) \in S_1\}$ とすれば (2.38) が成立する．

条件 (a2) の場合の証明は省略する． 詳細は [141] の Cor. 5.1.6, [126] の Th. 31.1 の証明を参照されたい． ■

Fenchel 双対定理 (**Fenchel 最大最小定理**) は，凸関数と凹関数の組 (f, h) とそれらの共役関数の組 $(f^\bullet, h^\circ)$ の間に成り立つ量的な双対関係を主張する定理である．Fenchel 双対定理と分離定理は，見かけは異なるが，その本質は同じ事柄を述べている定理である．

2.8 ［定理］ (Fenchel 双対定理)　　f を真凸関数，h を真凹関数とする．条件

(a1) $\mathrm{ri}\,(\mathrm{dom}\, f) \cap \mathrm{ri}\,(\mathrm{dom}\, h) \neq \emptyset$,

(a2) f, h ともに多面体的で，$\mathrm{dom}\, f \cap \mathrm{dom}\, h \neq \emptyset$,

(b1) f は閉凸関数, h は閉凹関数で, $\mathrm{ri}\,(\mathrm{dom}\, f^\bullet) \cap \mathrm{ri}\,(\mathrm{dom}\, h^\circ) \neq \emptyset$,

(b2) f, h ともに多面体的で，$\mathrm{dom}\, f^\bullet \cap \mathrm{dom}\, h^\circ \neq \emptyset$,

のいずれかが成り立つならば,

$$\inf\{f(x) - h(x) \mid x \in \mathbf{R}^n\} = \sup\{h^\circ(p) - f^\bullet(p) \mid p \in \mathbf{R}^n\}. \tag{2.39}$$

さらに，この両辺が有限値ならば，(a1) または (a2) の下で sup を達成する $p \in \mathrm{dom}\, f^\bullet \cap \mathrm{dom}\, h^\circ$ が存在し，(b1) または (b2) の下で inf を達成する $x \in \mathrm{dom}\, f \cap \mathrm{dom}\, h$ が存在する．

証明　まず，共役関数の定義 (2.27), (2.28) より，任意の x と p に対して

$$f^\bullet(p) \geq \langle p, x\rangle - f(x), \qquad h^\circ(p) \leq \langle p, x\rangle - h(x)$$

が成り立つので，(2.39) の $\inf \geq \sup$．ここで $\inf = -\infty$ または $\sup = +\infty$ ならば (2.39) が成立する．条件 (a1) または (a2) が成り立つとき，$\inf = \Delta$ (有限

値) として，$(f-\Delta, h)$ に定理 2.7 を適用すると，ある $\alpha^* \in \mathbf{R}$, $p^* \in \mathbf{R}^n$ に対して

$$f(x) - \Delta \geq \alpha^* + \langle p^*, x \rangle \geq h(x) \qquad (\forall\, x \in \mathbf{R}^n)$$

となる．これより $f^\bullet(p^*) \leq -\alpha^* - \Delta$, $h^\circ(p^*) \geq -\alpha^*$ となり，$\inf = \Delta \leq h^\circ(p^*) - f^\bullet(p^*) \leq \sup$ が示される (とくに p^* が sup を達成する)．条件 (b1) または (b2) が成り立つときには，定理 2.4 により $(f^\bullet)^\bullet = f$, $(h^\circ)^\circ = h$ が成り立つので，$(f^\bullet, h^\circ)$ に対して同様の議論ができる (多面体的凸関数の共役関数は多面体的凸関数である)．■

2.9 [例]　式 (2.30) の凸関数 f と $h(x) = -f(-x)$ で定義される凹関数 h に対して分離定理と Fenchel 双対定理を考えよう．$f(x) \geq h(x)$ $(\forall\, x)$ であるが，$Y = f(x)$ と $Y = h(x)$ のグラフはともに原点 $(0,0)$ で Y 軸に接するので，これを分離する 1 次関数は存在しない (定理 2.7 の条件が満たされていない)．共役関数は $f^\bullet(p) = \exp(p-1)$, $h^\circ(p) = -\exp(p-1)$ となるので，

$$f(x) - h(x) = \begin{cases} 0 & (x = 0) \\ +\infty & (x \neq 0), \end{cases} \qquad h^\circ(p) - f^\bullet(p) = -2\exp(p-1) \quad (2.40)$$

である．したがって，式 (2.39) の両辺とも 0 に等しい．ここで，定理 2.8 の条件 (b1) が満たされ，(a1) は満たされていないこと，および，式 (2.39) の inf は $x = 0$ で達成されるのに対し，sup を達成する p が存在しないことに注意されたい．□

2.10 [例]　2 変数の凸関数 f，凹関数 h を

$$f(x_1, x_2) = \begin{cases} 0 & (x_1 = 0, x_2 \geq 0) \\ +\infty & (\text{その他}) \end{cases}$$

$$h(x_1, x_2) = \begin{cases} 1 & (x_1 x_2 \geq 1, x_1 > 0, x_2 > 0) \\ \sqrt{x_1 x_2} & (x_1 x_2 \leq 1, x_1 \geq 0, x_2 \geq 0) \\ -\infty & (\text{その他}) \end{cases}$$

で定義する．式 (2.39) において，$\inf = 0$, $\sup = -1$ となり両者は等しくない．$\mathrm{dom}\, f \cap \mathrm{dom}\, h \neq \emptyset$, $\mathrm{dom}\, f \cap \mathrm{ri}\,(\mathrm{dom}\, h) = \mathrm{ri}\,(\mathrm{dom}\, f) \cap \mathrm{ri}\,(\mathrm{dom}\, h) = \emptyset$ であり，$\mathrm{dom}\, f^\bullet = \{(p_1, p_2) \mid p_2 \leq 0\}$, $\mathrm{dom}\, h^\circ = \{(p_1, p_2) \mid p_1 \geq 0, p_2 \geq 0\}$

より $\mathrm{ri}\,(\mathrm{dom}\, f^{\bullet}) \cap \mathrm{ri}\,(\mathrm{dom}\, h^{\circ}) = \emptyset$ である．したがって，定理 2.8 の 4 条件 (a1)〜(b2) のどれも満たされていない． □

二つの関数 $f_i : \mathbf{R}^n \to \mathbf{R} \cup \{+\infty\}$ $(i = 1, 2)$ に対して，**合成積** (infimal convolution) $f_1 \,\Box\, f_2 : \mathbf{R}^n \to \mathbf{R} \cup \{\pm\infty\}$ を

$$(f_1 \,\Box\, f_2)(x) = \inf\{f_1(x_1) + f_2(x_2) \mid x = x_1 + x_2, x_1, x_2 \in \mathbf{R}^n\} \quad (x \in \mathbf{R}^n) \tag{2.41}$$

と定義する．$f_1 \,\Box\, f_2$ が $-\infty$ にならないとき，

$$\mathrm{dom}\,(f_1 \,\Box\, f_2) = \mathrm{dom}\, f_1 + \mathrm{dom}\, f_2 \tag{2.42}$$

である (右辺は集合の Minkowski 和)．合成積と和は Legendre–Fenchel 変換に関する共役な演算であり，適当な前提条件を満たす凸関数に対して次の関係が成り立つ:

$$(f_1 \,\Box\, f_2)^{\bullet} = f_1{}^{\bullet} + f_2{}^{\bullet}, \tag{2.43}$$

$$(f_1 + f_2)^{\bullet} = f_1{}^{\bullet} \,\Box\, f_2{}^{\bullet}. \tag{2.44}$$

第一の関係式 (2.43) は，任意の真凸関数 f_1, f_2 に対して成り立ち，その証明も定義より容易である．第二の関係式 (2.44) は，Fenchel 双対定理 2.8 と同等の主張であり，前提条件として，たとえば，$\mathrm{ri}\,(\mathrm{dom}\, f_1) \cap \mathrm{ri}\,(\mathrm{dom}\, f_2) \neq \emptyset$ を仮定する必要がある．

1.3 線形計画問題

最適化問題の中で最も扱いやすい問題である線形計画問題とその双対定理について述べる．線形計画の双対定理の基礎は **Farkas の補題**と呼ばれる次の事実であり，これは凸集合の分離定理の特殊ケースとして導出される．

2.11 [定理] (Farkas の補題)　行列 A とベクトル b に関して，次の 2 条件 (a), (b) は同値である (不等号 $\geq$ は成分ごとの不等号である)．

(a) $Ax = b$ を満たす非負ベクトル $x \geq \mathbf{0}$ が存在する．

(b) $y^{\mathrm{T}} A \geq \mathbf{0}^{\mathrm{T}}$ を満たす任意の y に対して $y^{\mathrm{T}} b \geq 0$.

証明　[(a) ⇒ (b)] の証明: $Ax = b$, $x \geq \mathbf{0}$, $y^{\mathrm{T}} A \geq \mathbf{0}^{\mathrm{T}}$ ならば $y^{\mathrm{T}} b = y^{\mathrm{T}} A x \geq 0$.

[(b) ⇒ (a)] の証明: A の列ベクトル a_i $(i = 1, \cdots, n)$ の生成する凸錐を S とする (すなわち $S = \{\sum_{i=1}^{n} x_i a_i \mid x_i \geq 0\}$). (a) が不成立とすると $b \notin S$ であり，分離定理 2.6 により，ある y が存在して $y^{\mathrm{T}} a_i \geq 0$ $(i = 1, \cdots, n)$, $y^{\mathrm{T}} b < 0$ となる.（ここでは分離定理を用いたが，これによらない代数的な証明もある. 章末に挙げた線形計画法の教科書を見られたい.） ∎

さて，$m \times n$ 行列 A, m 次元ベクトル b, n 次元ベクトル c が与えられたとき，一組の最適化問題

[主問題]		[双対問題]	
Minimize	$c^{\mathrm{T}} x$	Maximize	$b^{\mathrm{T}} y$
subject to	$Ax = b$	subject to	$A^{\mathrm{T}} y \leq c$
	$x \geq \mathbf{0}$		

(2.45)

を考える. 制約式が線形の不等式で，目的関数も線形であることから，この種の最適化問題は**線形計画問題**と呼ばれる. 上の二つの問題は互いに他の双対問題であるといわれるが，ここでは便宜上，左側を**主問題**，右側を**双対問題**と呼んでおく. それぞれの実行可能領域を

$$P = \{x \in \mathbf{R}^n \mid Ax = b, x \geq \mathbf{0}\}, \quad D = \{y \in \mathbf{R}^m \mid A^{\mathrm{T}} y \leq c\}$$

と表す. このとき，次の**双対定理**が成り立つ.

2.12 [定理] (線形計画の双対定理)

(1) [**弱双対性**] 任意の $x \in P$ と $y \in D$ に対して $c^{\mathrm{T}} x \geq b^{\mathrm{T}} y$.

(2) [**強双対性**] $P \neq \emptyset$ または $D \neq \emptyset$ ならば

$$\inf\{c^{\mathrm{T}} x \mid x \in P\} = \sup\{b^{\mathrm{T}} y \mid y \in D\} \tag{2.46}$$

が成り立つ[2]. この値が有限であることと P と D の両方が非空であることは同値であり，そのとき，inf を達成する x と sup を達成する y が存在する.

(3) [**相補性**] $x \in P$ と $y \in D$ が最適解であるためには

$$\text{各 } j = 1, \cdots, n \text{ に対し，} x_j = 0 \text{ または } (A^{\mathrm{T}} y - c)_j = 0 \tag{2.47}$$

[2] $P = \emptyset$ のとき $\inf_{x \in P} = +\infty$, $D = \emptyset$ のとき $\sup_{y \in D} = -\infty$ と約束する.

が必要かつ十分である ($A^{\mathrm{T}}y - c$ の第 j 成分を $(A^{\mathrm{T}}y - c)_j$ と表す).

証明　(1) $x \in P, y \in D$ ならば $y^{\mathrm{T}}b = y^{\mathrm{T}}Ax \le c^{\mathrm{T}}x$ である.

(2) (i) [$P \neq \emptyset$ かつ $D \neq \emptyset$ の場合]: 弱双対性により，$c^{\mathrm{T}}x \le b^{\mathrm{T}}y$ を満たす $x \in P, y \in D$ の存在を示せばよいが，これを $w = b^{\mathrm{T}}y - c^{\mathrm{T}}x \ge 0$, $y = y' - y''$ $(y', y'' \ge \mathbf{0})$, $z = c - A^{\mathrm{T}}y \ge \mathbf{0}$ とおいて書きなおすと，方程式系

$$\begin{bmatrix} 1 & c^{\mathrm{T}} & -b^{\mathrm{T}} & b^{\mathrm{T}} & \mathbf{0}^{\mathrm{T}} \\ \mathbf{0} & A & O & O & O \\ \mathbf{0} & O & A^{\mathrm{T}} & -A^{\mathrm{T}} & I \end{bmatrix} \begin{bmatrix} w \\ x \\ y' \\ y'' \\ z \end{bmatrix} = \begin{bmatrix} 0 \\ b \\ c \end{bmatrix}$$

が非負解をもつことになる．Farkas の補題 (定理 2.11) より，この条件は

$$\alpha c + A^{\mathrm{T}}\beta \ge \mathbf{0},\ \alpha b = A\gamma,\ \alpha \ge 0,\ \gamma \ge \mathbf{0} \implies \beta^{\mathrm{T}}b + \gamma^{\mathrm{T}}c \ge 0$$

と同値である．$\alpha > 0$ の場合にこれを示すのは容易である．$\alpha = 0$ の場合には，$P \neq \emptyset$ と $A^{\mathrm{T}}\beta \ge \mathbf{0}$ から $\beta^{\mathrm{T}}b \ge 0$ が導かれ，$D \neq \emptyset$ と $A\gamma = \mathbf{0}, \gamma \ge \mathbf{0}$ から $\gamma^{\mathrm{T}}c \ge 0$ が導かれる.

(ii) [$P = \emptyset, D \neq \emptyset$ の場合]: $P = \emptyset$ と Farkas の補題より，$A^{\mathrm{T}}\beta \ge \mathbf{0}, b^{\mathrm{T}}\beta < 0$ を満たす β が存在する．$y_0 \in D$ をとると，任意の $\lambda \ge 0$ に対して $y_0 - \lambda\beta \in D$ で，$b^{\mathrm{T}}(y_0 - \lambda\beta) \to +\infty$ $(\lambda \to +\infty)$. ゆえに (2.46) の両辺とも $+\infty$.

(iii) [$P \neq \emptyset, D = \emptyset$ の場合]: $D = \emptyset$ と Farkas の補題より，$A\gamma = \mathbf{0}, \gamma \ge \mathbf{0}$, $c^{\mathrm{T}}\gamma < 0$ を満たす γ が存在する．$x_0 \in P$ をとると, $\lambda \ge 0$ に対して $x_0 + \lambda\gamma \in P$, $c^{\mathrm{T}}(x_0 + \lambda\gamma) \to -\infty$ $(\lambda \to +\infty)$ となり，(2.46) の両辺とも $-\infty$.

(3) 弱双対性と強双対性より容易に導かれる.　■

線形計画問題において行列 A やベクトル b, c の要素が整数であっても，最適解は一般には分数を要素とするベクトルになる．最適解が整数ベクトルになる場合を次に述べよう.

整数を要素とする行列 A が行フルランクで (階数が行の数に等しく)，任意の行フルな小行列式の値が $0, \pm 1$ のどれかであるとき，行列 A は**単模** (あるいは**ユニモジュラ**) であるという．行列 A の任意の小行列式の値が $0, \pm 1$ のどれか

であるとき，行列 A は**完全単模**であるという (完全単模行列の要素は 0, ±1 である)．完全単模行列は単模である．

完全単模行列の例を挙げる．

2.13［例］　グラフの構造は**節点**と**枝**の接続関係を表す行列によって表現される (各枝の始点と終点は異なるとする)．V を**節点集合**，$\hat{A}$ を**枝集合**とする**グラフ**を $G = (V, \hat{A})$ と書き表す．V を行番号の集合，$\hat{A}$ を列番号の集合にもつ $|V| \times |\hat{A}|$ 行列 A を

$$A \text{ の } (v, a) \text{ 要素} = \begin{cases} +1 & (\text{節点 } v \text{ が枝 } a \text{ の始点}) \\ -1 & (\text{節点 } v \text{ が枝 } a \text{ の終点}) \\ 0 & (\text{その他}) \end{cases}$$

と定義し，これを $G = (V, \hat{A})$ の**接続行列**と呼ぶ (次節の式 (2.53) の例参照)．これは典型的な完全単模行列である．□

2.14［例］　有限集合 V の部分集合の**鎖** $\mathcal{C} : X_1 \subsetneqq X_2 \subsetneqq \cdots \subsetneqq X_m$ に対して，$m \times |V|$ 行列 $C = (C_{ij})$ を

$$C_{ij} = \begin{cases} 1 & (j \in X_i) \\ 0 & (j \notin X_i) \end{cases} \qquad (1 \le i \le m, j \in V)$$

と定義し，これを鎖 $\mathcal{C}$ の**接続行列**と呼ぶ (C の第 i 行は X_i の特性ベクトル χ_{X_i} である)．二つの鎖 $\mathcal{C}^1, \mathcal{C}^2$ の接続行列 C^1, C^2 を縦に積み上げた行列 $A = \begin{bmatrix} C^1 \\ C^2 \end{bmatrix}$ は完全単模行列である．

これを示すには，A が正方行列であるとして $\det A$ を調べれば十分である．二つの鎖を $\mathcal{C}^k : X_1^k \subsetneqq X_2^k \subsetneqq \cdots \subsetneqq X_{m_k}^k$ $(k = 1, 2)$ とする．行列 C^k の第 i 行を $X_i^k \setminus X_{i-1}^k$ の特性ベクトル $\chi_{X_i^k \setminus X_{i-1}^k}$ で置き換えた行列を D^k とする (ただし $X_0^k = \emptyset$)．D^1 と $-D^2$ を縦に積み上げた行列を $\tilde{A}$ とすると，$\det A = \pm \det \tilde{A}$ である．ここで，$\tilde{A}$ の各列の非零要素は 1 か -1 でそれぞれが 1 個以下であるから，$\tilde{A}$ はあるグラフの接続行列 (例 2.13) の部分行列と見なすことができる．したがって $\det \tilde{A} \in \{0, \pm 1\}$ である．□

2.15 [定理]

(1) 整数行列 A が単模ならば，任意の整数ベクトル b, c に対して線形計画問題 (2.45) の主問題は (最適解をもつ限り) 整数最適解 ($x \in \mathbf{Z}^n$) をもつ．

(2) 整数行列 A が完全単模ならば，任意の整数ベクトル b, c に対して線形計画問題 (2.45) の双対問題は (最適解をもつ限り) 整数最適解 ($y \in \mathbf{Z}^m$) をもつ．

上の定理の応用として，2 部グラフ上の最小重みマッチング問題に関する基本的な定理を示しておく．(V^+, V^-) を節点集合，$\hat{A}$ を枝集合とする **2 部グラフ**を $G = (V^+, V^-; \hat{A})$ と書き表す．枝を要素とする集合 $M \subseteq \hat{A}$ で，その中のどの二つの枝も端点を共有しないようなものを**マッチング**と呼ぶ．さらに $|M| = |V^+| = |V^-|$ であるとき，M を**完全マッチング**と呼ぶ．

2.16 [命題]　2 部グラフ $G = (V^+, V^-; \hat{A})$ において $|V^+| = |V^-|$ とし，重み関数 $c : V^+ \times V^- \to \mathbf{R} \cup \{+\infty\}$ が与えられているとする (ただし，$c(u, v) < +\infty \iff (u, v) \in \hat{A}$ とする)．完全マッチングが存在するならば，あるポテンシャル $\hat{p} : V^+ \cup V^- \to \mathbf{R}$ と節点の番号づけ $V^+ = \{u_1, \cdots, u_m\}$, $V^- = \{v_1, \cdots, v_m\}$ とが存在して，すべての $1 \leq i, j \leq m$ に対して

$$
c(u_i, v_j) + \hat{p}(u_i) - \hat{p}(v_j) \begin{cases} = 0 & (1 \leq i = j \leq m) \\ \geq 0 & (1 \leq i, j \leq m) \end{cases} \tag{2.48}
$$

となる．このとき，$\{(u_i, v_i) \mid i = 1, \cdots, m\}$ は完全マッチングであり，

$$
\text{完全マッチングの最小重み} = \sum_{i=1}^{m} c(u_i, v_i) = \sum_{i=1}^{m} (\hat{p}(v_i) - \hat{p}(u_i)) \tag{2.49}
$$

が成り立つ．

証明　マッチングを線形計画問題として定式化する．(2.45) の主問題において，行列 A を G の接続行列 (行は $V^+ \cup V^-$ に，列は $\hat{A}$ に対応)，ベクトル b を

$$
b(v) = \begin{cases} 1 & (v \in V^+) \\ -1 & (v \in V^-) \end{cases}
$$

と定義し，c を枝の重み $c(u, v)$ を成分とするベクトルとする．A は完全単模であるから，定理 2.15 により，最適解は $\{0, 1\}$ ベクトルとしてよいので，最適解は完全マッチングに対応する．$\hat{p}$ としては双対問題の最適解をとればよい．　■

2.17 ［補足］　　行列 A の列ベクトルを a_i $(i=1,\cdots,n)$ とするとき，Farkas の補題 (定理 2.11) の (b) はその対偶

(c) $y^{\mathrm{T}}b<0 \Rightarrow$ ある i $(1\le i\le n)$ に対して $y^{\mathrm{T}}a_i<0$

と同値である．ベクトル a_i $(i=1,\cdots,n)$ が線形独立ならば，この条件 (c) は

(d) $y^{\mathrm{T}}b<0 \Rightarrow$ ある i $(1\le i\le n)$ に対して $y^{\mathrm{T}}a_i\le 0$

と同値であることを示しておこう．[(d) ⇒ (c)] を証明すればよい．(c) が不成立とすると，ある $\hat{y}$ が存在して $\hat{y}^{\mathrm{T}}b<0$, $\hat{y}^{\mathrm{T}}a_i\ge 0$ $(i=1,\cdots,n)$. 一方，線形独立性よりゼロベクトル $\mathbf{0}$ は a_i $(i=1,\cdots,n)$ の閉凸包に含まれないから，分離定理 2.6 により，ある z が存在して $z^{\mathrm{T}}a_i>0$ $(i=1,\cdots,n)$ である．十分小さい $\varepsilon>0$ に対して $y=\hat{y}+\varepsilon z$ とおくと，$y^{\mathrm{T}}b<0$, $y^{\mathrm{T}}a_i>0$ $(i=1,\cdots,n)$ となり，(d) に矛盾する．　□

2．組合せ構造をもつ凸 2 次関数

第1章2節において「組合せ構造を兼ね備えた凸関数」という言葉の意味を議論し，方向の離散性をもった凸関数という概念を一般論として説明した．本節では．その典型例を 2 次関数の場合に調べる．2 次関数は対称行列による 2 次形式として表現されるので，具体的に計算ができるという利点がある．後に展開する公理的・抽象的議論の動機を与えることが目的である．

2.1　対称 M 行列

行列の組合せ構造の典型例として，応用にもよく現れる符号パターンを考察しよう．対称行列の符号パターンを，それが定義する 2 次形式の組合せ的凸性に翻訳することが主題である．

対称行列 $L=(\ell_{ij}\mid i,j=1,\cdots,n)$ で二つの条件

$$\text{［非対角非正］}\quad \ell_{ij}\le 0 \qquad (i\ne j; 1\le i,j\le n), \tag{2.50}$$

$$\text{［対角優位］}\quad \sum_{j=1}^{n}\ell_{ij}\ge 0 \qquad (1\le i\le n) \tag{2.51}$$

を満たすものを考える．条件 (2.50) の下で (2.51) は $\ell_{ii}\ge\sum_{j\ne i}|\ell_{ij}|$ と書けることに注意する．このような行列は応用にもよく現れる重要なクラスである．

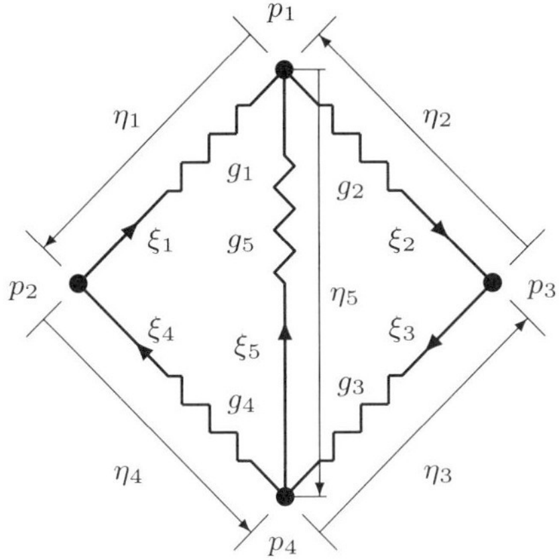

図 2.4　抵抗回路

2.18 [例]　**Poisson 方程式** $-\Delta u = \sigma$ を考える．ここで Δ はラプラシアン (Laplacian) を表し，空間が 1 次元の場合には $\Delta = \mathrm{d}^2/\mathrm{d}x^2$ である．この方程式を数値的に解くために微分を差分で置き換えて離散化すると，空間が 1 次元の場合には

$$L = \begin{bmatrix} 2 & -1 & & \\ -1 & 2 & -1 & \\ & -1 & 2 & -1 \\ & & -1 & 2 \end{bmatrix} \tag{2.52}$$

という係数行列が得られる (ディリクレ境界条件を想定している)．この行列は上の 2 条件を満たしている． □

2.19 [例]　簡単な電気回路を図 2.4 に示す．この回路は 4 つの節点と 5 本の枝（線形抵抗）からなる．各枝の**コンダクタンス** (抵抗値の逆数) を $g_j > 0$ $(j = 1, \cdots, 5)$ とし，**節点電位**を $p = (p_i \mid i = 1, \cdots, 4)$，**枝電圧**を $\eta = (\eta_j \mid j = 1, \cdots, 5)$，**枝電流**を $\xi = (\xi_j \mid j = 1, \cdots, 5)$ とする．この回路のグラフ構造を節点と枝の接続行列 A (例 2.13 参照) で表現すると

$$A = \begin{bmatrix} -1 & 1 & 0 & 0 & -1 \\ 1 & 0 & 0 & -1 & 0 \\ 0 & -1 & 1 & 0 & 0 \\ 0 & 0 & -1 & 1 & 1 \end{bmatrix} \tag{2.53}$$

となり，枝電圧 η と節点電位 p の間には $\eta = A^{\mathrm{T}} p$ の関係がある．コンダクタンス g_j を対角要素にもつ対角行列を Y とすると，オームの法則は $\xi = Y\eta$ と書ける．また，電流保存則を各節点から流出する電流の和はゼロであるという形に表現すると $A\xi = \mathbf{0}$ と書ける．以上から，許容される節点電位 p の満たす方程式 $AYA^{\mathrm{T}} p = \mathbf{0}$ が得られる．係数行列 $L = AYA^{\mathrm{T}}$ は

$$L = \begin{bmatrix} g_1+g_2+g_5 & -g_1 & -g_2 & -g_5 \\ -g_1 & g_1+g_4 & 0 & -g_4 \\ -g_2 & 0 & g_2+g_3 & -g_3 \\ -g_5 & -g_4 & -g_3 & g_3+g_4+g_5 \end{bmatrix} \tag{2.54}$$

となり，上の条件 (2.50), (2.51) を満たしている．なお，L は**節点アドミッタンス行列**と呼ばれる．□

2.20［補足］　各要素が非負である行列 B と実数 $s \geq \rho(B)$ によって $L = sI - B$ と表される行列 L を **M 行列**と呼ぶ (ここで $\rho(B)$ は B のスペクトル半径，すなわち，B の最大固有値の大きさを表す)．正則な M 行列は，非対角要素 ≤ 0 であって逆行列の要素がすべて非負である行列として特徴づけられる．本節で考察する行列は，対角優位な対称 M 行列である．任意の対称 M 行列は，正の対角要素からなる対角行列を左右から乗じて対角優位にできることが知られている．M 行列は，制御工学 [76], [140]，数値解析 [4], [147]，経済学 [118] などにおいて重要な概念である．M 行列の数学的性質に関しては [5] を参照されたい．□

2.21［命題］　条件 (2.50), (2.51) を満たす対称行列 L は半正定値である．

証明　行列 L の大きさ n に関する帰納法による．任意の $n-1$ 次以下の主小行列は (2.50), (2.51) を満たすので，帰納法の仮定と (2.4) により，その行列式は非負である．したがって，$\det L \geq 0$ を示せばよい ((2.4) の $\Leftarrow$ による)．L_{11}

を $n-1$ 次行列，$L_{22}=\ell_{nn}$ として

$$L = \begin{bmatrix} L_{11} & L_{12} \\ L_{21} & L_{22} \end{bmatrix}$$

と分割する．$\ell_{nn}=0$ ならば $\ell_{ni}=\ell_{in}=0\ (i=1,\cdots,n-1)$ だから, $\det L=0$ である．$\ell_{nn}>0$ のとき，$\hat{L}_{11}=L_{11}-L_{12}{L_{22}}^{-1}L_{21}$ とおく．$\hat{L}_{11}$ の非対角要素 $\ell_{ij}-\ell_{in}{\ell_{nn}}^{-1}\ell_{nj}\ (1\le i\ne j\le n-1)$ は，$\ell_{ij},\ell_{in},\ell_{nj}\le 0$, $\ell_{nn}>0$ により非正である．また，$\hat{L}_{11}$ の第 i 行和は

$$\sum_{j=1}^{n-1}\ell_{ij}-\frac{\ell_{in}}{\ell_{nn}}\sum_{j=1}^{n-1}\ell_{nj}\ge\frac{-\ell_{in}}{\ell_{nn}}\sum_{j=1}^{n}\ell_{nj}\ge 0.$$

したがって，$\hat{L}_{11}$ は (2.50), (2.51) を満たし，帰納法の仮定より，$\hat{L}_{11}$ は半正定値である．ゆえに，$\det L=\ell_{nn}\cdot\det\hat{L}_{11}\ge 0$. ∎

行列 L の定める 2 次形式

$$g(p)=\frac{1}{2}\,p^{\mathrm{T}}Lp \qquad (p\in\mathbf{R}^n) \tag{2.55}$$

に着目しよう．命題 2.21 より $g(p)$ は凸関数である (補足 2.2 参照) が，ここではさらに，行列 L のもっている組合せ的性質 (2.50), (2.51) の反映として $g(p)$ がどのような組合せ的性質をもっているかに興味がある．

2.22 ［**補足**］　正定値対称行列 L を係数行列，変数 p を未知数とする方程式 $Lp=c$ の解は，2 次関数 $\frac{1}{2}\,p^{\mathrm{T}}Lp-p^{\mathrm{T}}c$ の最小化問題の解として特徴づけられるので，2 次形式を考えることは自然である．例 2.18 の Poisson 方程式 (空間 1 次元) に対応するのは，汎関数

$$I[u]=\int_a^b\left[\frac{1}{2}(u'(x))^2-\sigma(x)u(x)\right]\mathrm{d}x$$

の最小化問題（変分問題）である．(2.55) の 2 次形式 $g(p)$ は $\int_a^b\frac{1}{2}(u'(x))^2\mathrm{d}x$ の離散化に対応している． □

ベクトル $p,q\in\mathbf{R}^n$ に対して，成分ごとに最大値，最小値をとって得られるベクトルを $p\vee q$, $p\wedge q$ と書くことにする:

$$(p\vee q)_i=\max(p_i,q_i),\quad (p\wedge q)_i=\min(p_i,q_i). \tag{2.56}$$

不等式

$$g(p) + g(q) \geq g(p \vee q) + g(p \wedge q) \qquad (p, q \in \mathbf{R}^n) \tag{2.57}$$

を**劣モジュラ不等式**と呼び，これを満たす関数 $g : \mathbf{R}^n \to \mathbf{R} \cup \{+\infty\}$ を**劣モジュラ関数**と呼ぶ．関数 g が**劣モジュラ性**をもつという言い方もする．なお，不等式 (2.57) は $g(p)$ と $g(q)$ の少なくとも一方が $+\infty$ ならば成立していると約束する．

2.23［命題］　L を対称行列とする．L の非対角非正性 (2.50) と $g(p)$ の劣モジュラ性 (2.57) とは同値である．

証明　式 (2.57) で $p = \chi_i$ (第 i 単位ベクトル), $q = \chi_j$ (第 j 単位ベクトル) とすると，(2.50) が得られる．逆は次のようにする．$a = p \wedge q$, $p = a + \hat{p}$, $q = a + \hat{q}$ とおくと，$p \vee q = a + \hat{p} + \hat{q}$ である．これを (2.55) に代入して計算すると，

$$\text{(2.57) の右辺} - \text{左辺} = \hat{p}^{\mathrm{T}} L \hat{q} = \sum_{i \in I} \sum_{j \in J} \hat{p}_i \ell_{ij} \hat{q}_j \leq 0$$

となる．ここで，$I = \{i \mid \hat{p}_i > 0\}$, $J = \{j \mid \hat{q}_j > 0\}$ であり，$I \cap J = \emptyset$ より $\ell_{ij} \leq 0$ $(i \in I, j \in J)$ であることに注意．■

このように，非対角要素が非正であるという行列 L の性質は，2 次形式 $g(p)$ の性質としては劣モジュラ性に翻訳される．では，対角優位性を含めるとどうなるであろうか．そのために，劣モジュラ性を強めた**並進劣モジュラ性**

$$g(p) + g(q) \geq g((p - \alpha\mathbf{1}) \vee q) + g(p \wedge (q + \alpha\mathbf{1})) \quad (\alpha \geq 0,\ p, q \in \mathbf{R}^n) \tag{2.58}$$

を考える．ただし $\mathbf{1} = (1, 1, \cdots, 1) \in \mathbf{R}^n$ である．ここで $\alpha = 0$ としたものが本来の劣モジュラ性である．

2.24［定理］　対称行列 L に対して次の 2 条件 (a), (b) は同値である：

(a) L が非対角非正 (2.50) かつ対角優位 (2.51) である．

(b) $g(p)$ が並進劣モジュラ性 (2.58) をもつ．

証明　(b) ⇒ (a): 命題 2.23 により，(2.50) は成り立つ．式 (2.58) で $p = \chi_i$, $q = -\mathbf{1}$, $\alpha = 1$ とすると，左辺 $\times 2 = \chi_i^{\mathrm{T}} L \chi_i + \mathbf{1}^{\mathrm{T}} L \mathbf{1}$, 右辺 $\times 2 = \chi_i^{\mathrm{T}} L \chi_i +$

$\mathbf{1}^{\mathrm{T}} L\mathbf{1} - 2\chi_i^{\mathrm{T}} L\mathbf{1}$ となる．ここで，$\chi_i^{\mathrm{T}} L\mathbf{1}$ が第 i 行和に等しいことから (2.51) が導かれる．

(a) ⇒ (b): $I = \{i \mid \alpha \leq p_i - q_i\}$, $J =$(I の補集合) とおくと，

$$((p-\alpha\mathbf{1})\vee q)_i = \begin{cases} p_i - \alpha & (i \in I) \\ q_i & (i \in J), \end{cases} \qquad (p\wedge(q+\alpha\mathbf{1}))_i = \begin{cases} q_i + \alpha & (i \in I) \\ p_i & (i \in J) \end{cases}$$

である．式 (2.51) から導かれる不等式 $\sum_{k\in I} \ell_{ik} \geq -\sum_{j\in J} \ell_{ij}$, および (2.50) を用いて計算すると，

$$\begin{aligned} &(2.58)\text{ の左辺} - \text{右辺} \\ &= \sum_{i\in I} \alpha(p_i - q_i - \alpha) \sum_{k\in I} \ell_{ik} + \sum_{i\in I}\sum_{j\in J} (p_i - q_i - \alpha)(p_j - q_j)\ell_{ij} \\ &\geq -\sum_{i\in I} \alpha(p_i - q_i - \alpha) \sum_{j\in J} \ell_{ij} + \sum_{i\in I}\sum_{j\in J} (p_i - q_i - \alpha)(p_j - q_j)\ell_{ij} \\ &= \sum_{i\in I}\sum_{j\in J} (p_i - q_i - \alpha)(p_j - q_j - \alpha)\ell_{ij} \ \geq 0 \end{aligned}$$

となる．したがって，(2.58) が成り立つ．■

上の定理 2.24 と命題 2.21 から，2 次関数が並進劣モジュラ性をもてば凸関数であるという命題が得られるが，この逆は成り立たない．並進劣モジュラ性においては座標成分の大小関係や **1** という特別の方向が大切であるから，座標軸の反転やスケーリングを行うと並進劣モジュラ性は保たれない．したがって，並進劣モジュラ性は組合せ的な性質を兼ね備えた凸性を表現していることになる．

2.25 [補足]　1 次関数 $p^{\mathrm{T}} c$ は並進劣モジュラ性 (2.58) を等号で満たす．したがって, $g(p)$ が並進劣モジュラであることと $g(p) - p^{\mathrm{T}} c$ が並進劣モジュラであることは同値である．とくに, L が (2.50), (2.51) を満たせば $g(p) = \frac{1}{2} p^{\mathrm{T}} Lp - p^{\mathrm{T}} c$ は並進劣モジュラである．□

2.26 [補足]　本節で考察した 2 次形式は**ディリクレ形式**と呼ばれるもの (の有限次元の場合) に一致する．ディリクレ形式はマルコフ過程論やポテンシャル論において重要な概念であるが，詳細は文献 [47], [48] に譲る．ここでは，対称行列 L に対して次の 5 条件 (a), (b), (c), (d), (e) が同値[3]であることを述べて

---

[3] ディリクレ形式論の用語では，$-L$ が**生成作用素**，$\alpha^{-1}S_\alpha$ が**レゾルベント**，T_t が**半群**にあたる．

おく．なお，定理 2.24 により，これらの条件は $g(p)$ の並進劣モジュラ性 (2.58) とも同値である．

(a) L が非対角非正 (2.50) かつ対角優位 (2.51) である．

(b) $g(p) = \frac{1}{2}\, p^{\mathrm{T}} Lp$ が**正規縮小に関する安定性**をもつ: $p, q \in \mathbf{R}^n$ に対し，

$$|p_i| \geq |q_i|, |p_i - p_j| \geq |q_i - q_j| \quad (1 \leq i, j \leq n) \Longrightarrow g(p) \geq g(q).$$

(c) $g(p) = \frac{1}{2}\, p^{\mathrm{T}} Lp$ が**単位縮小に関する安定性**をもつ:

$$g(p) \geq g((\mathbf{0} \vee p) \wedge \mathbf{1}) \quad (p \in \mathbf{R}^n).$$

(d) 任意の $\alpha > 0$ に対して，$S_\alpha = \left(I + \frac{1}{\alpha} L\right)^{-1}$ が存在して**マルコフ的**:

$$\mathbf{0} \leq x \leq \mathbf{1} \implies \mathbf{0} \leq S_\alpha x \leq \mathbf{1}.$$

(e) 任意の $t > 0$ に対して，$T_t = \exp(-tL)$ がマルコフ的．

[(a) ⇒ (b) の証明]: $\{p_i \mid 1 \leq i \leq n\} \cup \{0\}$ の相異なる値を $\pi_1 > \pi_2 > \cdots > \pi_m$ とし，$X = \{i \mid p_i = \pi_1\}, Y = \{i \mid p_i = \pi_m\}$ とおく．$q = p - \alpha\chi_X$ $(0 \leq \alpha \leq 2(\pi_1 - \pi_2))$ および $q = p + \beta\chi_Y$ $(0 \leq \beta \leq 2(\pi_{m-1} - \pi_m))$ に対して $g(p) \geq g(q)$ を示せばよい (任意の正規縮小はこのような変換を繰り返して得られるからである)．どちらの場合も同様であるから，前者の場合を示そう．$X \neq \emptyset, \alpha > 0, \pi_1 > \pi_2 \geq 0$ としてよい．このとき

$$\begin{aligned}
&\frac{1}{\alpha}(g(p) - g(q)) \\
&= \sum_{i \in X} \sum_{j=1}^{n} \ell_{ij} p_j - \frac{\alpha}{2} \sum_{i \in X} \sum_{j \in X} \ell_{ij} = (\pi_1 - \frac{\alpha}{2}) \sum_{i \in X} \sum_{j \in X} \ell_{ij} + \sum_{i \in X} \sum_{j \notin X} \ell_{ij} p_j \\
&\geq \pi_2 \sum_{i \in X} \sum_{j \in X} \ell_{ij} + \sum_{i \in X} \sum_{j \notin X} \ell_{ij} \pi_2 = \pi_2 \sum_{i \in X} \sum_{j=1}^{n} \ell_{ij} \geq 0.
\end{aligned}$$

[(b) ⇒ (c) の証明]: $q = (\mathbf{0} \vee p) \wedge \mathbf{1}$ は p の正規縮小である．

[(c) ⇒ (a) の証明]: α を十分小さい正の数として，$p = \chi_i - \alpha\chi_j$ とすると (2.50) が導かれ，$p = \mathbf{1} + \alpha\chi_i$ とすると (2.51) が導かれる．

[(c) ⇒ (d) の証明]: 既に示したように (c) ⇒ (a) であるから，命題 2.21 により L は半正定値であり，したがって S_α が存在する．$\mathbf{0} \leq x \leq \mathbf{1}$ として $p_0 = S_\alpha x$

とおく．$\alpha > 0$ に対して

$$\psi(p) = g(p) + \frac{\alpha}{2}(p-x)^{\mathrm{T}}(p-x)$$

とおくと，$\psi(p)$ は $p = p_0$ において (そしてその点でのみ) 最小値をとる．$q_0 = (\mathbf{0} \vee p_0) \wedge \mathbf{1}$ とすると，仮定より $g(p_0) \geq g(q_0)$ であり，一方，$\mathbf{0} \leq x \leq \mathbf{1}$ より $(p_0 - x)^{\mathrm{T}}(p_0 - x) \geq (q_0 - x)^{\mathrm{T}}(q_0 - x)$ であるから $\psi(p_0) \geq \psi(q_0)$．これは $p_0 = q_0 = (\mathbf{0} \vee p_0) \wedge \mathbf{1}$ を示す．すなわち $\mathbf{0} \leq p_0 = S_\alpha x \leq \mathbf{1}$.

[(d) ⇒ (c) の証明]: $S_\alpha = (s_{ij})$ がマルコフ的であるから $s_{ij} \geq 0$ $(1 \leq i, j \leq n)$, $\sum_{j=1}^{n} s_{ij} \leq 1$ $(1 \leq i \leq n)$ である．$\alpha > 0$ に対して

$$g^{(\alpha)}(p) = \frac{1}{2}\, p^{\mathrm{T}} \left(I + \frac{1}{\alpha} L \right)^{-1} Lp$$

とおくと，$\alpha \to +\infty$ のとき $g^{(\alpha)}(p) \to g(p)$．一方，

$$2g^{(\alpha)}(p) = \alpha(p^{\mathrm{T}}p - p^{\mathrm{T}} S_\alpha p) = \frac{\alpha}{2} \sum_{i=1}^{n} \sum_{j=1}^{n} s_{ij}(p_i - p_j)^2 + \alpha \sum_{i=1}^{n} (1 - \sum_{j=1}^{n} s_{ij}) p_i^2$$

と書けるので，$g^{(\alpha)}(p)$ は正規縮小に関する安定性をもつ．ここで $\alpha \to +\infty$ とすればよい．

[(d) ⇒ (e) の証明]: 関係式 $T_t x = \lim\limits_{\alpha \to \infty} e^{-\alpha t} \sum_{n \geq 0} \frac{(\alpha t)^n}{n!} (S_\alpha)^n x$ による．

[(e) ⇒ (d) の証明]: 関係式 $S_\alpha x = \alpha \int_0^\infty e^{-\alpha t} T_t x dt$ による．□

2.2　共役関数の組合せ構造

前節では並進劣モジュラ性をもつ凸 2 次関数を扱った．ここでは，その共役関数の組合せ的性質を調べよう．2 次形式の共役関数は 2 次形式であり，逆行列によって定義される．

2.27 [命題]　M, L を正定値対称行列とする．$f(x) = \frac{1}{2} x^{\mathrm{T}} M x$ と $g(p) = \frac{1}{2} p^{\mathrm{T}} L p$ が Legendre–Fenchel 変換 (2.27) の意味で共役であるための必要十分条件は M, L が互いに他の逆行列であることである．

証明　式 (2.29) に従って計算すればよい．$\nabla f(x) = Mx$, $\nabla g(p) = Lp$ に注意．■

上の事実に基づき記号を定義する:

$$\mathcal{L} = \{L \mid L \text{ は正定値対称で (2.50), (2.51) を満たす}\}, \tag{2.59}$$

$$\mathcal{L}^{-1} = \{L^{-1} \mid L \in \mathcal{L}\}. \tag{2.60}$$

2.28 ［例］　Poisson 方程式 $-\Delta u = \sigma$ (例 2.18, 補足 2.22) を再度考える．式 (2.52) の L の逆行列 M は

$$M = \frac{1}{5}\begin{bmatrix} 4 & 3 & 2 & 1 \\ 3 & 6 & 4 & 2 \\ 2 & 4 & 6 & 3 \\ 1 & 2 & 3 & 4 \end{bmatrix} \tag{2.61}$$

となる．行列 L は微分作用素に対応し，L^{-1} は Green 関数に対応する．σ を与えて u を求める問題を順問題，u を与えて σ を求める問題を逆問題と呼ぶが，$g(p)$ は順問題の汎関数 $I[u]$ の近似であり，$g(p)$ の共役関数は逆問題の汎関数の近似である．　□

行列の族 $\mathcal{L}^{-1}$ の組合せ的特徴を明らかにしたい[4]．行列 $M \in \mathcal{L}^{-1}$ を直接調べる代わりに，2 次形式 $f(x) = \frac{1}{2}x^{\mathrm{T}}Mx$ に着目しよう．$M \in \mathcal{L}^{-1}$ は正定値なので $f(x)$ は狭義凸関数であるが，それに加えて，$f(x)$ が交換公理と呼ばれる組合せ的な性質をもつことを示すのが目標である．

まず，一般の凸関数 f が次の性質をもつことに注意する:

> 任意の $x, y \in \mathrm{dom}\, f$ に対して，ある正の実数 $\alpha_0 > 0$ が存在して，すべての $\alpha \in [0, \alpha_0]_{\mathbf{R}}$ に対して
>
> $$f(x) + f(y) \geq f(x - \alpha(x-y)) + f(y + \alpha(x-y)).$$

ここで，$[0, \alpha_0]_{\mathbf{R}}$ は閉区間 $\{\alpha \in \mathbf{R} \mid 0 \leq \alpha \leq \alpha_0\}$ を表す．証明は凸関数の定義式 (2.9) を使えば簡単であり，実は $\alpha_0 = 1$ にとれる．この命題は，2 点 x, y を結ぶ線分に沿って近づくと関数値の和が減少する（増加しない）という性質を述べている．

---

[4] 例 2.28 では $m_{ii} \geq m_{ij} \geq 0$ である．一般の $M \in \mathcal{L}^{-1}$ に対してもこれが成り立つが，この性質だけから $M \in \mathcal{L}^{-1}$ は導かれない．補足 2.26 も参照．

次に述べる交換公理 ($\mathrm{M}^\natural$-EXC[$\mathbf{R}$]) は[5]，近づく方向を座標軸方向と二つの座標成分を交換する方向に限っているという意味で組合せ的な性質を述べたものである．ベクトル $x \in \mathbf{R}^n$ に対して，

$$\mathrm{supp}^+(x) = \{i \mid x_i > 0\}, \quad \mathrm{supp}^-(x) = \{i \mid x_i < 0\}$$

とおく．第 i 単位ベクトルを χ_i と表し $(1 \le i \le n)$，χ_0 をゼロベクトルとする．関数 f に関する性質

($\mathbf{M}^\natural$-EXC[$\mathbf{R}$])　任意の $x, y \in \mathrm{dom}\, f$ と任意の $i \in \mathrm{supp}^+(x-y)$ に対して，ある $j \in \mathrm{supp}^-(x-y) \cup \{0\}$ と正の実数 $\alpha_0 > 0$ が存在して，すべての $\alpha \in [0, \alpha_0]_{\mathbf{R}}$ に対して

$$f(x) + f(y) \ge f(x - \alpha(\chi_i - \chi_j)) + f(y + \alpha(\chi_i - \chi_j))$$

を考え，これを**交換公理**と呼ぶ．($\mathrm{M}^\natural$-EXC[$\mathbf{R}$]) の変種として

($\mathbf{M}^\natural$-EXC$^+$[$\mathbf{R}$])　任意の $x, y \in \mathrm{dom}\, f$ と任意の $i \in \mathrm{supp}^+(x-y)$ に対して，ある $j \in \mathrm{supp}^-(x-y) \cup \{0\}$ と正の実数 $\alpha_0 > 0$ が存在して，すべての $\alpha \in (0, \alpha_0)_{\mathbf{R}}$ に対して

$$f(x) + f(y) > f(x - \alpha(\chi_i - \chi_j)) + f(y + \alpha(\chi_i - \chi_j))$$

も考える (ここで $(0, \alpha_0)_{\mathbf{R}}$ は開区間 $\{\alpha \in \mathbf{R} \mid 0 < \alpha < \alpha_0\}$ を表す)．

式 (2.25) で定義された方向微分 $f'(x; d)$ と十分小さい $\alpha > 0$ に対して

$$f(x + \alpha d) = f(x) + \alpha f'(x; d) + \mathrm{O}(\alpha^2) \tag{2.62}$$

であるから，($\mathrm{M}^\natural$-EXC[$\mathbf{R}$]) の近似として

($\mathbf{M}^\natural$-EXC$_{\mathrm{d}}$[$\mathbf{R}$])　任意の $x, y \in \mathrm{dom}\, f$ と任意の $i \in \mathrm{supp}^+(x-y)$ に対して

$$\min_{j \in \mathrm{supp}^-(x-y) \cup \{0\}} [f'(x; -\chi_i + \chi_j) + f'(y; \chi_i - \chi_j)] \le 0$$

を考えるのは自然であろう．($\mathrm{M}^\natural$-EXC$_{\mathrm{d}}$[$\mathbf{R}$]) において $\le$ を等号なしの不等号 $<$ で置き換えたものを ($\mathrm{M}^\natural$-EXC$_{\mathrm{d}}^+$[$\mathbf{R}$]) とする．

[5] $\mathrm{M}^\natural$-EXC は「エム・ナチュラル・エクスチェンジ」と読む．

次の定理は，$M \in \mathcal{L}^{-1}$ を $f(x)$ の交換公理で特徴づけるものである．

2.29［定理］　正則な n 次対称行列 $M = [m_1, m_2, \cdots, m_n]$ ($m_j \in \mathbf{R}^n$ は M の第 j 列ベクトル) に対して，次の 9 条件 (a), (b), (b$^+$), $\cdots$,(e), (e$^+$) は同値である．

(a) $M \in \mathcal{L}^{-1}$.

(b) 任意の $x \in \mathbf{R}^n$ と任意の $i \in \mathrm{supp}^+(x)$ に対して

$$x^{\mathrm{T}} m_i \geq \min\left(0, \min_{j \neq i} x^{\mathrm{T}} m_j\right).$$

(b$^+$) 任意の $x \in \mathbf{R}^n$ と任意の $i \in \mathrm{supp}^+(x)$ に対して

$$x^{\mathrm{T}} m_i > \min\left(0, \min_{j \neq i} x^{\mathrm{T}} m_j\right).$$

(c) 任意の $x \in \mathbf{R}^n$ と任意の $i \in \mathrm{supp}^+(x)$ に対して

$$x^{\mathrm{T}} m_i \geq \min\left(0, \min_{j \in \mathrm{supp}^-(x)} x^{\mathrm{T}} m_j\right).$$

(c$^+$) 任意の $x \in \mathbf{R}^n$ と任意の $i \in \mathrm{supp}^+(x)$ に対して

$$x^{\mathrm{T}} m_i > \min\left(0, \min_{j \in \mathrm{supp}^-(x)} x^{\mathrm{T}} m_j\right).$$

(d) $f(x) = \frac{1}{2}\, x^{\mathrm{T}} M x$ が (M$^\natural$-EXC$_{\mathrm{d}}$[$\mathbf{R}$]) を満たす．

(d$^+$) $f(x) = \frac{1}{2}\, x^{\mathrm{T}} M x$ が (M$^\natural$-EXC$_{\mathrm{d}}^+$[$\mathbf{R}$]) を満たす．

(e) $f(x) = \frac{1}{2}\, x^{\mathrm{T}} M x$ が (M$^\natural$-EXC[$\mathbf{R}$]) を満たす．

(e$^+$) $f(x) = \frac{1}{2}\, x^{\mathrm{T}} M x$ が (M$^\natural$-EXC$^+$[$\mathbf{R}$]) を満たす．

証明　上記の性質の間の関係

$$\begin{array}{ccccccccc}
\text{(a)} & & & & & & & & \\
\Updownarrow & \searrow\!\!\!\searrow & & & & & & & \\
(\mathrm{b}^+) & \leftarrow & (\mathrm{c}^+) & \Leftrightarrow & (\mathrm{d}^+) & \Rightarrow & (\mathrm{e}^+) \\
\downarrow\Uparrow & & \downarrow & & \downarrow & & \downarrow \\
\text{(b)} & \leftarrow & \text{(c)} & \Leftrightarrow & \text{(d)} & \leftarrow & \text{(e)}
\end{array}$$

を示すことによって証明する．この図式で $\leftarrow$, $\downarrow$ は容易に示されるので，$\Leftrightarrow$, $\Uparrow$ などを以下に示す

(a) $\Leftrightarrow$ (b$^+$): M^{-1} を $L = (\ell_{ij})$ とおくと，$ML = I$ より $\sum_{j=1}^{n} \ell_{ji} m_j = \chi_i$ である．これを書き換えると

$$(\sum_{j=1}^{n} \ell_{ji}) m_i + \sum_{j \neq i} (-\ell_{ji})(m_i - m_j) = \chi_i$$

となるが，(a) の $L \in \mathcal{L}$ は，その定義により，上式の 1 次結合係数がすべて非負であることと同値である．一方，Farkas の補題 (定理 2.11) により，非負係数の存在は

$$x^{\mathrm{T}} \chi_i > 0 \;\Rightarrow\; \max \left[x^{\mathrm{T}} m_i, \max_{j \neq i} x^{\mathrm{T}} (m_i - m_j) \right] > 0 \qquad (2.63)$$

と同値である．ここで，$x^{\mathrm{T}} \chi_i > 0$ は $i \in \mathrm{supp}^+(x)$ と同じことであるから，(2.63) は (b$^+$) と同値である．

(b) $\Rightarrow$ (b$^+$): 上の議論と補足 2.17 による．

(a) $\Rightarrow$ (c$^+$): $x \in \mathbf{R}^n$ と $i \in \mathrm{supp}^+(x)$ を固定し，$S = \mathrm{supp}^+(x) \cup \mathrm{supp}^-(x)$ とおく．ベクトル x の S への制限を $\overline{x} \in \mathbf{R}^S$ とし，S に対応する M の主小行列を $\overline{M} = (\overline{m}_j \mid j \in S)$ とする ($\overline{m}_j \in \mathbf{R}^S$)．このとき，$\mathrm{supp}^+(x) = \mathrm{supp}^+(\overline{x})$, $\mathrm{supp}^-(x) = \mathrm{supp}^-(\overline{x})$, $i \in \mathrm{supp}^+(\overline{x})$, $\overline{x}_j \neq 0$ ($\forall j \in S$), $x^{\mathrm{T}} m_j = \overline{x}^{\mathrm{T}} \overline{m}_j$ ($\forall j \in S$) に注意する．$x^{\mathrm{T}} m_i = \overline{x}^{\mathrm{T}} \overline{m}_i \leq 0$ の場合を考えればよい．後の命題 2.30 で示すように $\overline{M} \in \mathcal{L}^{-1}$ なので，$\overline{M}$ に対して (b$^+$) が成り立つ．$\overline{x}^{\mathrm{T}} \overline{m}_j$ の最小値を与える $j \neq i$ をとると，$\overline{x}^{\mathrm{T}} \overline{m}_i > \overline{x}^{\mathrm{T}} \overline{m}_j$ である．仮に $\overline{x}_j > 0$ とすると，再び (b$^+$) により $\overline{x}^{\mathrm{T}} \overline{m}_j > \overline{x}^{\mathrm{T}} \overline{m}_k$ となる $k \neq j$ が存在するが，これは j の選び方に反する．したがって $j \in \mathrm{supp}^-(\overline{x}) = \mathrm{supp}^-(x)$ である．

(c$^+$) $\Leftrightarrow$ (d$^+$), (c) $\Leftrightarrow$ (d): 方向微分を直接計算すると，$f'(x; d) = x^{\mathrm{T}} M d$ となる．これより，

$$f'(x; -\chi_i) + f'(y; \chi_i) = -x^{\mathrm{T}} M \chi_i + y^{\mathrm{T}} M \chi_i = -(x - y)^{\mathrm{T}} m_i$$

などとなるので，$x - y$ を x と書き換える．

(d$^+$) $\Rightarrow$ (e$^+$): (2.62) を用いて容易に示せる．　■

2.30 [命題]　行列 $M \in \mathcal{L}^{-1}$ の任意の主小行列は $\mathcal{L}^{-1}$ に属する．

証明　$L = M^{-1}$ とおき，

$$M = \begin{bmatrix} M_{11} & M_{12} \\ M_{21} & M_{22} \end{bmatrix}, \quad L = \begin{bmatrix} L_{11} & L_{12} \\ L_{21} & L_{22} \end{bmatrix}$$

と分割して，$M_{11} \in \mathcal{L}^{-1}$ を示そう．M, L が n 次行列として，M_{11}, L_{11} が $n-1$ 次行列の場合を考えれば十分である (主小行列の大きさに関する帰納法を用いる)．$L_{22} = \ell_{nn} > 0$ に注意すると，${M_{11}}^{-1} = L_{11} - L_{12}{L_{22}}^{-1}L_{21}$ $(= \hat{L}_{11})$ と表されるので M_{11} は正則であり，命題2.21の証明の後半より $M_{11} \in \mathcal{L}^{-1}$ である．■

以上の議論を総合すると，本節の結論として次の定理が得られる．

2.31［定理］　共役関係にある狭義凸2次関数の組において，一方が交換公理 (M♮-EXC[**R**]) を満たすことと，他方が並進劣モジュラ性 (2.58) をもつことは同値である．

この定理は交換公理と劣モジュラ性が表裏一体であることを2次関数に限って述べているが，これはより一般の関数に対しても成り立つ重要な関係である．本章4節に述べるように，その離散的な側面はマトロイドにおいて顕在化する．交換公理と劣モジュラ性の共役関係は離散凸解析の柱であり，交換公理に基づいてM凸関数の概念が，劣モジュラ性に基づいてL凸関数の概念が定義される．

3. ネットワークフロー(非線形抵抗回路)

前節の例2.19において，線形抵抗回路から組合せ的な性質をもつ凸2次関数が生じることを見た．ここでは，同様のことが非線形抵抗回路（非線形費用をもつネットワークフロー問題）においても成り立つことを述べる．抵抗の非線形性の結果，2次とは限らない一般の凸関数が現れる．組合せ的な性質として「方向の離散性」に加えて「値の離散性」をも考察する．

複数個の端子で外部と接続されている**非線形抵抗回路**を考える (負抵抗は考えない)．物理的なイメージを伝えるため電気回路の用語を使うが，組合せ最適化の用語に馴染んでいる読者は，

回路	⇒	ネットワーク
電流	⇒	フロー
電圧	⇒	テンション
電流源	⇒	フローの供給
電位	⇒	ポテンシャル (双対変数)
電流ポテンシャル	⇒	主問題のコスト
電圧ポテンシャル	⇒	双対問題のコスト
特性曲線	⇒	キルター図
構成則	⇒	枝特性

と置き換えて読んでいただきたい．

まず，回路のグラフ構造に関する記号を定める．**節点**の集合を V，**枝**の集合を A，**端子**の集合を $T \subseteq V$ とする．節点 $v \in V$ から出る枝の集合を $\delta^+ v$, v に入る枝の集合を $\delta^- v$ と表す．また，枝 $a \in A$ の**始点** を $\partial^+ a$, **終点** を $\partial^- a$ とする．

各枝 $a \in A$ の**電流**を $\xi(a)$，**電圧**を $\eta(a)$ とし，節点 $v \in V$ の**電位** (の符号を変えたもの) を $\tilde{p}(v)$ とする．電流の**境界**を

$$\partial\xi(v) = \sum\{\xi(a) \mid a \in \delta^+ v\} - \sum\{\xi(a) \mid a \in \delta^- v\} \qquad (v \in V) \quad (2.64)$$

と定義する．これは，節点 v における電流のネット流出量を表している．また，電位の**双対境界**を

$$\delta\tilde{p}(a) = \tilde{p}(\partial^+ a) - \tilde{p}(\partial^- a) \qquad (a \in A) \quad (2.65)$$

と定義する．これは，枝 a の両端の**電位差**である．端子 $v \in T$ において回路の外部に流出する電流を $x(v)$ とすると，**電流，電圧保存則**により

$$\partial\xi(v) = \begin{cases} -x(v) & (v \in T) \\ 0 & (v \in V \setminus T) \end{cases}, \qquad \eta(a) = -\delta\tilde{p}(a) \quad (a \in A) \quad (2.66)$$

が成り立ち，また，端子 $v \in T$ の電位を $p(v)$ とすると，当然のことながら，

$$p(v) = \tilde{p}(v) \qquad (v \in T) \quad (2.67)$$

である．ベクトル $x = (x(v) \mid v \in T) \in \mathbf{R}^T$ は端子から回路の外部に流出する電流を表すベクトル，$p = (p(v) \mid v \in T) \in \mathbf{R}^T$ は端子の電位を表すベクトルである．

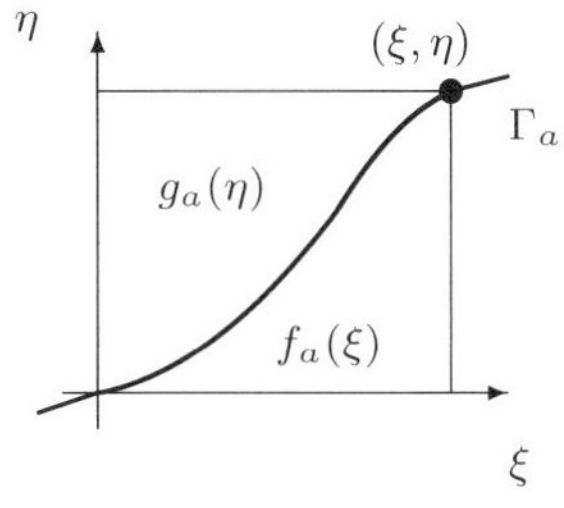

図 2.5　特性曲線

各枝 $a \in A$ は，非線形抵抗素子を表すとして，その特性曲線を $\Gamma_a \subseteq \mathbf{R}^2$ とする (図 2.5)．**特性曲線** Γ_a は，電流 $\xi(a)$ と電圧 $\eta(a)$ の関係 (**構成則**)

$$(\xi(a), \eta(a)) \in \Gamma_a \qquad (a \in A) \tag{2.68}$$

を表しており，**線形抵抗** (**オーム抵抗**) のときは

$$\Gamma_a = \{(\xi, \eta) \in \mathbf{R}^2 \mid \eta = R_a \xi\} \quad (R_a > 0 \text{ は抵抗値})$$

であるが，ここでは一般に非線形とし，**単調性**:

$$(\xi_1, \eta_1), (\xi_2, \eta_2) \in \Gamma_a \implies (\xi_1 - \xi_2) \cdot (\eta_1 - \eta_2) \geq 0 \tag{2.69}$$

を仮定する．特性曲線 Γ_a に沿った積分

$$f_a(\xi) = \int_{\Gamma_a}^{(\xi,\eta)} \eta \mathrm{d}\xi, \quad g_a(\eta) = \int_{\Gamma_a}^{(\xi,\eta)} \xi \mathrm{d}\eta \tag{2.70}$$

を定義する．$f_a(\xi)$, $g_a(\eta)$ は，図 2.5 において，特性曲線 Γ_a の下側，上側の面積に対応する．特性曲線 Γ_a の単調性の結果として，関数 f_a, g_a は凸関数である．さらに図 2.5 からわかるように，f_a と g_a は (積分定数を適当に選ぶとき)

$$f_a(\xi) = \sup\{\xi\eta - g_a(\eta) \mid \eta \in \mathbf{R}\}, \quad g_a(\eta) = \sup\{\xi\eta - f_a(\xi) \mid \xi \in \mathbf{R}\} \tag{2.71}$$

という関係をもつ．すなわち，f_a と g_a は Legendre–Fenchel 変換 (2.27) で結ばれた互いに共役な関数である．このとき

$$f_a(\xi) + g_a(\eta) \geq \xi\eta \qquad (\forall\, (\xi, \eta)), \tag{2.72}$$

$$f_a(\xi) + g_a(\eta) = \xi\eta \iff (\xi, \eta) \in \Gamma_a \tag{2.73}$$

が成り立つ．なお，$f_a(\xi)$, $g_a(\eta)$ ともに電力の次元をもつ量で，$f_a(\xi)$ は**電流ポテンシャル** (あるいは**コンテント** (content))，$g_a(\eta)$ は**電圧ポテンシャル** (あるいは**ココンテント** (cocontent)) と呼ばれる．線形抵抗の場合の f_a, g_a は 2 次関数で，

$$f_a(\xi) = \frac{R_a}{2}\xi^2, \quad g_a(\eta) = \frac{1}{2R_a}\eta^2$$

となり，ともに電力の半分に等しい．

回路に $x \in \mathbf{R}^T$ で指定される電流源をつなぐと，保存則 (2.66) と構成則 (2.68) から回路内部の電流 $(\xi(a) \mid a \in A)$ と電圧 $(\eta(a) \mid a \in A)$ の状態 (**平衡状態**) が定まる (ただし，$\sum_{v \in T} x(v) = 0$ は当然満たされていると仮定する)．この電流分布は，また，回路全体の電流ポテンシャル $\sum_{a \in A} f_a(\xi(a))$ を電流保存則の下で最小化するものである．すなわち，平衡状態における電流ベクトル $(\xi(a) \mid a \in A)$ は

$$f(x) = \inf_{\xi}\{\sum_{a \in A} f_a(\xi(a)) \mid \partial\xi(v) = -x(v) \ (v \in T), \partial\xi(v) = 0 \ (v \in V \setminus T)\} \tag{2.74}$$

の右辺を最小化するものとして特徴づけられる (→補足 2.32)．一方，端子の電位 $p \in \mathbf{R}^T$ を (基準点を任意に定めて) 指定したときの回路内部の電圧分布は，回路全体の電圧ポテンシャル $\sum_{a \in A} g_a(\eta(a))$ を電圧保存則の下で最小化するものである．すなわち，平衡状態における電圧ベクトル $(\eta(a) \mid a \in A)$ は

$$g(p) = \inf_{\eta, \tilde{p}}\{\sum_{a \in A} g_a(\eta(a)) \mid \eta(a) = -\delta\tilde{p}(a) \ (a \in A), \ \tilde{p}(v) = p(v) \ (v \in T)\} \tag{2.75}$$

の右辺を最小化するものとして特徴づけられる (→補足 2.32)．このとき，f と g はともに凸関数であって (→補足 2.33)，しかも，互いに共役な凸関数である (→補足 2.32)．

さて，関数 f, g は，凸解析の観点からはともに凸関数であって違いはないが，組合せ的な性質に着目するとその違いがはっきりする．実際，$f : \mathbf{R}^T \to \mathbf{R} \cup \{+\infty\}$ は，

(M-EXC[R])　任意の $x, y \in \mathrm{dom}\, f$ と任意の $u \in \mathrm{supp}^+(x-y)$ に対して，ある $v \in \mathrm{supp}^-(x-y)$ と正の実数 α_0 が存在して，すべての $\alpha \in [0, \alpha_0]_{\mathbf{R}}$ に対して

$$f(x) + f(y) \geq f(x - \alpha(\chi_u - \chi_v)) + f(y + \alpha(\chi_u - \chi_v))$$

という性質をもち (→補足 2.34)，$g : \mathbf{R}^T \to \mathbf{R} \cup \{+\infty\}$ は，

$$g(p) + g(q) \geq g(p \vee q) + g(p \wedge q) \qquad (p, q \in \mathbf{R}^T), \tag{2.76}$$

$$\exists r \in \mathbf{R}, \forall p \in \mathbf{R}^T, \forall \alpha \in \mathbf{R}:\ g(p + \alpha\mathbf{1}) = g(p) + \alpha r \tag{2.77}$$

を ($r = 0$ に対して) 満たす (→補足 2.35)．関数 f の満たす性質 (M-EXC[$\mathbf{R}$]) は本章 2.2 項に現れた交換公理 (M$^\natural$-EXC[$\mathbf{R}$]) によく似ている．実際，(M-EXC[$\mathbf{R}$]) は (M$^\natural$-EXC[$\mathbf{R}$]) において $j = 0$ となる可能性を除外しただけである (記号は $u \leftrightarrow i$, $v \leftrightarrow j$ と対応する)．一方，関数 g の満たす 1 番目の性質 (2.76) は劣モジュラ性であり，2 番目の性質 (2.77) は $r = 0$ とすると $\mathbf{1}$ 方向への不変性である (物理的には電位の基準点が任意にとれることを表現している)．既に述べたように，f と g は互いに共役な凸関数であるから，ネットワークフロー問題においても，交換公理と劣モジュラ性が共役関数の組合せ的性質として自然な形で現れていることになる．

以上に述べたのは「方向の離散性」に関する組合せ構造であったが，ネットワークフロー問題においては「値の離散性」も自然に現れる．これを見るために，上の議論で $\mathbf{R}$ を $\mathbf{Z}$ に置き換えて，整数値のネットワークフロー問題を考えることにする．

まず，各枝の特性が一組の離散関数 $f_a, g_a : \mathbf{Z} \to \mathbf{Z} \cup \{+\infty\}$ で表され，これらが

$$f_a(\xi - 1) + f_a(\xi + 1) \geq 2f_a(\xi) \qquad (\forall \xi \in \mathbf{Z}), \tag{2.78}$$

$$g_a(\eta - 1) + g_a(\eta + 1) \geq 2g_a(\eta) \qquad (\forall \eta \in \mathbf{Z}) \tag{2.79}$$

を満たすとする．図 2.6 に示すように，f_a, g_a のグラフ ● を線分で結ぶと区分的に線形な凸関数になる．これらの枝特性を用いて，(2.74), (2.75) によって関数 f, g を定義する．ただし，ここではすべてを離散の世界で考えることとし，関係するベクトルはすべて整数ベクトルに限ることとする．すなわち，$x \in \mathbf{Z}^T$, $p \in \mathbf{Z}^T$, $\tilde{p} \in \mathbf{Z}^V$, $\xi \in \mathbf{Z}^A$, $\eta \in \mathbf{Z}^A$ である．とくに inf をとる範囲も整数ベクトルである．式 (2.74), (2.75) において inf が有限値をとると仮定すると，これによって離散関数 $f : \mathbf{Z}^T \to \mathbf{Z} \cup \{+\infty\}$, $g : \mathbf{Z}^T \to \mathbf{Z} \cup \{+\infty\}$ が定義される．

すると，連続変数の場合と同様の議論により，f は離散的な交換公理

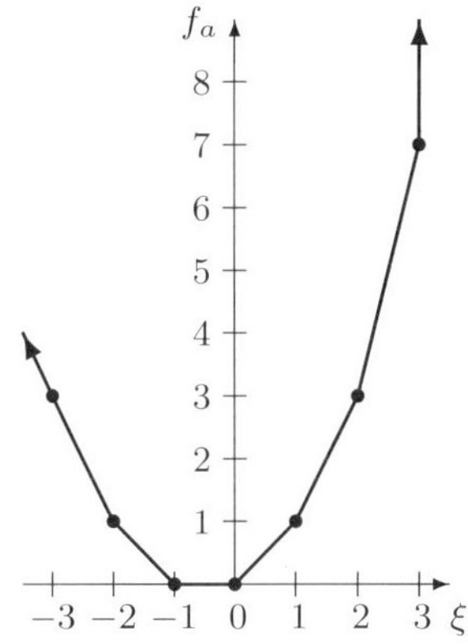

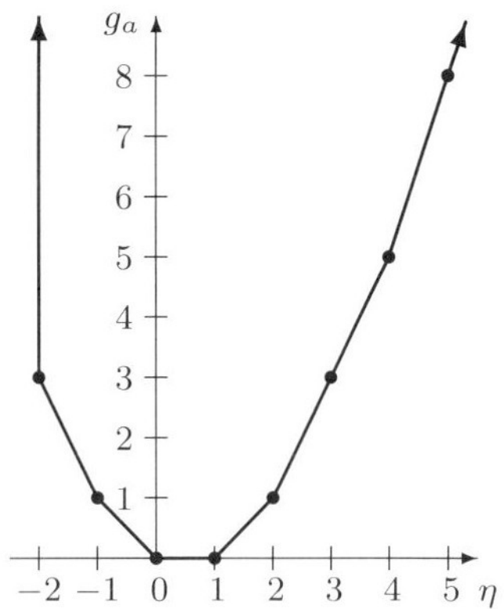

図 2.6　共役な離散凸関数 $f_a(\xi)$, $g_a(\eta)$

(M-EXC[Z])　任意の $x, y \in \mathrm{dom}\, f$ と任意の $u \in \mathrm{supp}^+(x-y)$ に対して，ある $v \in \mathrm{supp}^-(x-y)$ が存在して

$$f(x) + f(y) \geq f(x - \chi_u + \chi_v) + f(y + \chi_u - \chi_v)$$

を満たす (→補足 2.34)．これは (M-EXC[**R**]) において $\alpha_0 = \alpha = 1$ としたものに相当する．一方，g は

$$g(p) + g(q) \geq g(p \vee q) + g(p \wedge q) \qquad (p, q \in \mathbf{Z}^T), \tag{2.80}$$

$$\exists r \in \mathbf{Z}, \forall p \in \mathbf{Z}^T, \forall \alpha \in \mathbf{Z}:\ g(p + \alpha \mathbf{1}) = g(p) + \alpha r \tag{2.81}$$

を ($r = 0$ に対して) 満たす (→補足 2.35)．さらに，各 $a \in A$ に対する f_a と g_a の間に式 (2.71) において $\mathbf{R}$ を $\mathbf{Z}$ に置き換えた関係 (**離散共役関係**)

$$f_a(\xi) = \sup\{\xi\eta - g_a(\eta) \mid \eta \in \mathbf{Z}\}, \quad g_a(\eta) = \sup\{\xi\eta - f_a(\xi) \mid \xi \in \mathbf{Z}\} \tag{2.82}$$

があるならば，f と g も離散共役関係にあることも確かめられる．なお，共役対 (f_a, g_a) に対応する Γ_a は単調性 (2.69) をもつ $\mathbf{Z}^2$ の部分集合とみられる．図 2.6 に示した f_a と g_a は共役対であり，対応する Γ_a は図 2.7 に示すものである．

以上のように，ネットワークフロー問題においては，ベクトルや関数値をすべて整数に限定することによって連続世界から離散世界へ移行したときに連続

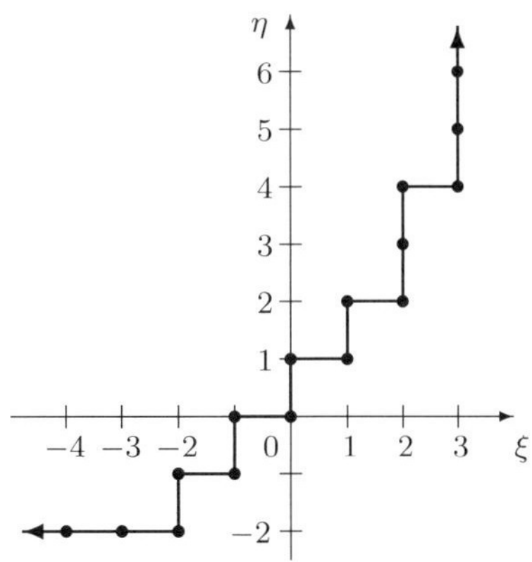

図 2.7　離散的な枝特性 Γ_a

世界での組合せ的性質がそのまま保存される．このことは決して自明なことではなく，ネットワークフロー問題に特有の構造である (補足 4.14 参照).

2.32 [**補足**]　回路に平衡状態が存在するときに，平衡状態が電流ポテンシャルや電圧ポテンシャルの最小化によって特徴づけられること，および，式 (2.74), (2.75) の f, g が共役であることを証明する．

式 (2.72) により，保存則 (2.66) と (2.67) を満たす任意の ξ, η, $\tilde{p}$, x, p に対して

$$\sum_{a \in A} [f_a(\xi(a)) + g_a(\eta(a))] \geq \langle \eta, \xi \rangle = -\langle \delta \tilde{p}, \xi \rangle = -\langle \tilde{p}, \partial \xi \rangle = \langle p, x \rangle \quad (2.83)$$

が成り立つ．さらに，式 (2.73) の関係式より，上の不等号が等号になることと構成則 (2.68) が満たされること (任意の $a \in A$ に対して $(\xi, \eta) \in \Gamma_a$) が等価である．電流源 $x = x^*$ をつないだときに保存則と構成則を満たす平衡状態が存在するとして，このときの ξ, η, $\tilde{p}$, p を ξ^*, η^*, $\tilde{p}^*$, p^* とする．上式 (2.83) において，$\eta = \eta^*$, $\tilde{p} = \tilde{p}^*$, $p = p^*$, $x = x^*$ として ξ を任意とすれば，電流ポテンシャル $\sum_{a \in A} f_a(\xi(a))$ の最小値が $\xi = \xi^*$ で与えられることがわかる．電位 $p = p^*$ が指定されたときの電圧ポテンシャル $\sum_{a \in A} g_a(\eta(a))$ の最小化についても同様に考えればよい．関数 f, g の共役性については，上式 (2.83) と f, g の定義より，$f(x) + g(p) \geq \langle p, x \rangle$ となることに注意する．この不等式は $x = x^*$ に対し

て $p = p^*$ とすれば等号が成り立つので，$f(x) = \sup_p\{\langle p, x\rangle - g(p)\} = g^\bullet(x)$ となる．同様に $g = f^\bullet$ も示される．

非線形抵抗回路の平衡状態と電流ポテンシャルや電圧ポテンシャルとの関連については [15], [60], [128] などに論じられている．文献 [60], [128] には 2 端子 ($|T| = 2$) の場合の f, g が扱われており，ここの議論はそれを多端子の場合へ拡張したものである．厳密な凸解析理論を踏まえた上での詳細な議論については [128] を参照されたい．□

2.33 [補足]　式 (2.74), (2.75) で定義される f, g が凸関数であることを証明する．補足 2.32 に述べたように，平衡状態が存在するという仮定のもとでは $f = g^\bullet$, $g = f^\bullet$ と書けるので当然 f, g は凸関数である．ここではもっと緩い仮定の下で直接計算することによって f, g の凸性を証明する．

[f の凸性] 命題を正確に述べるには，式 (2.74) において $\inf > -\infty$ であることを仮定する必要がある．$x, y \in \mathrm{dom}\, f$ とすると，任意の $\varepsilon > 0$ に対して

$$f(x) + \varepsilon \geq \sum_{a\in A} f_a(\xi_x(a)), \quad f(y) + \varepsilon \geq \sum_{a\in A} f_a(\xi_y(a))$$

および条件 $(\partial\xi_x)|T = -x$, $(\partial\xi_y)|T = -y$, $(\partial\xi_x)|(V\setminus T) = 0$, $(\partial\xi_y)|(V\setminus T) = 0$ を満たす ξ_x, ξ_y が存在する (ここで $\cdot|T$ はベクトルの T への制限を表す)．$\lambda \in [0,1]$ に対して

$$\begin{aligned}\lambda f(x) + (1-\lambda)f(y) + \varepsilon &\geq \sum_{a\in A}[\lambda f_a(\xi_x(a)) + (1-\lambda)f_a(\xi_y(a))] \\ &\geq \sum_{a\in A} f_a(\lambda\xi_x(a) + (1-\lambda)\xi_y(a)) \\ &\geq f(\lambda x + (1-\lambda)y)\end{aligned}$$

が成り立つ ($\partial(\lambda\xi_x + (1-\lambda)\xi_y) = \lambda\partial\xi_x + (1-\lambda)\partial\xi_y$ に注意)．ここで $\varepsilon > 0$ は任意なので f の凸性が導かれる．

[g の凸性] 命題を正確に述べるには，式 (2.75) において $\inf > -\infty$ であることを仮定する必要がある．$p, q \in \mathrm{dom}\, g$ とすると，任意の $\varepsilon > 0$ に対して

$$g(p) + \varepsilon \geq \sum_{a\in A} g_a(\eta_p(a)), \quad g(q) + \varepsilon \geq \sum_{a\in A} g_a(\eta_q(a))$$

および条件 $\eta_p = -\delta\tilde{p}$, $\eta_q = -\delta\tilde{q}$, $\tilde{p}|T = p$, $\tilde{q}|T = q$ を満たす η_p, η_q, $\tilde{p}$, $\tilde{q}$ が

存在する．$\lambda \in [0,1]$ に対して

$$\begin{aligned}\lambda g(p) + (1-\lambda)g(q) + \varepsilon &\geq \sum_{a\in A}[\lambda g_a(\eta_p(a)) + (1-\lambda)g_a(\eta_q(a))]\\ &\geq \sum_{a\in A} g_a(\lambda\eta_p(a) + (1-\lambda)\eta_q(a))\\ &\geq g(\lambda p + (1-\lambda)q)\end{aligned}$$

が成り立つ $(\delta(\lambda\tilde{p} + (1-\lambda)\tilde{q}) = \lambda\delta\tilde{p} + (1-\lambda)\delta\tilde{q} = -[\lambda\eta_p + (1-\lambda)\eta_q]$ に注意)．ここで $\varepsilon > 0$ は任意なので g の凸性が導かれる．　□

2.34［補足］　式 (2.74) で定義される f が (M-EXC[$\mathbf{R}$]) を満たすことを証明する．命題を正確に述べるには，式 (2.74) において $\inf > -\infty$ であり，$\inf < +\infty$ のときには inf を達成する ξ が存在することを仮定する必要がある．$x, y \in \mathrm{dom}\, f$ に対して (2.74) の inf を達成する ξ を ξ_x, ξ_y とする．この二つのフローの差 $\xi_y - \xi_x \in \mathbf{R}^A$ の境界 $\partial(\xi_y - \xi_x)$ は $V \setminus T$ 上で 0 であり，T 上で $x - y$ に等しい．いま $u \in \mathrm{supp}^+(x-y)$ であるから，節点 u からフロー $\xi_y - \xi_x$ に沿ってネットワーク上を進むと，いつかは $\mathrm{supp}^-(x-y)$ の節点に到達する (ネットワークフロー理論で標準的な**増加道**の議論)．すなわち，ある $\pi : A \to \{0, \pm 1\}$ と $v \in \mathrm{supp}^-(x-y)$ が存在して $\mathrm{supp}^+(\pi) \subseteq \mathrm{supp}^+(\xi_y - \xi_x)$, $\mathrm{supp}^-(\pi) \subseteq \mathrm{supp}^-(\xi_y - \xi_x)$, $\partial\pi = \chi_u - \chi_v$ となる．$\alpha_0 = \min_{a:|\pi(a)|=1} |\xi_y(a) - \xi_x(a)|\ (>0)$ とおき，$0 \leq \alpha \leq \alpha_0$ に対して二つのフロー $\xi_x + \alpha\pi$, $\xi_y - \alpha\pi$ を考えると，

$$\xi_x(a) > \xi_y(a) \Rightarrow f_a(\xi_x(a) - \alpha) + f_a(\xi_y(a) + \alpha) \leq f_a(\xi_x(a)) + f_a(\xi_y(a)),$$

$$\xi_x(a) < \xi_y(a) \Rightarrow f_a(\xi_x(a) + \alpha) + f_a(\xi_y(a) - \alpha) \leq f_a(\xi_x(a)) + f_a(\xi_y(a))$$

が成り立つ．これより

$$\begin{aligned}&f(x - \alpha(\chi_u - \chi_v)) + f(y + \alpha(\chi_u - \chi_v))\\ &\leq \sum_{a\in A}[f_a(\xi_x(a) + \alpha\pi(a)) + f_a(\xi_y(a) - \alpha\pi(a))]\\ &\leq \sum_{a\in A}[f_a(\xi_x(a)) + f_a(\xi_y(a))] = f(x) + f(y)\end{aligned}$$

となり，(M-EXC[$\mathbf{R}$]) が導かれる．なお，枝特性が離散関数 (2.78) で与えられている場合には，α_0 は正の整数となって $\alpha = 1$ にとることができるので (M-EXC[$\mathbf{Z}$]) が成り立つ．　□

2.35［補足］　式 (2.75) で定義される g が (2.76), (2.77) を満たすことの証明を与える．命題を正確に述べるには，式 (2.75) において $\inf > -\infty$ であることを仮定する必要がある．まず，$\delta(\tilde{p}+\alpha\mathbf{1}) = \delta\tilde{p}$ により (2.77) は明らかである．$p, q \in \mathrm{dom}\, g$ とすると，任意の $\varepsilon > 0$ に対して

$$g(p) + \varepsilon \geq \sum_{a \in A} g_a(\eta_p(a)), \quad g(q) + \varepsilon \geq \sum_{a \in A} g_a(\eta_q(a))$$

および条件 $\eta_p = -\delta\tilde{p}$, $\eta_q = -\delta\tilde{q}$, $\tilde{p}|T = p$, $\tilde{q}|T = q$ を満たす η_p, η_q, $\tilde{p}$, $\tilde{q}$ が存在する (ここで $\cdot|T$ はベクトルの T への制限を表す)．$\eta_\vee = -\delta(\tilde{p} \vee \tilde{q})$, $\eta_\wedge = -\delta(\tilde{p} \wedge \tilde{q})$ と定義すると，

$$\eta_\vee(a) = \max(\tilde{p}(v), \tilde{q}(v)) - \max(\tilde{p}(u), \tilde{q}(u)) \qquad (a = (u, v) \in A),$$
$$\eta_\wedge(a) = \min(\tilde{p}(v), \tilde{q}(v)) - \min(\tilde{p}(u), \tilde{q}(u)) \qquad (a = (u, v) \in A)$$

である．各 $a \in A$ に対して，ある λ_a $(0 \leq \lambda_a \leq 1)$ を用いて

$$\eta_\vee(a) = \lambda_a \eta_p(a) + (1 - \lambda_a)\eta_q(a), \qquad \eta_\wedge(a) = (1 - \lambda_a)\eta_p(a) + \lambda_a \eta_q(a)$$

と表示できるので，g_a の凸性より

$$g_a(\eta_p(a)) + g_a(\eta_q(a)) \geq g_a(\eta_\vee(a)) + g_a(\eta_\wedge(a))$$

となる．以上より

$$g(p) + g(q) + 2\varepsilon \geq \sum_{a \in A} [g_a(\eta_\vee(a)) + g_a(\eta_\wedge(a))] \geq g(p \vee q) + g(p \wedge q)$$

が得られ，$\varepsilon > 0$ は任意なので (2.76) が導かれる．なお，枝特性が離散関数 (2.79) で与えられている場合の証明も同様である．□

4. マトロイド

マトロイドは抽象的に定義される組合せ構造であるが，ここでは具体例に即して説明を試みる．行列式に関する Grassmann–Plücker 関係式の定性的考察を通して，マトロイドや付値マトロイドの概念が生まれること，および，交換公理と劣モジュラ性が表裏一体であることを理解されたい．

4.1 行列からマトロイドへ

行列が一つ与えられたとして，その列番号の集合を V とする．たとえば，

$$A = \begin{array}{c} \begin{array}{ccccc} 1 & 2 & 3 & 4 & 5 \end{array} \\ \begin{array}{|c|c|c|c|c|} \hline 1 & 0 & 0 & 1 & 0 \\ 0 & 1 & 0 & 1 & 1 \\ 0 & 0 & 1 & 0 & 1 \\ \hline \end{array} \end{array} = [a_1, \cdots, a_5] \tag{2.84}$$

($a_1, \cdots, a_5$ は 3 次元ベクトル) に対して，$V = \{1, \cdots, 5\}$ である．列ベクトルの線形独立性に着目して，V の部分集合 J の独立性を定義する．すなわち，$\{a_j \mid j \in J\}$ が線形独立のとき J を**独立集合**と呼ぶ．独立集合の部分集合は独立集合だから，独立集合のうち包含関係に関して極大なものが大切である．そこで包含関係に関して極大な独立集合を**基**と呼び，基の全体 $\mathcal{B}$ を**基族** と呼ぶ．上例では，

$$\mathcal{B} = \{\{1,2,3\}, \{1,2,5\}, \{1,3,4\}, \{1,3,5\},$$
$$\{1,4,5\}, \{2,3,4\}, \{2,4,5\}, \{3,4,5\}\}$$

である．

基族 $\mathcal{B}$ は **(同時) 交換公理**と呼ばれる次のような組合せ的な性質をもっている (証明は後で述べる):

> **(B)**　任意の $J, J' \in \mathcal{B}$ と $i \in J \setminus J'$ に対して，ある $j \in J' \setminus J$ が存在して $J - i + j \in \mathcal{B}$ かつ $J' + i - j \in \mathcal{B}$.

ここで，$J \setminus J' = \{k \mid k \in J, k \notin J'\}$ (差集合) であり，$J-i+j$, $J'+i-j$ はそれぞれ $(J \setminus \{i\}) \cup \{j\}$, $(J' \cup \{i\}) \setminus \{j\}$ の略記である．上の例で $J = \{1,2,3\}$, $J' = \{3,4,5\}$, $i = 1$ のとき，$j = 4$ とすれば $J - i + j = \{4,2,3\} \in \mathcal{B}$, $J'+i-j = \{3,1,5\} \in \mathcal{B}$ となる．一方，$j = 5$ とすると $J-i+j = \{5,2,3\} \notin \mathcal{B}$, $J' + i - j = \{3,4,1\} \in \mathcal{B}$ となってしまう．

交換公理 (B) は次のように証明される．列番号の部分集合 $J \subseteq V$ に対して部分行列 $A[J] = (a_j \mid j \in J)$ の行列式を $\det A[J]$ と書く[6]ことにすると，

[6] $A[J]$ が正方行列になるような J を考える．また，行列式の符号は列の並べ方に依存するので，J の要素の並べ方が指定してあると了解されたい．

Grassmann–Plücker 関係式と呼ばれる恒等式

$$\det A[J]\cdot\det A[J'] = \sum_{j\in J'\setminus J} \det A[J-i+j]\cdot\det A[J'+i-j] \qquad (2.85)$$

が成り立つ (→補足 2.36)．ここで $J, J' \subseteq V$ と $i \in J \setminus J'$ は任意である．また，記号 $\det A[J-i+j]$ は J の i の位置に j をおいた A の小行列式を表す．さて，$J, J' \in \mathcal{B}$ ならば (2.85) の左辺が零でないので，右辺の和の中に零でない項が存在する．この項の添え字を $j \in J' \setminus J$ とすると，$\det A[J-i+j] \neq 0$, $\det A[J'+i-j] \neq 0$ だから $J-i+j \in \mathcal{B}$ かつ $J'+i-j \in \mathcal{B}$ が成り立つ．これが交換公理 (B) の証明である．すなわち，Grassmann–Plücker 関係式において数値情報を捨て去り，零と非零だけを区別することによって交換公理が導かれるのである．

列ベクトルの線形独立性は，

$$\rho(X) = \mathrm{rank}\,\{a_j \mid j \in X\} \qquad (X \subseteq V) \qquad (2.86)$$

で定義される**階数関数** $\rho : 2^V \to \mathbf{Z}$ によっても表現される (2^V は V の部分集合全体からなる集合 (べき集合) を表す)．階数関数には次の性質がある (→補足 2.37):

(R1) $0 \leq \rho(X) \leq |X|$,

(R2) $X \subseteq Y \implies \rho(X) \leq \rho(Y)$,

(R3) $\rho(X) + \rho(Y) \geq \rho(X \cup Y) + \rho(X \cap Y)$.

(R1) において，$|X|$ は集合 X に含まれる要素の個数を表す記号である．第三の性質 (R3) は**劣モジュラ性**と呼ばれる大切な性質である．部分集合 X は

$$\chi_X(v) = \begin{cases} 1 & (v \in X) \\ 0 & (v \notin X) \end{cases}$$

で定義される特性ベクトル χ_X と同一視できるが，このとき，

$$\chi_{X\cup Y} = \chi_X \vee \chi_Y, \qquad \chi_{X\cap Y} = \chi_X \wedge \chi_Y \qquad (2.87)$$

という関係があることに注意されたい．

容易にわかるように，階数関数と基族の間に

$$\rho(X) = \max\{|X \cap J| \mid J \in \mathcal{B}\} \quad (X \subseteq V), \tag{2.88}$$

$$\mathcal{B} = \{J \subseteq V \mid \rho(J) = |J| = \rho(V)\} \tag{2.89}$$

という関係がある．

以上のように，一つの行列から列ベクトルの線形独立性の組合せ的側面を表現する $\mathcal{B}$, ρ が定義でき，上に述べた性質 (B), (R) をもつ．ここで，性質 (B), (R) は，もとの行列に言及することなく述べられているので，それぞれ，集合族 $\mathcal{B}$，集合関数 ρ に関する条件として意味をなす．このことに着目して，これらの性質を公理として採用し，有限集合 V に対して，(B) を満たす (非空) 集合族 $\mathcal{B}$，(R) を満たす集合関数 $\rho: 2^V \to \mathbf{Z}$ を抽象的な組合せ構造として考察しようというのがマトロイド理論である．

実は，(B) を満たす $\mathcal{B}$ と (R) を満たす ρ は離散構造としては同値であって，互いに他を一意的に定めることが知られている．実際，(B) を満たす $\mathcal{B}$ から (2.88) によって (R) を満たす ρ が定まり，逆に，(R) を満たす ρ から (2.89) によって (B) を満たす $\mathcal{B}$ が定まる．しかも，このようにして定まる $\mathcal{B}$ と ρ の対応は 1 対 1 である．この意味で，条件 (B) と (R) は同一の離散構造の表現である．この離散構造を**マトロイド** (matroid) と呼んで $(V, \mathcal{B}, \rho)$ などと記し，V を**台集合**，$\mathcal{B}$ を**基族**，ρ を**階数関数**という．

このように，マトロイドは単純な公理によって定義されているが，意外にも豊かな数理的構造をもっており，いろいろな分野で基本的な離散構造と考えられている．とくに，離散最適化，グラフ・ネットワーク理論などにおいては，マトロイド構造と効率的アルゴリズムの存在は不可分の関係にある．公理の単純さと構造の豊かさの両立がマトロイドの魅力である．本書では，マトロイドを離散凸性という視点から調べることになる．

2.36 [補足]　Grassmann–Plücker 関係式 (2.85) の証明を，3×5 行列に対して与える（一般の場合も同様である）．行列を

$$A = \begin{bmatrix} a_1 & a_2 & a_3 & a_4 & a_5 \end{bmatrix}$$

とする ($a_1, \cdots, a_5$ は 3 次元ベクトル)．$J = \{1, 2, 3\}$, $J' = \{3, 4, 5\}$, $i = 1$ に

対して，6×6 行列

$$\tilde{A} = \left[\begin{array}{ccc|ccc} a_1 & a_2 & a_3 & a_3 & a_4 & a_5 \\ \hline a'_1 & \mathbf{0} & \mathbf{0} & a'_3 & a'_4 & a'_5 \end{array}\right]$$

を考える ($a'_j = a_j$ $(j = 1,3,4,5)$)．$\det \tilde{A}$ を一般 Laplace 展開すると，ほとんどの項が 0 になり，

$$\det \tilde{A} = \det[a_1, a_2, a_3] \cdot \det[a'_3, a'_4, a'_5] - \det[a_4, a_2, a_3] \cdot \det[a'_3, a'_1, a'_5] \\ - \det[a_5, a_2, a_3] \cdot \det[a'_3, a'_4, a'_1]$$

を得る．一方，$\tilde{A}$ の上 3 行から下 3 行を引くと

$$\left[\begin{array}{ccc|ccc} \mathbf{0} & a_2 & a_3 & \mathbf{0} & \mathbf{0} & \mathbf{0} \\ \hline a'_1 & \mathbf{0} & \mathbf{0} & a'_3 & a'_4 & a'_5 \end{array}\right]$$

となるので $\det \tilde{A} = 0$ である．これより $i = 1$ に対する式 (2.85) が示される．

□

2.37 [補足]　行列の階数関数 (2.86) の性質を証明しよう．(R1), (R2) は直ちにわかる．劣モジュラ性 (R3) の証明も比較的簡単である．$\{a_j \mid j \in X \cap Y\}$ の (線形代数の意味の) 基底を $\{a_j \mid j \in J_{XY}\}$ とする ($J_{XY} \subseteq X \cap Y$)．これにいくつかのベクトルをつけ加えることで $\{a_j \mid j \in X\}$ の基底を作れるので，これを $\{a_j \mid j \in J_{XY} \cup J_X\}$ とする ($J_X \subseteq X \setminus Y$)．さらに，いくつかのベクトルをつけ加えることで $\{a_j \mid j \in X \cup Y\}$ の基底を作れるので，これを $\{a_j \mid j \in J_{XY} \cup J_X \cup J_Y\}$ とする ($J_Y \subseteq Y \setminus X$)．このとき，$|J_{XY}| = \rho(X \cap Y)$, $|J_{XY}| + |J_X| = \rho(X)$, $|J_{XY}| + |J_X| + |J_Y| = \rho(X \cup Y)$, $|J_{XY}| + |J_Y| \leq \rho(Y)$ が成り立つ．これより (R3) が導かれる．　□

4.2　付値マトロイド

マトロイドのもつ離散凸性という側面は，マトロイドの概念を付値マトロイドへと一般化することによって明確になる．既に見たように，Grassmann–Plücker 関係式において零・非零に着目することによってマトロイドの概念が導かれるのであった．行列 A の要素が多項式の場合には，Grassmann–Plücker 関係式における次数の考察から，より詳しい離散構造を得ることができる．行列式

$\det A[J]$ の次数を $\omega(J)$ と書く:

$$\omega(J) = \deg \det A[J] \qquad (J \subseteq V). \tag{2.90}$$

零多項式の次数を $-\infty$ と定めると,

$$\omega(J) \neq -\infty \iff J \in \mathcal{B}$$

である．$J, J' \in \mathcal{B}$ のとき，(2.85) の左辺の次数は $\omega(J) + \omega(J')$ であるが，右辺の和の中には，この次数以上の項があるはずなので,

> **(VM)**　任意の $J, J' \in \mathcal{B}$ と $i \in J \setminus J'$ に対して，ある $j \in J' \setminus J$ が存在して，$J - i + j \in \mathcal{B}$, $J' + i - j \in \mathcal{B}$, かつ
>
> $$\omega(J) + \omega(J') \leq \omega(J - i + j) + \omega(J' + i - j)$$

という命題が成り立つ．ここで，等号でなく不等号になっているのは，(2.85) の右辺で項の打消しが起こりうるからである．

たとえば，s を変数とする多項式行列

$$A(s) = \begin{array}{c} \begin{array}{cccc} 1 & 2 & 3 & 4 \end{array} \\ \begin{array}{|c|c|c|c|} \hline s+1 & s & 1 & 0 \\ 1 & 1 & 1 & 1 \\ \hline \end{array} \end{array} \tag{2.91}$$

を考えると，$J = \{1, 2\}$, $J' = \{3, 4\}$, $i = 1 \in J \setminus J'$ に対して，$\omega(J) = \omega(J') = 0$ であり，$j = 3 \in J' \setminus J$ とすれば $\omega(J - i + j) + \omega(J' + i - j) = 2$ となり (VM) が成立する．

上の性質 (VM) を公理として抽出したものが付値マトロイドという概念である．すなわち，有限集合 V と集合関数 $\omega : 2^V \to \mathbf{Z} \cup \{-\infty\}$ の組 (V, ω) で，性質 (VM) を満たすものを**付値マトロイド** (valuated matroid) と呼ぶ．ただし，ω が有限値をとる集合の族

$$\mathcal{B} = \{J \subseteq V \mid \omega(J) \neq -\infty\}$$

が空でないことを前提とする．

付値マトロイドとマトロイドは密接な関係にある．まず，ω が (VM) を満た

せば $\mathcal{B}$ は (B) を満たす．すなわち，付値マトロイドの実効定義域 $\mathcal{B}$ はマトロイドの基族である．この事実に基づき，$\mathcal{B}$ を付値マトロイドの**基族** ともいう．

次に，ω の最大値を与える $J \in \mathcal{B}$ の全体はマトロイドの基族をなす．なぜならば，$\omega(J) = \omega(J') = \max \omega$ ならば，(VM) において $\omega(J - i + j) = \omega(J' + i - j) = \max \omega$ となるからである．さらに, 任意の $p = (p_i \mid i \in V) \in \mathbf{Z}^V$ に対して

$$\omega[-p](J) = \omega(J) - \sum_{j \in J} p_j \tag{2.92}$$

で定義される関数 $\omega[-p] : 2^V \to \mathbf{Z} \cup \{-\infty\}$ は付値マトロイドになるので，$\omega[-p]$ の最大値を与える $J \in \mathcal{B}$ の全体はマトロイドの基族をなす．次の定理は，この逆も成り立つこと，すなわち，この性質によって付値マトロイドが特徴づけられることを述べている．

2.38 [定理] $(V, \mathcal{B})$ を基族 $\mathcal{B}$ によって定義されたマトロイドとする．関数 $\omega : \mathcal{B} \to \mathbf{Z}$ が付値マトロイドであるためには，任意の $p : V \to \mathbf{Z}$ に対して，$\omega[-p]$ の最大値を与える $J \in \mathcal{B}$ の全体がマトロイドの基族になることが必要かつ十分である．

この定理で，付値マトロイドを凹関数に，マトロイドを凸集合に置き換えてみると，マトロイドという離散構造が凸性と関係しているように思えてくる．この類似性をより一般的な枠組みで（数学的に）理解することが離散凸解析の一つの主題である．実際，後章に示す諸定理は，マトロイドが凸性と両立する離散構造—離散凸構造—であることを示している．

付値マトロイドの関数 ω はマトロイドの基族 $\mathcal{B}$ の一般化であるが，マトロイドの階数関数 ρ の一般化は

$$g(p) = \max\{\omega(J) + \sum_{j \in J} p_j \mid J \in \mathcal{B}\} \qquad (p \in \mathbf{Z}^V) \tag{2.93}$$

で定義される関数 $g : \mathbf{Z}^V \to \mathbf{Z} \cup \{+\infty\}$ で与えられる．上の例 (2.91) では，

$$g(p) = \max(p_1 + p_2, p_3 + p_4, p_1 + p_3 + 1, p_1 + p_4 + 1, p_2 + p_3 + 1, p_2 + p_4 + 1)$$

である．ρ の劣モジュラ性 (R3) に対応して，g は

$$g(p) + g(q) \geq g(p \vee q) + g(p \wedge q) \qquad (p, q \in \mathbf{Z}^V) \tag{2.94}$$

という不等式を満足する (→補足 2.40)．これは整数格子点上の劣モジュラ性である．

2.39 ［補足］　ここでは，多項式行列の行列式の次数から式 (2.90) によって定義される関数 ω が性質 (VM) をもつことを説明したが，一般に，(非アルキメデス) 付値体上の行列の行列式の付値から同様に定義される ω は性質 (VM) をもつ (証明は上と同じ議論である)．これが「付値マトロイド」の名の所以である．□

2.40 ［補足］　式 (2.93) の関数 g の劣モジュラ性 (2.94) は次のように証明される．まず $p = \chi_i$, $q = \chi_j$ $(i \neq j)$ の場合の劣モジュラ性

$$g(\chi_i) + g(\chi_j) \geq g(\mathbf{0}) + g(\chi_i + \chi_j) \tag{2.95}$$

を示す．$g(\mathbf{0}) = \omega(I)$, $g(\chi_i+\chi_j) = \omega(J)+|J\cap\{i,j\}|$ となる $I, J \in \mathcal{B}$ をとる．$|J\cap\{i,j\}| \leq 1$ ならば $g(\chi_i + \chi_j) = \max(g(\chi_i), g(\chi_j))$ となり，不等式 (2.95) が成り立つ．$|J\cap\{i,j\}| = |I\cap\{i,j\}| = 2$ のときも容易である．$|J\cap\{i,j\}| = 2$, $|I\cap\{i,j\}| \leq 1$ のとき，一般性を失うことなく $j \in J\setminus I$ とすると，(VM) により，ある $k \in I\setminus J$ に対して $\omega(I)+\omega(J) \leq \omega(I+j-k)+\omega(J-j+k)$ となるが，ここで $\omega(I) = g(\mathbf{0})$, $\omega(J) = g(\chi_i+\chi_j)-2$, $\omega(I+j-k) \leq g(\chi_j)-1$, $\omega(J-j+k) \leq g(\chi_i)-1$ であるから，(2.95) が成り立つ．$p = (p\wedge q)+\chi_i$, $q = (p\wedge q)+\chi_j$ $(i \neq j)$ の場合には，上と同じ議論を $\omega'(J) = \omega(J)+\sum_{j\in J}(p\wedge q)_j$ に適用して (2.94) が示される．さらに，一般の場合は $||p-q||_1$ に関する帰納法による ($\mathrm{supp}^+(p-q) \neq \emptyset$ の場合を考えればよいが，このとき $i \in \mathrm{supp}^+(p-q)$ を一つ選んで，$(p-\chi_i, q)$, $(p, (p\vee q)-\chi_i)$ に対する不等式 (2.94) を加え合わせる)．□

5. M 凸関数と L 凸関数

前節までに，組合せ的性質をもつ凸関数が様々な離散システムに現れる様子を見てきた．共通する組合せ的性質は交換公理と劣モジュラ性であった．本章 2 節で扱った凸 2 次関数は実数ベクトルを変数とする実数値関数 ($\mathbf{R}^n \to \mathbf{R}$ 型の関数) である．本章 3 節のネットワークフローでは，$\mathbf{R}^n \to \mathbf{R}$ 型の関数だけでなく「値の離散性」をもつ $\mathbf{Z}^n \to \mathbf{Z}$ 型の関数も扱った．本章 4 節の付値マト

ロイドは整数値の集合関数であるから $\{0,1\}^n \to \mathbf{Z}$ 型の関数と見なすことができ，これは最も離散的な場合である．

本節では交換公理と劣モジュラ性に基づいて M 凸関数と L 凸関数の概念を定義する．(i) 整数ベクトルを変数とする実数値関数 ($\mathbf{Z}^n \to \mathbf{R}$ 型の関数)，および，(ii) 実数ベクトルを変数とする多面体的な実数値関数 ($\mathbf{R}^n \to \mathbf{R}$ の多面体的関数) に対して M 凸性，L 凸性の概念を定義する．もちろん両者には密接な関係があり，整数格子点上での M/L 凸関数 (i) の凸拡張は多面体的 M/L 凸関数 (ii) になり，その整数格子点上での値を拾った関数は元の M/L 凸関数に一致する．われわれの興味の中心は純粋に離散的な $\mathbf{Z}^n \to \mathbf{Z}$ 型の関数であるが，これは (i) の特殊ケースとして含まれる．また，集合関数は $\{0,1\}^n \to \mathbf{R}$ 型の関数であるから，これも (i) の特殊ケースである．なお，本章 2 節の議論から推察されるように，($\mathbf{R}^n \to \mathbf{R}$ 型の) 一般の非線形関数に対しても M 凸性，L 凸性の概念が定義されるべきであるが，数学的に厳密な議論が煩雑なので本書では多面体的関数と 2 次関数に限る．

記号を準備 (復習) する．V を有限集合として，$V = \{1, \cdots, n\}$ とおく．ベクトル $x \in \mathbf{R}^V$ と $v \in V$ に対して，x の v 成分を $x(v)$ と書き，x の $X \subseteq V$ 上の成分和を

$$x(X) = \sum_{v \in X} x(v) \tag{2.96}$$

と表す．ベクトル $x \in \mathbf{R}^V$ の**台**を

$$\mathrm{supp}\,(x) = \{v \in V \mid x(v) \neq 0\} \tag{2.97}$$

と定義し，さらに，**正の台**，**負の台**を

$$\mathrm{supp}^+(x) = \{v \in V \mid x(v) > 0\}, \quad \mathrm{supp}^-(x) = \{v \in V \mid x(v) < 0\} \tag{2.98}$$

と定義する．$X \subseteq V$ に対してその**特性ベクトル**を χ_X ($\in \{0,1\}^V$) と表す．すなわち，

$$\chi_X(v) = \begin{cases} 1 & (v \in X) \\ 0 & (v \notin X). \end{cases} \tag{2.99}$$

とくに，$u \in V$ に対して $\chi_{\{u\}}$ を χ_u と略記する．ベクトル $p, q \in \mathbf{R}^V$ に対して，成分ごとに最大値，最小値をとって得られるベクトルを $p \vee q$, $p \wedge q$ と書

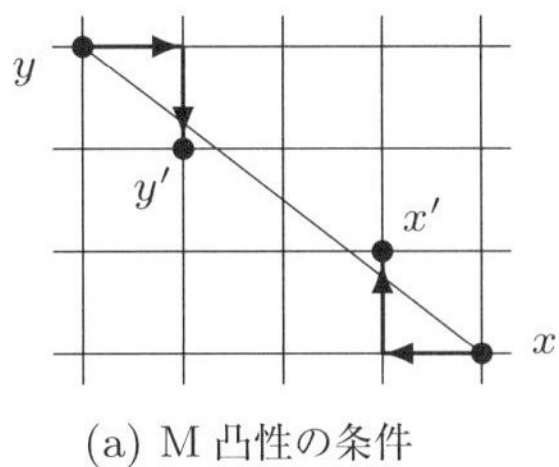

(a) M 凸性の条件

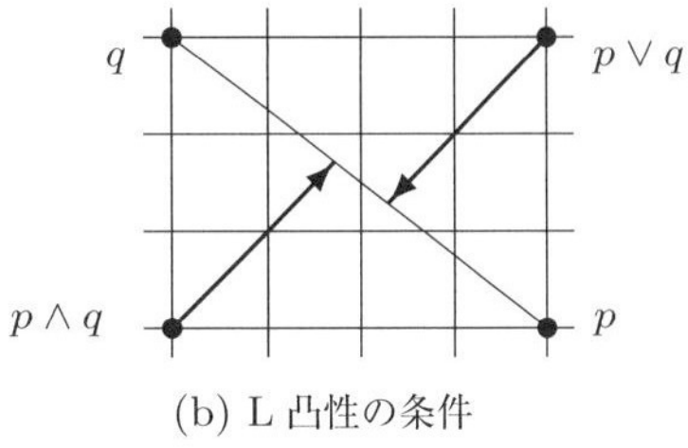

(b) L 凸性の条件

図 2.8　M 凸性，L 凸性の条件

く．すなわち，

$$(p \vee q)(v) = \max(p(v), q(v)), \quad (p \wedge q)(v) = \min(p(v), q(v)) \qquad (v \in V). \tag{2.100}$$

関数 $f : \mathbf{R}^V \to \mathbf{R} \cup \{\pm\infty\}$ に対して実効定義域を (2.7) で定義したが，$f : \mathbf{Z}^V \to \mathbf{R} \cup \{\pm\infty\}$ に対しても**実効定義域**を

$$\mathrm{dom}\, f = \mathrm{dom}_{\mathbf{Z}} f = \{x \in \mathbf{Z}^V \mid -\infty < f(x) < +\infty\} \tag{2.101}$$

で定義する．以下では，$\mathrm{dom}\, f \neq \emptyset$ であるような関数だけを考える．

整数格子点上で定義された関数について，M 凸性と L 凸性は次のように定義される．関数 $f : \mathbf{Z}^V \to \mathbf{R} \cup \{+\infty\}$ が **M 凸関数**であるとは，f が**交換公理**

> **(M-EXC[Z])**　任意の $x, y \in \mathrm{dom}\, f$ と任意の $u \in \mathrm{supp}^+(x - y)$ に対して，ある $v \in \mathrm{supp}^-(x - y)$ が存在して
>
> $$f(x) + f(y) \geq f(x - \chi_u + \chi_v) + f(y + \chi_u - \chi_v) \tag{2.102}$$

を満たすことと定義される．不等式 (2.102) が成り立つためには，当然，$x - \chi_u + \chi_v, y + \chi_u - \chi_v \in \mathrm{dom}\, f$ が必要であり，交換公理はこの条件を暗黙のうちに要請している．なお，(M-EXC[**Z**]) は，

> 任意の $x, y \in \mathrm{dom}\, f$ に対して，
>
> $$f(x) + f(y) \geq \max_{u \in \mathrm{supp}^+(x-y)} \min_{v \in \mathrm{supp}^-(x-y)} [f(x - \chi_u + \chi_v) + f(y + \chi_u - \chi_v)]$$

と書くこともできる．**M 凹関数**の定義は明らかであろう．

交換公理 (M-EXC[$\mathbf{Z}$]) の様子 (u-v 平面への射影) を図 2.8(a) に示す．(M-EXC[$\mathbf{Z}$]) の趣旨は，2 点 x, y における関数値の和は，より近い 2 点 $x' = x - \chi_u + \chi_v$, $y' = y + \chi_u - \chi_v$ に移ると減る方向にあるということであり，通常の凸関数の条件に似ている (本章 2.2 項参照)．実際，後に定理として述べるように，$\mathbf{Z}^V$ 上で定義された M 凸関数は，$\mathbf{R}^V$ 上で定義された区分的に線形な凸関数に拡張することができる．

一方，関数 $g : \mathbf{Z}^V \to \mathbf{R} \cup \{+\infty\}$ が **L 凸関数**であるとは，g が 2 条件

[劣モジュラ性]

$$g(p) + g(q) \geq g(p \vee q) + g(p \wedge q) \quad (p, q \in \mathbf{Z}^V), \tag{2.103}$$

[**1** 方向の線形性]

$$\exists r \in \mathbf{R}, \forall p \in \mathbf{Z}^V : \; g(p + \mathbf{1}) = g(p) + r \tag{2.104}$$

を満たすことと定義される．ただし $\mathbf{1} = (1, 1, \cdots, 1) \in \mathbf{Z}^V$ である．第一の条件式 (2.103) は**劣モジュラ性**を，第二の条件式 (2.104) は **1 方向の線形性**を表している (→図 2.8(b))．念のため注意するが，不等式 (2.103) は $g(p)$ と $g(q)$ の少なくとも一方が $+\infty$ ならば成立，(2.104) は $(+\infty) = (+\infty) + r$ の形のときも成立と約束する．また，g が整数値関数 $g : \mathbf{Z}^V \to \mathbf{Z} \cup \{+\infty\}$ のときには $r \in \mathbf{Z}$ となる．**L 凹関数**の定義は明らかであろう．

L 凸関数の条件についても，図 2.8(b) から，通常の凸関数の条件に似ていることがわかる．実際，後に定理として述べるように，$\mathbf{Z}^V$ 上で定義された L 凸関数は，$\mathbf{R}^V$ 上で定義された区分的に線形な凸関数に拡張することができる．

2.41 [例]　M 凸関数は付値マトロイドの自然な拡張であり，実効定義域が $\{0, 1\}^V$ に含まれる M 凹関数が付値マトロイドにあたる．すなわち，付値マトロイド (V, ω) に対して，その基族を $\mathcal{B}$ とおいて，関数 $f : \mathbf{Z}^V \to \mathbf{Z} \cup \{+\infty\}$ を

$$f(x) = \begin{cases} -\omega(J) & (x = \chi_J, J \in \mathcal{B}) \\ +\infty & (\text{その他}) \end{cases} \tag{2.105}$$

で定義すると，これは M 凸関数になる．このとき，$B = \{\chi_J \mid J \in \mathcal{B}\}$ が f の実効定義域 $\mathrm{dom}\, f$ である．たとえば，本章 4.2 項で用いた式 (2.91) の多項式行

列 $A(s)$ から生じる付値マトロイド (V,ω) に対しては，

$$B = \{(1,1,0,0),(0,0,1,1),(1,0,1,0),(1,0,0,1),(0,1,1,0),(0,1,0,1)\}$$

であり，$B_0 = \{(1,1,0,0),(0,0,1,1)\}$ として，

$$f(x) = \begin{cases} 0 & (x \in B_0) \\ -1 & (x \in B \setminus B_0) \\ +\infty & (x \in \mathbf{Z}^V \setminus B) \end{cases}$$

となる．また，付値マトロイド (V,ω) に対して，式 (2.93) で定義される関数 $g(p)$ は L 凸関数である．劣モジュラ性は (2.94) に示した通りであり，**1** 方向の線形性はマトロイドの階数を (2.104) における r として成り立つ．　□

次に，$\mathbf{R}^V \to \mathbf{R} \cup \{+\infty\}$ の多面体的凸関数に対して M 凸性，L 凸性の概念を定義する．多面体的凸関数とは，実効定義域が凸多面体であって，実効定義域上で有限個の 1 次関数の最大値として書ける関数のことであった．

多面体的凸関数 $f : \mathbf{R}^V \to \mathbf{R} \cup \{+\infty\}$ が **M 凸関数**であるとは，f が**交換公理**

(M-EXC[R])　任意の $x, y \in \mathrm{dom}\, f$ と任意の $u \in \mathrm{supp}^+(x-y)$ に対して，ある $v \in \mathrm{supp}^-(x-y)$ と正の実数 α_0 が存在して，すべての $\alpha \in [0,\alpha_0]_{\mathbf{R}}$ に対して

$$f(x) + f(y) \geq f(x - \alpha(\chi_u - \chi_v)) + f(y + \alpha(\chi_u - \chi_v)) \tag{2.106}$$

を満たすことと定義される．不等式 (2.106) が成り立つためには，当然，$x - \alpha(\chi_u - \chi_v), y + \alpha(\chi_u - \chi_v) \in \mathrm{dom}\, f$ が必要であり，交換公理はこの条件を暗黙のうちに要請している．**多面体的 M 凹関数**の定義は明らかであろう．

一方，多面体的凸関数 $g : \mathbf{R}^V \to \mathbf{R} \cup \{+\infty\}$ が **L 凸関数**であるとは，g が劣モジュラ性と **1** 方向の線形性の 2 条件

$$g(p) + g(q) \geq g(p \vee q) + g(p \wedge q) \quad (p, q \in \mathbf{R}^V), \tag{2.107}$$

$$\exists r \in \mathbf{R}, \forall p \in \mathbf{R}^V, \forall \alpha \in \mathbf{R} :\ g(p + \alpha\mathbf{1}) = g(p) + \alpha r \tag{2.108}$$

を満たすことと定義される．この条件 (2.107), (2.108) は離散関数の場合の条件 (2.103), (2.104) と同じ形をしている．**多面体的 L 凹関数**の定義は明らかであろう．

実数ベクトルを変数とする 2 次関数に対しても，交換公理 (M-EXC[**R**]) によって M 凸性を定義し，また，条件 (2.107), (2.108) によって L 凸性を定義する．

以上のように定義された M 凸関数，L 凸関数の数学的な性質を第 3 章〜第 7 章で述べる．また，アルゴリズムに関する結果を第 8 章で記述し，最後に第 9 章で応用に触れる．

2.42 [**補足**]　後に第 4 章 7 節で示すことであるが，M 凸関数 f の実効定義域は成分和が一定の超平面の上にある (すなわち，ある $r \in \mathbf{R}$ が存在して，任意の $x \in \mathrm{dom}\, f$ に対して $x(V) = r$ が成り立つ)．したがって，M 凸関数 f の定義域をある座標軸方向に沿って射影した $n-1$ 変数の関数を考えても情報は失われない．$u_0 \in V$ を任意に選んで $V' = V \setminus \{u_0\}$ とおき，$x \in \mathbf{R}^V$ を $x = (x_0, x')$ (ただし $x_0 = x(u_0)$, $x' \in \mathbf{R}^{V'}$) と分解して

$$f'(x') = f(r - x'(V'), x') \tag{2.109}$$

で定義される関数 $f' : \mathbf{R}^{V'} \to \mathbf{R} \cup \{+\infty\}$ を考えるのである．M 凸関数 f からこのようにして導出される関数 f' を **M$^\natural$ 凸関数**と呼ぶ．詳しくは第 4 章で説明するが，ここでは，交換公理 (M-EXC[**R**]) と本章 2.2 項で見た交換公理 (M$^\natural$-EXC[**R**]) がこの意味で対応していることだけを述べておく．　□

2.43 [**補足**]　L 凸関数は **1** 方向の線形性をもつので，ある一つの座標値が 0 に等しい超平面（座標面）に制限した $n-1$ 変数の関数を考えても本質的な情報は失われない．$u_0 \in V$ を任意に選んで $V' = V \setminus \{u_0\}$ とおき，$p \in \mathbf{R}^V$ を $p = (p_0, p')$ (ただし $p_0 = p(u_0)$, $p' \in \mathbf{R}^{V'}$) と分解して

$$g'(p') = g(0, p') \tag{2.110}$$

で定義される関数 $g' : \mathbf{R}^{V'} \to \mathbf{R} \cup \{+\infty\}$ を考えるのである．L 凸関数 g からこのようにして導出される関数 g' を **L$^\natural$ 凸関数**と呼ぶ．詳しくは第 5 章で説明するが，ここでは，劣モジュラ性と **1** 方向の線形性の 2 条件を合わせたものが並進劣モジュラ性 (2.58) とこの意味で対応していることだけを述べておく．　□

2.44 [**補足**]　M 凸関数の定義域 ($\ni x$) も L 凸関数の定義域 ($\ni p$) もともに $\mathbf{Z}^V$ または $\mathbf{R}^V$(の部分集合) であるが，詳しくいえば，一方は他方の双対空間

であって同じ集合ではない．実際，x, p のノルムはそれぞれ

$$||x||_1 = \sum_{v \in V} |x(v)|, \qquad ||p||_\infty = \max_{v \in V} |p(v)| \tag{2.111}$$

とすると便利なことが多く，このとき，$|\langle p, x\rangle| \leq ||p||_\infty ||x||_1$ が成り立つ．□

6. 整凸関数

整凸関数とは，整数格子点上で定義された関数であって，各単位超立方体上での局所的な凸拡張をつなぎ合わせることによって大域的な凸拡張が構成できるようなものである．M 凸関数，L 凸関数を含め，本書で扱う離散凸関数はすべて整凸関数である．

整数格子点で定義された関数 $f : \mathbf{Z}^V \to \mathbf{R} \cup \{+\infty\}$ を考える．とくに断らない限り，実効定義域 $\mathrm{dom}\, f$ は空でないとする．関数 f の**凸閉包** $\overline{f} : \mathbf{R}^V \to \mathbf{R} \cup \{\pm\infty\}$ を

$$\overline{f}(x) = \sup_{p \in \mathbf{R}^V, \alpha \in \mathbf{R}} \{\langle p, x\rangle + \alpha \mid \langle p, y\rangle + \alpha \leq f(y)\ (\forall y \in \mathbf{Z}^V)\} \quad (x \in \mathbf{R}^V) \tag{2.112}$$

と定義する．$\overline{f}$ が整数格子点上で f と一致するとき，すなわち，

$$\overline{f}(x) = f(x) \qquad (x \in \mathbf{Z}^V) \tag{2.113}$$

が成り立つとき，f は**凸拡張可能**であるといい，$\overline{f}$ を f の**凸拡張**と呼ぶ．

凸閉包の定義 (2.112) では，すべての点 $y \in \mathbf{Z}^V$ において不等式 $\langle p, y\rangle + \alpha \leq f(y)$ が成り立つことを要請しているが，これを $x \in \mathbf{R}^V$ の近傍の整数点 $y \in \mathbf{Z}^V$ だけに限ることによって局所的な凸拡張を考える．すなわち，点 x の**整数近傍**を

$$\mathrm{N}(x) = \{y \in \mathbf{Z}^V \mid \lfloor x(v)\rfloor \leq y(v) \leq \lceil x(v)\rceil\ (v \in V)\} \qquad (x \in \mathbf{R}^V) \tag{2.114}$$

と定義し (図 2.9 参照)，**局所凸拡張** $\tilde{f}$ を

$$\tilde{f}(x) = \sup_{p \in \mathbf{R}^V, \alpha \in \mathbf{R}} \{\langle p, x\rangle + \alpha \mid \langle p, y\rangle + \alpha \leq f(y)\ (\forall y \in \mathrm{N}(x))\} \quad (x \in \mathbf{R}^V) \tag{2.115}$$

で定義する．このとき

$$\tilde{f}(x) \geq \overline{f}(x) \quad (x \in \mathbf{R}^V), \qquad \tilde{f}(x) = f(x) \quad (x \in \mathbf{Z}^V) \tag{2.116}$$

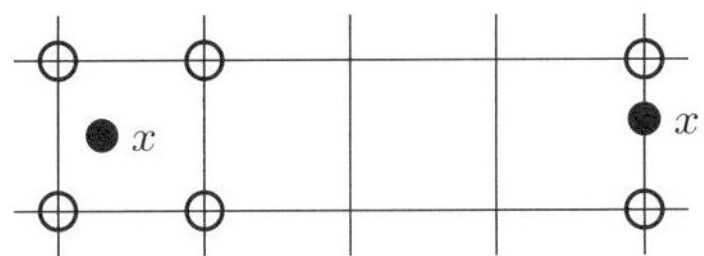

図 2.9　点 x の整数近傍 $\mathrm{N}(x)$　(○ が $\mathrm{N}(x)$ の点)

が成り立つ．たとえば，$|V|=1$ のときには，f のグラフ $\{(z,f(z)) \mid z \in \mathbf{Z}\}$ (点列) を自然な順序で結んでできる折れ線が $\tilde{f}$ のグラフである．

局所凸拡張 $\tilde{f}$ は任意の単位超立方体 (区間) $[z, z+\mathbf{1}]_{\mathbf{R}} = \{x \in \mathbf{R}^V \mid z(v) \leq x(v) \leq z(v)+1 \ (v \in V)\}$ (ただし $z \in \mathbf{Z}^V$) 上で凸であるが，$\mathbf{R}^V$ 全体で凸とは限らない．局所凸拡張 $\tilde{f}$ が $\mathbf{R}^V$ 上で凸のとき，f は**整凸関数**であるといわれる．容易にわかるように，

$$
f \text{ が整凸関数} \iff \tilde{f}(x) = \overline{f}(x) \quad (x \in \mathbf{R}^V) \tag{2.117}
$$

が成り立つ．したがって，整凸関数は凸拡張可能である．なお，**整凹関数**の定義は明らかであろう．

局所凸拡張 $\tilde{f}$ は

$$
\tilde{f}(x) = \inf\{ \sum_{y \in \mathrm{N}(x)} \lambda_y f(y) \mid \sum_{y \in \mathrm{N}(x)} \lambda_y y = x, (\lambda_y) \in \Lambda\} \quad (x \in \mathbf{R}^V) \tag{2.118}
$$

と表すこともできる．ここで

$$
\Lambda = \{(\lambda_y \mid y \in \mathrm{N}(x)) \mid \sum_{y \in \mathrm{N}(x)} \lambda_y = 1, \lambda_y \geq 0 \ (\forall y \in \mathrm{N}(x))\} \tag{2.119}
$$

は**凸結合係数**の全体を表す．式 (2.118) は定義式 (2.115) と線形計画の双対性 (定理 2.12) から導かれる．

整凸関数の最小値は局所最適性によって特徴づけられる．

2.45 [定理] (整凸関数最小性規準)　整凸関数 $f: \mathbf{Z}^V \to \mathbf{R} \cup \{+\infty\}$ と $x \in \mathrm{dom}\, f$ に対して，

$$
f(x) \leq f(y) \ \ (\forall\, y \in \mathbf{Z}^V) \iff f(x) \leq f(x + \chi_X - \chi_Y) \ \ (\forall\, X, Y \subseteq V). \tag{2.120}
$$

証明　$\Rightarrow$ は明らかだから，$\Leftarrow$ を示せばよい．$x \in \mathrm{dom}\, f$ として，$\mathrm{N}_1(x) = \{y \in \mathbf{R}^V \mid \|y - x\|_\infty \leq 1\}$ とおく．(2.118) により，任意の $y \in \mathrm{N}_1(x)$ に対して $f(x) \leq \tilde{f}(y)$ が成り立つ．これと整凸性 (2.117) から $\overline{f}(x) \leq \overline{f}(y)$ $(\forall\, y \in \mathrm{N}_1(x))$ となるので，定理 2.1 により x は $\overline{f}$ の大域的最小値を与える．したがって，x は f の大域的最小値を与える．∎

関数 $f : \mathbf{Z}^V \to \mathbf{R} \cup \{+\infty\}$ が**変数分離凸関数**であるとは，1 変数離散凸関数の族 $\{f_v \in \mathcal{C}[\mathbf{Z} \to \mathbf{R}] \mid v \in V\}$ によって

$$f(x) = \sum_{v \in V} f_v(x(v)) \qquad (x \in \mathbf{Z}^V) \tag{2.121}$$

と書けることである．ここで

$$\begin{aligned}\mathcal{C}[\mathbf{Z} \to \mathbf{R}] = \{\varphi : \mathbf{Z} \to \mathbf{R} \cup \{+\infty\} \mid \mathrm{dom}\, \varphi \neq \emptyset,\\ \varphi(t-1) + \varphi(t+1) \geq 2\varphi(t)\ (t \in \mathbf{Z})\}\end{aligned} \tag{2.122}$$

は 1 変数離散凸関数の全体を表す．また，整数値の 1 変数離散凸関数の全体を $\mathcal{C}[\mathbf{Z} \to \mathbf{Z}]$ と表す．

2.46［命題］　整凸関数と変数分離凸関数の和は，実効定義域が空でない限り，整凸関数である．

証明　$f(x) = f_0(x) + \sum_{v \in V} f_v(x(v))$ とおく (f_0 は整凸関数，$f_v \in \mathcal{C}[\mathbf{Z} \to \mathbf{R}]$ $(v \in V)$)．$\sum_{y \in \mathrm{N}(x)} \lambda_y y = x$ を満たす任意の $(\lambda_y) \in \Lambda$ に対して

$$\sum_{y \in \mathrm{N}(x)} \lambda_y \sum_{v \in V} f_v(y(v)) = \sum_{v \in V} \sum_{y \in \mathrm{N}(x)} \lambda_y f_v(y(v)) = \sum_{v \in V} \tilde{f}_v(x(v))$$

であるから，(2.118) により

$$\tilde{f}(x) = \tilde{f}_0(x) + \sum_{v \in V} \tilde{f}_v(x(v)) = \overline{f_0}(x) + \sum_{v \in V} \overline{f_v}(x(v))$$

である．これは $\tilde{f}$ が凸であることを示している．∎

ベクトル $p \in \mathbf{R}^V$ に対して

$$f[-p](x) = f(x) - \langle p, x \rangle \qquad (x \in \mathbf{Z}^V), \tag{2.123}$$

$$\arg\min f[-p] = \{x \in \mathbf{Z}^V \mid f[-p](x) \leq f[-p](y)\ (\forall y \in \mathbf{Z}^V)\} \tag{2.124}$$

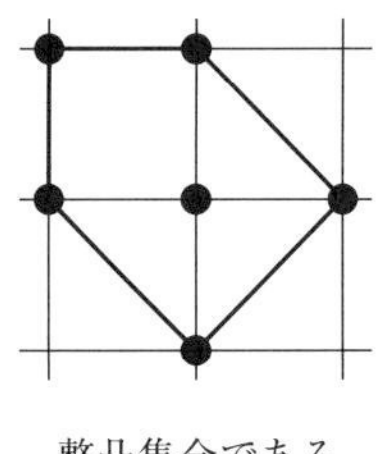
整凸集合である

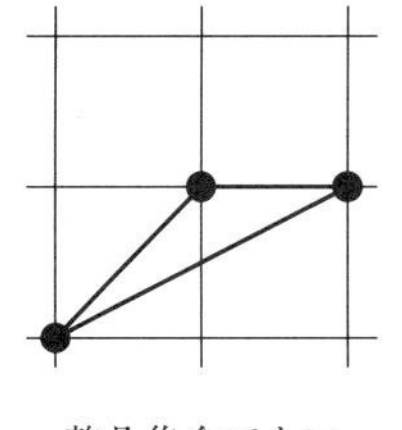
整凸集合でない

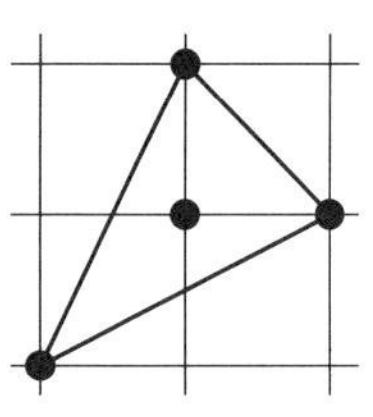
整凸集合でない

図 2.10 整凸集合の概念

と定義すると，上の命題 2.46 の系として，次が得られる．

2.47 [命題]

(1) 変数分離凸関数は整凸関数である．

(2) 整凸関数 f とベクトル $p \in \mathbf{R}^V$ に対して $f[-p]$ は整凸関数である．

離散点集合 $S \subseteq \mathbf{Z}^V$ が**整凸集合**であることを，標示関数 δ_S が整凸関数であることによって定義する．すなわち，任意の $x \in \mathbf{R}^V$ に対して

$$x \in \overline{S} \implies x \in \overline{S \cap \mathrm{N}(x)} \tag{2.125}$$

が成り立つときに S を整凸集合と呼ぶ．このとき，

$$S \text{ が整凸集合} \iff \overline{S \cap \mathrm{N}(x)} = \overline{S} \cap \overline{\mathrm{N}(x)} \quad (\forall x \in \mathbf{R}^V) \tag{2.126}$$

が成り立つ (図 2.10 参照)．整数点 x に対しては $\mathrm{N}(x) = \{x\}$ であるから，整凸集合 S は穴をもたないこと ($S = \overline{S} \cap \mathbf{Z}^V$) がわかる．

2.48 [命題] $f : \mathbf{Z}^V \to \mathbf{R} \cup \{+\infty\}$ を整凸関数とする．

(1) $\mathrm{dom}\, f$ は整凸集合である．

(2) 任意の $p \in \mathbf{R}^V$ に対して $\arg\min f[-p]$ は，空でない限り，整凸集合である．

証明 (1) $\overline{f} = \tilde{f}$ と $\tilde{f}$ の定義により

$$\overline{\mathrm{dom}\, f} \cap \overline{\mathrm{N}(x)} = \mathrm{dom}\, \overline{f} \cap \overline{\mathrm{N}(x)} = \mathrm{dom}\, \tilde{f} \cap \overline{\mathrm{N}(x)} = \overline{\mathrm{dom}\, f \cap \mathrm{N}(x)}$$

が成り立つので，(2.126) により，$\mathrm{dom}\, f$ は整凸集合である．

(2) 命題 2.47 により，$p = \mathbf{0}$ としてよい．$S = \arg\min f$ に対して (2.126) を用いる．$y \in \overline{S} \cap \overline{\mathrm{N}(x)}$ とすると，$\min f = \overline{f}(y) = \tilde{f}(y)$ より $y \in \overline{S \cap \mathrm{N}(x)}$ であるから，$\overline{S} \cap \overline{\mathrm{N}(x)} \subseteq \overline{S \cap \mathrm{N}(x)}$．逆向きの包含関係は明らかである．■

2.49 [定理]　関数 $f : \mathbf{Z}^V \to \mathbf{R} \cup \{+\infty\}$ の実効定義域 $\mathrm{dom}\, f$ が非空で有界のとき，

$$
\begin{aligned}
& f \text{ が整凸関数} \\
& \iff \text{任意の } p \in \mathbf{R}^V \text{ に対し } \arg\min f[-p] \text{ が整凸集合.}
\end{aligned}
$$

証明　⇒ は命題 2.48 で既に示されているので，逆向き ⇐ を示そう．(2.117) により，$\tilde{f}(x) = \overline{f}(x)$ $(x \in \mathbf{R}^V)$ を示せばよい．$x \notin \overline{\mathrm{dom}\, f}$ のときは，$\overline{\mathrm{dom}\, f} = \mathrm{dom}\, \overline{f}$ と (2.116) により $\tilde{f}(x) = \overline{f}(x) = +\infty$ である．$x \in \overline{\mathrm{dom}\, f}$ のとき，双対の関係にある一組の線形計画問題

$$
\begin{array}{lll}
\text{(P)} & \text{Maximize} & \langle p, x \rangle + \alpha \\
 & \text{subject to} & \langle p, y \rangle + \alpha \le f(y) \quad (y \in \mathrm{dom}\, f),\, p \in \mathbf{R}^V,\, \alpha \in \mathbf{R},
\end{array}
$$

$$
\begin{array}{lll}
\text{(D)} & \text{Minimize} & \displaystyle\sum_{y \in \mathrm{dom}\, f} \lambda_y f(y) \\
 & \text{subject to} & \displaystyle\sum_{y \in \mathrm{dom}\, f} \lambda_y y = x,\ \sum_{y \in \mathrm{dom}\, f} \lambda_y = 1,\, \lambda_y \ge 0 \quad (y \in \mathrm{dom}\, f)
\end{array}
$$

を考える．(p, α) が (P) の変数，$(\lambda_y \mid y \in \mathrm{dom}\, f)$ が (D) の変数である．問題 (P) は明らかに実行可能解をもち，$x \in \overline{\mathrm{dom}\, f}$ より (D) も実行可能解をもつ．(P), (D) の最適解をそれぞれ (p^*, α^*), $\lambda^* = (\lambda_y^* \mid y \in \mathrm{dom}\, f)$ とすると，(2.112) と (2.116) から

$$
\overline{f}(x) = \langle p^*, x \rangle + \alpha^* = \sum_{y \in \mathrm{dom}\, f} \lambda_y^* f(y) \le \tilde{f}(x) \tag{2.127}
$$

が成り立つ．以下において，最後の不等式が等号で成り立つことを示そう．

(P) の制約式のうち，(p^*, α^*) において等号となるものに着目して，

$$
S = \{ y \in \mathrm{dom}\, f \mid \langle p^*, y \rangle + \alpha^* = f(y) \} = \arg \min_{y \in \mathrm{dom}\, f} f[-p^*](y)
$$

を考える．線形計画の相補性 (定理 2.12(3)) により，$\{ y \in \mathrm{dom}\, f \mid \lambda_y^* > 0 \} \subseteq S$ が成り立つ．これは $x \in \overline{S}$ を意味するが，仮定により S は整凸集合だから，(2.125)

により $x \in \overline{S \cap \mathrm{N}(x)}$ である．したがって，(D) の最適解 $\tilde{\lambda} = (\tilde{\lambda}_y \mid y \in \mathrm{dom}\, f)$ で $\{y \mid \tilde{\lambda}_y > 0\} \subseteq S \cap \mathrm{N}(x)$ を満たすものが存在する．ここで (2.118) を用いると

$$\sum_{y \in \mathrm{dom}\, f} \lambda_y^* f(y) = \sum_{y \in \mathrm{dom}\, f} \tilde{\lambda}_y f(y) = \sum_{y \in \mathrm{N}(x)} \tilde{\lambda}_y f(y) \geq \tilde{f}(x)$$

となるので，(2.127) の不等号は等号である．■

上の定理では実効定義域を有界と仮定したが，次の事実により，この仮定は実質的な制限にならない．一般にベクトル $a, b \in (\mathbf{Z} \cup \{\pm\infty\})^V$ に対し，**整数区間** $[a,b]$ (あるいは $[a,b]_{\mathbf{Z}}$ とも書く) を

$$[a,b] = [a,b]_{\mathbf{Z}} = \{x \in \mathbf{Z}^V \mid a(v) \leq x(v) \leq b(v)\ (v \in V)\} \tag{2.128}$$

と定義する (a, b の成分に $\pm\infty$ がある場合の不等式の意味は明らかであろう)．関数 f の区間 $[a,b]$ への**制限** $f_{[a,b]} : \mathbf{Z}^V \to \mathbf{R} \cup \{+\infty\}$ を

$$f_{[a,b]}(x) = \begin{cases} f(x) & (x \in [a,b]) \\ +\infty & (x \notin [a,b]) \end{cases} \tag{2.129}$$

と定義する．

2.50 [命題]　関数 $f : \mathbf{Z}^V \to \mathbf{R} \cup \{+\infty\}$ に対して，

f が整凸関数
$\iff$ 任意の $a, b \in \mathbf{Z}^V$ に対し，f の整数区間 $[a,b]$ への
制限 $f_{[a,b]}$ が，$\mathrm{dom}\, f_{[a,b]} \neq \emptyset$ である限り，整凸関数．

証明　$[a,b]_{\mathbf{R}} = \{x \in \mathbf{R}^V \mid a \leq x \leq b\}$ とすると，整凸関数の定義と凸関数の性質により，「f が整凸 $\iff$ 局所凸拡張 $\tilde{f}$ が凸 $\iff$ 任意の $[a,b]_{\mathbf{R}}$ への $\tilde{f}$ の制限 $(\tilde{f})_{[a,b]_{\mathbf{R}}}$ が凸」および「$f_{[a,b]}$ が整凸 $\iff$ 局所凸拡張 $(f_{[a,b]})\tilde{}$ が凸」が成り立つ．ここで，$(\tilde{f})_{[a,b]_{\mathbf{R}}}$ が $(f_{[a,b]})\tilde{}$ に一致することに注意する．■

次の事実は後に第 6 章 1 節で用いられる．

2.51 [命題]　整数値の整凸関数 $f : \mathbf{Z}^V \to \mathbf{Z} \cup \{+\infty\}$ と $p \in \mathbf{R}^V$ に対して，$\inf f[-p] > -\infty$ ならば $\arg\min f[-p] \neq \emptyset$.

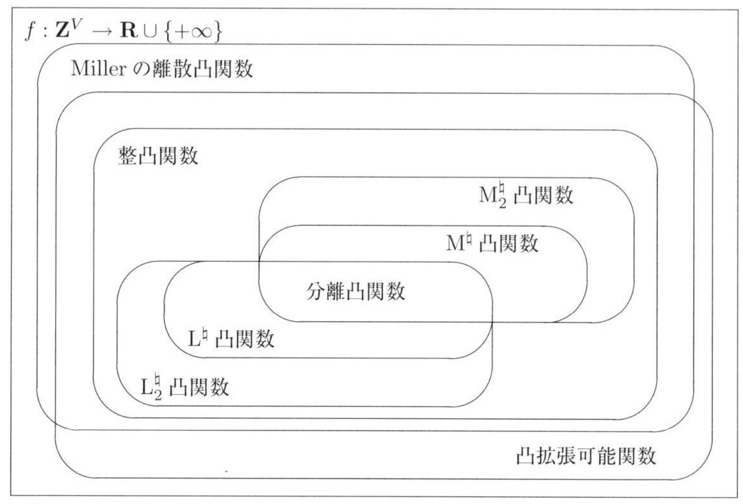

図 2.11　離散凸関数のクラスの包含関係
(M$^\natural$ 凸 $\cap$ L$^\natural$ 凸 $=$ M$^\natural_2$ 凸 $\cap$ L$^\natural_2$ 凸 $=$ 分離凸)

証明　証明は難しくない．[107] の Lemma 6.13 を参照されたい． ∎

離散凸関数の諸クラスを図 2.11 に示す (M$^\natural_2$ 凸，L$^\natural_2$ 凸の概念は後に説明する)．また，離散凸集合と離散凸関数がどのような演算について閉じているかをあらかじめ表 2.1 にまとめておく．$f_1 \Box_{\mathbf{Z}} f_2$ は整数上の合成積 (定義は (4.33))，$f^\bullet$ は離散 Legendre–Fenchel 変換による共役関数 (定義は (6.4)) を表す．不成立の場合 ($\times$) の反例については [108] を参照されたい．

2.52 [補足]　整凸関数の和，合成積，共役関数は整凸関数と限らない．そのような例が [108] にある．また，整凸関数に対して離散分離定理は成り立たない．例 1.2 がそのような例となっている． □

2.53 [補足]　関数 $f : \mathbf{Z}^V \to \mathbf{R} \cup \{+\infty\}$ は，任意の $x, y \in \mathrm{dom}\, f$ と任意の $\alpha \in [0,1]_{\mathbf{R}}$ に対して

$$\min\{f(z) \mid z \in \mathrm{N}(\alpha x + (1-\alpha)y)\} \le \alpha f(x) + (1-\alpha) f(y) \tag{2.130}$$

を満たすとき，**Miller の離散凸関数**といわれる．整凸関数は Miller の離散凸

表 2.1 離散凸集合と離散凸関数の演算

(f: 関数, S: 集合; ○: 成立 [定理・命題番号], ×: 不成立)

	Miller 凸	凸拡張可能	整凸	分離凸
$f_1 + f_2$	×	○	×	○
$S_1 \cap S_2$	×	○	×	○
$f+$ 分離凸	×	○	○ [2.46]	○
$S \cap [a, b]$	○	○	○	○
$f+$ 線形	×	○	○ [2.47]	○
$f_1 \Box_{\mathbf{Z}} f_2$	×	×	×	○
$S_1 + S_2$	×	×	×	○
$f^{\bullet}$	×	○	×	○
$\mathrm{dom}\, f$	○	○	○ [2.48]	○
$\arg\min f$	○	○	○ [2.48]	○

	$\mathrm{M}_2^{\natural}$ 凸	$\mathrm{L}_2^{\natural}$ 凸	$\mathrm{M}^{\natural}$ 凸	$\mathrm{L}^{\natural}$ 凸
$f_1 + f_2$	×	×	× ($\mathrm{M}_2^{\natural}$ 凸)	○ [5.10]
$S_1 \cap S_2$	×	×	× ($\mathrm{M}_2^{\natural}$ 凸)	○ [3.32]
$f+$ 分離凸	○	×	○ [4.10]	○ [5.10]
$S \cap [a, b]$	○	×	○	○
$f+$ 線形	○	○	○ [4.10]	○ [5.10]
$f_1 \Box_{\mathbf{Z}} f_2$	×	×	○ [4.10]	× ($\mathrm{L}_2^{\natural}$ 凸)
$S_1 + S_2$	×	×	○ [3.20]	× ($\mathrm{L}_2^{\natural}$ 凸)
$f^{\bullet}$	× ($\mathrm{L}_2^{\natural}$ 凸)	× ($\mathrm{M}_2^{\natural}$ 凸)	× ($\mathrm{L}^{\natural}$ 凸)	× ($\mathrm{M}^{\natural}$ 凸)
$\mathrm{dom}\, f$	○ [6.27]	○ [6.30]	○ [4.1]	○ [5.7]
$\arg\min f$	○ [6.27]	○ [6.30]	○ [4.19]	○ [5.13]

関数であり，さらに，定理 2.45 に述べた局所最適性による最小値の特徴づけ (2.120) は Miller の離散凸関数に対しても成り立つ． □

ノート

最適化全般については [59], [115] などを，非線形最適化については [6], [30], [45], [90], [120] などを，組合せ最適化については [16], [26], [58], [62], [80], [81], [85], [116] などを参照されたい．非線形最適化における凸解析の役割を解

説した和書として [46], [78] を挙げておく．凸解析の専門書として [56], [126], [127], [129], [141] などがある．とくに，集合の分離定理 2.6 については，[126] の Theorem 11.3, Theorem 20.2, Corollary 11.4.2 を，関数の分離定理 2.7 については [141] の Cor. 5.1.6, [126] の Th. 31.1 の証明を，Fenchel 双対定理 2.8 については [126] の Th. 31.1, [141] の Cor. 5.1.4 を参照されたい．例 2.10 は [141] からとった．

線形不等式や線形計画については [14], [61], [77], [131], [132] などを，グラフのマッチングに関しては [16], [89] を参照されたい．定理 2.29 に述べた対称 M 行列の逆行列の交換公理による特徴づけは [110] による．

補足 2.32 でも触れたが，ネットワークフローと凸解析の関わりについては，[60], [128] に詳しい．電流ポテンシャル，電圧ポテンシャルの用語を [13] に従い用いたが，コンテント，ココンテントと呼ばれることのほうが多い．ネットワークフローから M 凸関数，L 凸関数が生じることは [98], [100], [101] において指摘されている．ネットワークフロー問題一般に関しては [31] が古典であるが，アルゴリズムについては [1], [64] を参照されたい．

マトロイド理論の成書は多い [62], [122], [125], [149], [150] が，線形代数の側から応用を意識して解説した著書として [104] がある．マトロイド理論の（主に発展初期の）重要な論文は [82] に収められている．付値マトロイドの概念は A. Dress と W. Wenzel [24], [25] によるが，理論の詳細と応用については [104] を参照されたい．付値マトロイドのサーキットについては [111]，制約つき最適化については [2] がある．劣モジュラ関数については [40] が定本であるが，[145] も参照されたい．

整凸関数の概念は Favati–Tardella [29] によって定義域が整数区間の場合に対して導入された．本書では，M 凸関数，L 凸関数などへの応用を念頭において，定義域の制限を外して議論した．定理 2.45 は [29] による．命題 2.46, 命題 2.48 は [108] による．

3

離散凸集合

M 凸集合，L 凸集合の概念は，その標示関数の M 凸性，L 凸性によって定義される．これは，離散集合あるいはその凸包として定まる多面体の頂点に関する組合せ的性質を述べたことになっている．本章の主な目的は，M 凸多面体，L 凸多面体の面を記述する不等式系の特徴を捉えることである．M 凸多面体の面は劣モジュラ集合関数により，また，L 凸多面体の面は三角不等式を満たす距離関数により記述される．

1. 多面体の整数性

本節では多面体の整数性に関する基本的な事実を述べる．離散集合とその凸包の間の微妙な関係を見ることが目的である．

有理数を係数とする有限個の 1 次不等式で記述される多面体 (すなわち，式 (2.15) で係数 a_{ij}, b_i をすべて有理数に選べるもの) を**有理多面体**と呼ぶ．有理多面体 $P \subseteq \mathbf{R}^n$ であって，その中に含まれる整数格子点の凸包が P 自身に一致するもの，すなわち，$P = \overline{P \cap \mathbf{Z}^n}$ を満たすものを**整数多面体**と呼ぶ．ここで，一般に，$\overline{S}$ は集合 S の $\mathbf{R}^n$ における凸包を表す．

多面体の整数性と離散集合の凸性の関係を考察するために，整数格子点の集合 $S \subseteq \mathbf{Z}^n$ が**穴をもたない**とき，すなわち，S が条件:

$$S = \overline{S} \cap \mathbf{Z}^n \tag{3.1}$$

を満たすときに，「凸集合」であると (仮に) 定義してみよう．$S \subseteq \mathbf{Z}^n$ が有限集合ならば $\overline{S}$ は整数多面体である．したがって，有限集合に対しては，この定義はある整数多面体に含まれる整数格子点の全体を「凸集合」と定義することと同等である．

上の条件 (3.1) は確かに自然なものである．第1章2節で離散関数の凸性に関する考察を行った際に，凸関数に拡張可能な離散関数を「凸関数」と定義したことを思い出そう．離散集合 S が (3.1) の意味で「凸集合」であることは，(2.17) と同様に

$$\delta_S(x) = \begin{cases} 0 & (x \in S) \\ +\infty & (x \notin S) \end{cases} \tag{3.2}$$

で定義される**標示関数** $\delta_S : \mathbf{Z}^n \to \mathbf{Z} \cup \{+\infty\}$ が凸関数に拡張可能であることと同値である．

さて，「凸集合」をこのように定義したときに何が起こるかを調べてみよう．通常の凸解析における基本的演算として，**Minkowski 和**がある．二つの集合 $P_1, P_2 \subseteq \mathbf{R}^n$ の Minkowski 和 $P_1 + P_2$ は

$$P_1 + P_2 = \{x_1 + x_2 \mid x_1 \in P_1, x_2 \in P_2\} \subseteq \mathbf{R}^n \tag{3.3}$$

と定義される．これにならい，二つの離散集合 $S_1, S_2 \subseteq \mathbf{Z}^n$ の Minkowski 和 $S_1 + S_2$ を

$$S_1 + S_2 = \{x_1 + x_2 \mid x_1 \in S_1, x_2 \in S_2\} \subseteq \mathbf{Z}^n \tag{3.4}$$

と定義する．連続世界では，凸集合の Minkowski 和は凸集合である．離散世界でもこのことが成り立ってほしいのであるが，次の例 3.1 に見られるように，上の「凸集合」の定義ではそうならない．

3.1［例］　$n = 2$ として，

$$S_1 = \{(0,0),(1,1)\}, \qquad S_2 = \{(1,0),(0,1)\}$$

とすると，$S_1 = \overline{S_1} \cap \mathbf{Z}^2$, $S_2 = \overline{S_2} \cap \mathbf{Z}^2$ である (図 3.1 参照)．離散世界の Minkowski 和

$$S_1 + S_2 = \{(1,0),(0,1),(2,1),(1,2)\}$$

には中央の点 $(1,1)$ に穴があり，$S_1 + S_2 \neq \overline{S_1 + S_2} \cap \mathbf{Z}^2$ である．ついでに共通部分をみると，

$$\overline{S_1} \cap \overline{S_2} = \{(1/2,1/2)\}, \qquad S_1 \cap S_2 = \emptyset$$

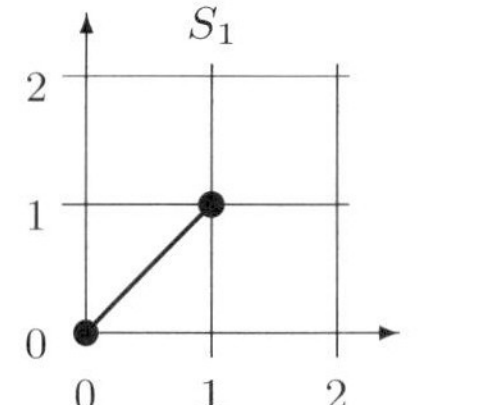

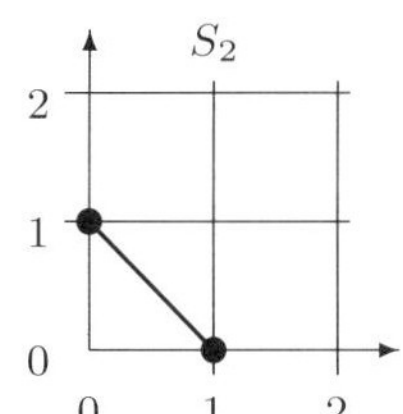

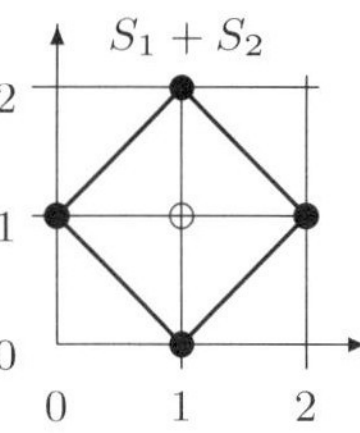

図 3.1　Minkowski 和の非整数性

なので，$\overline{S_1} \cap \overline{S_2} \neq \overline{S_1 \cap S_2}$ である． □

上の例は次の教訓を与えている．$S_i = \overline{S_i} \cap \mathbf{Z}^n$ $(i = 1, 2)$ とする．

1. $S_1 + S_2 = \overline{S_1 + S_2} \cap \mathbf{Z}^n$ とは限らない．
2. $\overline{S_1} \cap \overline{S_2} = \overline{S_1 \cap S_2}$ とは限らない．
3. $S_1 \cap S_2 = \emptyset$ でも $\overline{S_1} \cap \overline{S_2} = \emptyset$ とは限らない．
4. 整数多面体 $P_i \subseteq \mathbf{R}^n$ $(i = 1, 2)$ の共通部分 $P_1 \cap P_2$ は整数多面体とは限らない．

このように，条件 (3.1) による「凸集合」の定義の下では，期待される望ましい性質が成り立たない．離散凸集合として望ましい性質をもつためには，穴がないこと以上の何らかの組合せ論的性質が必要である．

上の第一と第三の性質が本質的に同等であることを次の命題に示しておく．

3.2［命題］　整数格子点の集合の族 $\mathcal{F}$ が，

$$\text{任意の } S \in \mathcal{F} \text{ と } x \in \mathbf{Z}^n \text{ に対して } S = \overline{S} \cap \mathbf{Z}^n \text{ かつ } x - S \in \mathcal{F} \tag{3.5}$$

という性質をもつとする．ここで $x - S = \{x - y \mid y \in S\}$ である．このとき，$\mathcal{F}$ に関する次の二つの性質 (a) と (b) は同値である．

(a) $\forall\, S_1, S_2 \in \mathcal{F}$: $S_1 \cap S_2 = \emptyset \Rightarrow \overline{S_1} \cap \overline{S_2} = \emptyset$.

(b) $\forall\, S_1, S_2 \in \mathcal{F}$: $S_1 + S_2 = \overline{S_1 + S_2} \cap \mathbf{Z}^n$.

証明　(a) ⇒ (b): $x \in \overline{S_1 + S_2} \cap \mathbf{Z}^n$ とすると，下の命題 3.3(4) より $x \in (\overline{S_1} + \overline{S_2}) \cap \mathbf{Z}^n$ であり，$S_1' = S_1$, $S_2' = x - S_2$ に対して $\overline{S_1'} \cap \overline{S_2'} \neq \emptyset$ であ

る．(a) より $\exists\, y \in S_1' \cap S_2'$ であり，したがって $y \in S_1, \exists\, z \in S_2 : y = x - z$. すなわち，$x \in S_1 + S_2$.

(b) $\Rightarrow$ (a): $\overline{S_1} \cap \overline{S_2} \neq \emptyset$ とすると，$S_1' = S_1$, $S_2' = -S_2$ に対して $\mathbf{0} \in \overline{S_1'} + \overline{S_2'} = \overline{S_1' + S_2'}$ である (下の命題 3.3(4) 参照)．(b) により $\mathbf{0} \in S_1' + S_2'$ となるが，これは $S_1 \cap S_2 \neq \emptyset$ と同値． ∎

上に述べた性質 (a) を**共通部分の整数性**，性質 (b) を **Minkowski 和の整数性**，と呼ぶことにしよう．上の命題によれば，条件 (3.5) を満たす $\mathcal{F}$ に対して，共通部分の整数性と Minkowski 和の整数性は同等である．

最後に補足として一般的に成り立つ基本的な性質を述べておく．

3.3 [**命題**]　$S_i = \overline{S_i} \cap \mathbf{Z}^n$ $(i = 1, 2)$ とする．

(1)　$\overline{S_1} \cap \overline{S_2} \supseteq \overline{S_1 \cap S_2}$.

(2)　$S_1 \cap S_2 = \overline{S_1} \cap \overline{S_2} \cap \mathbf{Z}^n$.

(3)　$S_1 + S_2 \subseteq \overline{S_1 + S_2} \cap \mathbf{Z}^n$.

(4)　$\overline{S_1} + \overline{S_2} = \overline{S_1 + S_2}$.

証明　(1), (2), (3) 明らかである．(4) $\overline{S_1} + \overline{S_2} \supseteq S_1 + S_2$ で左辺は凸集合だから $\overline{S_1} + \overline{S_2} \supseteq \overline{S_1 + S_2}$ である．逆向きを示すために

$$x = \sum_i \lambda_i y_i + \sum_j \mu_j z_j \in \overline{S_1} + \overline{S_2}$$

$(\lambda_i \geq 0, \sum_i \lambda_i = 1, y_i \in S_1; \mu_j \geq 0, \sum_j \mu_j = 1, z_j \in S_2$; 和はすべて有限和) とする．$\nu_{ij} = \lambda_i \mu_j$ とおくと $\sum_j \nu_{ij} = \lambda_i$, $\sum_i \nu_{ij} = \mu_j$ より

$$x = \sum_{i,j} \nu_{ij}(y_i + z_j), \quad \nu_{ij} \geq 0, \quad \sum_{i,j} \nu_{ij} = 1$$

となるので，$x \in \overline{S_1 + S_2}$ が成り立つ． ∎

3.4 [**補足**]　整凸集合の共通部分，Minkowski 和は整凸集合と限らない．整凸集合については，共通部分の整数性も Minkowski 和の整数性ももたない．例 3.1 がそのような例となっている． □

2. M 凸集合と劣モジュラ集合関数

第 2 章 5 節に引き続き，V を有限集合として，$V = \{1, \cdots, n\}$ とおく．離散集合 $B \subseteq \mathbf{Z}^V$ に対し，(3.2) で定義される標示関数 $\delta_B : \mathbf{Z}^V \to \mathbf{Z} \cup \{+\infty\}$ を用いて「B が M 凸集合 $\iff$ δ_B が M 凸関数」と定義する．すなわち，整数格子点の集合 $B \subseteq \mathbf{Z}^V$ が **M 凸集合**とは，$B \neq \emptyset$ で，B が**交換公理**

> **(B-EXC[Z])**　任意の $x, y \in B$ と任意の $u \in \mathrm{supp}^+(x - y)$ に対して，ある $v \in \mathrm{supp}^-(x - y)$ が存在して $x - \chi_u + \chi_v \in B$ かつ $y + \chi_u - \chi_v \in B$

を満たすことである．M 凸集合の全体を $\mathcal{M}_0[\mathbf{Z}]$ と表す．

交換公理 (B-EXC[**Z**]) を満たす集合を M 凸集合という名前で呼ぶことにしたが，実は，この条件 (B-EXC[**Z**]) 自体はマトロイド理論において周知のものであり，とくに，$B \subseteq \{0, 1\}^V$ のときには，条件 (B-EXC[**Z**]) はマトロイドの基族に関する同時交換公理 (第 2 章 4 節参照) に他ならない．また，本節で M 凸多面体と呼ぶものは，通常，基多面体と呼ばれるものに一致している．本節は，マトロイドおよび劣モジュラ関数の理論で知られている事実を「離散凸解析」の立場から整理したものである．

まず，一つの M 凸集合は成分和が一定の超平面の上に乗っていることを示す．ただし，(2.96), (2.111) の定義に従い，$x(V) = \sum_{v \in V} x(v)$, $\|x\|_1 = \sum_{v \in V} |x(v)|$ である．

3.5 [命題]　M 凸集合 $B \subseteq \mathbf{Z}^V$ の 2 元 $x, y \in B$ に対し $x(V) = y(V)$.

証明　$\|x - y\|_1$ に関する帰納法により示す．$\|x - y\|_1 = 0$ ならば，当然 $x(V) = y(V)$. $\|x - y\|_1 = 1$ とすると (B-EXC[**Z**]) に反するので，この場合は起こりえない．$\|x - y\|_1 \geq 2$ のとき，(B-EXC[**Z**]) より，$y' = y + \chi_u - \chi_v$ は $y' \in B$, $y'(V) = y(V)$, $\|x - y'\|_1 = \|x - y\|_1 - 2$ を満たす．したがって，$x(V) = y'(V) = y(V)$. ∎

交換公理 (B-EXC[**Z**]) の趣旨は，B が 2 点 x, y を含めば，より近い 2 点 $x - \chi_u + \chi_v$, $y + \chi_u - \chi_v$ に両側から近づけるということであるが，この性質はいくつかの異なった形の交換公理として表現することができる．まず，片側から接近する形の交換公理を考えよう．

3.6 [命題]　集合 $B \subseteq \mathbf{Z}^V$ に対し，(B-EXC[**Z**]) は次の条件と同値:

(B-EXC$_+$[Z])　任意の $x, y \in B$ と任意の $u \in \mathrm{supp}^+(x-y)$ に対して，ある $v \in \mathrm{supp}^-(x-y)$ が存在して $y + \chi_u - \chi_v \in B$.

証明　(B-EXC$_+$[**Z**]) $\Rightarrow$ (B-EXC[**Z**]) を示せばよい．まず，(B-EXC$_+$[**Z**]) から

(B-EXC$_{-\mathrm{loc}}$[Z])　$\|x-y\|_1 = 4$ である任意の $x, y \in B$ と任意の $v \in \mathrm{supp}^-(x-y)$ に対して，ある $u \in \mathrm{supp}^+(x-y)$ が存在して $y + \chi_u - \chi_v \in B$

が導かれることに注意する．(B-EXC[**Z**]) を満たさない (x, y) の集合

$$\mathcal{D} = \{(x,y) \mid x, y \in B,\ \exists u_* \in \mathrm{supp}^+(x-y), \forall v \in \mathrm{supp}^-(x-y) : \\ x - \chi_{u_*} + \chi_v \notin B \text{ あるいは } y + \chi_{u_*} - \chi_v \notin B\}$$

が空でないとして矛盾を導こう．$(x, y) \in \mathcal{D}$ の中で $\|x-y\|_1$ の最小のものをとる ($\|x-y\|_1 \geq 4$ である)．$u_* \in \mathrm{supp}^+(x-y)$ を上の通りとして，任意に $u_0 \in \mathrm{supp}^+(x - y - \chi_{u_*})$ をとり，

$$X = \{v \in \mathrm{supp}^-(x-y) \mid x - \chi_{u_*} + \chi_v \in B\},$$
$$Y = \{v \in \mathrm{supp}^-(x-y) \mid y + \chi_{u_0} - \chi_v \in B\}$$

とおく．(B-EXC$_+$[**Z**]) から $Y \neq \emptyset$ なので $v_0 \in Y$ がとれるが，$X \cap Y \neq \emptyset$ のときには $v_0 \in X \cap Y$ としておく．$y' = y + \chi_{u_0} - \chi_{v_0}$ とおくと，$y' \in B$, $\|x - y'\|_1 = \|x-y\|_1 - 2$ であり，しかも $(x, y') \in \mathcal{D}$ が導かれる．これは y の選び方に矛盾する．

以下，$(x, y') \in \mathcal{D}$ を導こう．まず，$u_* \in \mathrm{supp}^+(x - y')$ に注意する．

$$v \in \mathrm{supp}^-(x-y'),\ x - \chi_{u_*} + \chi_v \in B \implies y' + \chi_{u_*} - \chi_v \notin B$$

を示せばよい．$y'' = y' + \chi_{u_*} - \chi_v = y + \chi_{u_0} + \chi_{u_*} - \chi_{v_0} - \chi_v$ とおく．$X \cap Y \neq \emptyset$ のときには，$y + \chi_{u_*} - \chi_v \notin B$, $y + \chi_{u_*} - \chi_{v_0} \notin B$ なので，(B-EXC$_+$[**Z**]) の対偶を (y'', y) に適用して $y'' \notin B$．$X \cap Y = \emptyset$ のときには，

$y+\chi_{u_*}-\chi_v \notin B$, $y+\chi_{u_0}-\chi_v \notin B$ なので，(B-EXC$_{-\mathrm{loc}}$[$\mathbf{Z}$]) の対偶を (y'', y) に適用して $y'' \notin B$．したがって $(x, y') \in \mathcal{D}$．■

交換公理の変種として，さらに次の二つを考える:

(B-EXC$_\mathrm{w}$[Z])　相異なる任意の $x, y \in B$ に対して，ある $u \in \mathrm{supp}^+(x-y)$, $v \in \mathrm{supp}^-(x-y)$ が存在して $x-\chi_u+\chi_v \in B$ かつ $y+\chi_u-\chi_v \in B$．

(B-EXC$_-$[Z])　任意の $x, y \in B$ と任意の $u \in \mathrm{supp}^+(x-y)$ に対して，ある $v \in \mathrm{supp}^-(x-y)$ が存在して $x-\chi_u+\chi_v \in B$．

3.7 [定理]　集合 $B \subseteq \mathbf{Z}^V$ に対して，4つの条件 (B-EXC[$\mathbf{Z}$]), (B-EXC$_\mathrm{w}$[$\mathbf{Z}$]), (B-EXC$_+$[$\mathbf{Z}$]), (B-EXC$_-$[$\mathbf{Z}$]) はすべて同値である．

証明　(B-EXC[$\mathbf{Z}$]) $\Rightarrow$ (B-EXC$_\mathrm{w}$[$\mathbf{Z}$]) は自明である．命題3.6より (B-EXC[$\mathbf{Z}$]) $\Leftrightarrow$ (B-EXC$_+$[$\mathbf{Z}$]) である．B に対する (B-EXC$_-$[$\mathbf{Z}$]) は，$-B$ に対する (B-EXC$_+$[$\mathbf{Z}$]) と同値, B に対する (B-EXC[$\mathbf{Z}$]) は $-B$ に対する (B-EXC[$\mathbf{Z}$]) と同値であるから, (B-EXC[$\mathbf{Z}$]) $\Leftrightarrow$ (B-EXC$_-$[$\mathbf{Z}$]) も成り立つ．(B-EXC$_\mathrm{w}$[$\mathbf{Z}$]) $\Rightarrow$ (B-EXC$_-$[$\mathbf{Z}$]) を $||x-y||_1$ に関する帰納法で示そう．$x, y \in B$, $u \in \mathrm{supp}^+(x-y)$ とする．(B-EXC$_\mathrm{w}$[$\mathbf{Z}$]) により，ある $u_1 \in \mathrm{supp}^+(x-y)$, $v_1 \in \mathrm{supp}^-(x-y)$ が存在して $x-\chi_{u_1}+\chi_{v_1} \in B$ かつ $y'=y+\chi_{u_1}-\chi_{v_1} \in B$．$u_1=u$ なら証明を終わる．$u_1 \neq u$ なら，$||x-y'||_1 = ||x-y||_1 - 2$ だから帰納法の仮定により (x, y') に対して (B-EXC$_-$[$\mathbf{Z}$]) が成立し，$u \in \mathrm{supp}^+(x-y')$ だからある $v \in \mathrm{supp}^-(x-y') \subseteq \mathrm{supp}^-(x-y)$ が存在して $x-\chi_u+\chi_v \in B$．■

次に，M 凸集合には穴がないことを示そう．

3.8 [定理]　$B \subseteq \mathbf{Z}^V$ が M 凸集合ならば，$B = \overline{B} \cap \mathbf{Z}^V$．

証明　$B \subseteq \overline{B} \cap \mathbf{Z}^V$ は明らかである．任意の $x \in \overline{B} \cap \mathbf{Z}^V$ は

$$x = \sum_{i=1}^{m} \lambda_i x_i, \qquad x_i \in B,\ \lambda_i > 0\ (1 \le i \le m),\ \sum_{i=1}^{m} \lambda_i = 1 \tag{3.6}$$

の形に書ける (書き方は一意でない; x_i はすべて異なるとする)．ここで, ある正整数 N が存在して $N\lambda_i \in \mathbf{Z}$ $(1 \le i \le m)$ が成り立つとしてよい．(3.6) の形の表

現に対して，$\Phi = \sum_{i=1}^{m} \lambda_i ||x_i - x||_1 = \sum_{i=1}^{m} \lambda_i \sum_{v \in V} |x_i(v) - x(v)|$ とおく．(3.6) で $m = 1$ ならば $x \in B$ が示されたことになる．$m \geq 2$ ならば，ある j, k $(j \neq k)$ と $u \in V$ に対して $x_j(u) < x(u) < x_k(u)$ である．(B-EXC[$\mathbf{Z}$]) より，ある $v \in \mathrm{supp}^-(x_k - x_j)$ が存在して $x'_k = x_k - \chi_u + \chi_v \in B$, $x'_j = x_j + \chi_u - \chi_v \in B$ となる．$\lambda_j \leq \lambda_k$ のときには $\lambda_j x_j + \lambda_k x_k = \lambda_j(x'_j + x'_k) + (\lambda_k - \lambda_j)x_k$, $\lambda_j > \lambda_k$ のときには $\lambda_j x_j + \lambda_k x_k = \lambda_k(x'_j + x'_k) + (\lambda_j - \lambda_k)x_j$ と書き換えて (3.6) の形の別の表現をつくると，Φ は少なくとも $2\min(\lambda_j, \lambda_k)$ だけ減少する．このような表現の書換えを続けるとき，つねに $N\lambda_i \in \mathbf{Z}$ $(1 \leq i \leq m)$ が成り立つので，Φ は各段で少なくとも $2/N$ は減少し，いつかは $m = 1$ に達する．したがって，$x \in B$ である．∎

M 凸集合の凸包を **M 凸多面体**と呼ぶ．定理 3.8 により M 凸集合には穴がないので，M 凸集合とその凸包を同一視することができる．M 凸多面体を記述する不等式系を考察しよう．まず，一般の集合関数に関する用語等を準備する．

集合関数 $\rho : 2^V \to \mathbf{R} \cup \{+\infty\}$ に対してその**実効定義域**を

$$\mathrm{dom}\,\rho = \{X \subseteq V \mid \rho(X) < +\infty\} \tag{3.7}$$

と定義する．本書では，集合関数に対して $\rho(\emptyset) = 0$, $\rho(V) < +\infty$ をつねに仮定する．集合関数 ρ に対してその **Lovász 拡張**[1] $\hat{\rho} : \mathbf{R}^V \to \mathbf{R} \cup \{+\infty\}$ は以下のように定義される．ベクトル $p \in \mathbf{R}^V$ の成分のうちの相異なる値を $\hat{p}_1 > \hat{p}_2 > \cdots > \hat{p}_m$ とし，

$$U_i = \{v \in V \mid p(v) \geq \hat{p}_i\} \qquad (i = 1, \cdots, m) \tag{3.8}$$

とおくと，

$$p = \sum_{i=1}^{m-1} (\hat{p}_i - \hat{p}_{i+1})\chi_{U_i} + \hat{p}_m \chi_{U_m} \tag{3.9}$$

である．この式は p を χ_{U_i} $(i = 1, \cdots, m)$ の線形結合として表現したことになるが，この表現式に基づいて関数値を線形に拡張したものが Lovász 拡張である．すなわち，Lovász 拡張 $\hat{\rho}$ は

$$\hat{\rho}(p) = \sum_{i=1}^{m-1} (\hat{p}_i - \hat{p}_{i+1})\rho(U_i) + \hat{p}_m \rho(U_m) \qquad (p \in \mathbf{R}^V) \tag{3.10}$$

[1] **Choquet 積分**，**線形拡張**と呼ばれることもある．非負ベクトル p に対してのみ $\hat{\rho}(p)$ を定義することが多いが，本書では $\hat{\rho}$ の定義域を $\mathbf{R}^V$ 全域としておく．

と定義される．Lovász 拡張 $\hat{\rho}$ は正斉次関数であり，

$$\hat{\rho}(\chi_X) = \rho(X) \qquad (X \subseteq V) \tag{3.11}$$

を満たすという意味で $\{0,1\}^V$ 上で関数 ρ に一致する．式 (3.10) の右辺で，$\hat{p}_i - \hat{p}_{i+1} > 0$ $(1 \leq i \leq m-1)$, $\rho(U_m) = \rho(V) < +\infty$ であるから，

$$p \in \operatorname{dom} \hat{\rho} \iff U_1, U_2, \cdots, U_{m-1} \in \operatorname{dom} \rho \tag{3.12}$$

が成り立つ．

集合関数 $\rho : 2^V \to \mathbf{R} \cup \{+\infty\}$ は，不等式

$$\rho(X) + \rho(Y) \geq \rho(X \cup Y) + \rho(X \cap Y) \qquad (X, Y \subseteq V) \tag{3.13}$$

を満たすとき，**劣モジュラ関数**と呼ばれる．$\rho(\emptyset) = 0$, $\rho(V) < +\infty$ を満たす劣モジュラ関数 ρ の全体を $\mathcal{S}[\mathbf{R}]$ で表す．また，整数値をとる ρ の全体を $\mathcal{S}[\mathbf{Z}]$ で表す．すなわち，

$$\mathcal{S}[\mathbf{R}] = \{\rho : 2^V \to \mathbf{R} \cup \{+\infty\} \mid \text{劣モジュラ，} \rho(\emptyset) = 0, \rho(V) < +\infty\}, \tag{3.14}$$

$$\mathcal{S}[\mathbf{Z}] = \{\rho : 2^V \to \mathbf{Z} \cup \{+\infty\} \mid \text{劣モジュラ，} \rho(\emptyset) = 0, \rho(V) < +\infty\} \tag{3.15}$$

である．$\rho \in \mathcal{S}[\mathbf{R}]$ ならば $\mathcal{D} = \operatorname{dom} \rho$ は**集合束** 2^V の**部分束**をなす．すなわち，

$$X, Y \in \mathcal{D} \implies X \cup Y, X \cap Y \in \mathcal{D} \tag{3.16}$$

が成り立つ．集合関数 $\mu : 2^V \to \mathbf{R} \cup \{-\infty\}$ は，$-\mu$ が劣モジュラのとき，**優モジュラ**であるという．優モジュラ関数 μ に対して $\mu(\emptyset) = 0$, $\mu(V) > -\infty$ は暗黙の前提とする (すなわち $-\mu \in \mathcal{S}[\mathbf{R}]$).

劣モジュラ関数 $\rho \in \mathcal{S}[\mathbf{R}]$ に対して，**基多面体**と呼ばれる多面体を

$$\mathbf{B}(\rho) = \{x \in \mathbf{R}^V \mid x(X) \leq \rho(X) \ (\forall X \subset V), x(V) = \rho(V)\} \tag{3.17}$$

と定義し，$\mathbf{B}(\rho)$ の点 (要素) を**基**，端点を**端点基**と呼ぶ．基 $x \in \mathbf{B}(\rho)$ に対して，$x(X) = \rho(X)$ を満たす $X \subseteq V$ を x の**支持集合**と呼ぶ．基 x の支持集合の全体を

$$\mathcal{D}(x) = \{X \subseteq V \mid x(X) = \rho(X)\} \tag{3.18}$$

と表すと,

$$X, Y \in \mathcal{D}(x) \implies X \cup Y, X \cap Y \in \mathcal{D}(x) \tag{3.19}$$

が成り立つ．この証明は簡単で,

$$\rho(X \cup Y) + \rho(X \cap Y) \geq x(X \cup Y) + x(X \cap Y) = x(X) + x(Y) = \rho(X) + \rho(Y)$$

と劣モジュラ性 (3.13) に注意すればよい．(3.19) は $\mathcal{D}(x)$ は集合束 2^V の部分束をなすことを述べている．なお，$\{\emptyset, V\} \subseteq \mathcal{D}(x)$ である．

次の命題は $\mathbf{B}(\rho)$ の支持関数 (2.32) が Lovász 拡張 $\hat{\rho}$ に一致することを示している．

3.9［命題］　劣モジュラ関数 $\rho \in \mathcal{S}[\mathbf{R}]$ に対して $\mathbf{B}(\rho)$ は空でない多面体であり，$\hat{\rho}$ を ρ の Lovász 拡張 (3.10) として,

$$\sup\{\langle p, x\rangle \mid x \in \mathbf{B}(\rho)\} = \hat{\rho}(p) \qquad (p \in \mathbf{R}^V) \tag{3.20}$$

が成り立つ．さらに，$\rho \in \mathcal{S}[\mathbf{Z}]$ ならば $\mathbf{B}(\rho)$ は整数多面体である．

証明　記述を簡単にするため，$\mathrm{dom}\,\rho$ の極大鎖の長さが $n = |V|$ の場合，すなわち，V の要素を適当に $V = \{v_1, v_2, \cdots, v_n\}$ と番号づけて，$j = 1, \cdots, n$ に対して $V_j \equiv \{v_1, v_2, \cdots, v_j\} \in \mathrm{dom}\,\rho$ が成り立つようにできる場合を扱う．このとき,

$$x(v_j) = \rho(V_j) - \rho(V_{j-1}) \qquad (1 \leq j \leq n) \tag{3.21}$$

で定義されるベクトル $x \in \mathbf{R}^V$ が $\mathbf{B}(\rho)$ に属することを示そう．そのために，$x(X) \leq \rho(X)$ を $|X|$ に関する帰納法で示す．$|X| = 0$ のときは $\rho(\emptyset) = 0$ により成り立つ．$|X| \geq 1$ のとき，$v_j \in X$ となる j の最大値を考えると，$\rho(X) \geq \rho(X \cap V_{j-1}) + \rho(X \cup V_{j-1}) - \rho(V_{j-1}) = \rho(X - v_j) + \rho(V_j) - \rho(V_{j-1}) \geq x(X - v_j) + x(v_j) = x(X)$ により成り立つ．したがって，$\mathbf{B}(\rho) \neq \emptyset$ が証明された．

互いに双対な一組の線形計画問題を考える:

$$\begin{array}{lll} \text{(A)} & \text{Maximize} & \langle p, x\rangle \\ & \text{subject to} & \langle \chi_X, x\rangle \leq \rho(X) \quad (X \in \mathrm{dom}\,\rho \setminus \{V\}), \\ & & \langle \chi_V, x\rangle = \rho(V), \end{array}$$

$$\begin{array}{lll}\text{(B)} & \text{Minimize} & \sum\{\rho(X)y_X \mid X \in \mathrm{dom}\,\rho\} \\ & \text{subject to} & \sum\{y_X \mid v \in X \in \mathrm{dom}\,\rho\} = p(v) \quad (v \in V), \\ & & y_X \geq 0 \quad (X \in \mathrm{dom}\,\rho \setminus \{V\}).\end{array}$$

$\mathbf{B}(\rho) \neq \emptyset$ より，問題 (A) は実行可能である．(3.8) に従って p から U_i $(i = 1, \cdots, m)$ を定めると，

$$\text{問題 (B) の実行可能性} \iff U_i \in \mathrm{dom}\,\rho\ (i = 1, \cdots, m) \tag{3.22}$$

が成り立つ．実際，$U_i \in \mathrm{dom}\,\rho\ (i = 1, \cdots, m)$ ならば，$\{U_i \mid i = 1, \cdots, m\} \subseteq \{V_j \mid j = 1, \cdots, n\}$ を満たす $\mathrm{dom}\,\rho$ の極大鎖 $\{V_j\}$ がとれるが，$V_j = \{v_1, v_2, \cdots, v_j\}$ $(j = 1, \cdots, n)$ となるように V の要素に番号をつけて

$$y_X = \begin{cases} p(v_n) & (X = V) \\ p(v_j) - p(v_{j+1}) & (X = V_j,\ 1 \leq j \leq n-1) \\ 0 & (\text{その他}) \end{cases} \tag{3.23}$$

で定義される y は問題 (B) の実行可能解である．逆に，問題 (B) が実行可能のとき，$y_X > 0$ である X の全体が鎖をなすように選ぶことができる．たとえば，$p = \sum_X y_X \chi_X$ という表現の中で $\Gamma = \sum_X y_X |X|^2$ が最大のものをとればよい．なぜなら，$X, Z \in \mathrm{dom}\,\rho$, $y_X \geq y_Z > 0$ のとき

$$y_X \chi_X + y_Z \chi_Z = y_Z \chi_{X \cap Z} + (y_X - y_Z)\chi_X + y_Z \chi_{X \cup Z}$$

のように変形すると ($X \cap Z, X \cup Z \in \mathrm{dom}\,\rho$ に注意), Γ の値は $2y_Z |X \setminus Z|\,|Z \setminus X|$ だけ増加するので, Γ の最大性より $|X \setminus Z| = 0$ または $|Z \setminus X| = 0$ が成り立つからである．$y_X > 0$ である X の全体が鎖をなすとき，それらは $\{U_i \mid i = 1, \cdots, m\}$ に一致するので $U_i \in \mathrm{dom}\,\rho\ (i = 1, \cdots, m)$ である．

問題 (B) が実行可能の場合には，$\{U_i \mid i = 1, \cdots, m\} \subseteq \{V_j \mid j = 1, \cdots, n\}$ を満たす $\mathrm{dom}\,\rho$ の極大鎖 $\{V_j\}$ から (3.21) で定義される $x = x^*$ は問題 (A) の実行可能解，(3.23) で定義される $y = y^*$ は問題 (B) の実行可能解であり，しかも

$$\begin{aligned}\langle p, x^* \rangle &= \sum_{j=1}^{n} p(v_j)[\rho(V_j) - \rho(V_{j-1})] \\ &= \sum_{j=1}^{n-1} [p(v_j) - p(v_{j+1})]\rho(V_j) + p(v_n)\rho(V) = \sum_X \rho(X) y_X^* = \hat{\rho}(p)\end{aligned}$$

である．したがって，x^*, y^* はそれぞれの問題の最適解であり，(3.20) が成り立つ．

問題 (B) が実行可能でない場合には，線形計画の双対性により問題 (A) は非有界であり，(3.20) の左辺 $= +\infty$. また，(3.22) と (3.12) により $\hat{\rho}(p) = +\infty$. したがって，(3.20) が成り立つ．

最後に，$\rho \in \mathcal{S}[\mathbf{Z}]$ のときに $\mathbf{B}(\rho)$ が整数多面体であることは，任意の p に対して (3.21) の x^* が整数ベクトルであることからわかる． ∎

3.10［補足］　上の問題 (A) は，基 $x \in \mathbf{B}(\rho)$ の中で p に関する重みが最大となるものを求める問題を表している．$p(v_1) \geq \cdots \geq p(v_n)$ とすると，その最適解は式 (3.21) で与えられる ($\mathrm{dom}\,\rho$ の極大鎖の長さは $|V|$ とする)．とくに，すべての端点基は (3.21) の形で与えられる． □

M 凸集合の全体 $\mathcal{M}_0[\mathbf{Z}]$ と整数値劣モジュラ関数の全体 $\mathcal{S}[\mathbf{Z}]$ の間には 1 対 1 対応があり，この意味で交換公理 (B-EXC[$\mathbf{Z}$]) と劣モジュラ性は同等である．これを説明しよう．

3.11［命題］　$\rho \in \mathcal{S}[\mathbf{Z}]$ を整数値劣モジュラ関数とする．

(1) $B = \mathbf{B}(\rho) \cap \mathbf{Z}^V$ は M 凸集合.

(2) $\rho(X) = \sup\{x(X) \mid x \in \mathbf{B}(\rho)\}$ $(X \subseteq V)$.

証明　(1) まず，命題3.9より $B \neq \emptyset$ である．命題3.6より (B-EXC$_+$[$\mathbf{Z}$]) を示せばよい．$x, y \in B$ と $u \in \mathrm{supp}^+(x-y)$ に対して (B-EXC$_+$[$\mathbf{Z}$]) が不成立として矛盾を導く．このとき，任意の $v \in \mathrm{supp}^-(x-y)$ に対して，$y+\chi_u-\chi_v \notin B$ であるから，$u \in X_v, v \notin X_v$ を満たす y の支持集合 $X_v \in \mathcal{D}(y)$ が存在する．$Z = \bigcap_{v \in \mathrm{supp}^-(x-y)} X_v$ とおくと，(3.19) により $y(Z) = \rho(Z)$．一方，$u \in Z$, $Z \cap \mathrm{supp}^-(x-y) = \emptyset$ だから $x(Z) > y(Z)$．ゆえに $x(Z) > \rho(Z)$ となるが，これは $x \in \mathbf{B}(\rho)$ に矛盾する．

(2)　式 (3.20) で $p = \chi_X$ とおいて (3.11) を用いればよいが，式 (3.20) を用いない証明を示しておこう．$\rho(X) \geq \sup\{x(X) \mid x \in \mathbf{B}(\rho)\}$ は明らかなので，$\sup < +\infty$ の場合に等号の成立を示せばよい．このとき sup を達成する $\hat{x} \in \mathbf{B}(\rho)$ が存在し，$\forall u \in X, \forall v \in V \setminus X, \exists X_{uv} \in \mathcal{D}(\hat{x}) : u \in X_{uv}, v \notin X_{uv}$. ゆえに (3.19) により $X = \bigcup_{u \in X} \bigcap_{v \in V \setminus X} X_{uv} \in \mathcal{D}(\hat{x})$，すなわち，$\hat{x}(X) =$

$\rho(X)$. ∎

3.12 [命題]　M 凸集合 B に対して $\rho : 2^V \to \mathbf{Z} \cup \{+\infty\}$ を

$$\rho(X) = \sup\{x(X) \mid x \in B\} \qquad (X \subseteq V) \tag{3.24}$$

で定義すると，$\rho \in \mathcal{S}[\mathbf{Z}]$ かつ $\overline{B} = \mathbf{B}(\rho)$ である．

証明　まず，劣モジュラ不等式 (3.13) において $\rho(X \cup Y)$ と $\rho(X \cap Y)$ が有限値の場合を考える．$\rho(X \cup Y) = y(X \cup Y)$, $\rho(X \cap Y) = z(X \cap Y)$ となる $y, z \in B$ の中で，$||y - z||_1$ が最小のものをとると，$y(v) = z(v)$ $(v \in X \cap Y)$ である．なぜなら，もしそうでないとすると，$\exists\, u \in (X \cap Y) \cap \mathrm{supp}^+(z - y)$ ゆえ，交換公理 (B-EXC$_+$[$\mathbf{Z}$]) より $\exists\, v \in \mathrm{supp}^-(z - y)$: $y' = y + \chi_u - \chi_v \in B$ であるが，$y'(X \cup Y) \geq y(X \cup Y)$, $||y' - z||_1 \leq ||y - z||_1 - 2$ となるので矛盾する．したがって，

$$\begin{aligned} &\rho(X \cup Y) + \rho(X \cap Y) = y(X \cup Y) + z(X \cap Y) \\ &= y(X \cup Y) + y(X \cap Y) = y(X) + y(Y) \leq \rho(X) + \rho(Y). \end{aligned}$$

ゆえに $\rho \in \mathcal{S}[\mathbf{Z}]$. なお，$\rho(X \cup Y) + \rho(X \cap Y) = +\infty$ の場合には，M 凸集合 $B_k = \{x \in B \mid -k \leq x(v) \leq k\ (v \in V)\}$ (k は正整数) とそれに対応する $\rho_k \in \mathcal{S}[\mathbf{Z}]$ に対して上の議論から $\rho(X) + \rho(Y) \geq \rho_k(X) + \rho_k(Y) \geq \rho_k(X \cup Y) + \rho_k(X \cap Y)$ となるので，$k \to +\infty$ とすればよい．

第二の主張において $\overline{B} \subseteq \mathbf{B}(\rho)$ は明らかである．逆向きを示すには，任意の $X \subseteq V$ に対して $\rho(X)$ が有限値の場合を考えればよい ((1) の最後と同様)．$z \in \mathbf{R}^V$ を $\mathbf{B}(\rho)$ の頂点 (端点基) とする．z は V の要素の適当な番号づけ $V = \{v_1, \cdots, v_n\}$ $(n = |V|)$ に関して (3.21) の形に表される．すなわち，$V_j = \{v_1, \cdots, v_j\}$ に対して $z(V_j) = \rho(V_j)$ が成り立つ $(1 \leq j \leq n)$．一方，各 $j = 1, \cdots, n$ に対して $\rho(V_j) = x_j(V_j)$ を満たす $x_j \in B$ が存在するが，(1) と同様の議論 (交換公理の適用) によって，$\hat{x}(V_j) = x_j(V_j)$ $(1 \leq j \leq n)$ を満たす $\hat{x} \in B$ が存在することがわかる．これより，$z(V_j) = \rho(V_j) = x_j(V_j) = \hat{x}(V_j)$ $(1 \leq j \leq n)$ となるので，$z = \hat{x} \in B$. ∎

次の定理は M 凸多面体の面が劣モジュラ関数で記述されることを示す基本的な定理である．

3.13［定理］　$B \subseteq \mathbf{Z}^V$ に対して，

$$B \text{ が M 凸集合} \iff \text{ある整数値劣モジュラ関数 } \rho \text{ に対して } B = \mathbf{B}(\rho) \cap \mathbf{Z}^V$$

が成り立つ．より詳しくは，写像 $\Phi : \mathcal{M}_0[\mathbf{Z}] \to \mathcal{S}[\mathbf{Z}]$，$\Psi : \mathcal{S}[\mathbf{Z}] \to \mathcal{M}_0[\mathbf{Z}]$ が $\Phi : B \mapsto$ (3.24) の ρ，$\Psi : \rho \mapsto B = \mathbf{B}(\rho) \cap \mathbf{Z}^V$ によって定義され，Φ と Ψ は互いに逆写像であり，M 凸集合の全体 $\mathcal{M}_0[\mathbf{Z}]$ と整数値劣モジュラ関数の全体 $\mathcal{S}[\mathbf{Z}]$ の間の 1 対 1 対応を与える．

証明　命題 3.12 と定理 3.8 より，$B \in \mathcal{M}_0[\mathbf{Z}]$ に対して $\Phi(B) \in \mathcal{S}[\mathbf{Z}]$ かつ $\Psi \circ \Phi(B) = \overline{B} \cap \mathbf{Z}^V = B$．命題 3.9 と命題 3.11 より，$\rho \in \mathcal{S}[\mathbf{Z}]$ に対して $\Psi(\rho) \in \mathcal{M}_0[\mathbf{Z}]$ かつ $\Phi \circ \Psi(\rho) = \rho$．　■

次の事実に触れておく．

3.14［命題］　M 凸集合は整凸集合である．

証明　後に補足 3.21 に述べる．　■

次に，劣モジュラ性と凸性の関係を述べる．劣モジュラ関数 $\rho : 2^V \to \mathbf{R} \cup \{+\infty\}$ の Lovász 拡張 $\hat{\rho}$ は (3.20) の表現式により凸関数であるが，実は，この逆も成り立つ．

3.15［定理］(Lovász)　集合関数 $\rho : 2^V \to \mathbf{R} \cup \{+\infty\}$ (ただし $\rho(\emptyset) = 0$, $\rho(V) < +\infty$) の Lovász 拡張 (3.10) を $\hat{\rho} : \mathbf{R}^V \to \mathbf{R} \cup \{+\infty\}$ とするとき，

$$\rho \text{ が劣モジュラ関数} \iff \hat{\rho} \text{ が凸関数.}$$

証明　$\hat{\rho}$ が凸関数とすると，その正斉次性から $\hat{\rho}(\chi_X) + \hat{\rho}(\chi_Y) \geq \hat{\rho}(\chi_X + \chi_Y)$ であるが，一方，(3.11), (3.10) により $\hat{\rho}(\chi_X) = \rho(X)$, $\hat{\rho}(\chi_Y) = \rho(Y)$, $\hat{\rho}(\chi_X + \chi_Y) = \rho(X \cup Y) + \rho(X \cap Y)$ なので，ρ は劣モジュラである．逆向きの証明は既に述べた．　■

上の定理のように劣モジュラ関数は凸関数と密接な関係にあるが，さらに，凸関数と凹関数の分離定理に対応するものとして，劣モジュラ関数と優モジュラ関数に関して次の形の**離散分離定理**が成立する．

3.16 ［定理］(Frank)　$\rho : 2^V \to \mathbf{R} \cup \{+\infty\}$ を劣モジュラ，$\mu : 2^V \to \mathbf{R} \cup \{-\infty\}$ を優モジュラとする $(\rho, -\mu \in \mathcal{S}[\mathbf{R}])$．もし

$$\rho(X) \geq \mu(X) \qquad (\forall\, X \subseteq V) \tag{3.25}$$

ならば，ある $x^* \in \mathbf{R}^V$ が存在して，

$$\rho(X) \geq x^*(X) \geq \mu(X) \qquad (\forall\, X \subseteq V) \tag{3.26}$$

が成り立つ．ρ と μ が整数値関数 $(\rho, -\mu \in \mathcal{S}[\mathbf{Z}])$ のときには，整数ベクトル $x^* \in \mathbf{Z}^V$ で (3.26) を満たすものが存在する．

この定理の要点は，ρ と μ が整数値の場合に x^* を整数ベクトルにとれるという後半部にある．実際，前半部だけならば通常の凸解析における分離定理と上に述べた Lovász の定理 3.15 から導くことができる (→補足 3.22)．

離散分離定理 3.16 の証明の準備として，Edmonds の交わり定理を述べる．劣モジュラ関数 $\rho \in \mathcal{S}[\mathbf{R}]$ に対して，多面体

$$\mathbf{P}(\rho) = \{x \in \mathbf{R}^V \mid x(X) \leq \rho(X)\ (\forall X \subseteq V)\} \tag{3.27}$$

を定義する．これは ρ の定める**劣モジュラ多面体**と呼ばれる．次の事実は Edmonds の**交わり定理**と呼ばれる重要な定理である．

3.17 ［定理］(Edmonds)

(1) 劣モジュラ関数 $\rho_1, \rho_2 \in \mathcal{S}[\mathbf{R}]$ に対して

$$\max\{x(V) \mid x \in \mathbf{P}(\rho_1) \cap \mathbf{P}(\rho_2)\} = \min\{\rho_1(X) + \rho_2(V \setminus X) \mid X \subseteq V\} \tag{3.28}$$

が成り立つ．

(2) ρ_1, ρ_2 が整数値関数 $(\rho_1, \rho_2 \in \mathcal{S}[\mathbf{Z}])$ のときには

$$\mathbf{P}(\rho_1) \cap \mathbf{P}(\rho_2) = \overline{\mathbf{P}(\rho_1) \cap \mathbf{P}(\rho_2) \cap \mathbf{Z}^V}$$

であり，(3.28) の左辺において最大値を達成する整数ベクトル $x \in \mathbf{Z}^V$ が存在する．

証明　$\mathcal{D}_i = (\mathrm{dom}\,\rho_i) \setminus \{\emptyset\}$ $(i=1,2)$ として，互いに双対な線形計画を考える:

$$\begin{array}{lll}
\text{(A)} & \text{Maximize} & \langle p, x\rangle \\
 & \text{subject to} & \langle \chi_X, x\rangle \le \rho_1(X) \quad (X \in \mathcal{D}_1), \\
 & & \langle \chi_X, x\rangle \le \rho_2(X) \quad (X \in \mathcal{D}_2), \\
\text{(B)} & \text{Minimize} & \sum\{\rho_1(X) y_{1X} \mid X \in \mathcal{D}_1\} + \sum\{\rho_2(X) y_{2X} \mid X \in \mathcal{D}_2\} \\
 & \text{subject to} & \sum\{y_{1X} \mid v \in X \in \mathcal{D}_1\} \\
 & & + \sum\{y_{2X} \mid v \in X \in \mathcal{D}_2\} = p(v) \quad (v \in V), \\
 & & y_{1X} \ge 0 \quad (X \in \mathcal{D}_1), \quad y_{2X} \ge 0 \quad (X \in \mathcal{D}_2).
\end{array}$$

問題(A)が最適解をもつような $p \in \mathbf{Z}^V$ を考える．このとき，問題(B)も最適解をもつ．ρ_i の劣モジュラ性により，$y_{iY} \ge y_{iZ}$ のとき

$$\rho_i(Y) y_{iY} + \rho_i(Z) y_{iZ} \ge \rho_i(Y)(y_{iY} - y_{iZ}) + (\rho_i(Y \cup Z) + \rho_i(Y \cap Z)) y_{iZ}$$

が成り立つ．このことは，(y_{1X}, y_{2X}) が問題(B)の最適解なら，(y_{iX}) を

$$y'_{iX} = \begin{cases} 0 & (X = Z) \\ y_{iY} - y_{iZ} & (X = Y) \\ y_{iX} + y_{iZ} & (X = Y \cup Z, Y \cap Z) \\ y_{iX} & (\text{その他の } X) \end{cases}$$

で定義される (y'_{iX}) に変えても問題(B)の最適解であることを示している．したがって，問題(B)の最適解で $i = 1,2$ に対して $\mathcal{T}_i = \{X \in \mathcal{D}_i \mid y_{iX} > 0\}$ がそれぞれ鎖をなすようなものが存在する(命題3.9の証明の議論を参照されたい)．$\mathcal{T}_i$ と V の接続行列を A_i とする．すなわち，A_i は $\mathcal{T}_i$ を行番号の集合，V を列番号の集合とし，$v \in X \in \mathcal{T}_i$ のときに X 行，v 列の要素が1であり，その他のときに0であるような $|\mathcal{T}_i| \times |V|$ 行列である．A_1 と A_2 を縦に積み上げた $(|\mathcal{T}_1| + |\mathcal{T}_2|) \times |V|$ 行列を A とする．各 $\mathcal{T}_i$ が鎖をなすことにより，この行列 A は完全単模である(例2.14参照)．

(1) 横ベクトル $\tilde{y}_1$, $\tilde{y}_2$ を $\tilde{y}_i = (y_{iX} \mid X \in \mathcal{T}_i)$ $(i = 1,2)$ と定義し，$\tilde{y} = (\tilde{y}_1, \tilde{y}_2)$ とおく．$p = (p(v) \mid v \in V)$ を横ベクトルとすると，問題(B)の最適解は，方程式 $\tilde{y}A = p$ の解から定まる．係数行列 A は完全単模であるから，p が整数ベクトルならば整数ベクトルの最適解 $\tilde{y}$ が存在する．とくに $p = \mathbf{1}$ ならば $\tilde{y}$ の非零要素はすべて1である．これより，ある $X \subseteq V$ に対して $\mathcal{T}_1 = \{X\}$,

$\mathcal{T}_2 = \{V \setminus X\}$ と書ける．したがって，$p = \mathbf{1}$ のときの問題 (B) の最適値は (3.28) の右辺に等しい．一方，明らかに，$p = \mathbf{1}$ のときの問題 (A) の最適値は (3.28) の左辺に等しい．線形計画の強双対性 (定理 2.12(2)) により問題 (A), (B) の最適値は等しいから，(3.28) が成り立つ．

(2) 問題 (A) の実行可能領域の極小な面 F に着目し，F が最適解の全体に一致する $p \in \mathbf{Z}^V$ を考える．縦ベクトル $\tilde{\rho}_1, \tilde{\rho}_2$ を $\tilde{\rho}_i = (\rho_i(X) \mid X \in \mathcal{T}_i)$ $(i = 1, 2)$ と定義し，$\tilde{\rho} = \begin{pmatrix} \tilde{\rho}_1 \\ \tilde{\rho}_2 \end{pmatrix}$ とおく．線形計画の相補性 (定理 2.12(3)) により，問題 (A) の実行可能解 x が最適解であるためには $Ax = \tilde{\rho}$ を満たすことが必要十分である．このことと F が極小面（したがってアフィン部分空間）であることにより，$F = \{x \in \mathbf{R}^V \mid Ax = \tilde{\rho}\}$ となる．係数行列 A は完全単模であるから，$\tilde{\rho}$ が整数ベクトルならば $Ax = \tilde{\rho}$ を満たす整数ベクトル x が存在する．すなわち，F は整数ベクトルを含む．一般に，有理多面体 (有理数係数の不等式で記述される多面体) のすべての極小面が整数ベクトルを含むならば，その多面体に含まれる整数ベクトルの凸包は元の多面体に一致する ([132] の 16.3 節参照)．したがって，(2) が成り立つ． ■

離散分離定理 3.16 を証明しよう．交わり定理 3.17 において

$$\rho_1(X) = \rho(X), \qquad \rho_2(X) = \mu(V) - \mu(V \setminus X)$$

とおくと，(3.25) により (3.28) の右辺の $\min = \mu(V)$ である．したがって，ある $x^* \in \mathbf{P}(\rho_1) \cap \mathbf{P}(\rho_2)$ が存在して $x^*(V) = \mu(V)$ となる．$x^* \in \mathbf{P}(\rho_1)$ より $x^*(X) \leq \rho(X)$ $(\forall X \subseteq V)$ が成り立つ．また，$x^* \in \mathbf{P}(\rho_2)$ より $x^*(V \setminus X) \leq \rho_2(V \setminus X)$ $(\forall X \subseteq V)$ が成り立つが，これは $x^*(X) \geq \mu(X)$ $(\forall X \subseteq V)$ と同値である．ρ と μ が整数値の場合には，交わり定理 3.17 の後半により x^* を整数ベクトルにとることができる．以上で離散分離定理 3.16 が証明された．

二つの M 凸集合に関して次の形の分離定理が成立する．

3.18 [定理] (M 凸集合の分離定理)　二つの M 凸集合 $B_1, B_2 \subseteq \mathbf{Z}^V$ が互いに素 $(B_1 \cap B_2 = \emptyset)$ ならば，ある $p^* \in \{0, 1\}^V$ または $p^* \in \{0, -1\}^V$ が存在して，

$$\inf\{\langle p^*, x\rangle \mid x \in B_1\} - \sup\{\langle p^*, x\rangle \mid x \in B_2\} \geq 1. \tag{3.29}$$

証明　定理 3.13 により，ある劣モジュラ関数 $\rho_i \in \mathcal{S}[\mathbf{Z}]$ $(i = 1, 2)$ を用いて $B_i = \mathbf{B}(\rho_i) \cap \mathbf{Z}^V$ と書ける．もし $\rho_1(V) \neq \rho_2(V)$ なら $p^* = \chi_V$ あるいは $-\chi_V$

とすればいいので，以下，$\rho_1(V) = \rho_2(V)$ とする．離散分離定理 3.16 の対偶を $\rho(X) = \rho_1(X)$ と $\mu(X) = \rho_2(V) - \rho_2(V \setminus X)$ に適用すると「$\rho_1(V) = \rho_2(V)$, $\mathbf{B}(\rho_1) \cap \mathbf{B}(\rho_2) \cap \mathbf{Z}^V = \emptyset \Rightarrow \exists\, X \subseteq V : \mu(X) - \rho(X) \geq 1$」という命題が得られるが，いま，$B_1 \cap B_2 = \emptyset$ なのでこの前提が成り立っている．したがって，$\mu(X) - \rho(X) \geq 1$ を満たす X が存在する．$\rho(X) = \sup\{\langle \chi_X, x\rangle \mid x \in B_1\}$, $\mu(X) = \inf\{\langle \chi_X, x\rangle \mid x \in B_2\}$ なので，$p^* = -\chi_X$（あるいは $p^* = \mathbf{1} - \chi_X \in \{0,1\}^V$）とすればよい． ∎

次の定理は，M 凸多面体が共通部分をとる演算に関して整数性を保存するという重要な事実 (共通部分の整数性) を述べている (→本章 1 節の教訓と命題 3.2).

3.19［定理］　M 凸集合 $B_1, B_2 \subseteq \mathbf{Z}^V$ に対して

$$\overline{B_1} \cap \overline{B_2} = \overline{B_1 \cap B_2}.$$

証明　$B_i = \mathbf{B}(\rho_i) \cap \mathbf{Z}^V$, $\rho_i \in \mathcal{S}[\mathbf{Z}]$ $(i = 1,2)$ と表示すると，$\overline{B_i} = \mathbf{B}(\rho_i)$ $(i = 1,2)$ である．一方，定理 3.17(2) により $\mathbf{B}(\rho_1) \cap \mathbf{B}(\rho_2) = \overline{\mathbf{B}(\rho_1) \cap \mathbf{B}(\rho_2) \cap \mathbf{Z}^V}$ が成り立つ． ∎

なお，M 凸集合 $B_1, B_2 \subseteq \mathbf{Z}^V$ に対して，$B_1 \cap B_2$ は M 凸集合とは限らない．二つの M 凸集合の共通部分として表せる集合を **$\mathbf{M}_2$ 凸集合**と呼ぶ.

M 凸集合の Minkowski 和を考えよう．次の定理の主張 (3) は，M 凸集合の Minkowski 和が M 凸集合であり，したがって穴をもたないという重要な事実 (Minkowski 和の整数性) を述べている (→本章 1 節の教訓と命題 3.2).

3.20［定理］

(1) 劣モジュラ関数 $\rho_1, \rho_2 \in \mathcal{S}[\mathbf{R}]$ に対して

$$\mathbf{B}(\rho_1) + \mathbf{B}(\rho_2) = \mathbf{B}(\rho_1 + \rho_2).$$

(2) 整数値劣モジュラ関数 $\rho_1, \rho_2 \in \mathcal{S}[\mathbf{Z}]$ に対して

$$(\mathbf{B}(\rho_1) \cap \mathbf{Z}^V) + (\mathbf{B}(\rho_2) \cap \mathbf{Z}^V) = \mathbf{B}(\rho_1 + \rho_2) \cap \mathbf{Z}^V.$$

(3) M 凸集合 $B_1, B_2 \subseteq \mathbf{Z}^V$ に対し，$B_1 + B_2$ は M 凸集合であり，

$$B_1 + B_2 = \overline{B_1 + B_2} \cap \mathbf{Z}^V.$$

証明　(1) $\mathbf{B}(\rho_1)+\mathbf{B}(\rho_2) \subseteq \mathbf{B}(\rho_1+\rho_2)$ を示すのは容易である．実際，$x \in \mathbf{B}(\rho_1)+\mathbf{B}(\rho_2)$ とすると $x = x_1 + x_2$, $x_i(X) \leq \rho_i(X)$ $(X \subseteq V; i = 1,2)$ となるので，$x(X) = x_1(X) + x_2(X) \leq \rho_1(X) + \rho_2(X)$ が成り立つ ($X = V$ に対しては等号).

逆に，$x \in \mathbf{B}(\rho_1+\rho_2)$ とすると，$x(X) - \rho_2(X) \leq \rho_1(X)$ となるので，離散分離定理 3.16 により，ある $y \in \mathbf{R}^V$ が存在して $x(X) - \rho_2(X) \leq y(X) \leq \rho_1(X)$ が成り立つ．ここで $X = V$ に対しては等号となるから，$z = x - y$ とおくと，$y \in \mathbf{B}(\rho_1)$，$z \in \mathbf{B}(\rho_2)$．ゆえに，$x = y + z \in \mathbf{B}(\rho_1)+\mathbf{B}(\rho_2)$.

(2) (1) の証明において，x, x_1, x_2, y, z をすべて整数ベクトルにとることができることによる．

(3) $B_i = \mathbf{B}(\rho_i) \cap \mathbf{Z}^V$，$\rho_i \in \mathcal{S}[\mathbf{Z}]$ $(i = 1,2)$ と表示すると，(2) の左辺は $B_1 + B_2$ に等しい．一方，(2) の右辺については，(1) と命題 3.3(4) により

$$\mathbf{B}(\rho_1+\rho_2) = \mathbf{B}(\rho_1)+\mathbf{B}(\rho_2) = \overline{B_1} + \overline{B_2} = \overline{B_1 + B_2}$$

が成り立つ．$\rho_1 + \rho_2 \in \mathcal{S}[\mathbf{Z}]$ であるから $B_1 + B_2 = \mathbf{B}(\rho_1+\rho_2) \cap \mathbf{Z}^V$ は M凸集合である．■

3.21［補足］　命題 3.14 の証明を与える．M凸集合 B を含む超平面を $H = \{x \in \mathbf{R}^V \mid x(V) = r\}$ として，定理 3.19 を $B_1 = B$, $B_2 = \mathrm{N}(x) \cap H$ に適用すると $\overline{B \cap \mathrm{N}(x) \cap H} = \overline{B} \cap \overline{\mathrm{N}(x) \cap H}$ となる．この左辺において $B \cap H = B$, 右辺において $\overline{\mathrm{N}(x) \cap H} = \overline{\mathrm{N}(x)} \cap H$, $\overline{B} \cap H = \overline{B}$ に注意して (2.126) を得る．□

3.22［補足］　離散分離定理 3.16 の前半部を，Lovász 拡張と Lovász の定理 3.15 に基づいて証明する．ρ, μ の Lovász 拡張を $\hat{\rho}$, $\hat{\mu}$ とすると，定義式 (3.10) と (3.25) により $\hat{\rho}(p) \geq \hat{\mu}(p)$ $(\forall\, p \in \mathbf{R}^V_+)$ が成り立つ．$f(p) = \hat{\rho}(p)$, $h(p) = \hat{\mu}(p)$ $(\forall\, p \in \mathbf{R}^V_+)$ (ただし $\mathrm{dom}\, f \subseteq \mathbf{R}^V_+$, $\mathrm{dom}\, h \subseteq \mathbf{R}^V_+$) によって関数 $f: \mathbf{R}^V \to \mathbf{R} \cup \{+\infty\}$, $h: \mathbf{R}^V \to \mathbf{R} \cup \{-\infty\}$ を定義すると，定理 3.15 により，f は凸関数，h は凹関数であり，$f(p) \geq h(p)$ $(\forall\, p \in \mathbf{R}^V)$ が成り立つ ($f(\mathbf{0}) = h(\mathbf{0}) = 0$)．通常の凸解析における分離定理 2.7 により，不等式 $f(p) \geq \langle p, x^* \rangle \geq h(p)$ $(\forall\, p \in \mathbf{R}^V)$ を満たす $x^* \in \mathbf{R}^V$ が存在するが，この不等式で $p = \chi_X$ $(X \subseteq V)$ の場合から (3.26) が導かれる．□

3.23［**補足**］　一つの M 凸集合は成分和が一定の超平面の上に乗っている (→命題 3.5, 定理 3.13) ので，ある座標軸方向に射影しても情報は失われない．1 次元高い空間内の M 凸集合 $B \subseteq \mathbf{Z}^{\{0\} \cup V}$ からこのような射影によって得られる集合

$$Q = \{x \in \mathbf{Z}^V \mid (x_0, x) \in B\}$$

を **M**$^\natural$ **凸集合**と呼ぶ．M$^\natural$ 凸集合 $Q \subseteq \mathbf{Z}^V$ は，交換公理

> **(B**$^\natural$**-EXC[Z])**　任意の $x, y \in Q$ と任意の $u \in \mathrm{supp}^+(x-y)$ に対して，(i) $x - \chi_u \in Q$ かつ $y + \chi_u \in Q$，あるいは，(ii) ある $v \in \mathrm{supp}^-(x-y)$ が存在して $x-\chi_u+\chi_v \in Q$ かつ $y+\chi_u-\chi_v \in Q$, の少なくとも一方が成り立つ

によって特徴づけられる [106], [107]．定義から明らかなように，M$^\natural$ 凸集合は M 凸集合と等価な概念であるが，一方，集合のクラスとしては M$^\natural$ 凸集合の全体 $\mathcal{M}_0^\natural[\mathbf{Z}] \supsetneqq$ M 凸集合の全体 $\mathcal{M}_0[\mathbf{Z}]$ となっている ((B-EXC[**Z**]) ⇒ (B$^\natural$-EXC[**Z**]) に注意)．たとえば，非空の整数区間 $[a, b]_{\mathbf{Z}} = \{x \in \mathbf{Z}^V \mid a(v) \le x(v) \le b(v), v \in V\}$ は M$^\natural$ 凸集合であるが M 凸集合でない．

基多面体の射影は一般化ポリマトロイドと呼ばれるものに一致する ([40] の Theorem 3.58) ので，M$^\natural$ 凸集合は整数多面体であるような一般化ポリマトロイドの整数点の全体と言い直すことができる．したがって，M$^\natural$ 凸集合の凸包 (これを **M**$^\natural$ **凸多面体**と呼ぶ) は，条件

$$\rho(X) - \rho(X \setminus Y) \ge \mu(Y) - \mu(Y \setminus X) \qquad (X, Y \subseteq V) \tag{3.30}$$

を満たす劣モジュラ関数と優モジュラ関数の組 (ρ, μ) $(\rho, -\mu \in \mathcal{S}[\mathbf{Z}])$ によって

$$\mathbf{Q}(\rho, \mu) = \{x \in \mathbf{R}^V \mid \mu(X) \le x(X) \le \rho(X) \ (\forall X \subseteq V)\} \tag{3.31}$$

の形に表される．とくに，整数格子点の集合 $Q \subseteq \mathbf{Z}^V$ が (B$^\natural$-EXC[**Z**]) を満たすことと，整数値の (ρ, μ) によって $Q = \mathbf{Q}(\rho, \mu) \cap \mathbf{Z}^V$ と表されることは同値である．

二つの M$^\natural$ 凸集合の共通部分として表せる集合を $\mathbf{M}_2^\natural$ **凸集合**と呼ぶと，これは M$_2$ 凸集合の射影として得られる集合である．M$_2^\natural$ 凸集合は M$_2$ 凸集合と等価な概念であるが，集合のクラスとしては M$_2^\natural$ 凸集合 $\supsetneqq$ M$_2$ 凸集合である．□

3.24 [補足]　以上の議論においては，M 凸多面体は (整数点の集合である M 凸集合の凸包であるから) 必然的に整数多面体であった．しかし，M 凸性の概念は一般の (非整数) 多面体に対しても定義することができる．交換公理 (B-EXC[$\mathbf{Z}$]) の実数版

> **(B-EXC[R])**　任意の $x, y \in B$ と任意の $u \in \mathrm{supp}^+(x-y)$ に対して，ある $v \in \mathrm{supp}^-(x-y)$ と正の実数 α_0 が存在して，すべての $\alpha \in [0, \alpha_0]_{\mathbf{R}}$ に対して $x-\alpha(\chi_u-\chi_v) \in B$ かつ $y+\alpha(\chi_u-\chi_v) \in B$

を考えて，(B-EXC[$\mathbf{R}$]) を満たす (非空) 多面体 $B \subseteq \mathbf{R}^V$ を **M 凸多面体**と定義するのである．片側交換公理

> **(B-EXC$_+$[R])**　任意の $x, y \in B$ と任意の $u \in \mathrm{supp}^+(x-y)$ に対して，ある $v \in \mathrm{supp}^-(x-y)$ と正の実数 α_0 が存在して，すべての $\alpha \in [0, \alpha_0]_{\mathbf{R}}$ に対して $y + \alpha(\chi_u - \chi_v) \in B$

を考えると，命題 3.6 に対応して

$$\text{(B-EXC[}\mathbf{R}\text{])} \iff \text{(B-EXC}_+\text{[}\mathbf{R}\text{])} \tag{3.32}$$

が成り立ち，定理 3.13 の実数版として

$$B \subseteq \mathbf{R}^V \text{ が M 凸多面体} \iff \rho \in \mathcal{S}[\mathbf{R}] \text{ に対し } B = \mathbf{B}(\rho) \tag{3.33}$$

が成り立つ．また，**整 M 凸多面体** (整数多面体である M 凸多面体) に関して，

$$B \subseteq \mathbf{R}^V \text{ が整 M 凸多面体} \iff \rho \in \mathcal{S}[\mathbf{Z}] \text{ に対し } B = \mathbf{B}(\rho) \tag{3.34}$$

が成り立つ．B が整 M 凸多面体で $x, y \in B \cap \mathbf{Z}^V$ ならば，(B-EXC[$\mathbf{R}$]) で $\alpha_0 = 1$ にとれる．M 凸多面体の全体を $\mathcal{M}_0[\mathbf{R}]$ で表し，整数多面体である M 凸多面体の全体を $\mathcal{M}_0[\mathbf{Z}|\mathbf{R}]$ で表すと，$\mathcal{M}_0[\mathbf{Z}|\mathbf{R}]$ は $\mathcal{M}_0[\mathbf{Z}]$ と同一視される．(3.33), (3.34) が示すように，M 凸多面体は**基多面体**と呼ばれるものと同じものであり，整 M 凸多面体は**整基多面体**と同じものである．

M 凸多面体の (ある座標軸に沿った) 射影を **M$^\natural$ 凸多面体**と定義すると，

$$\begin{aligned} &Q \subseteq \mathbf{R}^V \text{ が M}^\natural \text{ 凸多面体} \iff \\ &\text{(3.30) を満たす } (\rho, \mu)\ (\rho, -\mu \in \mathcal{S}[\mathbf{R}]) \text{ に対し } Q = \mathbf{Q}(\rho, \mu) \end{aligned} \tag{3.35}$$

が成り立つ ($\mathbf{Q}(\rho,\mu)$ の定義は (3.31)). 記号 $\mathcal{M}_0^\natural[\mathbf{R}]$, $\mathcal{M}_0^\natural[\mathbf{Z}|\mathbf{R}]$ を同様に定義する. □

3.25 [補足]　M 凸多面体である凸錐を **M 凸錐**と呼ぶ. 後に補足 6.6 で証明するように, M 凸錐は $\chi_u - \chi_v$ $(u, v \in V)$ の形のベクトルの非負結合で表される凸錐として特徴づけられる. すなわち, 凸錐 $B_0 \subseteq \mathbf{R}^V$ に対して,

$$B_0 \text{ が M 凸錐} \iff \text{ある } A \subseteq V \times V \text{ に対して}$$
$$B_0 = \{ \sum_{(u,v)\in A} c_{uv}(\chi_u - \chi_v) \mid c_{uv} \geq 0 \ ((u,v) \in A)\}$$

が成り立つ (B_0 の端射については [40] の Theorem 3.26 を参照のこと). 一方, M 凸多面体は, 各点における接錐が M 凸錐であるような多面体として特徴づけられる (後の定理 4.51 の (a) ⇔ (b) による). この二つの事実より, M 凸多面体は辺の方向ベクトルが $\chi_u - \chi_v$ $(u, v \in V)$ の形であるような多面体として特徴づけられる. すなわち, 有界な (非空) 多面体 $B \subseteq \mathbf{R}^V$ に対して,

$$B \text{ が M 凸多面体} \iff B \text{ の任意の隣接頂点 } x, y \text{ に対して}$$
$$\exists u, v \in V, \exists c \in \mathbf{R}\colon\ x - y = c(\chi_u - \chi_v)$$

が成り立つ. M 凸多面体のこの性質を一般化し, 多面体の辺の向きを限定することによって「組合せ的性質をもつ多面体」の別のクラスを考えることができる [41], [73]. □

3. L 凸集合と距離関数

離散集合 $D \subseteq \mathbf{Z}^V$ に対し, (3.2) で定義される標示関数 $\delta_D : \mathbf{Z}^V \to \mathbf{Z} \cup \{+\infty\}$ を用いて「D が L 凸集合 $\iff$ δ_D が L 凸関数」と定義する. すなわち, 整数格子点の集合 $D \subseteq \mathbf{Z}^V$ が **L 凸集合**であるとは, $D \neq \emptyset$ で, D が 2 条件

$$p, q \in D \Longrightarrow p \vee q, p \wedge q \in D, \tag{3.36}$$

$$p \in D \Longrightarrow p \pm \mathbf{1} \in D \tag{3.37}$$

を満たすことである. L 凸集合の全体を $\mathcal{L}_0[\mathbf{Z}]$ と表す.

まず, L 凸集合には穴がないことを示そう.

3.26 [定理]　$D \subseteq \mathbf{Z}^V$ が L 凸集合ならば，$D = \overline{D} \cap \mathbf{Z}^V$.

証明　$D \subseteq \overline{D} \cap \mathbf{Z}^V$ は明らかである．任意の $p \in \overline{D} \cap \mathbf{Z}^V$ は

$$p = \sum_{i=1}^{m} \lambda_i p_i, \qquad p_i \in D,\ \lambda_i > 0\ (1 \leq i \leq m),\ \sum_{i=1}^{m} \lambda_i = 1 \tag{3.38}$$

の形に書ける（書き方は一意でない; p_i はすべて異なるとする）．(3.38) の形の表現で $m = 1$ ならば $p \in D$ が示されたことになる．以下，$m \geq 2$ とする．(3.38) において $\lambda_j p_j + \lambda_k p_k = \lambda_j[(p_j \vee p_k) + (p_j \wedge p_k)] + (\lambda_k - \lambda_j)p_k$ の形の書換え（ただし $\lambda_j \leq \lambda_k$ とする）を繰り返すことにより，$p_1 \leq p_2 \leq \cdots \leq p_m$ とできる．このとき $p_1 \leq p \leq p_m$ である．次に，$p'_1 = p_1 + \mathbf{1}$, $p'_m = p_m - \mathbf{1}$ とおき，$\lambda_1 \leq \lambda_m$ のときには $\lambda_1 p_1 + \lambda_m p_m = \lambda_1(p'_1 + p'_m) + (\lambda_m - \lambda_1)p_m$, $\lambda_1 > \lambda_m$ のときには $\lambda_1 p_1 + \lambda_m p_m = \lambda_m(p'_1 + p'_m) + (\lambda_1 - \lambda_m)p_1$ と書き換えて (3.38) の形の別の表現をつくる．以上の 2 種類の書換えを繰り返すといつかは $p - \mathbf{1} \leq p_1 \leq p \leq p_m \leq p + \mathbf{1}$ に達する．このとき $p_1 = p - \chi_X$, $p_m = p + \chi_X$ $(\exists\, X \subseteq V)$ となるので，$p = (p_1 + \mathbf{1}) \wedge p_m \in D$. ∎

L 凸集合の凸包を **L 凸多面体**と呼ぶ．定理 3.26 により L 凸集合には穴がないので，L 凸集合とその凸包を同一視することができる．L 凸多面体を記述する不等式系を考察しよう．

関数 $\gamma : V \times V \to \mathbf{R} \cup \{+\infty\}$ で $\gamma(v,v) = 0$ $(v \in V)$ を満たすものを**距離関数**と呼ぶ (γ は負の値をとることもあるし，一般には $\gamma(u,v) \neq \gamma(v,u)$ である)．距離関数 γ に対して，V を点集合，

$$A_\gamma = \{(u,v) \mid \gamma(u,v) < +\infty, u \neq v\}$$

を枝集合とする有向グラフ $G_\gamma = (V, A_\gamma)$ を考え，$\gamma(u,v)$ を枝 (u,v) の長さと解釈する．G_γ における u から v への最短路の長さを $\overline{\gamma}(u,v)$ とする．

三角不等式

$$\gamma(v_1,v_2) + \gamma(v_2,v_3) \geq \gamma(v_1,v_3) \qquad (v_1,v_2,v_3 \in V) \tag{3.39}$$

を満たす距離関数 γ の全体を $\mathcal{T}[\mathbf{R}]$ で表す．$\overline{\gamma} > -\infty$ であるような任意の距離関数 γ に対して $\overline{\gamma} \in \mathcal{T}[\mathbf{R}]$ であり，$\gamma \in \mathcal{T}[\mathbf{R}]$ に対しては $\overline{\gamma} = \gamma$ である．また，三角不等式を満たす整数値距離関数の全体を $\mathcal{T}[\mathbf{Z}]$ とする．

距離関数 γ に対して，不等式系

$$p(v) - p(u) \leq \gamma(u,v) \qquad (\forall u, v \in V,\ u \neq v) \tag{3.40}$$

によって定義される多面体

$$\mathbf{D}(\gamma) = \{p \in \mathbf{R}^V \mid p(v) - p(u) \leq \gamma(u,v)\ (\forall u, v \in V\ u \neq v)\} \tag{3.41}$$

を考える (このとき三角不等式 (3.39) は前提としていない).

3.27［命題］　γ を距離関数とする.

(1) $\mathbf{D}(\gamma) \neq \emptyset \iff G_\gamma$ に負閉路が存在しない.

(2) $\mathbf{D}(\gamma) \neq \emptyset$ ならば,

$$\overline{\gamma}(u,v) = \sup\{p(v) - p(u) \mid p \in \mathbf{D}(\gamma)\} \qquad (u, v \in V) \tag{3.42}$$

であり，$\mathbf{D}(\gamma) = \mathbf{D}(\overline{\gamma})$.

(3) $\gamma \in \mathcal{T}[\mathbf{R}]$ ならば，$\mathbf{D}(\gamma) \neq \emptyset$ であり,

$$\gamma(u,v) = \sup\{p(v) - p(u) \mid p \in \mathbf{D}(\gamma)\} \qquad (u, v \in V). \tag{3.43}$$

証明　$x \in \mathbf{R}^V$ として，互いに双対な線形計画問題

$$\begin{array}{lll} \text{(P)} & \text{Minimize} & \displaystyle\sum_{(u,v) \in A_\gamma} \lambda_{uv} \gamma(u,v) \\ & \text{subject to} & \displaystyle\sum_{(u,v) \in A_\gamma} \lambda_{uv} (\chi_v - \chi_u) = x, \\ & & \lambda_{uv} \geq 0 \quad ((u,v) \in A_\gamma), \\ \text{(D)} & \text{Maximize} & \langle p, x \rangle \\ & \text{subject to} & p(v) - p(u) \leq \gamma(u,v) \quad ((u,v) \in A_\gamma) \end{array}$$

を考える (ここで $\lambda = (\lambda_{uv} \mid (u,v) \in A_\gamma)$ が問題 (P) の変数，p が問題 (D) の変数である)．この問題の係数行列は $G_\gamma = (V, A_\gamma)$ の接続行列 (の符号を反転したもの) であるから完全単模である (→例 2.13)．また，問題 (D) の実行可能解 p の全体が $\mathbf{D}(\gamma)$ である．$u_0, v_0 \in V$, $u_0 \neq v_0$ として $x = \chi_{v_0} - \chi_{u_0}$ とすると，$\langle p, x \rangle = p(v_0) - p(u_0)$ であるから，問題 (D) の最適値は (3.42) の右辺に等しい．一方，定理 2.15 により，問題 (P) の最適解 λ は $\{0,1\}$ ベクトル

としてよいので，これは u_0 から v_0 への最短路に対応し，問題 (P) の最適値は $\overline{\gamma}(u_0, v_0)$ に等しい．

(1) 問題 (D) が実行可能のとき，制約不等式 (3.40) を有向閉路に沿って加え合わせると (p の部分は打ち消されて) 閉路の長さ ≥ 0 が導かれる．逆に，負閉路が存在しないときには，G_γ の任意の 1 点 $s \in V$ を始点に選んで，s から $v \in V$ への最短路長を $p(v)$ とすれば実行可能解 p が得られる (G_γ が連結でない場合には各連結成分に始点をとる)．

(2) 問題 (D) が実行可能だから，線形計画の双対定理 2.12(2) から式 (3.42) の関係が導かれる．$\gamma \geq \overline{\gamma}$ より $\mathbf{D}(\gamma) \supseteq \mathbf{D}(\overline{\gamma})$ である．$p \in \mathbf{D}(\gamma)$ のとき，不等式 (3.40) を u_0 から v_0 への最短路に沿って加え合わせると $p(v_0) - p(u_0) \leq \overline{\gamma}(u_0, v_0)$ となるので，$\mathbf{D}(\gamma) \subseteq \mathbf{D}(\overline{\gamma})$ が成り立つ．

(3) $\gamma \in \mathcal{T}[\mathbf{R}]$ より負閉路は存在せず，(3.42) において $\overline{\gamma} = \gamma$ である． ∎

L 凸集合の全体 $\mathcal{L}_0[\mathbf{Z}]$ と三角不等式を満たす整数値距離関数の全体 $\mathcal{T}[\mathbf{Z}]$ の間には 1 対 1 対応がある．これを説明しよう．

3.28［命題］　γ を整数値距離関数とする (三角不等式 (3.39) は仮定しない)．$\mathbf{D}(\gamma) \neq \emptyset$ ならば，$\mathbf{D}(\gamma)$ は整数多面体であり，$D = \mathbf{D}(\gamma) \cap \mathbf{Z}^V$ は L 凸集合である．

証明　$\mathbf{D}(\gamma)$ の整数性は係数行列の完全単模性による．後半を示すには，$p, q \in \mathbf{Z}^V$ に対して，$p(v) - p(u) \leq \gamma(u, v)$ と $q(v) - q(u) \leq \gamma(u, v)$ から $(p \vee q)(v) - (p \vee q)(u) \leq \gamma(u, v)$ と $(p \wedge q)(v) - (p \wedge q)(u) \leq \gamma(u, v)$ を導けばよいが，これは容易である． ∎

3.29［命題］

(1) 空でない集合 $D \subseteq \mathbf{R}^V$ に対して

$$\gamma(u, v) = \sup\{p(v) - p(u) \mid p \in D\} \qquad (u, v \in V) \tag{3.44}$$

で定義される $\gamma : V \times V \to \mathbf{R} \cup \{+\infty\}$ は三角不等式を満たす ($\gamma \in \mathcal{T}[\mathbf{R}]$)．$D \subseteq \mathbf{Z}^V$ ならば $\gamma \in \mathcal{T}[\mathbf{Z}]$ である．

(2) D が L 凸集合ならば，$\overline{D} = \mathbf{D}(\gamma)$．

証明　(1) $\gamma(v_1,v_2)+\gamma(v_2,v_3)=\sup_{p\in D}(p(v_2)-p(v_1))+\sup_{p\in D}(p(v_3)-p(v_2))\geq \sup_{p\in D}(p(v_3)-p(v_1))=\gamma(v_1,v_3)$.

(2) $\overline{D}\subseteq \mathbf{D}(\gamma)$ は明らかである．逆向きを示すには，$\mathbf{D}(\gamma)$ は整数多面体なので，任意の $q\in \mathbf{D}(\gamma)\cap \mathbf{Z}^V$ が D に属することをいえばよい．任意の $u\neq v$ に対して，$\gamma(u,v)\geq q(v)-q(u)$ より，$\exists\, p_{uv}\in D: p_{uv}(u)=q(u), p_{uv}(v)\geq q(v)$ である．$p_u=\bigvee_{v\neq u}p_{uv}$ とおくと，$p_u\in D$, $p_u(u)=q(u)$, $p_u(v)\geq q(v)$ $(\forall v\in V)$．したがって，$\hat{p}=\bigwedge_{u\in V}p_u$ とおくと，$\hat{p}\in D, \hat{p}=q$. ■

3.30 [定理]　$D\subseteq \mathbf{Z}^V$ に対して，

D が L 凸集合 $\Longleftrightarrow$

三角不等式を満たす整数値距離関数 γ に対して $D=\mathbf{D}(\gamma)\cap \mathbf{Z}^V$

が成り立つ．より詳しくは，写像 $\Phi:\mathcal{L}_0[\mathbf{Z}]\to \mathcal{T}[\mathbf{Z}]$, $\Psi:\mathcal{T}[\mathbf{Z}]\to \mathcal{L}_0[\mathbf{Z}]$ が $\Phi: D\mapsto$ (3.44) の γ, $\Psi:\gamma\mapsto D=\mathbf{D}(\gamma)\cap \mathbf{Z}^V$ によって定義され，Φ と Ψ は互いに逆写像であり，L 凸集合の全体 $\mathcal{L}_0[\mathbf{Z}]$ と三角不等式を満たす整数値距離関数の全体 $\mathcal{T}[\mathbf{Z}]$ の間の 1 対 1 対応を与える．

証明　命題 3.29 と定理 3.26 より，$D\in \mathcal{L}_0[\mathbf{Z}]$ に対して $\Phi(D)\in \mathcal{T}[\mathbf{Z}]$ かつ $\Psi\circ\Phi(D)=\overline{D}\cap \mathbf{Z}^V=D$．命題 3.27, 命題 3.28 より，$\gamma\in \mathcal{T}[\mathbf{Z}]$ に対して $\Psi(\gamma)\in \mathcal{L}_0[\mathbf{Z}]$ かつ $\Phi\circ\Psi(\gamma)=\gamma$. ■

上の定理 3.30 を利用して，L 凸集合の凸包の別の表現式を導こう．実数ベクトル $p\in \mathbf{R}^V$ に対して，ベクトル $a=p-\lfloor p\rfloor$ の非零成分の相異なる値を $\alpha_1>\alpha_2>\cdots>\alpha_m$ (ただし $m\geq 0$) として

$$U_i=U_i(p)=\{v\in V \mid a(v)\geq \alpha_i\}\qquad (i=1,\cdots,m)$$

とおくと，

$$p=\sum_{i=0}^{m-1}(\alpha_i-\alpha_{i+1})(\lfloor p\rfloor+\chi_{U_i})+\alpha_m(\lfloor p\rfloor+\chi_{U_m})\tag{3.45}$$

が成り立つ ($\alpha_0=1$, $U_0=\emptyset$)．ここで $\alpha_i-\alpha_{i+1}>0$ $(i=0,1,\cdots,m-1)$, $\alpha_m>0$ かつ $\sum_{i=0}^{m-1}(\alpha_i-\alpha_{i+1})+\alpha_m=1$ であるから，(3.45) は p を $\lfloor p\rfloor+\chi_{U_i}$ $(i=0,1,\cdots,m)$ の凸結合で表したことになる．

次の定理はL凸集合の凸包がこの形で与えられることを示している.

3.31 [定理]　L凸集合 $D \subseteq \mathbf{Z}^V$ に対して

$$\overline{D} = \{p \in \mathbf{R}^V \mid \lfloor p \rfloor + \chi_{U_i(p)} \in D \ (i = 0, 1, \cdots, m)\}$$

が成り立つ. とくに, L凸集合は整凸集合である.

証明　式 (3.45) により $\supseteq$ は既に示されている. 逆向きの包含関係 $\subseteq$ を示すために, $p \in \overline{D} = \mathbf{D}(\gamma)$ とする. γ は整数値の距離関数である. $p_0 = \lfloor p \rfloor$, $a = p - \lfloor p \rfloor$, $q_i = \lfloor p \rfloor + \chi_{U_i(p)}$ $(i = 0, 1, \cdots, m)$ とおく. $p \in \mathbf{D}(\gamma)$ より

$$p(v) - p(u) = [p_0(v) - p_0(u)] + [a(v) - a(u)] \leq \gamma(u, v)$$

であるが $|a(v) - a(u)| < 1$, $p_0(v) - p_0(u) \in \mathbf{Z}$, $\gamma(u, v) \in \mathbf{Z}$ だから, 任意の u, v に対して $p_0(v) - p_0(u) \leq \gamma(u, v)$ であり, さらに, $a(v) > a(u)$ ならば $p_0(v) - p_0(u) + 1 \leq \gamma(u, v)$ である. これより

$$q_i(v) - q_i(u) = [p_0(v) - p_0(u)] + [\chi_{U_i}(v) - \chi_{U_i}(u)] \leq \gamma(u, v)$$

となるので $q_i \in \mathbf{D}(\gamma)$ である. ゆえに, $q_i \in \mathbf{D}(\gamma) \cap \mathbf{Z}^V = D$. 整凸性は $q_i \in \mathrm{N}(p)$ $(i = 0, 1, \cdots, m)$ と (2.125) による. ∎

次の二つの定理は, L凸多面体に関して, 共通部分の整数性と Minkowski 和の整数性を述べている (→本章1節の教訓, 命題 3.2). M凸多面体に関する定理 (定理 3.20, 定理 3.19) と比較されたい.

3.32 [定理]

(1) L凸集合 $D_1, D_2 \subseteq \mathbf{Z}^V$ に対し, $\overline{D_1} \cap \overline{D_2} = \overline{D_1 \cap D_2}$.

より詳しくは, $D_i = \mathbf{D}(\gamma_i) \cap \mathbf{Z}^V$, $\gamma_i \in \mathcal{T}[\mathbf{Z}]$ $(i = 1, 2)$ として, $\gamma_{12}(u, v) = \min(\gamma_1(u, v), \gamma_2(u, v))$ とおくと, 次のことが成り立つ.

(2) $D_1 \cap D_2 = \mathbf{D}(\gamma_{12}) \cap \mathbf{Z}^V$.

(3) $D_1 \cap D_2 \neq \emptyset$

$\iff$ γ_{12} を枝長とするグラフ $G_{\gamma_{12}}$ 上に負閉路が存在しない.

(4) $D_1 \cap D_2 \neq \emptyset$ ならば $D_1 \cap D_2$ はL凸集合で, $D_1 \cap D_2 = \mathbf{D}(\overline{\gamma_{12}}) \cap \mathbf{Z}^V$.

証明　(1), (2) $\mathbf{D}(\gamma_1)\cap\mathbf{D}(\gamma_2)=\mathbf{D}(\gamma_{12})$ より，$D_1\cap D_2=(\mathbf{D}(\gamma_1)\cap\mathbf{Z}^V)\cap(\mathbf{D}(\gamma_2)\cap\mathbf{Z}^V)=(\mathbf{D}(\gamma_1)\cap\mathbf{D}(\gamma_2))\cap\mathbf{Z}^V=\mathbf{D}(\gamma_{12})\cap\mathbf{Z}^V$．ここで $\mathbf{D}(\gamma_{12})$ が整数多面体であることに注意して，$\overline{D_1\cap D_2}=\mathbf{D}(\gamma_{12})=\mathbf{D}(\gamma_1)\cap\mathbf{D}(\gamma_2)=\overline{D_1}\cap\overline{D_2}$．(3) は命題 3.27(1) により，(4) は命題 3.27(2), 命題 3.28 による．■

3.33 [定理]　L 凸集合 $D_1, D_2\subseteq\mathbf{Z}^V$ に対し，$D_1+D_2=\overline{D_1+D_2}\cap\mathbf{Z}^V$．

証明　$\mathcal{F}=\mathcal{L}_0[\mathbf{Z}]$ は命題 3.2 の (3.5) を満たす．また，定理 3.32(1) より命題 3.2 の (a) が成り立つ．■

なお，L 凸集合 $D_1, D_2\subseteq\mathbf{Z}^V$ に対して，D_1+D_2 は L 凸集合とは限らない．二つの L 凸集合の Minkowski 和として表せる集合を **$\mathbf{L}_2$ 凸集合**と呼ぶ．

二つの L 凸集合に関して次の形の分離定理が成立する．

3.34 [定理] (L 凸集合の分離定理)　二つの L 凸集合 $D_1, D_2\subseteq\mathbf{Z}^V$ が互いに素 $(D_1\cap D_2=\emptyset)$ ならば，ある $x^*\in\{-1,0,1\}^V$ が存在して，

$$\inf\{\langle p,x^*\rangle \mid p\in D_1\}-\sup\{\langle p,x^*\rangle \mid p\in D_2\}\geq 1. \tag{3.46}$$

証明　定理 3.32(3) により，γ_{12} を枝長とするグラフ $G_{\gamma_{12}}$ 上に負閉路が存在する．負閉路の中で，含む点の数 $k\geq 2$ が最小のものをとり，$v_0, v_1, v_2, \cdots, v_{k-1}$ とする．γ_1 と γ_2 が三角不等式を満たすので，k は偶数であり，$\gamma_1(v_{2i}, v_{2i+1})\leq\gamma_2(v_{2i}, v_{2i+1})$, $\gamma_1(v_{2i+1}, v_{2i+2})\geq\gamma_2(v_{2i+1}, v_{2i+2})$ $(0\leq i\leq k/2-1)$ と仮定してよい ($v_k=v_0$ である)．ベクトル x^* を $x^*(v_{2i})=1$, $x^*(v_{2i+1})=-1$ $(0\leq i\leq k/2-1)$, $x^*(v)=0$ (その他の v) によって定義すると，線形計画の双対性と k の選び方 (最小性) によって

$$\inf_{p\in D_1}\langle p,x^*\rangle=-\sum_{i=0}^{k/2-1}\gamma_1(v_{2i}, v_{2i+1}),\quad \sup_{p\in D_2}\langle p,x^*\rangle=\sum_{i=0}^{k/2-1}\gamma_2(v_{2i+1}, v_{2i+2})$$

が成り立つ．なぜならば，たとえば後者において，線形計画の双対性から，ある $\sigma:\{1,3,\cdots,k-1\}\to\{2,4,\cdots,k\}$ が存在して $\sup_{p\in D_2}\langle p,x^*\rangle=\sum_{i=0}^{k/2-1}\gamma_2(v_{2i+1}, v_{\sigma(2i+1)})$ と書けることがわかるが，ここで $\sigma(2i+1)=2i+2$ $(i=0,1,\cdots,k/2-1)$ でないとすると，より枝数の少ない負閉路が存在するこ

となるからである．したがって，

$$\sup_{p\in D_2}\langle p,x^*\rangle-\inf_{p\in D_1}\langle p,x^*\rangle=\sum_{i=0}^{k/2-1}\gamma_1(v_{2i},v_{2i+1})+\sum_{i=0}^{k/2-1}\gamma_2(v_{2i+1},v_{2i+2})$$
$$=\sum_{i=0}^{k-1}\gamma_{12}(v_i,v_{i+1})\le -1$$

となる． ∎

3.35 ［**補足**］　L 凸集合は **1** 方向の並進性をもつので，ある一つの座標値が 0 に等しい超平面（座標面）に制限しても情報は失われない．1 次元高い空間内の L 凸集合 $D\subseteq\mathbf{Z}^{\{0\}\cup V}$ からこのような制限によって得られる集合

$$P=\{p\in\mathbf{Z}^V\mid(0,p)\in D\} \tag{3.47}$$

を $\mathbf{L}^\natural$ **凸集合**と呼ぶ．集合 $P\subseteq\mathbf{Z}^V$ に対して，次の 3 条件

$$p,q\in P\implies(p-\alpha\mathbf{1})\vee q,\,p\wedge(q+\alpha\mathbf{1})\in P\quad(0\le\forall\alpha\in\mathbf{Z}) \tag{3.48}$$

$$p,q\in P,\mathrm{supp}^+(p-q)\ne\emptyset\implies p-\chi_X,\,q+\chi_X\in P$$
$$(\text{ただし } X=\arg\max_{v\in V}\{p(v)-q(v)\}) \tag{3.49}$$

$$p,q\in P\quad\implies\quad\left\lceil\frac{p+q}{2}\right\rceil,\left\lfloor\frac{p+q}{2}\right\rfloor\in P \tag{3.50}$$

は同値であり，これらの条件によって $\mathrm{L}^\natural$ 凸集合が特徴づけられる (証明を補足 3.38 に示す)．式 (3.50) の条件は，**離散中点凸性**と呼ばれる．なお，$\lceil\cdot\rceil$, $\lfloor\cdot\rfloor$ は成分ごとの (整数への) 切上げ，切捨てを表す記号である．

定義から明らかなように，$\mathrm{L}^\natural$ 凸集合は L 凸集合と等価な概念であり，L 凸集合 $D\subseteq\mathbf{Z}^{\{0\}\cup V}$ と $\mathrm{L}^\natural$ 凸集合 $P\subseteq\mathbf{Z}^V$ は

$$(p_0,p)\in D\iff p-p_0\mathbf{1}\in P \tag{3.51}$$

によって 1 対 1 に対応する (ここで $p_0=0$ とすると (3.47) に一致する)．一方，(3.36) と (3.37) から (3.48) が導かれるので，集合のクラスとしては $\mathrm{L}^\natural$ 凸集合の全体 $\mathcal{L}_0^\natural[\mathbf{Z}]\supsetneqq$ L 凸集合の全体 $\mathcal{L}_0[\mathbf{Z}]$ となっている．たとえば，非空の整数区間 $[a,b]_{\mathbf{Z}}=\{p\in\mathbf{Z}^V\mid a(v)\le p(v)\le b(v),v\in V\}$ は $\mathrm{L}^\natural$ 凸集合であるが L 凸集合でない．

$\mathrm{L}^\natural$ 凸集合の凸包は，整数値距離関数 $\gamma: V \times V \to \mathbf{Z} \cup \{+\infty\}$ と整数値ベクトル $\hat{\gamma}, \check{\gamma}: V \to \mathbf{Z} \cup \{+\infty\}$ によって

$$\mathbf{P}(\gamma, \hat{\gamma}, \check{\gamma}) = \{p \in \mathbf{R}^V \mid \check{\gamma}(v) \leq p(v) \leq \hat{\gamma}(v) \ (\forall v \in V), \\ p(v) - p(u) \leq \gamma(u,v) \ (\forall u, v \in V, u \neq v)\} \qquad (3.52)$$

の形に表される．ここで，

$$\tilde{\gamma}(u,v) = \begin{cases} \gamma(u,v) & (u, v \in V) \\ \hat{\gamma}(v) & (u = 0, v \in V) \\ -\check{\gamma}(u) & (v = 0, u \in V) \end{cases} \qquad (3.53)$$

(および $\tilde{\gamma}(v,v) = 0 \ (\forall v)$) で定義される $\tilde{V} = V \cup \{0\}$ 上の距離関数 $\tilde{\gamma}$ は三角不等式を満たすと仮定できる．$\mathrm{L}^\natural$ 凸集合の凸包を **$\mathbf{L}^\natural$ 凸多面体**と呼ぶ．

二つの $\mathrm{L}^\natural$ 凸集合の Minkowski 和として表せる集合を **$\mathbf{L}_2^\natural$ 凸集合**と呼ぶと，これは L_2 凸集合の制限として得られる集合である．$\mathrm{L}_2^\natural$ 凸集合は L_2 凸集合と等価な概念であるが，集合のクラスとしては $\mathrm{L}_2^\natural$ 凸集合 $\supsetneq$ L_2 凸集合である． □

3.36［**補足**］　以上の議論においては，L 凸多面体は (整数点の集合である L 凸集合の凸包であるから) 必然的に整数多面体であった．しかし，L 凸性の概念は一般の (非整数) 多面体 D に対しても定義することができる．(非空) 多面体 $D \subseteq \mathbf{R}^V$ が **L 凸多面体**であることを，D が 2 条件

$$p, q \in D \Longrightarrow p \vee q, p \wedge q \in D, \qquad (3.54)$$

$$p \in D \Longrightarrow p + \alpha \mathbf{1} \in D \quad (\forall \alpha \in \mathbf{R}) \qquad (3.55)$$

を満たすことと定義するのである．このとき，定理 3.30 の実数版として

$$D \subseteq \mathbf{R}^V \text{ が L 凸多面体} \iff \gamma \in \mathcal{T}[\mathbf{R}] \text{ に対し } D = \mathbf{D}(\gamma) \qquad (3.56)$$

が成り立つ．L 凸多面体の全体を $\mathcal{L}_0[\mathbf{R}]$ で表す．また，**整 L 凸多面体** (整数多面体である L 凸多面体) の全体を $\mathcal{L}_0[\mathbf{Z}|\mathbf{R}]$ で表すと，これは $\mathcal{L}_0[\mathbf{Z}]$ と同一視される．

L 凸多面体のある座標面への制限を **$\mathbf{L}^\natural$ 凸多面体**と定義すると，$\mathrm{L}^\natural$ 凸多面体 $P \subseteq \mathbf{R}^V$ は

$$p, q \in P \Longrightarrow (p - \alpha \mathbf{1}) \vee q, p \wedge (q + \alpha \mathbf{1}) \in P \quad (0 \leq \forall \alpha \in \mathbf{R}) \qquad (3.57)$$

によって特徴づけられ，さらに，

$$P \subseteq \mathbf{R}^V \text{ が } \mathrm{L}^\natural \text{ 凸多面体} \iff P = \mathbf{P}(\gamma, \hat{\gamma}, \check{\gamma}) \tag{3.58}$$

が成り立つ ($\mathbf{P}(\gamma, \hat{\gamma}, \check{\gamma})$ の定義は (3.52) とし，(3.53) の $\tilde{\gamma} \in \mathcal{T}[\mathbf{R}]$ とする)．記号 $\mathcal{L}_0^\natural[\mathbf{R}]$, $\mathcal{L}_0^\natural[\mathbf{Z}|\mathbf{R}]$ を同様に定義する． □

3.37［補足］　L 凸多面体である凸錐を **L 凸錐**と呼ぶ．後に補足 6.7 で証明するように，凸錐 $D_0 \subseteq \mathbf{R}^V$ に対して，

$$D_0 \text{ が L 凸錐} \iff \text{ある部分束 } \mathcal{D} \subseteq 2^V\ (V \in \mathcal{D}) \text{ に対して}$$
$$D_0 = \{ \sum_{X \in \mathcal{D}} c_X \chi_X \mid c_X \geq 0\ (X \in \mathcal{D} \setminus \{V\}) \}$$

が成り立つ．また，L 凸多面体は，各点における接錐が L 凸錐であるような多面体として特徴づけられる (後の定理 5.39 の (a) $\Leftrightarrow$ (b) による)． □

3.38［補足］　$P \subseteq \mathbf{Z}^V$ に対して，「$\mathrm{L}^\natural$ 凸集合 $\Leftrightarrow$ (3.48) $\Leftrightarrow$ (3.49) $\Leftrightarrow$ (3.50)」が成り立つことの証明の概略を示す．

[$\mathrm{L}^\natural$ 凸集合 $\Leftrightarrow$ (3.48)]: $D \subseteq \mathbf{Z}^{\{0\} \cup V}$ と $P \subseteq \mathbf{Z}^V$ を (3.51) によって対応づけるとき，任意の P に対して D は (3.37) を満たす．D に関する条件 (3.36) は P に関する条件

$$p - p_0\mathbf{1}, q - q_0\mathbf{1} \in P \implies (p \vee q) - (p_0 \vee q_0)\mathbf{1}, (p \wedge q) - (p_0 \wedge q_0)\mathbf{1} \in P$$

と同値である．ここで，$\alpha = q_0 - p_0 \geq 0$ として $p' = p - p_0\mathbf{1}$, $q' = q - q_0\mathbf{1}$ とおくと，$(p \vee q) - (p_0 \vee q_0)\mathbf{1} = (p' - \alpha\mathbf{1}) \vee q'$, $(p \wedge q) - (p_0 \wedge q_0)\mathbf{1} = p' \wedge (q' + \alpha\mathbf{1})$ であることから，これが (3.48) と同値であることがわかる．

[(3.48)⇒(3.49)]: $\alpha = \max_{v \in V}\{p(v) - q(v)\} - 1$ とおくと，$\alpha \geq 0$, $(p - \alpha\mathbf{1}) \vee q = q + \chi_X$, $p \wedge (q + \alpha\mathbf{1}) = p - \chi_X$ であり，(3.48) から (3.49) が導かれる．

[(3.49)⇒(3.50)]: $p'' = \left\lceil \frac{p+q}{2} \right\rceil$, $q'' = \left\lfloor \frac{p+q}{2} \right\rfloor$ とおき，$p', q' \in \mathbf{Z}^V$ を

$$p'(v) = \begin{cases} p''(v) & (p(v) \geq q(v)) \\ q''(v) & (p(v) \leq q(v)) \end{cases} \qquad q'(v) = \begin{cases} q''(v) & (p(v) \geq q(v)) \\ p''(v) & (p(v) \leq q(v)) \end{cases}$$

と定義する．$|p'(v) - q'(v)| \leq 1\ (v \in V)$, $\mathrm{supp}^+(p' - q') \subseteq \mathrm{supp}^+(p - q)$, $\mathrm{supp}^-(p' - q') \subseteq \mathrm{supp}^-(p - q)$ である．(p, q) から始めて (3.49) を繰り返し

適用することにより，$p', q' \in P$ が得られる．(p', q') に (3.49) を適用すると，$p'', q'' \in P$ が得られる．

[(3.50)⇒(3.48)]: $p, q \in P$ に対し，整数ベクトルの列 $(q^{(0)}, q^{(1)}, \cdots)$ を

$$q^{(0)} = q; \qquad q^{(k+1)} = \left\lfloor \frac{p + q^{(k)}}{2} \right\rfloor \quad (k = 0, 1, \cdots)$$

と定義すると，$q^{(k)} \in P\ (k = 0, 1, \cdots)$ であり，次の (i)~(iii) が成り立つ．

(i) $p(v) - q^{(k)}(v) \in \{0, 1\} \Longrightarrow q^{(k+1)}(v) = q^{(k)}(v)$;

(ii) $p(v) - q^{(k)}(v) \geq 2$

$\Longrightarrow p(v) > q^{(k+1)}(v) = q^{(k)}(v) + \lfloor \frac{1}{2}(p(v) - q^{(k)}(v)) \rfloor \geq q^{(k)}(v) + 1$;

(iii) $p(v) - q^{(k)}(v) \leq -1$

$\Longrightarrow p(v) \leq q^{(k+1)}(v) = q^{(k)}(v) - \lceil \frac{1}{2}(q^{(k)}(v) - p(v)) \rceil \leq q^{(k)}(v) - 1$.

したがって，ある整数 N が存在して，$q^{(k)} = q^{(N)}\ (\forall k \geq N)$ となる．(i)~(iii) により，$q^{(N)} = (p - \mathbf{1}) \vee (p \wedge q)$ であり，したがって，$(p - \mathbf{1}) \vee (p \wedge q) \in P$ である．この議論において，p を $(p - \mathbf{1}) \vee (p \wedge q)$ で置き換えると，$(p - 2 \cdot \mathbf{1}) \vee (p \wedge q) \in P$ が導かれる．このような議論を繰り返せば非負整数 α に対して $(p - \alpha \mathbf{1}) \vee (p \wedge q) \in P$ が成り立つことがわかる．$(p \vee q) \wedge (q + \alpha \mathbf{1}) \in P$ についても同様であり，とくに $p \vee q \in P$．さて，上の議論で最初から p を $p \vee q$ で置き換えると，非負整数 α に対して $(p - \alpha \mathbf{1}) \vee q \in P$ が示される．$p \wedge (q + \alpha \mathbf{1}) \in P$ についても同様である．　□

3.39［補足］　M 凸多面体の面は劣モジュラ関数で記述された (定理 3.13) が，一方，劣モジュラ関数の Lovász 拡張は正斉次 L 凸関数であり，逆に，任意の正斉次 L 凸関数はこのようにして得られる (後の定理 5.35)．したがって，

M 凸集合 (多面体) ↔ 劣モジュラ集合関数 ↔ 正斉次 L 凸関数

の 1 対 1 対応がある．また，L 凸多面体の面は三角不等式を満たす距離関数で記述された (定理 3.30) が，一方，三角不等式を満たす距離関数は正斉次 M 凸関数に一意に拡張でき，逆に，任意の正斉次 M 凸関数はこのようにして得られる (後の定理 4.47)．したがって，

L 凸集合 (多面体) ↔ 三角不等式を満たす距離関数 ↔ 正斉次 M 凸関数

の 1 対 1 対応がある．とくに，M 凸錐と L 凸錐とは互いに極錐 (2.35) の関係

にある (後の定理 6.3).

ここに述べた二つの 1 対 1 対応は集合と支持関数の間の共役関係であるが，これは後に，一般の M 凸関数と L 凸関数の間の共役関係に一般化されて統合される (第 6 章). □

ノート

本章 2 節の最初にも断ったが，本書で M 凸多面体と呼ぶものは，通常，基多面体と呼ばれるものに一致しており，本章 2 節に述べた事柄のほとんどは劣モジュラ関数に関する標準的な結果である ([40] を参照されたい). 命題 3.6 と定理 3.8 は，その証明とともに [101] による．交換公理と劣モジュラ性の同値性を示す定理 3.13 は周知の事実でありながら，正確な記述と証明を述べた文献はほとんどない．定理 3.13 とその証明は [101] による．また，(3.32), (3.33) の証明は [107] にある．Lovász 拡張の名称は [38], [40] による．定理 3.15 は [87] による．分離定理 3.16, 3.18 はそれぞれ [33], [100] による．両者とも，Edmonds [27] の交わり定理に述べられている内容を「離散凸解析」の文脈で言い換えたものと位置づけられる．稜の方向による基多面体の特徴づけ (補足 3.25) は，最初に [144] によって (厳密な証明なしに) 述べられた．証明は [44] にあるが，本書 (補足 6.6) では M 凸錐と L 凸錐の共役性に基づく証明を与えた．一般化ポリマトロイドの概念は [34], [35] による．これが基多面体の射影に一致することは [39] による．証明は [40] の Theorem 3.58 を参照されたい.

M 凸集合の交換公理を弱めることによって,「組合せ的性質をもつ整数格子点の集合」のクラスを考えることができるが，その興味深い例として，**ジャンプシステム**と呼ばれるものがある [12], [88].

L 凸集合の概念は [100] で導入された．距離関数 γ の定める多面体 $\mathbf{D}(\gamma)$ による記述 (定理 3.30) は [100] による．定理 3.26，定理 3.34 は [101] による．L 凸性の概念の (非整数) 多面体への拡張は [107] による．多面体 $\mathbf{D}(\gamma)$ 自体は，γ をコストと見たときの transshipment problem の双対問題に現れる多面体であり，その性質は十分調べられている．とくに，式 (3.42) の関係は maximum-separation minimum-route theorem ([60] の Th. 21.1) や max tension min path theorem ([128] の Sec. 6C) などの名で知られる.

4

M凸関数

M凸関数の基本的な性質を明らかにし，M凸関数が離散凸関数と呼ぶにふさわしいクラスであることを示すことが本章の目的である．M凸関数は交換公理によって定義されるが，この交換公理はいくつかの見かけの異なった形に書きなおすことができ，これによってM凸関数の別の（しかし数学的に同値な）定義が得られる．M凸関数の概念はM凸集合(基多面体)の概念の一般化であり，M凸関数はM凸集合をうまくつなぎ合わせたものとして特徴づけることができる．M凸関数が離散凸関数として適切な概念であることを示す性質として，最小値が局所最適性によって特徴づけられることや，各単位超立方体上での局所的な凸拡張をつなぎ合わせることによって大域的な凸関数に拡張できること(整凸性)などがある．双対性，共役性に関する事柄は第6章において論じる．

1. M凸関数とM$^\natural$凸関数

本節では，M凸関数およびM$^\natural$凸関数の概念を導入する．M$^\natural$凸関数はM凸関数の射影として定義されるが，本質的にはM凸関数と等価な概念である．

M凸関数の定義を復習しよう．関数 $f : \mathbf{Z}^V \to \mathbf{R} \cup \{+\infty\}$ が**M凸関数**であることは，$\mathrm{dom}\, f \neq \emptyset$ であって，f が**交換公理**

(M-EXC[Z])　任意の $x, y \in \mathrm{dom}\, f$ と任意の $u \in \mathrm{supp}^+(x-y)$ に対して，ある $v \in \mathrm{supp}^-(x-y)$ が存在して，$x - \chi_u + \chi_v \in \mathrm{dom}\, f$, $y + \chi_u - \chi_v \in \mathrm{dom}\, f$ かつ

$$f(x) + f(y) \geq f(x - \chi_u + \chi_v) + f(y + \chi_u - \chi_v) \tag{4.1}$$

を満たすことと定義される (第2章5節，図2.8(a) も参照)．不等式 (4.1) が成

り立つためには右辺は有限値でなければならないので，$x - \chi_u + \chi_v \in \mathrm{dom}\, f$, $y + \chi_u - \chi_v \in \mathrm{dom}\, f$ という条件は数学的には冗長であって，わかりやすさのために書いてあるだけである．**差分**を表す記号

$$\Delta f(z; v, u) = f(z + \chi_v - \chi_u) - f(z) \quad (z \in \mathrm{dom}\, f; u, v \in V) \tag{4.2}$$

を導入すると，(M-EXC[$\mathbf{Z}$]) は，任意の $x, y \in \mathrm{dom}\, f$ に対して

$$\max_{u \in \mathrm{supp}^+(x-y)} \min_{v \in \mathrm{supp}^-(x-y)} [\Delta f(x; v, u) + \Delta f(y; u, v)] \leq 0 \tag{4.3}$$

が成り立つことと書き換えられる．

M 凸関数の全体を $\mathcal{M}[\mathbf{Z} \to \mathbf{R}]$ と書き表し，変数の次元 n を特定する必要があるときは $\mathcal{M}_n[\mathbf{Z} \to \mathbf{R}]$ と書く．これらをそれぞれ $\mathcal{M}$, $\mathcal{M}_n$ と略記することもある．また，整数値の M 凸関数の全体を $\mathcal{M}[\mathbf{Z} \to \mathbf{Z}]$, $\mathcal{M}_n[\mathbf{Z} \to \mathbf{Z}]$ などと書く．

4.1 ［命題］　M 凸関数 f の実効定義域 $\mathrm{dom}\, f$ は M 凸集合である．

証明　$B = \mathrm{dom}\, f$ が第 3 章 2 節の (B-EXC[$\mathbf{Z}$]) を満たすことを示せばよいが，これは容易である． ■

M 凸関数の実効定義域は成分和が一定の超平面の上に乗っている (命題 4.1, 命題 3.5) ので，ある座標軸方向に沿って射影しても情報は失われない．1 次元高い空間内で定義された M 凸関数からこのような射影によって得られる関数を **M$^\natural$ 凸関数**と呼ぶ．すなわち，関数 $f : \mathbf{Z}^V \to \mathbf{R} \cup \{+\infty\}$ が M$^\natural$ 凸関数とは，

$$\tilde{f}(x_0, x) = \begin{cases} f(x) & (x_0 = -x(V)) \\ +\infty & (x_0 \neq -x(V)) \end{cases} \tag{4.4}$$

(ただし $\tilde{V} = \{0\} \cup V$ として $x \in \mathbf{Z}^V$, $(x_0, x) \in \mathbf{Z}^{\tilde{V}}$) で定義される関数 $\tilde{f} : \mathbf{Z}^{\tilde{V}} \to \mathbf{R} \cup \{+\infty\}$ が M 凸関数となることである．

M$^\natural$ 凸関数の全体を $\mathcal{M}^\natural[\mathbf{Z} \to \mathbf{R}]$ と書き表し，変数の次元 n を特定する必要があるときは $\mathcal{M}^\natural_n[\mathbf{Z} \to \mathbf{R}]$ と書く．これらをそれぞれ $\mathcal{M}^\natural$, $\mathcal{M}^\natural_n$ と略記することもある．また，整数値の M$^\natural$ 凸関数の全体を $\mathcal{M}^\natural[\mathbf{Z} \to \mathbf{Z}]$, $\mathcal{M}^\natural_n[\mathbf{Z} \to \mathbf{Z}]$ などと書く．

M$^\natural$ 凸関数は M 凸関数の射影として定義され，M 凸関数は交換公理 (M-EXC[$\mathbf{Z}$]) によって定義されるので，M$^\natural$ 凸関数を同様の交換公理によって特徴づけることが可能である．次の交換公理を考える (空集合の上の最小値は $+\infty$ とする):

(M$^\natural$-EXC[Z])　任意の $x, y \in \mathrm{dom}\, f$ と任意の $u \in \mathrm{supp}^+(x-y)$ に対して，

$$f(x) + f(y) \geq \min \Bigg[f(x - \chi_u) + f(y + \chi_u), \min_{v \in \mathrm{supp}^-(x-y)} \{ f(x - \chi_u + \chi_v) + f(y + \chi_u - \chi_v) \} \Bigg]. \quad (4.5)$$

なお，この条件を (4.2) の記号を用いてもっと簡潔に

$$\max_{u \in \mathrm{supp}^+(x-y)} \min_{v \in \mathrm{supp}^-(x-y) \cup \{0\}} [\Delta f(x; v, u) + \Delta f(y; u, v)] \leq 0 \qquad (4.6)$$

と書くこともできる．ただし，χ_0 をゼロベクトルと約束して，$v = 0$ のとき $\Delta f(x; v, u) = f(x - \chi_u) - f(x)$, $\Delta f(y; u, v) = f(y + \chi_u) - f(y)$ と解釈する．

4.2 [定理]　実効定義域が空でない関数 $f : \mathbf{Z}^V \to \mathbf{R} \cup \{+\infty\}$ に対して，

$$f \text{ が M}^\natural \text{ 凸関数} \iff f \text{ が交換公理 (M}^\natural\text{-EXC[}\mathbf{Z}\text{]) を満たす}.$$

証明　式 (4.4) で定義される $\tilde{f}$ が (M-EXC[$\mathbf{Z}$]) を満たすことを f に関する条件として表現すると，$S^+ = \mathrm{supp}^+(x - y)$, $S^- = \mathrm{supp}^-(x - y)$ と略記して，

$$x(V) > y(V) \Rightarrow \max_{u \in S^+} \min_{v \in S^- \cup \{0\}} [\Delta f(x; v, u) + \Delta f(y; u, v)] \leq 0, \quad (4.7)$$

$$x(V) = y(V) \Rightarrow \max_{u \in S^+} \min_{v \in S^-} [\Delta f(x; v, u) + \Delta f(y; u, v)] \leq 0, \quad (4.8)$$

$$x(V) < y(V) \Rightarrow \max_{u \in S^+ \cup \{0\}} \min_{v \in S^-} [\Delta f(x; v, u) + \Delta f(y; u, v)] \leq 0 \quad (4.9)$$

となる．この条件から (4.6) が導かれることは直ちにわかる．この逆が成り立つことは後に補足 4.7 で示す．■

定義により M$^\natural$ 凸関数は M 凸関数と等価な概念であるが，次の定理は，関数のクラスとしては M$^\natural$ 凸関数のほうが広いことを示している．

4.3［定理］　M 凸関数は M$^\natural$ 凸関数である．

証明　(M-EXC[**Z**])⇒(M$^\natural$-EXC[**Z**]) が成り立つことと定理 4.2 による．∎

後に参照しやすいように，上記の事実を

$$\mathcal{M}_n \subseteq \mathcal{M}_n^\natural \simeq \mathcal{M}_{n+1} \tag{4.10}$$

と書き表しておく．記号 $\mathcal{M}_n^\natural \simeq \mathcal{M}_{n+1}$ の正確な意味は，$\mathcal{M}_n^\natural$ と $\mathcal{M}_{n+1}$ の要素が (実効定義域の平行移動を除いて) 1 対 1 に対応するということである．

M 凸関数と M$^\natural$ 凸関数の等価性により，M 凸関数に関する定理は適当な修正の下で M$^\natural$ 凸関数に対して言い換えることができ，またその逆も可能である．本書では，いろいろな性質を述べる際に，両者のうち述べやすいほう (あるいは両方) を適宜選ぶこととする．

2. 局所交換公理

交換公理 (M-EXC[**Z**]) は見かけの違う形に書き換えることができる．最初に，**局所交換公理**

> **(M-EXC$_{\rm loc}$[Z])**　$||x-y||_1 = 4$ である任意の $x, y \in \mathrm{dom}\, f$ に対して，ある $u \in \mathrm{supp}^+(x-y)$ と $v \in \mathrm{supp}^-(x-y)$ が存在して，(4.1) が成り立つ

を扱う．

4.4［定理］　$\mathrm{dom}\, f$ が M 凸集合のとき，(M-EXC[**Z**]) $\iff$ (M-EXC$_{\rm loc}$[**Z**])．

証明　(M-EXC$_{\rm loc}$[**Z**]) ⇒ (M-EXC[**Z**]) を証明すればよい．$B = \mathrm{dom}\, f$ とおく．仮に (M-EXC[**Z**]) を満たさない (x, y) が存在すると仮定して矛盾を導こう．(M-EXC[**Z**]) を満たさない (x, y) の集合を

$$\mathcal{D} = \{(x,y) \mid x, y \in B,\ \exists u_* \in \mathrm{supp}^+(x-y), \forall v \in \mathrm{supp}^-(x-y) : \\ \Delta f(x; v, u_*) + \Delta f(y; u_*, v) > 0\}$$

と表す．$\|x-y\|_1$ を最小にする $(x,y) \in \mathcal{D}$ をとり，$u_* \in \mathrm{supp}^+(x-y)$ を上の通りとする．(M-EXC$_{\mathrm{loc}}$[$\mathbf{Z}$]) が成り立っているので $\|x-y\|_1 > 4$ である．$S^+ = \mathrm{supp}^+(x-y)$, $S^- = \mathrm{supp}^-(x-y)$ と略記する．

任意に $\varepsilon > 0$ を固定し，ベクトル $p : V \to \mathbf{R}$ を

$$p(v) = \begin{cases} \Delta f(x; v, u_*) & (v \in S^-, x - \chi_{u_*} + \chi_v \in B) \\ -\Delta f(y; u_*, v) + \varepsilon & (v \in S^-, x - \chi_{u_*} + \chi_v \notin B, \\ & \ y + \chi_{u_*} - \chi_v \in B) \\ 0 & (\text{その他}) \end{cases}$$

と定義する．$f[-p]$ の差分の略記として，記号

$$\Delta f_p(z; v, u) = \Delta f(z; v, u) + p(u) - p(v)$$

を導入する $(z \in B; u, v \in V)$．

主張 1:

$$\Delta f_p(x; v, u_*) = 0 \qquad (v \in S^-, x - \chi_{u_*} + \chi_v \in B), \tag{4.11}$$

$$\Delta f_p(y; u_*, v) > 0 \qquad (v \in S^-). \tag{4.12}$$

式 (4.11) は p の定義から明らかであり，式 (4.12) については次のように示せる．$x - \chi_{u_*} + \chi_v \in B$ の場合は，(4.11) から $\Delta f_p(x; v, u_*) = 0$ であり，u_* の定義から

$$\Delta f_p(x; v, u_*) + \Delta f_p(y; u_*, v) = \Delta f(x; v, u_*) + \Delta f(y; u_*, v) > 0$$

が成り立つことによる．$x - \chi_{u_*} + \chi_v \notin B$ の場合は，$y + \chi_{u_*} - \chi_v \in B$ かどうかに応じて $\Delta f_p(y; u_*, v) = \varepsilon$ あるいは $+\infty$ となるからである．

主張 2: ある $u_0 \in S^+$, $v_0 \in S^-$ が存在して，$y + \chi_{u_0} - \chi_{v_0} \in B$, $u_* \in \mathrm{supp}^+(x - (y + \chi_{u_0} - \chi_{v_0}))$ かつ

$$\Delta f_p(y; u_0, v_0) \leq \Delta f_p(y; u_0, v) \qquad (v \in S^-). \tag{4.13}$$

$u_0 \in \mathrm{supp}^+(x - y - \chi_{u_*})$ を任意にとる ($\|x-y\|_1 > 4$ に注意)．(B-EXC[$\mathbf{Z}$]) により $y + \chi_{u_0} - \chi_v \in B$ を満たす $v \in S^-$ が存在するので，このような v の中で $\Delta f_p(y; u_0, v)$ を最小にするものを $v_0 \in S^-$ とする．このとき (4.13) が成り立つ．

主張 3: $y' = y + \chi_{u_0} - \chi_{v_0}$ に対して $(x, y') \in \mathcal{D}$.

$$\Delta f_p(x; v, u_*) + \Delta f_p(y'; u_*, v) > 0 \qquad (v \in \mathrm{supp}^-(x - y')) \qquad (4.14)$$

を示せばよい．左辺第 1 項が有限の場合を考えればよいから，$x - \chi_{u_*} + \chi_v \in B$ とする．(4.11) により，(4.14) の左辺第 1 項 $= 0$ であり，第 2 項については，(M-EXC$_{\mathrm{loc}}$[$\mathbf{Z}$]), (4.12), (4.13) により

$$\begin{aligned}
&\Delta f_p(y'; u_*, v) \\
&= f[-p](y + \chi_{u_0} + \chi_{u_*} - \chi_{v_0} - \chi_v) - f[-p](y + \chi_{u_0} - \chi_{v_0}) \\
&\geq \min\left[\Delta f_p(y; u_0, v_0) + \Delta f_p(y; u_*, v), \Delta f_p(y; u_0, v) + \Delta f_p(y; u_*, v_0)\right] \\
&\quad -\Delta f_p(y; u_0, v_0) \\
&> \min\left[\Delta f_p(y; u_0, v_0), \Delta f_p(y; u_0, v)\right] - \Delta f_p(y; u_0, v_0) \ = 0
\end{aligned}$$

となる．したがって (4.14) が成り立つ．

さて，$||x - y'|| = ||x - y|| - 2$ であるから主張 3 は $(x, y) \in \mathcal{D}$ の選び方に矛盾する．したがって，$\mathcal{D} = \emptyset$ でなければならない．　■

次の定理は定理 4.4 の系であり，交換公理 (M-EXC[$\mathbf{Z}$]) が**弱い交換公理**

> **(M-EXC$_{\mathrm{w}}$[Z])**　相異なる任意の $x, y \in \mathrm{dom}\, f$ に対して，ある $u \in \mathrm{supp}^+(x - y)$ と $v \in \mathrm{supp}^-(x - y)$ が存在して，(4.1) が成り立つ

と等価であることを示している．(M-EXC[$\mathbf{Z}$]) が「$\forall u, \exists v$」の形であるのに対し，(M-EXC$_{\mathrm{w}}$[$\mathbf{Z}$]) が「$\exists u, \exists v$」の形であることに注意されたい．

4.5［定理］　$\mathrm{dom}\, f \neq \emptyset$ のとき，(M-EXC[$\mathbf{Z}$]) $\Longleftrightarrow$ (M-EXC$_{\mathrm{w}}$[$\mathbf{Z}$]).

証明　$\Leftarrow$ を示せばよい．f が (M-EXC$_{\mathrm{w}}$[$\mathbf{Z}$]) を満たせば $\mathrm{dom}\, f$ は (B-EXC$_{\mathrm{w}}$[$\mathbf{Z}$]) を満たす．したがって，定理 3.7 により，$\mathrm{dom}\, f$ は M 凸集合である．これと定理 4.4 により (M-EXC[$\mathbf{Z}$]) が成り立つ．　■

4.6［補足］　局所交換公理 (M-EXC$_{\mathrm{loc}}$[$\mathbf{Z}$]) において，「$\mathrm{dom}\, f$ は M 凸集合，f は凸拡張可能」を前提としても，$||x - y||_1 = 4$ を $||x - y||_\infty = 1$ に置き換

えることはできない．たとえば，$f(0,0,0)=f(2,-1,-1)=0$, $f(1,-1,0)=f(1,0,-1)=1$，その他では $f(x)=+\infty$ とすると，f は上の条件を満たすが M 凸関数ではない． □

4.7［補足］　定理 4.2 の証明を完成させよう．式 (4.4) で $\tilde{f}$ を定義するとき，f に対する (M$^\natural$-EXC[**Z**]) から $\tilde{f}$ に対する (M-EXC[**Z**]) を導くことが残っていた．まず，実効定義域に関しては，f が (M$^\natural$-EXC[**Z**]) を満たすことから $\mathrm{dom}\, f$ は (B$^\natural$-EXC[**Z**]) を満たすので M$^\natural$ 凸集合であり，したがって，$\mathrm{dom}\, \tilde{f}$ は M 凸集合である (補足 3.23 参照)．すると，定理 4.4 により (M-EXC[**Z**]) は局所交換公理 (M-EXC$_{\mathrm{loc}}$[**Z**]) と同等であるから，$x-y=\chi_{u_1}+\chi_{u_2}-\chi_{v_1}-\chi_{v_2}$ (ただし $\{u_1,u_2,v_1,v_2\}\subseteq V\cup\{0\}$, $\{u_1,u_2\}\cap\{v_1,v_2\}=\emptyset$) の形の x, y に対して (4.7), (4.8), (4.9) を示せばよい．式 (4.6) から (4.7) が成り立つことは明らかであるから，u_1, u_2, v_1, v_2 がすべて異なるとして，(a1) $x-y=\chi_{u_1}+\chi_{u_2}-\chi_{v_1}-\chi_{v_2}$, (a2) $x-y=2\chi_{u_1}-2\chi_{v_1}$, (a3) $x-y=2\chi_{u_1}-\chi_{v_1}-\chi_{v_2}$, (a4) $x-y=\chi_{u_1}+\chi_{u_2}-2\chi_{v_1}$ の 4 通りの場合について (4.8) を示し，(b1) $x-y=\chi_{u_1}-\chi_{v_1}-\chi_{v_2}$，(b2) $x-y=-2\chi_{v_1}$，(b3) $x-y=-\chi_{v_1}-\chi_{v_2}$, (b4) $x-y=\chi_{u_1}-2\chi_{v_1}$ の 4 通りの場合について (4.9) を示せばよい．以下，(a1), (b4) の場合を示すがその他の場合も同様である．

(a1) の場合: 一般に $z=(x\wedge y)+\alpha_1\chi_{u_1}+\alpha_2\chi_{u_2}+\beta_1\chi_{v_1}+\beta_2\chi_{v_2}$ を $(\alpha_1\alpha_2\beta_1\beta_2)$ と略記する．たとえば，$x=(1100)$, $y=(0011)$ である．示すべき式 (4.8) は，

$$f(1100)+f(0011)\geq\min[f(0110)+f(1001),f(1010)+f(0101)]\tag{4.15}$$

である．条件式 (4.6) $(u=u_1)$ より，(4.15) または

$$f(1100)+f(0011)\geq f(0100)+f(1011)\tag{4.16}$$

が成り立つ．また，(4.6) $(u=u_2)$ より，(4.15) または

$$f(1100)+f(0011)\geq f(1000)+f(0111)\tag{4.17}$$

が成り立つ．さらに (4.6) より，

$$f(0100)+f(0111)\geq f(0110)+f(0101),\tag{4.18}$$

$$f(1000)+f(1011)\geq f(1010)+f(1001)\tag{4.19}$$

である．式 (4.16), (4.17), (4.18), (4.19) を加え合わせると

$$2[f(1100)+f(0011)] \geq [f(0110)+f(1001)]+[f(1010)+f(0101)]$$

となり，(4.15) が導かれる．

(b4) の場合: ベクトル $z=(x \wedge y)+\alpha_1\chi_{u_1}+\beta_1\chi_{v_1}$ を $(\alpha_1\beta_1)$ と略記すると，$x=(10)$, $y=(02)$ である．示すべき式 (4.9) は，

$$f(10)+f(02) \geq f(01)+f(11)$$

であるが，これは条件式 (4.6) を (02), (10), $u=v_1$ に適用すれば導かれる． □

3. 例と構成法

M 凸関数の代表的な例として，既に，ネットワークフローと付値マトロイドを見た (第 2 章 3 節，第 2 章 4.2 項，例 2.41)．本節では，1 次関数，あるクラスの 2 次関数，変数分離凸関数などが M 凸関数となること，および，M 凸関数の基本的な演算について述べる．M 凸関数の演算で最も重要なものはネットワークによる変換であるが，これについては第 7 章 5 節で説明することとし，本節では比較的単純な演算に限って説明する．

まず，1 次関数を考える．ベクトル $p: V \to \mathbf{R}$ と実数 $\alpha \in \mathbf{R}$ によって定義される 1 次関数

$$f(x)=\alpha+\langle p, x\rangle \qquad (x \in \mathrm{dom}\, f) \tag{4.20}$$

は，$\mathrm{dom}\, f$ が M 凸集合なら M 凸関数であり，$\mathrm{dom}\, f$ が M$^\natural$ 凸集合なら M$^\natural$ 凸関数である．実際，交換公理 (B-EXC[$\mathbf{Z}$]), (B$^\natural$-EXC[$\mathbf{Z}$]) によって，交換公理 (M-EXC[$\mathbf{Z}$]), (M$^\natural$-EXC[$\mathbf{Z}$]) における不等式 (4.1), (4.5) が等号で成立する．

変数分離形の凸 2 次関数

$$f(x)=\sum_{i=1}^{n} a_i {x_i}^2 \qquad (x=(x_i)_{i=1}^{n} \in \mathrm{dom}\, f) \tag{4.21}$$

は，$\mathrm{dom}\, f$ が M 凸集合なら M 凸関数である ($V=\{1,\cdots,n\}$, $a_i \geq 0$ $(1 \leq i \leq n)$)．異なる変数の積の係数が一定である 2 次関数

$$f(x)=\sum_{i=1}^{n} a_i {x_i}^2 + b\sum_{i<j} x_i x_j \qquad (x=(x_i)_{i=1}^{n} \in \mathbf{Z}^n) \tag{4.22}$$

(ただし $a_i \in \mathbf{R}$ $(1 \le i \le n)$, $b \in \mathbf{R}$) は,

$$0 \le b \le 2 \min_{1 \le i \le n} a_i \tag{4.23}$$

のとき M$^\natural$ 凸関数である．M$^\natural$ 凸 2 次関数の一般形については補足 4.14 を参照されたい.

1 次元の離散凸関数 $f_i \in \mathcal{C}[\mathbf{Z} \to \mathbf{R}]$ $(i = 1, \cdots, n)$ によって定義される M 凸集合 B 上の**変数分離凸関数**

$$f(x) = \sum_{i=1}^{n} f_i(x_i) \qquad (x = (x_i)_{i=1}^n \in B) \tag{4.24}$$

は M 凸関数である (後に述べる定理 4.8(4) による．なお, $\mathcal{C}[\mathbf{Z} \to \mathbf{R}]$ の定義は (2.122) 参照)．さらに $f_0 \in \mathcal{C}[\mathbf{Z} \to \mathbf{R}]$ とするとき, **擬分離凸関数**

$$f(x) = f_0(\sum_{i=1}^{n} x_i) + \sum_{i=1}^{n} f_i(x_i) \qquad (x = (x_i)_{i=1}^n \in \mathbf{Z}^n) \tag{4.25}$$

は M$^\natural$ 凸関数である．なお, 式 (4.25) の $f(x)$ に対応する M 凸関数 $\tilde{f}(x_0, x)$ (式 (4.4)) は変数分離凸関数である．たとえば, 式 (4.22) の 2 次関数 $f(x)$ は,

$$f_0(x_0) = \frac{b}{2} {x_0}^2, \qquad f_i(x_i) = (a_i - \frac{b}{2}) {x_i}^2 \quad (i = 1, \cdots, n)$$

として (4.25) の形に書けるので擬分離凸関数である.

式 (4.25) の構成法は, さらに一般化できる．$\mathcal{T}$ を V の部分集合の族で,

$$X, Y \in \mathcal{T} \implies X \cap Y,\ X \setminus Y,\ Y \setminus X \text{ のどれかは空集合} \tag{4.26}$$

という性質をもつとする (このような集合族を**層族**と呼ぶ)．各 $X \in \mathcal{T}$ に対して $f_X \in \mathcal{C}[\mathbf{Z} \to \mathbf{R}]$ が与えられているとき,

$$f(x) = \sum_{X \in \mathcal{T}} f_X(x(X)) \qquad (x \in \mathbf{Z}^V) \tag{4.27}$$

は M$^\natural$ 凸関数である (証明は補足 4.13)．なお, $\mathcal{T} = \{V\} \cup \{\{v\} \mid v \in V\}$ の場合が擬分離凸関数 (4.25) にあたる.

M$^\natural$ 凸関数の別の例として, 実数の集合から最小値を取り出す関数がある．実数ベクトル $(a_i \mid i \in V)$ が与えられたとき, $a_* \ge \max_{i \in V} a_i$ を満たす a_* を選

んで ($a_* = +\infty$ も可)，集合関数

$$\mu(X) = \begin{cases} \min\{a_i \mid i \in X\} & (X \neq \emptyset) \\ a_* & (X = \emptyset) \end{cases} \tag{4.28}$$

を定義する．集合 X をその特性ベクトル χ_X と同一視するとき，μ に対応する関数 $f : \mathbf{Z}^V \to \mathbf{R} \cup \{+\infty\}$ は

$$f(x) = \begin{cases} \min\{a_i \mid i \in \mathrm{supp}^+(x)\} & (x \in \{0,1\}^V \setminus \{\mathbf{0}\}) \\ a_* & (x = \mathbf{0}) \\ +\infty & (\text{その他}) \end{cases} \tag{4.29}$$

で与えられるが，これは $\mathrm{M}^\natural$ 凸関数である．実際，f が ($\mathrm{M}^\natural$-EXC[$\mathbf{Z}$]) を満たすことを確かめるのは容易である．

次に，M 凸関数から別の M 凸関数を構成する方法を述べる．そのために，まず，関数 $f : \mathbf{Z}^V \to \mathbf{R} \cup \{+\infty\}$ に対する演算をいくつか定義する．部分集合 $U \subseteq V$ に対し，f の U への**制限** $f_U : \mathbf{Z}^U \to \mathbf{R} \cup \{+\infty\}$，**射影** $f^U : \mathbf{Z}^U \to \mathbf{R} \cup \{\pm\infty\}$，**集約** $f^{U*} : \mathbf{Z}^U \times \mathbf{Z} \to \mathbf{R} \cup \{\pm\infty\}$ を

$$f_U(y) = f(y, \mathbf{0}_{V \setminus U}) \qquad (y \in \mathbf{Z}^U), \tag{4.30}$$

$$f^U(y) = \inf\{f(y,z) \mid z \in \mathbf{Z}^{V \setminus U}\} \qquad (y \in \mathbf{Z}^U), \tag{4.31}$$

$$f^{U*}(y,w) = \inf\{f(y,z) \mid z(V \setminus U) = w, z \in \mathbf{Z}^{V \setminus U}\} \qquad (y \in \mathbf{Z}^U, w \in \mathbf{Z}) \tag{4.32}$$

と定義する．二つの関数 $f_i : \mathbf{Z}^V \to \mathbf{R} \cup \{+\infty\}$ $(i = 1, 2)$ に対して，整数上の**合成積** (integer infimal convolution) $f_1 \Box_{\mathbf{Z}} f_2 : \mathbf{Z}^V \to \mathbf{R} \cup \{\pm\infty\}$ を

$$(f_1 \Box_{\mathbf{Z}} f_2)(x) = \inf\{f_1(x_1) + f_2(x_2) \mid x = x_1 + x_2; x_1, x_2 \in \mathbf{Z}^V\} \quad (x \in \mathbf{Z}^V) \tag{4.33}$$

と定義する．$f_1 \Box_{\mathbf{Z}} f_2$ が $-\infty$ にならないとき，

$$\mathrm{dom}\,(f_1 \Box_{\mathbf{Z}} f_2) = \mathrm{dom}\, f_1 + \mathrm{dom}\, f_2 \tag{4.34}$$

が成り立つ．ただし，右辺は離散集合の Minkowski 和 (3.4) である．また，(2.123), (2.129) で定義したように，$p \in \mathbf{R}^V$ に対して

$$f[-p](x) = f(x) - \langle p, x \rangle$$

であり，整数区間 $[a,b]$ への制限を $f_{[a,b]}$ と表す．

以下のような構成法によって，M 凸関数から別の M 凸関数が構成される．

4.8 ［定理］　$f, f_1, f_2 \in \mathcal{M}[\mathbf{Z} \to \mathbf{R}]$ を M 凸関数とする．

(1) $0 < \lambda \in \mathbf{R}$ に対し，$\lambda f(x)$ は M 凸関数．

(2) $a \in \mathbf{Z}^V$ に対し，$f(a-x)$, $f(a+x)$ は (x の関数として) M 凸関数．

(3) $p \in \mathbf{R}^V$ に対し，$f[-p]$ は M 凸関数．

(4) $\varphi_v \in \mathcal{C}[\mathbf{Z} \to \mathbf{R}]$ $(v \in V)$ に対して，

$$\tilde{f}(x) = f(x) + \sum_{v \in V} \varphi_v(x(v)) \qquad (x \in \mathbf{Z}^V) \tag{4.35}$$

とすると，$\mathrm{dom}\,\tilde{f} \neq \emptyset$ ならば，$\tilde{f}$ は M 凸関数．

(5) $a, b \in (\mathbf{Z} \cup \{\pm\infty\})^V$ に対し，整数区間 $[a,b]$ への制限 $f_{[a,b]}$ は，$\mathrm{dom}\, f_{[a,b]} \neq \emptyset$ ならば，M 凸関数．

(6) $U \subseteq V$ への制限 f_U は，$\mathrm{dom}\, f_U \neq \emptyset$ ならば，M 凸関数．

(7) $U \subseteq V$ への集約 f^{U*} は，$f^{U*} > -\infty$ ならば，M 凸関数．

(8) 合成積 $\tilde{f} = f_1 \Box_{\mathbf{Z}} f_2$ は，$\tilde{f} > -\infty$ ならば，M 凸関数．

証明　(1), (2), (5), (6) は自明，(3) は (4) の特殊ケースである．

(4) $u \in \mathrm{supp}^+(x-y)$ に対して f の (M-EXC[$\mathbf{Z}$]) から定まる $v \in \mathrm{supp}^-(x-y)$ が $\tilde{f}$ の (M-EXC[$\mathbf{Z}$]) を成立させる．

(7) ネットワークによる変換の応用として補足 7.25 で示す．

(8) ネットワークによる変換の応用として補足 7.26 で示す．　■

上の定理 4.8(4) は，M 凸関数と変数分離凸関数の和が M 凸関数であることを示しているが，一般の二つの M 凸関数の和は M 凸とは限らない (→第 6 章 3 節の M_2 凸関数を参照)．また，容易にわかることであるが，定理 4.8(5) の逆も成り立つことを注意しておく．

4.9 ［命題］　関数 $f : \mathbf{Z}^V \to \mathbf{R} \cup \{+\infty\}$ に対して，

f が M 凸関数
$\iff$ 任意の $a, b \in \mathbf{Z}^V$ に対し，f の整数区間 $[a,b]$ への制限 $f_{[a,b]}$ が，$\mathrm{dom}\, f_{[a,b]} \neq \emptyset$ である限り，M 凸関数．

証明　$\Leftarrow$ を示すには，交換公理 (M-EXC[$\mathbf{Z}$]) において，x, y を含むような区間 $[a, b]$ をとればよい．■

定理 4.8 の構成法は M$^\natural$ 凸関数に対しても有効であり，さらに，M$^\natural$ 凸関数に対しては射影ができる．

4.10 [定理]　$f, f_1, f_2 \in \mathcal{M}^\natural[\mathbf{Z} \to \mathbf{R}]$ を M$^\natural$ 凸関数とする．

(1) 定理 4.8 の (1)〜(8) の構成法によって M$^\natural$ 凸関数が生じる．

(2) $U \subseteq V$ への射影 f^U は，$f^U > -\infty$ ならば，M$^\natural$ 凸関数．

証明　(2) $y_i \in \mathrm{dom}\, f^U$ $(i = 1, 2)$ に対し $f^U(y_i) = f(y_i, z_i)$ となる $z_i \in \mathbf{Z}^{V \setminus U}$ が存在する場合を考えて証明の大筋を示す．$x_i = (y_i, z_i)$ とおく．$u \in \mathrm{supp}^+(y_1 - y_2)$ に対して，$u \in \mathrm{supp}^+(x_1 - x_2)$ であるから f と u に (M$^\natural$-EXC[$\mathbf{Z}$]) を適用できる．(M$^\natural$-EXC[$\mathbf{Z}$]) の不等式 (4.6) の右辺の最小値を与える $v \in V \cup \{0\}$ をとる．$v \in U$ なら $f(x_1 - \chi_u + \chi_v) + f(x_2 + \chi_u - \chi_v) \geq f^U(y_1 - \chi_u + \chi_v) + f^U(y_2 + \chi_u - \chi_v)$，また，$v \in (V \setminus U) \cup \{0\}$ なら $f(x_1 - \chi_u + \chi_v) + f(x_2 + \chi_u - \chi_v) \geq f^U(y_1 - \chi_u) + f^U(y_2 + \chi_u)$ が成り立つことに注意する．■

4.11 [補足]　定理 4.8(7) における条件「$f^{U*} > -\infty$ ならば」は「$f^{U*}(x_0) > -\infty$ となる x_0 が存在するならば」と弱めることができる．定理 4.8(8) の「$\tilde{f} > -\infty$ ならば」，定理 4.10(2) の「$f^U > -\infty$ ならば」についても同様である．□

4.12 [補足]　正の整数 α に対して $f^\alpha : \mathbf{Z}^V \to \mathbf{R} \cup \{+\infty\}$ を

$$f^\alpha(x) = \frac{1}{\alpha} f(\alpha x) \qquad (x \in \mathbf{Z}^V) \tag{4.36}$$

と定義する (**スケーリング**と呼ばれる)．たとえば $\alpha = 2$ とすると，偶数点上だけの関数値を考えることに対応する．f が M 凸 (あるいは M$^\natural$ 凸) であっても f^α は M 凸 (あるいは M$^\natural$ 凸) 関数とは限らない．すなわち，M 凸関数はスケーリングできない．たとえば，f が M 凸集合

$$B = \{c_1(1, 0, -1, 0) + c_2(1, 0, 0, -1) + c_3(0, 1, -1, 0) + c_4(0, 1, 0, -1) \mid c_i \in \{0, 1\}\}$$

の標示関数のとき，$\alpha = 2$ に対する f^{α} は $B' = \{(0,0,0,0),(1,1,-1,-1)\}$ の標示関数であるが，B' は M 凸集合でないので f^{α} は M 凸関数でない．これに対し，後に定理 5.9(2) に述べるように，L 凸関数はスケーリングできる．スケーリングは効率的なアルゴリズムを設計する際の基本的な技法であり，第 8 章 2.2 項，第 8 章 3.3 項で解説する．□

4.13［補足］　式 (4.27) の関数が M$^{\natural}$ 凸関数であることを証明する．一般に $X \in \mathcal{T}$ に対して，X に含まれる $\mathcal{T}$ の極大元 ($\neq X$) の全体を $\mathcal{T}(X)$ と書くと，

$$x(X) = \sum\{x(Y) \mid Y \in \mathcal{T}(X)\} + \sum\{x(v) \mid v \in X \setminus \bigcup_{Y \in \mathcal{T}(X)} Y\} \quad (4.37)$$

が成り立つ．(M$^{\natural}$-EXC[$\mathbf{Z}$]) における $x, y \in \mathrm{dom}\, f$, $u \in \mathrm{supp}^{+}(x-y)$ をとる．式 (4.6) を示すには，

$$u \in X, v \notin X, X \in \mathcal{T} \implies x(X) > y(X), \quad (4.38)$$

$$u \notin X, v \in X, X \in \mathcal{T} \implies x(X) < y(X) \quad (4.39)$$

を満たす $v \in \mathrm{supp}^{-}(x-y) \cup \{0\}$ の存在を示せばよい．$u \in X$ を満たす任意の $X \in \mathcal{T}$ に対して $x(X) > y(X)$ ならば，$v = 0$ に対して (4.38), (4.39) が成り立つ．そうでないときには，$u \in X$, $x(X) \leq y(X)$ を満たす $X \in \mathcal{T}$ が存在するので，そのような X のうちで最小のものを X_0 とする．X_0 の最小性と式 (4.37) により，(i) $\exists v \in X_0 \setminus \bigcup_{Y \in \mathcal{T}(X_0)} Y$: $x(v) < y(v)$, または (ii) $\exists X_1 \in \mathcal{T}(X_0)$: $x(X_1) < y(X_1)$ である．(i) の場合には，この v が (4.38), (4.39) を満たす．(ii) の場合には，式 (4.37) により，(i) $\exists v \in X_1 \setminus \bigcup_{Y \in \mathcal{T}(X_1)} Y$: $x(v) < y(v)$, または (ii) $\exists X_2 \in \mathcal{T}(X_1)$: $x(X_2) < y(X_2)$ である．この議論を繰り返すと，最後には (i) の場合に至る．□

4.14［補足］　第 2 章 2.2 項において $\mathbf{R}^n \to \mathbf{R}$ 型の M$^{\natural}$ 凸 2 次関数を扱った．要点は，正定値対称行列 A が $\mathcal{L}^{-1}$ に属すことと A の定める 2 次形式が交換公理 (M$^{\natural}$-EXC[$\mathbf{R}$]) を満たすことの同値性 (定理 2.29) であった．本節で考察しているのは $\mathbf{Z}^n \to \mathbf{R}$ 型の関数であり，その交換公理 (M$^{\natural}$-EXC[$\mathbf{Z}$]) は (M$^{\natural}$-EXC[$\mathbf{R}$]) の自然な離散版である．しかし，離散版の交換公理 (M$^{\natural}$-EXC[$\mathbf{Z}$]) は $A \in \mathcal{L}^{-1}$ とはうまく対応しない．離散と連続の関係は微妙である．

例として

$$A = \frac{1}{43}\begin{bmatrix} 16 & 11 & 13 \\ 11 & 21 & 17 \\ 13 & 17 & 24 \end{bmatrix}, \quad A^{-1} = \begin{bmatrix} 5 & -1 & -2 \\ -1 & 5 & -3 \\ -2 & -3 & 5 \end{bmatrix}$$

を考える．$A \in \mathcal{L}^{-1}$ である．2 次形式 $f(x) = \frac{1}{2}\, x^{\mathrm{T}} A x$ において，変数 x を実数ベクトルとした関数 $f : \mathbf{R}^3 \to \mathbf{R}$ は (M$^\natural$-EXC[$\mathbf{R}$]) を満たすが，変数 x を整数ベクトルとした関数 $f : \mathbf{Z}^3 \to \mathbf{R}$ は (M$^\natural$-EXC[$\mathbf{Z}$]) を満たさない．

整数ベクトルを変数とする関数 $f(x) = \frac{1}{2}\, x^{\mathrm{T}} A x$ が M 凸関数となるための一般的条件を導くことができる．定理 4.4 により (M-EXC[$\mathbf{Z}$]) と (M-EXC$_{\mathrm{loc}}$[$\mathbf{Z}$]) は同値であるから，$f(x)$ が (M-EXC$_{\mathrm{loc}}$[$\mathbf{Z}$]) を満たす条件を調べればよい．結果は次のようになる: $A = (a_{ij})$ を対称行列とするとき，$\mathrm{dom}\, f = \{x \in \mathbf{Z}^n \mid \sum_{i=1}^{n} x_i = 0\}$ である 2 次関数 $f(x) = \frac{1}{2}\, x^{\mathrm{T}} A x$ が M 凸関数となるための必要十分条件は，

$$\{i,j\} \cap \{k,l\} = \emptyset \implies a_{ij} + a_{kl} \geq \min(a_{ik} + a_{jl}, a_{il} + a_{jk}) \qquad (4.40)$$

が成り立つことである．これを (4.4) によって M$^\natural$ 凸関数に翻訳すると次のようになる: 対称行列 $A = (a_{ij})$ で定義される 2 次関数 $f(x) = \frac{1}{2}\, x^{\mathrm{T}} A x$ $(x \in \mathbf{Z}^n)$ が M$^\natural$ 凸関数となるための必要十分条件は，

$$\{i,j\} \cap \{k,l\} = \emptyset \Longrightarrow a_{ij} + a_{kl} \geq \min(a_{ik} + a_{jl}, a_{il} + a_{jk}), \qquad (4.41)$$

$$\{i,j\} \cap \{k\} = \emptyset \Longrightarrow a_{ij} \geq \min(a_{ik}, a_{jk}), \qquad (4.42)$$

$$\text{任意の } (i,j) \text{ に対して} \qquad a_{ij} \geq 0 \qquad (4.43)$$

が成り立つことである．この条件 (4.41)–(4.43) を $n = 3$ の場合に整理すると，$a_{ii} \geq a_{ij} \geq 0$ $(i, j = 1, 2, 3)$ かつ非対角要素 $\{a_{12}, a_{23}, a_{31}\}$ の最小値を与えるものが二つ以上あるという条件になる．□

4. 最小値集合

M 凸関数の最小値は整数格子点上で局所的に特徴づけられ，逆に，この性質によって M 凸関数は特徴づけられる．基本的な性質は，$-\chi_u + \chi_v$ の形の特殊

な降下方向だけで十分であるという次の性質である:

$$x, y \in \mathrm{dom}\, f \text{ で } f(x) > f(y) \text{ ならば,}$$
$$f(x) > \min_{u \in \mathrm{supp}^+(x-y)} \min_{v \in \mathrm{supp}^-(x-y)} f(x - \chi_u + \chi_v). \tag{4.44}$$

4.15 [命題]　M 凸関数 $f \in \mathcal{M}[\mathbf{Z} \to \mathbf{R}]$ は (4.44) を満たす.

証明　(M-EXC[$\mathbf{Z}$]) により，任意の $u_1 \in \mathrm{supp}^+(x-y)$ に対して，ある $v_1 \in \mathrm{supp}^-(x-y)$ が存在して,

$$f(y) \geq [f(x - \chi_{u_1} + \chi_{v_1}) - f(x)] + f(y_2).$$

ただし，$y_2 = y + \chi_{u_1} - \chi_{v_1}$. (M-EXC[$\mathbf{Z}$]) を (x, y_2) に適用すると，ある $u_2 \in \mathrm{supp}^+(x - y_2)$ と $v_2 \in \mathrm{supp}^-(x - y_2)$ に対して,

$$f(y_2) \geq [f(x - \chi_{u_2} + \chi_{v_2}) - f(x)] + f(y_3).$$

ただし，$y_3 = y_2 + \chi_{u_2} - \chi_{v_2} = y + \chi_{u_1} + \chi_{u_2} - \chi_{v_1} - \chi_{v_2}$. この議論を $m = ||x - y||_1/2$ 回繰り返して，$y = x - \sum_{i=1}^{m} (\chi_{u_i} - \chi_{v_i})$,

$$f(x) > f(y) \geq f(x) + \sum_{i=1}^{m} [f(x - \chi_{u_i} + \chi_{v_i}) - f(x)]$$

を得る. ゆえに，ある i に対して $0 > f(x - \chi_{u_i} + \chi_{v_i}) - f(x)$. ∎

4.16 [定理] (M 凸関数最小性規準)

(1) M 凸関数 $f \in \mathcal{M}[\mathbf{Z} \to \mathbf{R}]$ と $x \in \mathrm{dom}\, f$ に対して,

$$f(x) \leq f(y) \ \ (\forall\, y \in \mathbf{Z}^V) \iff f(x) \leq f(x - \chi_u + \chi_v) \ \ (\forall\, u, v \in V). \tag{4.45}$$

(2) M$^\natural$ 凸関数 $f \in \mathcal{M}^\natural[\mathbf{Z} \to \mathbf{R}]$ と $x \in \mathrm{dom}\, f$ に対して,

$$f(x) \leq f(y) \ \ (\forall\, y \in \mathbf{Z}^V) \iff \begin{cases} f(x) \leq f(x - \chi_u + \chi_v) \ \ (\forall\, u, v \in V), \\ f(x) \leq f(x \pm \chi_v) \ \ (\forall\, v \in V). \end{cases} \tag{4.46}$$

証明　(1) だけ示せばよい. $\Rightarrow$ は自明であり，$\Leftarrow$ は M 凸関数が (4.44) を満たすこと (命題 4.15) による. ∎

定理 4.16 は，ある点 x が f の最小値を与えるかどうかを $\mathrm{O}(n^2)$ 回の関数値評価によって判定できることを示している．このことは M 凸関数の最小化アルゴリズム (第 8 章 1 節) の基礎となる．なお，後に定理 4.29 に述べるように，M 凸関数は整凸関数であり，定理 2.45 の意味で最小値が局所的に特徴づけられるが，定理 2.45 に基づいて最小値を判定するには $\mathrm{O}(3^n)$ 回の関数値評価が必要であることに注意されたい．

命題 4.15 の証明より，次の命題が得られる．

4.17 ［命題］　M 凸関数 $f \in \mathcal{M}[\mathbf{Z} \to \mathbf{R}]$ と $x, y \in \mathrm{dom}\, f$ に対して，

$$f(y) \geq f(x) + \check{f}(x, y) \tag{4.47}$$

が成り立つ．ただし，

$$\check{f}(x,y) = \inf_{\lambda} \left\{ \sum_{u,v \in V} \lambda_{uv}[f(x - \chi_u + \chi_v) - f(x)] \;\middle|\; \sum_{u,v \in V} \lambda_{uv}(\chi_v - \chi_u) = y - x,\ 0 \leq \lambda_{uv} \in \mathbf{Z}\ (u, v \in V) \right\} \tag{4.48}$$

とする．

性質 (4.44) は M 凸性にとって本質的であり，これを用いて M 凸関数を特徴づけることができる．f が M 凸関数ならば任意の $p \in \mathbf{R}^V$ に対して $f[p]$ は M 凸関数だから，f に対して

(M-SI[Z])　任意の $p \in \mathbf{R}^V$ に対して，$x, y \in \mathrm{dom}\, f$ で $f[p](x) > f[p](y)$ ならば，

$$f[p](x) > \min_{u \in \mathrm{supp}^+(x-y)} \min_{v \in \mathrm{supp}^-(x-y)} f[p](x - \chi_u + \chi_v) \tag{4.49}$$

が成り立つ．M$^\natural$ 凸関数に対しては，同様の性質

(M$^\natural$-SI[Z])　任意の $p \in \mathbf{R}^V$ に対して，$x, y \in \mathrm{dom}\, f$ で $f[p](x) > f[p](y)$ ならば，

$$f[p](x) > \min_{u \in \mathrm{supp}^+(x-y) \cup \{0\}} \min_{v \in \mathrm{supp}^-(x-y) \cup \{0\}} f[p](x - \chi_u + \chi_v) \tag{4.50}$$

を考える (式 (4.6) と同様に $\chi_0 = \mathbf{0}$ と約束する).

4.18 [定理]　関数 $f : \mathbf{Z}^V \to \mathbf{R} \cup \{+\infty\}$ の実効定義域 $\mathrm{dom}\, f$ が空でないとする.

(1) f が M 凸関数 $\iff$ f が (M-SI[$\mathbf{Z}$]) を満たす.

(2) f が M$^\natural$ 凸関数 $\iff$ f が (M$^\natural$-SI[$\mathbf{Z}$]) を満たす.

証明　(1) だけ示せばよい. $\Rightarrow$ は定理 4.8(3) と命題 4.15 による. $\Leftarrow$ の証明には, $B = \mathrm{dom}\, f$ が M 凸集合であることと, 局所交換公理 (M-EXC$_{\mathrm{loc}}$[$\mathbf{Z}$]) を示せばよい (定理 4.4).

B の M 凸性を示すために交換公理 (B-EXC$_-$[$\mathbf{Z}$]) を示そう (定理 3.7). $x, y \in B$, $u \in \mathrm{supp}^+(x-y)$ とする. 十分大きな $M > 0$ をとり, $p : V \to \mathbf{R}$ を

$$p(v) = \begin{cases} M^2 & (v = u) \\ M & (v \in \mathrm{supp}^-(x-y)) \\ 0 & (\text{その他}) \end{cases}$$

と定義する. このとき $f[p](x) > f[p](y)$ となるので, (M-SI[$\mathbf{Z}$]) より, ある $w \in \mathrm{supp}^+(x-y)$, $v \in \mathrm{supp}^-(x-y)$ が存在して $f[p](x) - f[p](x - \chi_w + \chi_v) = f(x) - f(x - \chi_w + \chi_v) + p(w) - M > 0$. ゆえに $w = u$ であり, $x - \chi_u + \chi_v \in B$. したがって, B は (B-EXC$_-$[$\mathbf{Z}$]) を満たす.

局所交換公理 (M-EXC$_{\mathrm{loc}}$[$\mathbf{Z}$]) が不成立として矛盾を導こう. $x, y \in B$ がその反例とすると, $\|x-y\|_1 = 4$ だから $y = x - \chi_{u_1} - \chi_{u_2} + \chi_{v_1} + \chi_{v_2}$ (ただし $\{u_1, u_2\} \cap \{v_1, v_2\} = \emptyset$) と表現でき,

$$\begin{aligned} f(y) - f(x) < \min[&\Delta f(x; v_1, u_1) + \Delta f(x; v_2, u_2), \\ &\Delta f(x; v_2, u_1) + \Delta f(x; v_1, u_2)] \end{aligned} \tag{4.51}$$

である. 以下では, $u_1 \neq u_2$, $v_1 \neq v_2$ の場合を扱う (その他の場合も同様に扱える). $V^+ = \{u_1, u_2\}$, $V^- = \{v_1, v_2\}$ を節点集合, $\hat{A} = \{(u_i, v_j) \mid \Delta f(x; v_j, u_i) < +\infty\}$ を枝集合とする 2 部グラフ $G = (V^+, V^-; \hat{A})$ を考え, 枝 (u_i, v_j) の重みを $c(u_i, v_j) = \Delta f(x; v_j, u_i)$ と定義する. B が (B-EXC[$\mathbf{Z}$]) を満たすことにより, G は完全マッチングをもつことに注意する. 命題 2.16 により, ある $p : V^+ \cup V^- \to \mathbf{R}$ が存在して, $p(u_1) + p(u_2) - p(v_1) - p(v_2)$ は

(4.51) の右辺に等しく，かつ，

$$\Delta f(x; v_j, u_i) \geq p(u_i) - p(v_j) \qquad (i, j = 1, 2) \tag{4.52}$$

である．このとき，

$$f[p](x) > f[p](y), \qquad f[p](x) \leq f[p](x - \chi_{u_i} + \chi_{v_j}) \quad (i, j = 1, 2)$$

となって (M-SI[**Z**]) に反する． ■

M 凸関数と M 凸集合は密接な関係にある．M 凸関数の実効定義域は M 凸集合であり (命題 4.1)，さらに，最小値集合も M 凸集合である．

4.19 [命題] M 凸関数 $f \in \mathcal{M}[\mathbf{Z} \to \mathbf{R}]$ の最小値集合 $\arg\min f$ は M 凸集合または空集合である．

証明 $x, y \in \arg\min f$ ならば, (4.1) より $x - \chi_u + \chi_v,\ y + \chi_u - \chi_v \in \arg\min f$ となる．したがって，$\arg\min f$ は (B-EXC[**Z**]) を満たす． ■

次の定理は，M 凸関数が M 凸集合をうまくつなぎ合わせたものであることを述べている．これによって，M 凸関数の概念が M 凸集合の概念を用いて定義できることになる．

4.20 [定理] 関数 $f : \mathbf{Z}^V \to \mathbf{R} \cup \{+\infty\}$ の実効定義域 $\mathrm{dom}\, f$ が有界で空でないとする．

(1) f が M 凸関数 $\iff$ 任意の $p \in \mathbf{R}^V$ に対し $\arg\min f[-p]$ が M 凸集合．

(2) f が M$^\natural$ 凸関数 $\iff$ 任意の $p \in \mathbf{R}^V$ に対し $\arg\min f[-p]$ が M$^\natural$ 凸集合．

証明 (1) のみ証明する．$\Rightarrow$ は定理 4.8(3), 命題 4.19 による．$\Leftarrow$ の証明には，$B = \mathrm{dom}\, f$ が M 凸集合であることと，局所交換公理 (M-EXC$_{\mathrm{loc}}$[**Z**]) を示せばよい (定理 4.4)．

まず，$B_p = \arg\min f[-p]$ が M 凸集合であることから，$B = \bigcup_p B_p$ が M 凸集合であることが示される．(証明: $x, y \in \overline{B}$ とすると，十分小さい任意の $t \geq 0$ に対して $tx + (1-t)y \in \overline{B_p}$ となる p が存在する．$\overline{B_p}$ が (B-EXC$_+$[**R**])

を満たすことより，$\overline{B}$ が (B-EXC$_+$[$\mathbf{R}$]) を満たすことが導かれるので $\overline{B}$ は M 凸多面体である．さらに，$\overline{B} \cap \mathbf{Z}^V = B$ が成り立つので，B は M 凸集合である．)

局所交換公理 (M-EXC$_{\rm loc}$[$\mathbf{Z}$]) を示すために，$||x-y||_1 = 4$ を満たす $x, y \in B$ をとり，$c = (x+y)/2 \in \mathbf{R}^V$ とする．f の凸閉包 $\overline{f} : \mathbf{R}^V \to \mathbf{R} \cup \{+\infty\}$ を考え，$p \in \mathbf{R}^V$ を c における $\overline{f}$ の劣勾配とすると，$c \in \arg\min \overline{f}[-p] = \overline{B_p}$ が成り立つ．仮定により B_p は M 凸集合であり，したがって，$\overline{B_p}$ は整 M 凸多面体である．実数ベクトルの区間 $I = \{b \in \mathbf{R}^V \mid x \wedge y \leq b \leq x \vee y\}$ へ $\overline{B_p}$ を制限したもの $I \cap \overline{B_p}$ は c を含む整 M 凸多面体である．したがって，c は整数ベクトル $z_1, \cdots, z_m \in (I \cap \overline{B_p}) \cap \mathbf{Z}^V = I \cap B_p$ の凸結合として表現される:

$$c = \sum_{k=1}^{m} \lambda_k z_k, \qquad z_k \in I \cap B_p \quad (k = 1, \cdots, m). \tag{4.53}$$

ここで $\sum_{k=1}^{m} \lambda_k = 1$, $\lambda_k > 0$ $(k = 1, \cdots, m)$ である．

$||x-y||_1 = 4$ であるから $\{v_1, v_2\} \cap \{v_3, v_4\} = \emptyset$ であるような $v_1, v_2, v_3, v_4 \in V$ を用いて $y = x - \chi_{v_1} - \chi_{v_2} + \chi_{v_3} + \chi_{v_4}$ と表現できる．以下では，v_1, v_2, v_3, v_4 がすべて異なる場合を扱う (その他の場合も同様に扱える)．$I \cap B_p$ の任意の要素 z が $z = (x \wedge y) + \chi_{v_i} + \chi_{v_j}$ $(i \neq j)$ の形に書けることに注意して，$V_0 = \{v_1, v_2, v_3, v_4\}$ を点集合とし，$E_0 = \{\{v_i, v_j\} \mid z_k = (x \wedge y) + \chi_{v_i} + \chi_{v_j}, k = 1, \cdots, m\}$ を枝集合とする無向グラフ $G = (V_0, E_0)$ を考える．

このとき，G の各点 v_i に対し，その点に接続する枝および接続しない枝が存在する．なぜならば，$c(v_i) - (x \wedge y)(v_i) = 1/2$ であるから，

$$z_{k_1}(v_i) - (x \wedge y)(v_i) = 1, \qquad z_{k_0}(v_i) - (x \wedge y)(v_i) = 0$$

を満たす k_1, k_0 が存在するからである (前者が v_i に接続する枝，後者が v_i に接続しない枝に対応)．さらに，$|V_0| = 4$ に注意すると，G は大きさ 2 のマッチング (完全マッチング) をもつことがわかる．

このことから局所交換公理 (M-EXC$_{\rm loc}$[$\mathbf{Z}$]) を導こう．

(i) $\{\{v_1, v_2\}, \{v_3, v_4\}\} \subseteq E_0$ の場合には，x, y が z_k の中に現れているので，$x, y \in B_p$ である．B_p は (B-EXC[$\mathbf{Z}$]) を満たすので，ある $i \in \{1, 2\}$, $j \in \{3, 4\}$ に対して $x - \chi_{v_i} + \chi_{v_j} \in B_p$, $y + \chi_{v_i} - \chi_{v_j} \in B_p$ となる．このとき

$$f[-p](x) = f[-p](y) = f[-p](x - \chi_{v_i} + \chi_{v_j}) = f[-p](y + \chi_{v_i} - \chi_{v_j})$$

となるので，(4.1) が等号で成り立つ．

(ii) $\{\{v_1, v_2\}, \{v_3, v_4\}\} \not\subseteq E_0$ の場合には，$\{\{v_1, v_i\}, \{v_2, v_j\}\} \subseteq E_0$, $\{i, j\} = \{3, 4\}$ となる i, j が存在する．このとき

$$(x \wedge y) + \chi_{v_1} + \chi_{v_i} = x - \chi_{v_2} + \chi_{v_i}, \quad (x \wedge y) + \chi_{v_2} + \chi_{v_j} = y + \chi_{v_2} - \chi_{v_i}$$

はともに B_p の要素である．すなわち

$$f[-p](x - \chi_{v_2} + \chi_{v_i}) = f[-p](y + \chi_{v_2} - \chi_{v_i}) = \min f[-p]$$

であるから，(4.1) が成り立つ．■

4.21［補足］　定理 4.20 における $\mathrm{dom}\, f$ の有界性の仮定に関して補足する．まず，「f が M 凸関数 $\iff$ 任意の有界な整数区間 $[a, b]$ への制限 $f_{[a,b]}$ が ($\mathrm{dom}\, f_{[a,b]} \neq \emptyset$ である限り)M 凸関数」(命題 4.9) が成り立つから，この仮定は本質的制限ではない．一方，$n = 2$ の例

$$f(x_1, x_2) = \begin{cases} 0 & ((x_1, x_2) = (0, 0)) \\ 1 & (x_1 + x_2 = 0, (x_1, x_2) \neq (0, 0)) \\ +\infty & (\text{その他}) \end{cases}$$

からわかるように，有界性の仮定は必要である．□

M 凸関数 f について，各 $p \in \mathbf{R}^V$ に対して最小値集合 $\arg\min f[p]$ が M 凸集合をなすことを見たが，次に，p を増加させたときに $\arg\min f[p]$ がどのように動くかを調べよう．関数 $f : \mathbf{Z}^V \to \mathbf{R} \cup \{+\infty\}$ に関する性質

(M-GS[Z])　$x \in \arg\min f[p]$, $p \leq q$, $\arg\min f[q] \neq \emptyset$ ならば，ある $y \in \arg\min f[q]$ が存在して，$p(v) = q(v)$ を満たす任意の $v \in V$ に対して $y(v) \geq x(v)$

を考える ($p, q \in \mathbf{R}^V$)．ここで，$p \leq q$ は $p(v) \leq q(v)$ $(\forall v \in V)$ の意味である．

4.22［定理］　M 凸関数 $f \in \mathcal{M}[\mathbf{Z} \to \mathbf{R}]$ は (M-GS[$\mathbf{Z}$]) を満たす．

証明　$x \in \arg\min f[p]$, $p \leq q$ とし，$\|y - x\|_1$ を最小にする $y \in \arg\min f[q]$ をとる．ある $u \in V$ に対して $p(u) = q(u)$, $x(u) > y(u)$ となったとして矛盾

を導こう．交換公理 (M-EXC[$\mathbf{Z}$]) により，ある $v \in \mathrm{supp}^-(x-y)$ に対して

$$f(x) + f(y) \geq f(x - \chi_u + \chi_v) + f(y + \chi_u - \chi_v) \tag{4.54}$$

が成り立つ．また，$x \in \arg\min f[p]$, $y \in \arg\min f[q]$ により

$$f[p](x) \leq f[p](x - \chi_u + \chi_v), \qquad f[q](y) \leq f[q](y + \chi_u - \chi_v) \tag{4.55}$$

であるから

$$f(x - \chi_u + \chi_v) \geq f(x) + p(u) - p(v), \quad f(y + \chi_u - \chi_v) \geq f(y) - q(u) + q(v) \tag{4.56}$$

が成り立つ．式 (4.54), (4.56) を加え合わせると

$$f(x) + f(y) \geq f(x) + f(y) + \{p(u) - q(u)\} + \{q(v) - p(v)\} \geq f(x) + f(y)$$

となるので，(4.54), (4.55), (4.56) はすべて等号で成り立つ．とくに，$y + \chi_u - \chi_v \in \arg\min f[q]$ となるが，これは y の選び方に矛盾する． ■

式 (4.4) で定義される $\tilde{f}$ が (M-GS[$\mathbf{Z}$]) を満たすことを f に関する条件として表現すると，

> **(M$^\natural$-GS[Z])** $x \in \arg\min f[p - p_0\mathbf{1}]$, $p \leq q$, $p_0 \leq q_0$, $\arg\min f[q - q_0\mathbf{1}] \neq \emptyset$ ならば，ある $y \in \arg\min f[q - q_0\mathbf{1}]$ が存在して，
> (i) $p(v) = q(v)$ を満たす任意の $v \in V$ に対して $y(v) \geq x(v)$，かつ
> (ii) $p_0 = q_0$ ならば $y(V) \leq x(V)$

となる ($p, q \in \mathbf{R}^V$, $p_0, q_0 \in \mathbf{R}$)．したがって，定理 4.22 により次の定理が導かれる．

4.23［定理］ M$^\natural$ 凸関数 $f \in \mathcal{M}^\natural[\mathbf{Z} \to \mathbf{R}]$ は (M$^\natural$-GS[$\mathbf{Z}$]) を満たす．

ここで，$\mathcal{M}[\mathbf{Z} \to \mathbf{R}] \subseteq \mathcal{M}^\natural[\mathbf{Z} \to \mathbf{R}]$, (M$^\natural$-GS[$\mathbf{Z}$]) $\Rightarrow$ (M-GS[$\mathbf{Z}$]) であるから，定理 4.22 は定理 4.23 の特殊ケースとして含まれることに注意されたい．

逆に，(M-GS[$\mathbf{Z}$]), (M$^\natural$-GS[$\mathbf{Z}$]) によって M 凸関数，M$^\natural$ 凸関数が次のように特徴づけられる．なお，後に示すことであるが，M$^\natural$ 凸関数は凸拡張可能である (定理 4.29, 補足 4.32)．

4.24［定理］　関数 $f : \mathbf{Z}^V \to \mathbf{R} \cup \{+\infty\}$ は凸拡張可能で, 実効定義域 $\mathrm{dom}\, f$ は空でない有界集合とする.

(1) ある $c \in \mathbf{Z}$ に対して $\mathrm{dom}\, f \subseteq \{x \in \mathbf{Z}^V \mid x(V) = c\}$ とするとき,

$$f \text{ が M 凸関数} \iff f \text{ が (M-GS[}\mathbf{Z}\text{]) を満たす.}$$

(2)
$$f \text{ が M}^\natural \text{ 凸関数} \iff f \text{ が (M}^\natural\text{-GS[}\mathbf{Z}\text{]) を満たす.}$$

証明　$\Rightarrow$ は定理 4.22, 定理 4.23 による. $\Leftarrow$ の証明は (1) の場合を扱えば十分である. 定理 4.20 より任意の $p \in \mathbf{R}^V$ に対して $\arg\min f[-p]$ が M 凸集合であることを示せばよいが, f が (M-GS[$\mathbf{Z}$]) を満たせば任意の $p \in \mathbf{R}^V$ に対して $f[-p]$ も (M-GS[$\mathbf{Z}$]) を満たすので, 結局, $B = \arg\min f$ が M 凸集合であることを示せばよい. f の凸拡張可能性より $B = \overline{B} \cap \mathbf{Z}^V$ であるから, $\overline{B}$ の任意の辺 (稜) の方向がある $u, v \in V$ によって $\chi_u - \chi_v$ の形となることを示せばよい (補足 3.25 参照). $\overline{B}$ の辺 E を考える. $B = \arg\min f$ であるから $E \cap \mathbf{Z}^V = \arg\min f[p]$ となる $p \in \mathbf{R}^V$ が存在する. E 上の相異なる整数点 x, y をとると, $B \subseteq \{z \in \mathbf{Z}^V \mid z(V) = c\}$ より, $|\mathrm{supp}^+(x-y)| \geq 1$, $|\mathrm{supp}^-(x-y)| \geq 1$ である. $u \in \mathrm{supp}^+(x-y)$ を固定し, 十分小さな $\epsilon > 0$ をとって $q = p + \epsilon\chi_u$ とおくと, (M-GS[$\mathbf{Z}$]) により, $\bar{y}(v) \geq x(v)$ $(\forall v \neq u)$ を満たす $\bar{y} \in \arg\min f[q]$ が存在する. $f[q](y) < f[q](x)$ であるから $x \notin \arg\min f[q]$ であり, したがって $x \neq \bar{y}$ である. ϵ は十分小さく選んであるから, $\bar{y} \in \arg\min f[q]$ より $\bar{y} \in \arg\min f[p]$ が導かれる. ゆえに, $\bar{y} \in E$ であり, $x - \bar{y}$ は $x - y$ の定数倍 (ともに E の方向で平行) である. とくに $|\mathrm{supp}^+(x-y)| = |\mathrm{supp}^+(x-\bar{y})| = 1$ が成り立つ. 同様にして, $|\mathrm{supp}^-(x-y)| = 1$ が導かれる. そこで $\mathrm{supp}^-(x-y) = \{v\}$ とすると, $x(V) = y(V)$ により, $x - y$ は $\chi_u - \chi_v$ の定数倍である. ∎

なお, 条件 (M-GS[$\mathbf{Z}$]), (M$^\natural$-GS[$\mathbf{Z}$]) は経済学において自然な意味をもっている. これについては第 9 章 3 節で説明する.

5. 優モジュラ性

M$^\natural$ 凸関数は整数格子点上で優モジュラである.

4.25［定理］　M$^\natural$ 凸関数 $f \in \mathcal{M}^\natural[\mathbf{Z} \to \mathbf{R}]$ は優モジュラである:

$$f(x) + f(y) \leq f(x \vee y) + f(x \wedge y) \qquad (x, y \in \mathbf{Z}^V). \tag{4.57}$$

証明　まず，$x \in \mathbf{Z}^V$ に対して

$$f(x + \chi_u) + f(x + \chi_v) \leq f(x + \chi_u + \chi_v) + f(x) \quad (u, v \in V, u \neq v) \tag{4.58}$$

が成り立つことに注意する．実際，$x + \chi_u + \chi_v$, $x \in \mathrm{dom}\, f$ の場合に (M$^\natural$-EXC[**Z**]) を用いればよい．以下，$\mathrm{supp}^+(x - y) \neq \emptyset$ かつ $\mathrm{supp}^-(x - y) \neq \emptyset$ の場合に (4.57) を $||x - y||_1$ に関する帰納法で証明する ($\mathrm{supp}^+(x - y) = \emptyset$ または $\mathrm{supp}^-(x - y) = \emptyset$ ならば (4.57) は自明に成立)．不等式 (4.58) により $||x - y||_1 \leq 2$ ならば (4.57) が成り立つ．$||x - y||_1 \geq 3$ である一般の x, y に対しては，$x \vee y, x \wedge y \in \mathrm{dom}\, f$ の場合を考えればよく，さらに，x と y の対称性より $\sum\{x(u) - y(u) \mid u \in \mathrm{supp}^+(x - y)\} \geq 2$ と仮定してよい．$u \in \mathrm{supp}^+(x - y)$ として，$x' = (x \wedge y) + \chi_u$, $y' = y + \chi_u$ とおく．$\mathrm{dom}\, f$ は M$^\natural$ 凸集合だから，区間 $[x \wedge y, x \vee y] \subseteq \mathrm{dom}\, f$ であり，とくに，$x' \in \mathrm{dom}\, f$ である．$||x' - y||_1 \leq ||x - y||_1 - 1$, $||x - y'||_1 = ||x - y||_1 - 1$ だから，帰納法の仮定により

$$f(y) - f(x \wedge y) \leq f(y + \chi_u) - f((x \wedge y) + \chi_u) \leq f(x \vee y) - f(x)$$

となる．　■

4.26 [例]　　定理 4.25 の逆は成り立たない．たとえば，$f(1,1,1) = 2$, $f(1,1,0) = f(1,0,1) = 1$, $f(0,0,0) = f(1,0,0) = f(0,1,0) = f(0,0,1) = f(0,1,1) = 0$, $\mathrm{dom}\, f = \{0,1\}^3$ で定義される関数 $f : \mathbf{Z}^3 \to \mathbf{R} \cup \{+\infty\}$ は，優モジュラであるが M$^\natural$ 凸でない．実際，交換公理 (M$^\natural$-EXC[**Z**]) において $x = (0,1,1)$, $y = (1,0,0)$, $u = 2$ とすると，M$^\natural$ 凸関数でないことがわかる．　□

4.27 [補足]　　今まで，劣モジュラ性は凸性に対応すると再三述べてきたが，定理 4.25 は，M$^\natural$ 凹関数が劣モジュラであることを示している．たとえば，1 変数凹関数 h を用いて $\rho(X) = h(|X|)$ で定義される集合関数 ρ を $\{0,1\}^V$ 上の関数とみるとき，(4.25) により ρ は M$^\natural$ 凹関数であり，したがって，定理 4.25 により ρ は劣モジュラである．凹関数 h から $\rho(X) = h(|X|)$ によって劣モジュラ関数 ρ が生じるという事実は既に 60 年代に知られており「劣モジュラ関数=凹関数」という見方の一つの根拠となっていた [27], [87].　□

4.28 [補足]　優モジュラ不等式 (4.57) は M 凸関数に対しては無意味になる．なぜなら，f が M 凸関数の場合に $x \vee y, x \wedge y \in \mathrm{dom}\, f$ となるのは $x = y$ の場合に限られるからである．M 凸関数の優モジュラ性は (4.58) に対応する不等式

$$f(x+(\chi_u-\chi_w))+f(x+(\chi_v-\chi_w)) \leq f(x+(\chi_u-\chi_w)+(\chi_v-\chi_w))+f(x)$$

(u, v, w は相異なる V の要素，$x \in \mathbf{Z}^V$) により表現される．□

6. 凸拡張可能性

M 凸関数の名称には「凸」の字が含まれているけれども，今までの議論においては，M 凸関数と通常の凸関数との直接の関係は示されていない．実際，M 凸関数は整数格子点に実数を対応させる関数であり，その概念は交換公理によって定義されている．この定義は純粋に離散的であって，通常の凸関数の定義とは独立である．本節の目的は，M 凸関数が通常の凸関数に拡張可能であること，および，M 凸関数が M 凸集合をうまくつなぎ合わせたものであることの二つの基本的な事実を示すことである．

最初に，M 凸関数の凸拡張は局所的な凸拡張をつなぎ合わせて作れること (整凸性) を示そう．

4.29 [定理]　M 凸関数は整凸関数であり，したがって，凸拡張可能である．

証明　f を M 凸関数，a, b を整数ベクトルとすると，f の有界な整数区間 $[a, b]$ への制限 $f_{[a,b]}$ は M 凸関数である (命題 4.9)．任意の $p \in \mathbf{R}^V$ に対し $\arg\min f_{[a,b]}[-p]$ は M 凸集合であるから整凸集合である (定理 4.20, 命題 3.14)．したがって，$f_{[a,b]}$ は整凸関数である (定理 2.49)．これが任意の $[a, b]$ に対して成り立つので f は整凸関数である (命題 2.50)．■

4.30 [定理]　実効定義域が空でない関数 $f : \mathbf{Z}^V \to \mathbf{R} \cup \{+\infty\}$ に対して，その凸閉包を $\overline{f}$ とするとき，

f が M 凸関数 $\iff$

(i) f は凸拡張可能，かつ，

(ii) 任意の $p \in \mathbf{R}^V$ に対し $\arg\min \overline{f}[-p]$ が M 凸多面体または空集合．

証明　⇒ は定理 4.29, 定理 4.20 による．⇐ を示すには，f の任意の有界整数区間 $[a,b]$ への制限 $f_{[a,b]}$ を考え，定理 4.20 を適用すればよい．　■

次の定理は，二つの M 凸関数の凸拡張の係数が共通に選べることを述べている．この事実は後に利用される (→定理 6.11, 定理 6.26).

4.31［定理］　二つの M 凸関数 $f_1, f_2 \in \mathcal{M}[\mathbf{Z} \to \mathbf{R}]$ と $x \in \mathbf{R}^V$ に対して

$$\sum_{y \in \mathrm{N}(x)} \lambda_y y = x, \qquad \sum_{y \in \mathrm{N}(x)} \lambda_y = 1, \quad \lambda_y \geq 0 \quad (y \in \mathrm{N}(x)), \tag{4.59}$$

$$\overline{f_i}(x) = \tilde{f}_i(x) = \sum_{y \in \mathrm{N}(x)} \lambda_y f_i(y) \qquad (i = 1, 2) \tag{4.60}$$

を満たす $\lambda = (\lambda_y \mid y \in \mathrm{N}(x))$ が存在する ($\mathrm{N}(x)$ の定義は (2.114)).

証明　$x \in \overline{\mathrm{dom}\, f_1} \cap \overline{\mathrm{dom}\, f_2}$ の場合を考えればよい．$i = 1, 2$ に対して

$$\langle p_i, y \rangle + \alpha_i \leq f_i(y) \quad (y \in \mathrm{N}(x)), \qquad \langle p_i, x \rangle + \alpha_i = \tilde{f}_i(x)$$

を満たす $(p_i, \alpha_i) \in \mathbf{R}^V \times \mathbf{R}$ をとる (式 (2.115) 参照) と，

$$B_i = \{y \in \mathrm{N}(x) \mid \langle p_i, y \rangle + \alpha_i = f_i(y)\} = \mathrm{N}(x) \cap \arg\min f_i[-p_i]$$

は M 凸集合であり，$x \in \overline{B_1} \cap \overline{B_2} = \overline{B_1 \cap B_2}$ が成り立つ．したがって，$\{y \mid \lambda_y > 0\} \subseteq B_1 \cap B_2$ および (4.59) を満たす $\lambda = (\lambda_y \mid y \in \mathrm{N}(x))$ が存在するが，線形計画の相補性により，このような λ は (4.60) をも満たす (詳しくは定理 2.49 の証明を参照のこと).　■

4.32［補足］　命題 3.14, 定理 4.29, 定理 4.30, 定理 4.31 と同様のことが $\mathrm{M}^\natural$ 凸集合，$\mathrm{M}^\natural$ 凸関数に対して成り立つ (文字通り，M を $\mathrm{M}^\natural$ に置き換える).　□

7. 多面体的 M 凸関数

前節において整数格子点上で定義された M 凸関数が整凸関数であって通常の凸関数に拡張できることを示した．とくに，有界な区間の上では，M 凸関数の凸拡張は多面体的凸関数である．本節ではこの見方を発展させて，実数ベクトルを変数とする多面体的な実数値関数に対して M 凸性の概念を導入する．証明は省略するので [107] を参照されたい．

多面体的凸関数 $f : \mathbf{R}^V \to \mathbf{R} \cup \{+\infty\}$ が **M 凸関数**であるとは，f が**交換公理**

(M-EXC[R])　任意の $x, y \in \mathrm{dom}\, f$ と任意の $u \in \mathrm{supp}^+(x-y)$ に対して，ある $v \in \mathrm{supp}^-(x-y)$ と正の実数 α_0 が存在して，すべての $\alpha \in [0, \alpha_0]_{\mathbf{R}}$ に対して

$$f(x) + f(y) \geq f(x - \alpha(\chi_u - \chi_v)) + f(y + \alpha(\chi_u - \chi_v)) \tag{4.61}$$

を満たすことと定義される．方向微分 (2.25) の略記として，記号

$$f'(z; v, u) = f'(z; \chi_v - \chi_u) \qquad (z \in \mathrm{dom}\, f; u, v \in V) \tag{4.62}$$

を導入すると，(M-EXC[R]) は，任意の $x, y \in \mathrm{dom}\, f$ に対して

$$\max_{u \in \mathrm{supp}^+(x-y)} \min_{v \in \mathrm{supp}^-(x-y)} [f'(x; v, u) + f'(y; u, v)] \leq 0 \tag{4.63}$$

が成り立つことと書き換えられる．この式 (4.63) が (4.3) と同様の形であることに注意されたい．なお，**多面体的 M 凹関数**の定義は明らかであろう．

多面体的 M 凸関数の全体を $\mathcal{M}[\mathbf{R} \to \mathbf{R}]$ と書き表し，変数の次元 n を特定する必要があるときは $\mathcal{M}_n[\mathbf{R} \to \mathbf{R}]$ と書く．

整数格子点上で定義された M 凸関数と多面体的 M 凸関数の関係は，ごく自然に期待されるようなものである．

4.33 ［定理］　整数格子点上の M 凸関数 $f \in \mathcal{M}[\mathbf{Z} \to \mathbf{R}]$ の凸閉包 $\overline{f} : \mathbf{R}^V \to \mathbf{R} \cup \{+\infty\}$ が多面体的ならば，$\overline{f} \in \mathcal{M}[\mathbf{R} \to \mathbf{R}]$ である．

証明　証明は後に補足 6.5 で与えるが，ここでは直感的な説明として次の事実を述べておく．f は凸関数に拡張可能である (定理 4.29) から，$x \in \mathbf{Z}^V$ に対して

$f(x) = \overline{f}(x)$ が成り立つ．これより，$\Delta f(x; v, u) \geq \overline{f}'(x; v, u)$, $\Delta f(y; u, v) \geq \overline{f}'(y; u, v)$ が成り立つことに注意すると，f に対する (M-EXC[$\mathbf{Z}$]) から $\overline{f}$ に対する (M-EXC[$\mathbf{R}$]) において $x, y \in \mathbf{Z}^V$ の場合が導かれる． ∎

4.34 [例]　整数格子点上の M 凸関数 $f \in \mathcal{M}[\mathbf{Z} \to \mathbf{R}]$ の凸閉包 $\overline{f}$ は，当然凸関数であるが，多面体的凸関数とは限らない．たとえば，$n = 2$ で，

$$f(x_1, x_2) = \begin{cases} {x_1}^2 & (x_1 + x_2 = 0) \\ +\infty & (\text{その他}) \end{cases} \tag{4.64}$$

とすると，$f \in \mathcal{M}[\mathbf{Z} \to \mathbf{R}]$ であるが，$\overline{f}$ のグラフは無限個の線分を繋いだ形になるので多面体的凸関数でない．なお，$\mathrm{dom}\, f$ が有界ならば $\overline{f}$ は多面体的である． □

一般に，多面体的凸関数の整数性を最小値集合の整数性を用いて次のように定義する．すなわち，多面体的凸関数 f に対して，条件

$$\text{任意の } p \in \mathbf{R}^V \text{ に対し } \arg\min f[-p] \text{ は整数多面体 (または空)} \tag{4.65}$$

が成り立つとき，f を**整数性をもつ多面体的凸関数**あるいは**整多面体的凸関数**と呼ぶことにする．

この意味の整数性をもつ多面体的 M 凸関数を**整数性をもつ多面体的 M 凸関数**あるいは**整多面体的 M 凸関数**と呼び，その全体を $\mathcal{M}[\mathbf{Z}|\mathbf{R} \to \mathbf{R}]$ という記号で表す．定理 4.33 と命題 4.19 により，整多面体的 M 凸関数とは多面体的 M 凸関数であって整数格子点上の M 凸関数 $f \in \mathcal{M}[\mathbf{Z} \to \mathbf{R}]$ の凸閉包 $\overline{f}$ に一致するものであると言い換えることができる．したがって

$$\mathcal{M}[\mathbf{Z}|\mathbf{R} \to \mathbf{R}] \subseteq \mathcal{M}[\mathbf{R} \to \mathbf{R}], \quad \mathcal{M}[\mathbf{Z}|\mathbf{R} \to \mathbf{R}] \hookrightarrow \mathcal{M}[\mathbf{Z} \to \mathbf{R}] \tag{4.66}$$

である (第二の式は，$\mathcal{M}[\mathbf{Z}|\mathbf{R} \to \mathbf{R}]$ から $\mathcal{M}[\mathbf{Z} \to \mathbf{R}]$ の中への単射が存在し，実質的に前者を後者の部分集合と見なせることを表している)．

多面体的 M 凸関数の実効定義域は M 凸多面体であり，成分和が一定の超平面上にある (式 (3.33))．したがって，M 凸関数から M$^\natural$ 凸関数が定義されたように，式 (4.4) に基づいて多面体的 M 凸関数から**多面体的 M$^\natural$ 凸関数**の概念が定義される．多面体的 M$^\natural$ 凸関数の全体を $\mathcal{M}^\natural[\mathbf{R} \to \mathbf{R}]$ と書き表し，変数の次元

n を特定する必要があるときは $\mathcal{M}^\natural_n[\mathbf{R} \to \mathbf{R}]$ と書く．このとき，$\mathcal{M}^\natural_n[\mathbf{R} \to \mathbf{R}]$ と $\mathcal{M}_n[\mathbf{R} \to \mathbf{R}]$ の間には式 (4.10) と類似の包含関係が成り立つ．また，**整多面体的 $\mathbf{M}^\natural$ 凸関数**の全体を $\mathcal{M}^\natural[\mathbf{Z}|\mathbf{R} \to \mathbf{R}]$ と表す．

交換公理 (M-EXC[$\mathbf{R}$]) に対応するものとして

($\mathbf{M}^\natural$-EXC[R])　任意の $x, y \in \mathrm{dom}\, f$ と任意の $u \in \mathrm{supp}^+(x-y)$ に対して，ある $v \in \mathrm{supp}^-(x-y) \cup \{0\}$ と正の実数 α_0 が存在して，すべての $\alpha \in [0, \alpha_0]_{\mathbf{R}}$ に対して

$$f(x) + f(y) \geq f(x - \alpha(\chi_u - \chi_v)) + f(y + \alpha(\chi_u - \chi_v)) \tag{4.67}$$

を考える ($\chi_0 = \mathbf{0}$ である)．また，(4.63) に対応して

$$\max_{u \in \mathrm{supp}^+(x-y)} \min_{v \in \mathrm{supp}^-(x-y) \cup \{0\}} [f'(x; v, u) + f'(y; u, v)] \leq 0 \tag{4.68}$$

を考える．ただし，$v = 0$ のとき $f'(x; v, u) = f'(x; -\chi_u)$，$f'(y; u, v) = f'(y; \chi_u)$ と解釈する．

4.35［定理］　多面体的凸関数 $f : \mathbf{R}^V \to \mathbf{R} \cup \{+\infty\}$ に対して，

$$\text{多面体的 M}^\natural \text{ 凸関数} \iff (\text{M}^\natural\text{-EXC}[\mathbf{R}]) \iff (4.68).$$

4.36［定理］　多面体的 M 凸関数は多面体的 $\mathrm{M}^\natural$ 凸関数である．

前節までに示した M 凸関数の性質のほとんどすべてが多面体的 M 凸関数に対して拡張される．とくに，定理 4.8, 4.10, 4.16, 4.25, 命題 4.19 に対応して以下の定理が成り立つ．ただし，証明において定義域の離散性に基づく帰納法が使えなくなるので，違った形の証明が必要となる．なお，定理 4.37(2) においてスケール因子 β が許されていることに注意されたい (補足 4.12 参照)．

4.37［定理］　$f, f_1, f_2 \in \mathcal{M}[\mathbf{R} \to \mathbf{R}]$ を多面体的 M 凸関数とする．

(1)　$0 < \lambda \in \mathbf{R}$ に対し，$\lambda f(x)$ は多面体的 M 凸関数．

(2)　$a \in \mathbf{R}^V$, $\beta \in \mathbf{R} \setminus \{0\}$ に対し，$f(a + \beta x)$ は (x の関数として) 多面体的 M 凸関数．

(3) $p \in \mathbf{R}^V$ に対し，$f[-p]$ は多面体的 M 凸関数.

(4) $\varphi_v \in \mathcal{C}[\mathbf{R} \to \mathbf{R}]$ $(v \in V)$ に対して,

$$\tilde{f}(x) = f(x) + \sum_{v \in V} \varphi_v(x(v)) \qquad (x \in \mathbf{R}^V) \tag{4.69}$$

とすると，$\mathrm{dom}\,\tilde{f} \neq \emptyset$ ならば，$\tilde{f}$ は多面体的 M 凸関数.

(5) $a, b \in (\mathbf{R} \cup \{\pm\infty\})^V$ に対し, 区間 $[a, b]$ への制限 $f_{[a,b]}$ は, $\mathrm{dom}\, f_{[a,b]} \neq \emptyset$ ならば，多面体的 M 凸関数.

(6) $U \subseteq V$ への制限 f_U は，$\mathrm{dom}\, f_U \neq \emptyset$ ならば，多面体的 M 凸関数.

(7) $U \subseteq V$ への集約 f^{U*} は，$f^{U*} > -\infty$ ならば，多面体的 M 凸関数.

(8) 合成積 $\tilde{f} = f_1 \Box f_2$ は，$\tilde{f} > -\infty$ ならば，多面体的 M 凸関数.

4.38［定理］　$f, f_1, f_2 \in \mathcal{M}^\natural[\mathbf{R} \to \mathbf{R}]$ を多面体的 M$^\natural$ 凸関数とする.

(1) 定理 4.37 の (1)~(8) の構成法によって多面体的 M$^\natural$ 凸関数が生じる.

(2) $U \subseteq V$ への射影 f^U は，$f^U > -\infty$ ならば，多面体的 M$^\natural$ 凸関数.

4.39［定理］(M 凸関数最小性規準)

(1) 多面体的 M 凸関数 $f \in \mathcal{M}[\mathbf{R} \to \mathbf{R}]$ と $x \in \mathrm{dom}\, f$ に対して,

$$f(x) \leq f(y) \ \ (\forall\, y \in \mathbf{R}^V) \iff f'(x; -\chi_u + \chi_v) \geq 0 \ \ (\forall\, u, v \in V).$$

(2) 多面体的 M$^\natural$ 凸関数 $f \in \mathcal{M}^\natural[\mathbf{R} \to \mathbf{R}]$ と $x \in \mathrm{dom}\, f$ に対して,

$$f(x) \leq f(y) \ \ (\forall\, y \in \mathbf{R}^V) \iff \begin{cases} f'(x; -\chi_u + \chi_v) \geq 0 \ \ (\forall\, u, v \in V), \\ f'(x; \pm\chi_v) \geq 0 \ \ (\forall\, v \in V). \end{cases}$$

4.40［定理］　多面体的 M$^\natural$ 凸関数 $f \in \mathcal{M}^\natural[\mathbf{R} \to \mathbf{R}]$ は優モジュラである:

$$f(x) + f(y) \leq f(x \vee y) + f(x \wedge y) \qquad (x, y \in \mathbf{R}^V).$$

4.41［命題］　多面体的 M 凸関数 $f \in \mathcal{M}[\mathbf{R} \to \mathbf{R}]$ と任意の $p \in \mathbf{R}^V$ に対し $\arg\min f[-p]$ は M 凸多面体または空集合である.

命題 4.41 の逆も成り立つが，これについては定理 4.51 で扱う.

4.42［補足］ 交換公理 (M-EXC[$\mathbf{R}$]) における α_0 について補足する．まず，関数 f の凸性により，不等式 (4.61) が $\alpha = \alpha_0$ で成り立てば，すべての $\alpha \in [0, \alpha_0]_{\mathbf{R}}$ に対して成り立つことが導かれる．整多面体的 M 凸関数 $f \in \mathcal{M}[\mathbf{Z}|\mathbf{R} \to \mathbf{R}]$ に対しては $\alpha_0 = 1$ とできる．また，(M-EXC[$\mathbf{R}$]) が成り立つならば $\alpha_0 = (x(u) - y(u))/(2|\mathrm{supp}^-(x-y)|)$ にとれること (この α_0 が f に依らないことに注意) が知られている [107]. □

4.43［補足］ 定理 4.37(7) における条件「$f^{U*} > -\infty$ ならば」は「$f^{U*}(x_0) > -\infty$ となる x_0 が存在するならば」と弱めることができる．定理 4.37(8) の「$\tilde{f} > -\infty$ ならば」，定理 4.38(2) の「$f^U > -\infty$ ならば」についても同様である． □

8. 正斉次 M 凸関数

正斉次 M 凸関数と三角不等式を満たす距離関数の間には 1 対 1 対応がある．これを説明しよう．

多面体的 M 凸関数，整多面体的 M 凸関数で正斉次性をもつものの全体をそれぞれ ${}_0\mathcal{M}[\mathbf{R} \to \mathbf{R}]$, ${}_0\mathcal{M}[\mathbf{Z}|\mathbf{R} \to \mathbf{R}]$ と表す．また，整数格子点上で定義された M 凸関数 $f \in \mathcal{M}[\mathbf{Z} \to \mathbf{R}]$ のうち，その凸閉包 $\overline{f}$ が正斉次であるようなものの全体を ${}_0\mathcal{M}[\mathbf{Z} \to \mathbf{R}]$ と表す．次の命題は，これら三つの集合が同一視できること:

$$ {}_0\mathcal{M}[\mathbf{Z} \to \mathbf{R}] \simeq {}_0\mathcal{M}[\mathbf{Z}|\mathbf{R} \to \mathbf{R}] = {}_0\mathcal{M}[\mathbf{R} \to \mathbf{R}] \tag{4.70} $$

を示している．さらに，${}_0\mathcal{M}[\mathbf{Z} \to \mathbf{R}]$ に属する整数値関数の全体を ${}_0\mathcal{M}[\mathbf{Z} \to \mathbf{Z}]$ という記号で表すこととする．

4.44［命題］

(1) ${}_0\mathcal{M}[\mathbf{Z}|\mathbf{R} \to \mathbf{R}] = {}_0\mathcal{M}[\mathbf{R} \to \mathbf{R}]$.

(2) $f \in {}_0\mathcal{M}[\mathbf{Z} \to \mathbf{R}]$ の凸閉包 $\overline{f}$ は ${}_0\mathcal{M}[\mathbf{R} \to \mathbf{R}]$ に属す．

証明 (1) $f \in {}_0\mathcal{M}[\mathbf{R} \to \mathbf{R}]$ とする．命題 4.41 により，任意の $p \in \mathbf{R}^V$ に対して $\arg\min f[-p]$ は M 凸多面体 (または空集合) であるが，これは凸錐なので $\{0, +\infty\}$ 値の劣モジュラ集合関数 ρ によって $\mathbf{B}(\rho)$ の形に表現できるから，整

数多面体である．ゆえに $f \in {}_0\mathcal{M}[\mathbf{Z}|\mathbf{R} \to \mathbf{R}]$.

(2) f は整凸関数で $\overline{f}$ は正斉次であるから，$\overline{f}$ は有限個の線形関数の最大値として書ける．したがって，$\overline{f}$ は多面体的である．また，定理 4.33 により $\overline{f}$ は (M-EXC[$\mathbf{R}$]) を満たす． ∎

正斉次 M 凸関数 f から三角不等式を満たす距離関数 $\gamma = \gamma_f$ が

$$\gamma_f(u,v) = f(\chi_v - \chi_u) \qquad (u,v \in V) \tag{4.71}$$

によって定まる．より詳しくは，次の命題が成り立つ．ここで，$\mathcal{T}[\mathbf{R}], \mathcal{T}[\mathbf{Z}]$ はそれぞれ三角不等式を満たす実数値，整数値距離関数の全体である (第 3 章 3 節参照).

4.45 [命題]

(1) $f \in {}_0\mathcal{M}[\mathbf{R} \to \mathbf{R}]$ に対して，$\gamma_f \in \mathcal{T}[\mathbf{R}]$.

(2) $f \in {}_0\mathcal{M}[\mathbf{Z} \to \mathbf{Z}]$ に対して，$\gamma_f \in \mathcal{T}[\mathbf{Z}]$.

証明　(1) は (M-EXC[$\mathbf{R}$]) を $x = \chi_{v_3} - \chi_{v_2}$, $y = \chi_{v_2} - \chi_{v_1}$, $u = v_1$ に適用する．命題 4.44 と補足 4.42 より $\alpha = 1$ ととれるので，三角不等式 (3.39) が得られる．(2) は同様に (M-EXC[$\mathbf{Z}$]) を用いる． ∎

逆に，三角不等式を満たす距離関数から正斉次 M 凸関数が定まることを示そう．三角不等式を満たす距離関数 γ に対して

$$\hat{\gamma}(x) = \inf_{\lambda}\{ \sum_{u,v \in V} \lambda_{uv}\gamma(u,v) \mid \sum_{u,v \in V} \lambda_{uv}(\chi_v - \chi_u) = x,\ \lambda_{uv} \geq 0\ (u,v \in V)\} \tag{4.72}$$

で定義される $\hat{\gamma} : \mathbf{R}^V \to \mathbf{R} \cup \{+\infty\}$ を**距離関数 γ の拡張**と呼ぶ．命題 3.27 の証明に用いた線形計画の双対性より，$\hat{\gamma}$ が γ の定める L 凸多面体 $\mathbf{D}(\gamma)$ を用いて

$$\hat{\gamma}(x) = \sup\{\langle p, x \rangle \mid p \in \mathbf{D}(\gamma)\} \qquad (x \in \mathbf{R}^V) \tag{4.73}$$

と表現されることに注意する．これと命題 3.27 により $\hat{\gamma}(\chi_v - \chi_u) = \gamma(u,v)$ が成り立つ．$\hat{\gamma}$ の $\mathbf{Z}^V$ への制限を $\hat{\gamma}_{\mathbf{Z}} : \mathbf{Z}^V \to \mathbf{R} \cup \{+\infty\}$ と表す．ここで $x \in \mathbf{Z}^V$ に対しては $\lambda_{uv} \in \mathbf{Z}$ と限ってよいことに注意されたい．

4.46 [命題]

(1) $\gamma \in \mathcal{T}[\mathbf{R}]$ に対して，$\hat{\gamma} \in {}_0\mathcal{M}[\mathbf{R} \to \mathbf{R}]$.

(2) $\gamma \in \mathcal{T}[\mathbf{Z}]$ に対して，$\hat{\gamma}_{\mathbf{Z}} \in {}_0\mathcal{M}[\mathbf{Z} \to \mathbf{Z}]$.

証明　ネットワークフローに関連して第2章3節で考察した式 (2.74) の特殊ケースである．実際，(2.74) において，$T = V$, $A = \{a = (u, v) \mid u, v \in V; u \neq v\}$, $f_{uv}(\xi) = \gamma(u, v)\xi$ $(\xi \geq 0)$, $= +\infty$ $(\xi < 0)$ としたものに一致する．補足 2.34 も参照のこと． ∎

次の定理は正斉次 M 凸関数と三角不等式を満たす距離関数の間の 1 対 1 対応を示している．補足 3.39 も参照されたい．

4.47 [定理]　$({}_0\mathcal{M}, \mathcal{T}) = ({}_0\mathcal{M}[\mathbf{R} \to \mathbf{R}], \mathcal{T}[\mathbf{R}])$ または $({}_0\mathcal{M}[\mathbf{Z} \to \mathbf{Z}], \mathcal{T}[\mathbf{Z}])$ とする．写像 $\Phi : {}_0\mathcal{M} \to \mathcal{T}$，$\Psi : \mathcal{T} \to {}_0\mathcal{M}$ が (4.71), (4.72) によって定義される．Φ と Ψ は互いに逆写像であり，${}_0\mathcal{M}$ と $\mathcal{T}$ の間の 1 対 1 対応を与える．

証明　命題 4.45，命題 4.46 より $f \in {}_0\mathcal{M}$ に対し $\Phi(f) \in \mathcal{T}$ であり，$\gamma \in \mathcal{T}$ に対し $\Psi(\gamma) \in {}_0\mathcal{M}$ である．

[$\Phi \circ \Psi(\gamma) = \gamma$ の証明]: 式 (4.72) において γ が三角不等式を満たすならば $\hat{\gamma}(\chi_v - \chi_u) = \gamma(u, v)$ となるので $\Phi \circ \Psi(\gamma) = \gamma$ が成り立つ．

[$\Psi \circ \Phi(f) = f$ の証明]: f が正斉次凸関数ならば，$\sum_{u,v \in V} \lambda_{uv}(\chi_v - \chi_u) = x$, $\lambda_{uv} \geq 0$ $(u, v \in V)$ のとき

$$f(x) = f\Big(\sum_{u,v \in V} \lambda_{uv}(\chi_v - \chi_u)\Big) \leq \sum_{u,v \in V} \lambda_{uv} f(\chi_v - \chi_u)$$

が成り立つので，$f \leq \Psi \circ \Phi(f)$．逆向きの不等式は命題 4.17 による (命題 4.17 は $f \in \mathcal{M}[\mathbf{Z} \to \mathbf{R}]$ に関するものであるが，後の命題 4.49 からわかるように，同様の主張が $f \in \mathcal{M}[\mathbf{R} \to \mathbf{R}]$ についても成り立つ)． ∎

4.48 [補足]　三角不等式を満たすとは限らない γ に対しても (4.72) で $\hat{\gamma}$ を定義すると，$\hat{\gamma}(\chi_v - \chi_u) = \overline{\gamma}(u, v)$ が成り立つ ($\overline{\gamma}$ の定義は第 3 章 3 節)． □

9. 方向微分と劣微分

本節では，M 凸関数の方向微分と劣微分による特徴づけを与える．多面体的 M 凸関数 f の方向微分 $f'(x;d)$ は d の関数として正斉次 M 凸関数であり，劣微分は L 凸多面体である．

最初に多面体的 M 凸関数 $f \in \mathcal{M}[\mathbf{R} \to \mathbf{R}]$ の方向微分を考える．式 (2.26) により，各 $x \in \mathrm{dom}\, f$ に対して，ある $\varepsilon > 0$ が存在して，

$$f(x+d) - f(x) = f'(x;d) \qquad (||d||_1 \le \varepsilon) \tag{4.74}$$

が成り立つことに注意する．

4.49［命題］　$f \in \mathcal{M}[\mathbf{R} \to \mathbf{R}]$ と $x \in \mathrm{dom}\, f$ に対して $f'(x;\cdot) \in {}_0\mathcal{M}[\mathbf{R} \to \mathbf{R}]$.

証明　式 (4.74) により，$f'(x;d)$ は原点 $d = \mathbf{0}$ の近傍で交換公理を満たす．これと $f'(x;\cdot)$ の正斉次性により，交換公理が $\mathbf{R}^V$ 全域で成り立つ．　■

実数ベクトルを変数とする関数の劣微分 (2.24) にならって，関数 $f : \mathbf{Z}^V \to \mathbf{R} \cup \{+\infty\}$ と $x \in \mathrm{dom}\, f$ に対して，

$$\partial_{\mathbf{R}} f(x) = \{p \in \mathbf{R}^V \mid f(y) - f(x) \ge \langle p, y - x\rangle \ (\forall y \in \mathbf{Z}^V)\} \tag{4.75}$$

を f の点 x における**劣微分**と呼び，$\partial_{\mathbf{R}} f(x)$ の要素を**劣勾配**と呼ぶ．f が凸拡張可能なら，

$$\partial_{\mathbf{R}} f(x) = \partial_{\mathbf{R}} \overline{f}(x) \qquad (x \in \mathrm{dom}\, f) \tag{4.76}$$

が成り立つ．関数値が整数の場合には整数ベクトルの劣勾配に関心があるので，**整数劣微分**

$$\partial_{\mathbf{Z}} f(x) = \partial_{\mathbf{R}} f(x) \cap \mathbf{Z}^V \tag{4.77}$$

を定義しておく．

M 凸関数の方向微分と劣微分は次のように与えられる．なお，$\mathcal{L}_0[\mathbf{R}]$, $\mathcal{L}_0[\mathbf{Z}]$, $\mathcal{L}_0[\mathbf{Z}|\mathbf{R}]$ などの記号の定義は補足 3.36 を参照のこと．

4.50 ［定理］

(1) $f \in \mathcal{M}[\mathbf{R} \to \mathbf{R}]$ と $x \in \mathrm{dom}\, f$ に対して，$\gamma(u,v) = f'(x; -\chi_u + \chi_v)$ $(u, v \in V)$ とおくと，

$$\gamma \in \mathcal{T}[\mathbf{R}], \quad \partial_{\mathbf{R}} f(x) = \mathbf{D}(\gamma) \in \mathcal{L}_0[\mathbf{R}], \quad f'(x;\cdot) = \hat{\gamma}(\cdot).$$

(2) $f \in \mathcal{M}[\mathbf{Z} \to \mathbf{R}]$ と $x \in \mathrm{dom}\, f$ に対して, $\gamma(u,v) = f(x - \chi_u + \chi_v) - f(x)$ $(u, v \in V)$ とおくと，

$$\gamma \in \mathcal{T}[\mathbf{R}], \quad \partial_{\mathbf{R}} f(x) = \mathbf{D}(\gamma) \in \mathcal{L}_0[\mathbf{R}], \quad \overline{f}'(x;\cdot) = \hat{\gamma}(\cdot).$$

さらに，$f \in \mathcal{M}[\mathbf{Z} \to \mathbf{Z}]$ ならば，

$$\gamma \in \mathcal{T}[\mathbf{Z}], \quad \partial_{\mathbf{R}} f(x) \in \mathcal{L}_0[\mathbf{Z}|\mathbf{R}], \quad \partial_{\mathbf{Z}} f(x) \in \mathcal{L}_0[\mathbf{Z}], \quad \partial_{\mathbf{R}} f(x) = \overline{\partial_{\mathbf{Z}} f(x)}$$

(とくに，$\partial_{\mathbf{Z}} f(x) \neq \emptyset$).

証明　(1) 命題 4.49 により $f'(x;\cdot) \in {}_0\mathcal{M}[\mathbf{R} \to \mathbf{R}]$ であるから，命題 4.45 により $\gamma \in \mathcal{T}[\mathbf{R}]$ である．劣微分の定義と定理 4.39(1)(M 凸関数最小性規準) を用いて，

$$\begin{aligned} p \in \partial_{\mathbf{R}} f(x) &\iff f(x+d) - f(x) \geq \langle p, d \rangle \quad (\forall d \in \mathbf{R}^V) \\ &\iff f'(x; -\chi_u + \chi_v) \geq \langle p, -\chi_u + \chi_v \rangle \quad (\forall u, v \in V) \\ &\iff p(v) - p(u) \leq \gamma(u,v) \quad (\forall u, v \in V) \\ &\iff p \in \mathbf{D}(\gamma). \end{aligned}$$

$\mathbf{D}(\gamma) \in \mathcal{L}_0[\mathbf{R}]$ は (3.56) による．さらに (2.32), (2.34), (4.73) より $f'(x;\cdot) = \hat{\gamma}(\cdot)$.

(2) (M-EXC[$\mathbf{Z}$]) を $x + \chi_{v_3} - \chi_{v_2}$, $x + \chi_{v_2} - \chi_{v_1}$, $u = v_1$ に適用すると，三角不等式 (3.39) が得られるので，$\gamma \in \mathcal{T}[\mathbf{R}]$ である．残りの部分は，(1) の証明において，定理 4.39(1) の代わりに定理 4.16(1), 式 (3.56) の代わりに定理 3.30 を用いて同様に証明できる．∎

次の定理は，方向微分の M 凸性，劣微分の L 凸性，最小値集合の M 凸性によって M 凸関数が特徴づけられることを示している．(a) と (c) の同値性は，M 凸性と L 凸性が表裏一体であることの一端を示すものである．

4.51［定理］　多面体的凸関数 $f : \mathbf{R}^V \to \mathbf{R} \cup \{+\infty\}$ に対して，次の 4 条件 (a), (b), (c), (d) は同値である．ただし，$\mathrm{dom}\, f \neq \emptyset$ とする．

(a) $f \in \mathcal{M}[\mathbf{R} \to \mathbf{R}]$.

(b) 任意の $x \in \mathrm{dom}\, f$ に対して $f'(x; \cdot) \in {}_0\mathcal{M}[\mathbf{R} \to \mathbf{R}]$.

(c) 任意の $x \in \mathrm{dom}\, f$ に対して $\partial_{\mathbf{R}} f(x) \in \mathcal{L}_0[\mathbf{R}]$.

(d) $\inf f[-p] > -\infty$ である任意の $p \in \mathbf{R}^V$ に対し $\arg\min f[-p] \in \mathcal{M}_0[\mathbf{R}]$.

証明　(a) ⇒ (b) は命題 4.49 による．(a) ⇒ (c) は定理 4.50 による．(a) ⇒ (d) は命題 4.41 による．残りの部分については，後に，補足 6.4 に証明を与える．■

上の定理における (a) と (d) の同値性に整数性を加味すると，整多面体的 M 凸関数の特徴づけが得られる．

4.52［定理］　多面体的凸関数 $f : \mathbf{R}^V \to \mathbf{R} \cup \{+\infty\}$ に対して，次の 2 条件 (a), (d) は同値である．ただし，$\mathrm{dom}\, f \neq \emptyset$ とする．

(a) $f \in \mathcal{M}[\mathbf{Z}|\mathbf{R} \to \mathbf{R}]$.

(d) $\inf f[-p] > -\infty$ である任意の $p \in \mathbf{R}^V$ に対し $\arg\min f[-p] \in \mathcal{M}_0[\mathbf{Z}|\mathbf{R}]$.

4.53［補足］　定理 4.50 により，命題 4.17 で扱った $\check{f}(x, y)$ (式 (4.48)) が実は f の凸拡張 $\overline{f}$ の方向微分であることがわかる．すなわち，$\check{f}(x, y) = \overline{f}'(x; y - x)$ である．□

ノート

M 凸関数の概念は [99] によって導入され，基本定理の多くは [99], [100] によって示された (定理 4.4, 定理 4.5, 定理 4.8(8), 定理 4.16, 定理 4.20, 定理 4.29 の後半など)．定理 4.31 は [108] による．定理 4.47(の $\mathbf{Z}$ の場合) は [101] による．定理 4.18 は [112] によるが，$\mathrm{dom}\, f \subseteq \{0, 1\}^V$ である場合については [43], [44] にある．M 凸関数の**レベル集合**による特徴づけが [139] にある．

M$^\natural$ 凸関数の概念は [106] で導入された．定理 4.2, 定理 4.3 は [106] による．2 次関数 (4.22) の M$^\natural$ 凸性は [106] で，層族からの M$^\natural$ 凸関数の構成法 (4.27)

は [20], [21] で指摘された．2 次関数については [110], [154] も参照のこと．定理 4.25 は [108] による．定理 4.22, 定理 4.24 は [112] による．

多面体的 M 凸関数の概念と諸定理は [107] による．本章 7 節に述べたように，離散点上の M 凸関数と同様の諸定理が多面体的 M 凸関数に対しても成り立つが，証明は違った形 (より一般的な議論) が必要となる．より一般的な形の証明法は離散点上の M 凸関数に対しても有効であるが，本書では，離散点上の M 凸関数に対しては離散性を前面に出した形の証明を与える方針とした．

M 凸関数より広いクラスとして**準 M 凸関数**の概念がある ([109])．この概念によって，M 凸関数 f に単調増加関数 φ による非線形スケール変換を施して得られる関数 $\varphi \circ f$ の性質が捉えられる．たとえば，M 凸関数最小性規準 (定理 4.16) に類した命題が成り立つ．

M 凸関数の応用としては，資源配分問題 [74]，時間枠制約つき運搬経路問題 [94]，不可分財を含む経済均衡問題 (本書第 9 章) などがある．また，付値マトロイドは多項式行列の解析に応用される [104].

5

L 凸関数

L 凸関数の基本的な性質を明らかにし，L 凸関数が離散凸関数と呼ぶにふさわしいクラスであることを示すことが本章の目的である．L 凸関数は整数格子点上の劣モジュラ性と 1 方向の線形性によって定義される．L 凸関数の概念は L 凸集合および劣モジュラ集合関数の概念の一般化であり，L 凸関数は L 凸集合あるいは劣モジュラ集合関数をうまくつなぎ合わせたものとして特徴づけることができる．L 凸関数が離散凸関数として適切な概念であることを示す性質として，離散中点凸性や，各単位超立方体上での局所的な凸拡張をつなぎ合わせることによって大域的な凸関数に拡張できること (整凸性) などがある．双対性，共役性に関する事柄は第 6 章において論じる．

1. L 凸関数と L$^\natural$ 凸関数

本節では，L 凸関数および L$^\natural$ 凸関数の概念を導入する．L$^\natural$ 凸関数は L 凸関数の制限として定義されるが，本質的には L 凸関数と等価な概念である．

既に第 2 章 5 節に述べたことであるが，L 凸関数の定義を復習しよう．関数 $g : \mathbf{Z}^V \to \mathbf{R} \cup \{+\infty\}$ が **L 凸関数**であることは，$\mathrm{dom}\, g \neq \emptyset$ であって，g が 2 条件

[劣モジュラ性]

$$g(p) + g(q) \geq g(p \vee q) + g(p \wedge q) \quad (p, q \in \mathbf{Z}^V), \tag{5.1}$$

[**1** 方向の線形性]

$$\exists r \in \mathbf{R}, \forall p \in \mathbf{Z}^V : \; g(p + \mathbf{1}) = g(p) + r \tag{5.2}$$

を満たすことと定義される (第 2 章 5 節，図 2.8(b) も参照)．ただし $\mathbf{1} = (1, 1, \cdots, 1) \in \mathbf{Z}^V$ である．第一の条件式 (5.1) は**劣モジュラ性**を，第二の条件式

(5.2) は**1 方向の線形性**を表している．また，g が整数値関数 $g : \mathbf{Z}^V \to \mathbf{Z} \cup \{+\infty\}$ のときには $r \in \mathbf{Z}$ となる．

L 凸関数の全体を $\mathcal{L}[\mathbf{Z} \to \mathbf{R}]$ と書き表し，変数の次元 n を特定する必要があるときは $\mathcal{L}_n[\mathbf{Z} \to \mathbf{R}]$ と書く．これらをそれぞれ $\mathcal{L}, \mathcal{L}_n$ と略記することもある．また，整数値の L 凸関数の全体を $\mathcal{L}[\mathbf{Z} \to \mathbf{Z}], \mathcal{L}_n[\mathbf{Z} \to \mathbf{Z}]$ などと書く．

L 凸関数の全体は幾何学的にきれいな構造をもっており凸錐をなす．L 凸関数の全体が凸集合をなすことと，個々の L 凸関数が「凸関数」であることを混同しないように注意されたい．

5.1［定理］　$\mathcal{L}[\mathbf{Z} \to \mathbf{R}]$ は，$g \equiv +\infty$ を含めれば，凸錐である．

証明　凸錐の条件 (2.14) は容易に確認できる．■

L 凸関数は **1** 方向の線形性をもつので，ある一つの座標値が 0 に等しい超平面（座標面）に制限した $n-1$ 変数の関数を考えても本質的な情報は失われない．$u_0 \in V$ を任意に選んで $V' = V \setminus \{u_0\}$ とおき，$p \in \mathbf{Z}^V$ を $p = (p_0, p')$ (ただし $p_0 = p(u_0)$, $p' \in \mathbf{Z}^{V'}$) と分解して

$$g'(p') = g(0, p') \tag{5.3}$$

で定義される関数 $g' : \mathbf{Z}^{V'} \to \mathbf{R} \cup \{+\infty\}$ を考えるのである．L 凸関数 g からこのようにして導出される関数 g' を **L$^\natural$ 凸関数**と呼ぶ．別の言い方をすると，$g : \mathbf{Z}^V \to \mathbf{R} \cup \{+\infty\}$ が L$^\natural$ 凸関数であるとは，$g(p) = \tilde{g}(0, p)$ となる L 凸関数 $\tilde{g} : \mathbf{Z}^{\tilde{V}} \to \mathbf{R} \cup \{+\infty\}$ が存在することである (ただし $\tilde{V} = \{0\} \cup V$ として $p \in \mathbf{Z}^V$, $(0, p) \in \mathbf{Z}^{\tilde{V}}$)．ここで，$\tilde{g}$ に対する条件 (5.2) において $r = 0$ となるように $\tilde{g}$ を選ぶことができる．すると，

$$\tilde{g}(p_0, p) = g(p - p_0\mathbf{1}), \qquad g(p) = \tilde{g}(0, p) \tag{5.4}$$

が成り立つ．

L$^\natural$ 凸関数の全体を $\mathcal{L}^\natural[\mathbf{Z} \to \mathbf{R}]$ と書き表し，変数の次元 n を特定する必要があるときは $\mathcal{L}^\natural_n[\mathbf{Z} \to \mathbf{R}]$ と書く．これらをそれぞれ $\mathcal{L}^\natural, \mathcal{L}^\natural_n$ と略記することもある．また，整数値の L$^\natural$ 凸関数の全体を $\mathcal{L}^\natural[\mathbf{Z} \to \mathbf{Z}], \mathcal{L}^\natural_n[\mathbf{Z} \to \mathbf{Z}]$ などと書く．

次の定理に述べるように，L$^\natural$ 凸関数は**並進劣モジュラ性**

$$g(p)+g(q) \geq g((p-\alpha\mathbf{1}) \vee q)+g(p \wedge (q+\alpha\mathbf{1})) \quad (0 \leq \alpha \in \mathbf{Z},\ p, q \in \mathbf{Z}^V) \tag{5.5}$$

によって特徴づけることができる．

5.2 ［定理］　実効定義域が空でない関数 $g : \mathbf{Z}^V \to \mathbf{R} \cup \{+\infty\}$ に対して，

$$g \text{ が } \mathrm{L}^\natural \text{ 凸関数} \iff g \text{ が並進劣モジュラ性 (5.5) をもつ．}$$

証明　g と $\tilde{g}$ が (5.4) の関係にあるとき，$\tilde{g}$ の劣モジュラ性

$$\tilde{g}(p_0, p) + \tilde{g}(q_0, q) \geq \tilde{g}(p_0 \vee q_0, p \vee q) + \tilde{g}(p_0 \wedge q_0, p \wedge q)$$

は g に関する条件

$$g(p - p_0\mathbf{1}) + g(q - q_0\mathbf{1}) \geq g((p \vee q) - (p_0 \vee q_0)\mathbf{1}) + g((p \wedge q) - (p_0 \wedge q_0)\mathbf{1})$$

と同値である．ここで，$\alpha = q_0 - p_0 \geq 0$ として $p' = p - p_0\mathbf{1}$, $q' = q - q_0\mathbf{1}$ とおくと，$(p \vee q) - (p_0 \vee q_0)\mathbf{1} = (p' - \alpha\mathbf{1}) \vee q'$, $(p \wedge q) - (p_0 \wedge q_0)\mathbf{1} = p' \wedge (q' + \alpha\mathbf{1})$ であることから，この不等式が (5.5) と同値であることがわかる．■

定義により $\mathrm{L}^\natural$ 凸関数は L 凸関数と等価な概念であるが，次の定理は，関数のクラスとしては $\mathrm{L}^\natural$ 凸関数のほうが広いことを示している．式 (5.6) は，並進劣モジュラ性 (5.5) と同じ形の不等式が $\alpha < 0$ に対しても成り立つことを主張している．

5.3 ［定理］　L 凸関数 $g \in \mathcal{L}[\mathbf{Z} \to \mathbf{R}]$ に対して

$$g(p) + g(q) \geq g((p - \alpha\mathbf{1}) \vee q) + g(p \wedge (q + \alpha\mathbf{1})) \quad (\alpha \in \mathbf{Z},\ p, q \in \mathbf{Z}^V) \tag{5.6}$$

が成り立つ．したがって，L 凸関数は $\mathrm{L}^\natural$ 凸関数である．

証明　(5.1), (5.2) より，

$$\begin{aligned} g(p) + g(q) &= g(p - \alpha\mathbf{1}) + g(q) + \alpha r \\ &\geq g((p - \alpha\mathbf{1}) \vee q) + g((p - \alpha\mathbf{1}) \wedge q) + \alpha r \\ &= g((p - \alpha\mathbf{1}) \vee q) + g(p \wedge (q + \alpha\mathbf{1})) \end{aligned}$$

である．後半はこれと定理 5.2 による．■

後に参照しやすいように，上記の事実を

$$\mathcal{L}_n \subseteq \mathcal{L}_n^\natural \simeq \mathcal{L}_{n+1} \tag{5.7}$$

と書き表しておく．記号 $\mathcal{L}_n^\natural \simeq \mathcal{L}_{n+1}$ の正確な意味は，$\mathcal{L}_n^\natural$ と $\mathcal{L}_{n+1}$ の要素が ((5.2) における定数 r を除いて) 1 対 1 に対応するということである (式 (5.4) は $r = 0$ と規格化した対応を示している)．

L 凸関数と L$^\natural$ 凸関数の等価性により，L 凸関数に関する定理は適当な修正の下で L$^\natural$ 凸関数に対して言い換えることができ，またその逆も可能である．本書では，いろいろな性質を述べる際に，両者のうち述べやすいほう (あるいは両方) を適宜選ぶこととする．

実効定義域が $\{0, 1\}$ ベクトルである関数は集合関数と同一視できるが，このときには，L$^\natural$ 凸性は対応する集合関数の劣モジュラ性に他ならない (次の命題 5.4)．この事実により，L$^\natural$ 凸関数という概念は劣モジュラ集合関数の概念を整数格子点上の関数に一般化したものであるということができる．

5.4 [命題]　集合関数 $\rho : 2^V \to \mathbf{R} \cup \{+\infty\}$ ($\rho(\emptyset) = 0$) を，$g(\chi_X) = \rho(X)$ ($X \subseteq V$) によって，$\mathbf{0} \in \mathrm{dom}\, g \subseteq \{0, 1\}^V$ である関数 $g : \mathbf{Z}^V \to \mathbf{R} \cup \{+\infty\}$ と同一視するとき，

$$\rho \text{ が劣モジュラ関数} \iff g \text{ が L}^\natural \text{ 凸関数.}$$

証明　定理 5.2 により，L$^\natural$ 凸性は並進劣モジュラ性 (5.5) と等価である．(5.5) で $\alpha = 0$ の場合は ρ の劣モジュラ性 (3.13) と同値である．一方, $p, q \in \{0, 1\}^V$, $\alpha \geq 1$ のとき $(p - \alpha\mathbf{1}) \vee q = q$, $p \wedge (q + \alpha\mathbf{1}) = p$ であるから，(5.5) で $\alpha \geq 1$ の場合は自明に成立する．■

なお，劣モジュラ性が局所的な性質であることを示す次の事実に触れておく (証明は難しくないので省略する)．

5.5 [命題]　$\mathrm{dom}\, g$ が L$^\natural$ 凸集合なら，劣モジュラ性 (5.1) は，$\|p - q\|_\infty = 1$ なる $p, q \in \mathbf{Z}^V$ に対して劣モジュラ不等式 (5.1) が成り立つこと (**局所劣モジュラ性**) と同値である．

5.6［補足］　単位超立方体の頂点集合 $\{0,1\}^V$ を実効定義域とする $\mathrm{M}^\natural$ 凹関数 $h:\mathbf{Z}^V\to\mathbf{R}\cup\{-\infty\}$ を考えると，定理 4.25 により，これは劣モジュラである．したがって，$\{0,1\}^V$ を実効定義域にもち，その上で h に一致する関数 $g:\mathbf{Z}^V\to\mathbf{R}\cup\{+\infty\}$ は命題 5.4 より $\mathrm{L}^\natural$ 凸関数である．この意味で，$\{0,1\}$ ベクトル上の関数に対して「$\mathrm{M}^\natural$ 凹関数 $\Rightarrow$ $\mathrm{L}^\natural$ 凸関数」が成立する．ここで，$\{0,1\}^V$ の外では $h=-\infty$, $g=+\infty$ であること，および，$\{0,1\}^V$ 上の任意の関数は，凸関数にも凹関数にも拡張可能であることに注意されたい．「$\mathrm{L}^\natural$ 凸関数 $\not\Rightarrow$ $\mathrm{M}^\natural$ 凹関数」を示す例としては，$g(1,1,1)=-2$, $g(1,1,0)=g(1,0,1)=-1$, $g(0,0,0)=g(1,0,0)=g(0,1,0)=g(0,0,1)=g(0,1,1)=0$, $\mathrm{dom}\,g=\{0,1\}^3$ で定義される $\mathrm{L}^\natural$ 凸関数 $g:\mathbf{Z}^3\to\mathbf{R}\cup\{+\infty\}$ がある (この関数 g は例 4.26 の関数 f の符号を反転したものである).　□

2. 例と構成法

L 凸関数の代表的な例として，既に，ネットワークフローと付値マトロイドから生じるものを見た (第 2 章 3 節，第 2 章 4.2 項，式 (2.93))．本節では，1 次関数，あるクラスの 2 次関数，変数分離凸関数などが L 凸関数となること，および，L 凸関数の基本的な演算について述べる．L 凸関数の演算で最も重要なものはネットワークによる変換であるが，これについては第 7 章 5 節で説明することとし，本節では比較的単純な演算に限って説明する．

最初に次の事実に注意しよう．

5.7［命題］　L 凸関数の実効定義域は L 凸集合であり，$\mathrm{L}^\natural$ 凸関数の実効定義域は $\mathrm{L}^\natural$ 凸集合である．

証明　前半は実効定義域が (3.36), (3.37) を満たすことを示せばよい．後半は前半から直ちに導かれる．　■

1 次関数を考える．ベクトル $x:V\to\mathbf{R}$ と実数 $\alpha\in\mathbf{R}$ によって定義される 1 次関数

$$g(p)=\alpha+\langle p,x\rangle \qquad (p\in\mathrm{dom}\,g) \tag{5.8}$$

は，$\mathrm{dom}\,g$ が L 凸集合なら L 凸関数であり，$\mathrm{dom}\,g$ が $\mathrm{L}^\natural$ 凸集合なら $\mathrm{L}^\natural$ 凸関数

である．

2 次関数

$$g(p) = \sum_{i=1}^{n} \sum_{j=1}^{n} a_{ij} p_i p_j \qquad (p = (p_i)_{i=1}^n \in \mathbf{Z}^n) \tag{5.9}$$

を考える $(a_{ij} = a_{ji} \in \mathbf{R}, V = \{1, \cdots, n\})$．定理 2.24 と同じ議論により，

$$a_{ij} \leq 0 \quad (i \neq j), \qquad \sum_{j=1}^{n} a_{ij} \geq 0 \quad (i = 1, \cdots, n) \tag{5.10}$$

のとき (そしてそのときに限り) g は $\mathrm{L}^\natural$ 凸関数である．したがって，

$$a_{ij} \leq 0 \quad (i \neq j), \qquad \sum_{j=1}^{n} a_{ij} = 0 \quad (i = 1, \cdots, n) \tag{5.11}$$

のとき (そしてそのときに限り) g は L 凸関数である．

$\mathrm{L}^\natural$ 凸集合 P 上で，1 次元の離散凸関数 $g_i \in \mathcal{C}[\mathbf{Z} \to \mathbf{R}]$ $(i = 1, \cdots, n)$ によって定義される変数分離凸関数

$$g(p) = \sum_{i=1}^{n} g_i(p_i) \qquad (p = (p_i)_{i=1}^n \in \mathbf{Z}^n) \tag{5.12}$$

は $\mathrm{L}^\natural$ 凸関数である．このことの証明は次の命題に帰着される ($\mathrm{L}^\natural$ 凸関数の和は $\mathrm{L}^\natural$ 凸関数であることに注意)．

5.8 ［命題］　1 次元の離散凸関数 $\psi \in \mathcal{C}[\mathbf{Z} \to \mathbf{R}]$ は $\mathrm{L}^\natural$ 凸関数であり，したがって，$g(p_1, p_2) = \psi(p_1 - p_2)$ で定義される $g : \mathbf{Z}^2 \to \mathbf{R} \cup \{+\infty\}$ は L 凸関数である．

証明　並進劣モジュラ性 (5.5) を確認するのは容易である．$|V| = 1$ の場合には (5.5) において $0 \leq \alpha \leq p - q$ の場合だけを考えればよいことに注意．後半は，これと関係式 (5.4) による．∎

L 凸関数の別の例として，成分の最大値を与える関数

$$g(p) = \max\{p_1, \cdots, p_n\} \qquad (p = (p_i)_{i=1}^n \in \mathbf{Z}^n) \tag{5.13}$$

がある．この関数が劣モジュラ性 (5.1) と **1** 方向の線形性 (5.2) をもつことを示すのは容易である．

以下のような構成法によって，L 凸関数から別の L 凸関数が構成される．

5.9［定理］　$g, g_1, g_2 \in \mathcal{L}[\mathbf{Z} \to \mathbf{R}]$ を L 凸関数とする．

(1) $0 < \lambda \in \mathbf{R}$ に対し，$\lambda g(p)$ は L 凸関数.

(2) $a \in \mathbf{Z}^V$, $\beta \in \mathbf{Z} \setminus \{0\}$ に対し，$g(a + \beta p)$ は (p の関数として) L 凸関数.

(3) $x \in \mathbf{R}^V$ に対し，$g[-x]$ は L 凸関数.

(4) $U \subseteq V$ への射影 g^U (式 (4.31)) は，$g^U > -\infty$ ならば，L 凸関数.

(5) $\psi_v \in \mathcal{C}[\mathbf{Z} \to \mathbf{R}]$ $(v \in V)$ に対して，

$$\tilde{g}(p) = \inf_{q \in \mathbf{Z}^V} \left[g(q) + \sum_{v \in V} \psi_v(p(v) - q(v)) \right] \qquad (p \in \mathbf{Z}^V) \tag{5.14}$$

とすると，$\tilde{g} > -\infty$ ならば，$\tilde{g}$ は L 凸関数.

(6) 和 $g_1 + g_2$ は，$\mathrm{dom}\,(g_1 + g_2) \neq \emptyset$ ならば，L 凸関数.

証明　(1), (2), (3), (6) は容易である．

(4) **1** 方向の線形性 (5.2) は容易に示せる．g^U の劣モジュラ性 (5.1) の証明については，$p, q \in \mathrm{dom}\, g^U$ に対して $g^U(p) = g(p, p')$, $g^U(q) = g(q, q')$ となる $p', q' \in \mathbf{Z}^{V \setminus U}$ が存在する場合を考えて大筋を示す．このとき，

$$\begin{aligned} & g^U(p) + g^U(q) = g(p, p') + g(q, q') \\ & \geq g(p \vee q, p' \vee q') + g(p \wedge q, p' \wedge q') \geq g^U(p \vee q) + g^U(p \wedge q) \end{aligned}$$

となる．[なお，射影は (5) の特殊ケースでもある．$\psi_v(p) \in \{0, \infty\}$ $(v \in V)$; $\mathrm{dom}\, \psi_v = \{0\}$ $(v \in U)$, $\mathrm{dom}\, \psi_v = \mathbf{Z}$ $(v \in V \setminus U)$ ととる．]

(5) **1** 方向の線形性 (5.2) は容易に示せる．$p_1, p_2 \in \mathrm{dom}\, \tilde{g}$ に対して (5.14) の下限 inf を達成する $q_1, q_2 \in \mathbf{Z}^V$ が存在する場合を考えて，$\tilde{g}$ の劣モジュラ性

$$\tilde{g}(p_1) + \tilde{g}(p_2) \geq \tilde{g}(p_1 \vee p_2) + \tilde{g}(p_1 \wedge p_2)$$

の証明の大筋を示す．命題 5.8 の後半より

$$\begin{aligned} & \psi_v(p_1(v) - q_1(v)) + \psi_v(p_2(v) - q_2(v)) \\ & \geq \psi_v([p_1(v) \vee p_2(v)] - [q_1(v) \vee q_2(v)]) \\ & \quad + \psi_v([p_1(v) \wedge p_2(v)] - [q_1(v) \wedge q_2(v)]) \end{aligned}$$

であり，一方，g の劣モジュラ性より

$$g(q_1) + g(q_2) \geq g(q_1 \vee q_2) + g(q_1 \wedge q_2)$$

である．さらに

$$g(q_1 \vee q_2) + \sum_{v \in V} \psi_v([p_1(v) \vee p_2(v)] - [q_1(v) \vee q_2(v)]) \geq \tilde{g}(p_1 \vee p_2)$$

などより，$\tilde{g}$ の劣モジュラ性が示される．■

上の定理 5.9(2) においてスケール因子 β が許されていることに注意されたい (この点が M 凸関数の場合 (定理 4.8(2)) と異なっている．補足 4.12 も参照のこと)．また，定理 5.9(5) は L 凸関数と変数分離凸関数の合成積が L 凸関数であることを示しているが，一般の二つの L 凸関数の合成積は L 凸とは限らない (→第 6 章 3 節の L_2 凸関数を参照)．

定理 5.9 の構成法は $\mathrm{L}^\natural$ 凸関数に対しても有効であり，さらに，$\mathrm{L}^\natural$ 凸関数に対しては制限ができる．

5.10［定理］　$g, g_1, g_2 \in \mathcal{L}^\natural[\mathbf{Z} \to \mathbf{R}]$ を $\mathrm{L}^\natural$ 凸関数とする．

(1) 定理 5.9 の (1)~(6) の構成法によって $\mathrm{L}^\natural$ 凸関数が生じる．

(2) $a, b \in (\mathbf{Z} \cup \{\pm\infty\})^V$ に対し，整数区間 $[a,b]$ への制限 $g_{[a,b]}$ (式 (2.129)) は，$\mathrm{dom}\, g_{[a,b]} \neq \emptyset$ ならば，$\mathrm{L}^\natural$ 凸関数．

(3) $U \subseteq V$ への制限 g_U (式 (4.30)) は，$\mathrm{dom}\, g_U \neq \emptyset$ ならば，$\mathrm{L}^\natural$ 凸関数．

証明　(2) 整数区間 $[a,b]$ の標示関数 $\delta_{[a,b]}$ は $\mathrm{L}^\natural$ 凸であり，$g_{[a,b]} = g + \delta_{[a,b]}$ は $\mathrm{L}^\natural$ 凸関数の和である．(3) は (2) の特殊ケースである．■

5.11［補足］　定理 5.9(4) における条件「$g^U > -\infty$ ならば」は「$g^U(p_0) > -\infty$ となる p_0 が存在するならば」と弱めることができる．定理 5.9(5) の「$\tilde{g} > -\infty$ ならば」についても同様である．□

3. 最小値集合

L 凸関数の最小値は整数格子点上で局所的に特徴づけられる．

5.12 ［定理］(L 凸関数最小性規準)

(1) L 凸関数 $g \in \mathcal{L}[\mathbf{Z} \to \mathbf{R}]$ と $p \in \mathrm{dom}\, g$ に対して，

$$g(p) \leq g(q) \quad (\forall\, q \in \mathbf{Z}^V) \iff \begin{cases} g(p) \leq g(p + \chi_X) \quad (\forall\, X \subseteq V), \\ g(p) = g(p + \mathbf{1}). \end{cases} \tag{5.15}$$

(2) L$^\natural$ 凸関数 $g \in \mathcal{L}^\natural[\mathbf{Z} \to \mathbf{R}]$ と $p \in \mathrm{dom}\, g$ に対して，

$$g(p) \leq g(q) \quad (\forall\, q \in \mathbf{Z}^V) \iff g(p) \leq g(p \pm \chi_X) \quad (\forall\, X \subseteq V). \tag{5.16}$$

証明　(1) の $\Leftarrow$ のみ証明する．任意の互いに素な $X, Y \subseteq V$ に対して，劣モジュラ性と条件 (5.15) から

$$\begin{aligned} g(p) + g(p + \chi_X - \chi_Y) &\geq g(p + \chi_X) + g(p - \chi_Y) \\ &= g(p + \chi_X) + g(p + \chi_{V \setminus Y}) \geq 2g(p) \end{aligned}$$

となり，定理 2.45(整凸関数最小性規準) の条件 (2.120) が成り立つ．L 凸関数が整凸関数であること (後の定理 5.17) と定理 2.45 により，主張が導かれる．
■

定理 5.12 は，ある点 p の大域的最小性を局所的に特徴づけるものであるが，条件 (5.15) を直接確認すると $\mathrm{O}(2^n)$ 回の関数値評価が必要である．これを多項式時間で判定するには，$\rho_p(X) = g(p + \chi_X) - g(p)$ で定義される劣モジュラ集合関数 ρ_p を考え，条件 (5.15) が ρ_p の最小値が $X = \emptyset$ で達成されることと等価であることに着目して，劣モジュラ集合関数最小化アルゴリズム (第 8 章 2.1 項) を利用すればよい．

L 凸関数と L 凸集合は密接な関係にある．L 凸関数の実効定義域は L 凸集合であり (命題 5.7)，さらに，最小値集合も L 凸集合である．

5.13 ［命題］　L 凸関数 $g \in \mathcal{L}[\mathbf{Z} \to \mathbf{R}]$ の最小値集合 $\arg\min g$ は L 凸集合または空集合である．

証明　$\arg\min g$ が空でないとすると (5.2) で $r = 0$ であり，$\arg\min g$ は (3.37) を満たす．また，$p, q \in \arg\min g$ ならば，(5.1) より $p \vee q, p \wedge q \in \arg\min g$ となるので，$\arg\min g$ は (3.36) を満たす．■

次の定理は，L 凸関数が L 凸集合をうまくつなぎ合わせたものであることを述べている．これによって，L 凸関数の概念が L 凸集合の概念を用いて定義できることになる．

5.14［定理］　関数 $g : \mathbf{Z}^V \to \mathbf{R} \cup \{+\infty\}$ の実効定義域 $\mathrm{dom}\, g$ が有界で空でないとする．

(1) g が L 凸関数 $\iff$ 任意の $x \in \mathbf{R}^V$ に対し $\arg\min g[-x]$ が L 凸集合．

(2) g が L$^\natural$ 凸関数 $\iff$ 任意の $x \in \mathbf{R}^V$ に対し $\arg\min g[-x]$ が L$^\natural$ 凸集合．

証明　(1) のみ証明すればよい．$\Rightarrow$ は定理 5.9(3) と命題 5.13 による．逆は，後に補足 5.41 で示す．■

4. 離散中点凸性

L$^\natural$ 凸関数が**離散中点凸性**

$$g(p) + g(q) \geq g\left(\left\lceil \frac{p+q}{2} \right\rceil\right) + g\left(\left\lfloor \frac{p+q}{2} \right\rfloor\right) \qquad (p, q \in \mathbf{Z}^V) \tag{5.17}$$

によって特徴づけられることを示そう．ここで，$\left\lceil \frac{p+q}{2} \right\rceil$, $\left\lfloor \frac{p+q}{2} \right\rfloor$ は，それぞれ，$\frac{p+q}{2}$ の各成分を切り上げた整数ベクトル，切り捨てた整数ベクトルである．通常の凸関数では (2.9) より**中点凸性**

$$g(p) + g(q) \geq g\left(\frac{p+q}{2}\right) + g\left(\frac{p+q}{2}\right) \qquad (p, q \in \mathbf{R}^V) \tag{5.18}$$

が成り立つが，ここでは g の値が整数点だけで定義されているので，p と q の中点 $\frac{p+q}{2}$ を整数ベクトルで近似したと解釈できる (図 5.1 参照)．

補助的に次の性質に着目する:

(L$^\natural$-APR[Z])　$\mathrm{supp}^+(p-q) \neq \emptyset$ である任意の $p, q \in \mathbf{Z}^V$ に対して，$X = \arg\max\limits_{v \in V}\{p(v) - q(v)\}$ とおくと，

$$g(p) + g(q) \geq g(p - \chi_X) + g(q + \chi_X). \tag{5.19}$$

この性質は，(p, q) が $(p - \chi_X, q + \chi_X)$ に「近づく」とき関数値の和は増加しないという，通常の凸性に似た性質を述べている．なお，$\|p - q\|_\infty = 1$ のと

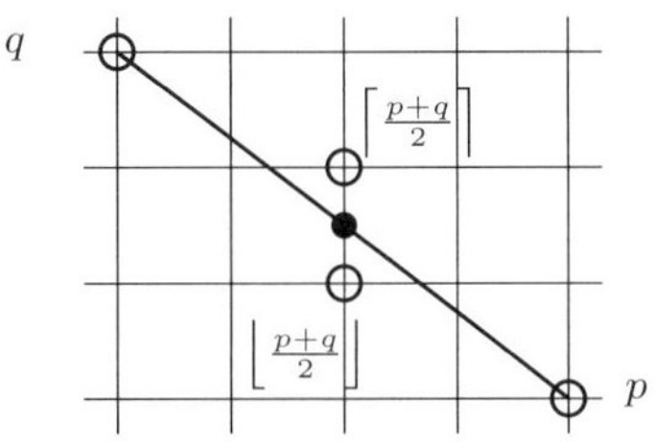

図 5.1　離散中点凸性

き $p-\chi_X = p \wedge q,\ q+\chi_X = p \vee q$ となり，(5.19) は劣モジュラ性を意味することにも注意されたい．

5.15［定理］　実効定義域が空でない関数 $g : \mathbf{Z}^V \to \mathbf{R} \cup \{+\infty\}$ に対して，並進劣モジュラ性 (5.5)，性質 (L$^\natural$-APR[$\mathbf{Z}$])，離散中点凸性 (5.17) は互いに同値である:

$$\text{並進劣モジュラ性 (5.5)} \iff (\text{L}^\natural\text{-APR}[\mathbf{Z}]) \iff \text{離散中点凸性 (5.17)}.$$

したがって，それぞれが，g が L$^\natural$ 凸関数であるための必要十分条件である．

証明　まず，定理 5.2 により，並進劣モジュラ性 (5.5) と L$^\natural$ 凸性は同値である．

[(5.5)⇒(L$^\natural$-APR[$\mathbf{Z}$])]: $\alpha = \max_{v \in V}\{p(v) - q(v)\} - 1$ とおくと，$\alpha \geq 0$，$(p - \alpha\mathbf{1}) \vee q = q + \chi_X,\ p \wedge (q + \alpha\mathbf{1}) = p - \chi_X$ である．したがって，(5.5) から不等式 (5.19) が導かれる．

[(L$^\natural$-APR[$\mathbf{Z}$])⇒(5.17)]: $p'' = \left\lceil \frac{p+q}{2} \right\rceil,\ q'' = \left\lfloor \frac{p+q}{2} \right\rfloor$ とおき，$p', q' \in \mathbf{Z}^V$ を

$$p'(v) = \begin{cases} p''(v) & (p(v) \geq q(v)) \\ q''(v) & (p(v) \leq q(v)) \end{cases} \qquad q'(v) = \begin{cases} q''(v) & (p(v) \geq q(v)) \\ p''(v) & (p(v) \leq q(v)) \end{cases}$$

と定義する．$|p'(v) - q'(v)| \leq 1\ (v \in V)$, $\mathrm{supp}^+(p' - q') \subseteq \mathrm{supp}^+(p - q)$, $\mathrm{supp}^-(p' - q') \subseteq \mathrm{supp}^-(p - q)$ である．(p, q) から始めて (L$^\natural$-APR[$\mathbf{Z}$]) を繰り返し適用することにより，$g(p) + g(q) \geq g(p') + g(q')$ が得られる．(p', q') に (L$^\natural$-APR[$\mathbf{Z}$]) を適用すると，$g(p') + g(q') \geq g(p'') + g(q'')$ が得られる．この二つの不等式より $g(p) + g(q) \geq g(p'') + g(q'')$ が導かれる．これは (5.17) に他ならない．

[(5.17)⇒(5.5)]: g が (5.17) を満たせば $\mathrm{dom}\, g$ は (3.50) を満たすので L$^\natural$ 凸集合である．g と $\tilde{g}$ が (5.4) の関係にあるとき，$\mathrm{dom}\, \tilde{g}$ は L 凸集合であり，g の並進劣モジュラ性 (5.5) は $\tilde{g}$ の劣モジュラ性と同等である (定理 5.2 の証明参照)．一方，命題 5.5 により，$\tilde{g}$ の劣モジュラ性は $\tilde{g}$ の局所劣モジュラ性と同等である．$\tilde{g}$ の局所劣モジュラ性を g の条件として表現すると，任意の $p \in \mathbf{Z}^V$ と任意の $X, Y \subseteq V$ (ただし $X \cap Y = \emptyset$) に対して

$$g(p+\chi_X) + g(p+\chi_Y) \geq g(p) + g(p+\chi_X+\chi_Y),$$
$$g(p+\chi_X-\mathbf{1}) + g(p+\chi_Y) \geq g(p) + g(p+\chi_X+\chi_Y-\mathbf{1})$$

となるが，この二つの不等式は離散中点凸性 (5.17) により成立する．■

5. 凸拡張可能性

L 凸関数の名称には「凸」の字が含まれているけれども，今までの議論においては，L 凸関数と通常の凸関数との直接の関係は示されていない．実際，L 凸関数は整数格子点に実数を対応させる関数であり，その概念は純粋に離散的に定義されており，通常の凸関数の定義とは独立である．本節の目的は，L 凸関数は整凸関数であり，その凸拡張が局所的な Lovász 拡張をつなげた形になっていることを述べることである．

関数 $g : \mathbf{Z}^V \to \mathbf{R} \cup \{+\infty\}$ と点 $p \in \mathrm{dom}\, g$ に対して

$$\rho_p(X) = g(p+\chi_X) - g(p) \qquad (X \subseteq V) \tag{5.20}$$

と定義すると，g が L 凸関数なら ρ_p は劣モジュラ集合関数 ($\rho_p \in \mathcal{S}[\mathbf{R}]$) である．定理 3.15 で劣モジュラ集合関数の凸拡張が Lovász 拡張によって得られることを述べたが，次の定理は，L 凸関数 g の凸拡張が各 p に対する ρ_p の Lovász 拡張 $\hat{\rho}_p$ をつなげた形になっていることを示している．

5.16 [定理]　L 凸関数 $g \in \mathcal{L}[\mathbf{Z} \to \mathbf{R}]$ とその凸閉包 $\overline{g}$ について以下が成立する．

(1) 任意の $p \in \mathrm{dom}\, g$ と $q \in [\mathbf{0}, \mathbf{1}]_{\mathbf{R}}$ に対して

$$\overline{g}(p+q) = g(p) + \hat{\rho}_p(q)$$

$$= g(p) + \sum_{i=1}^{m-1} (\hat{q}_i - \hat{q}_{i+1})(g(p+\chi_{U_i}) - g(p)) + \hat{q}_m(g(p+\chi_{U_m}) - g(p)). \qquad (5.21)$$

ただし，q の成分のうちの相異なる値を $\hat{q}_1 > \hat{q}_2 > \cdots > \hat{q}_m$ として

$$U_i = \{v \in V \mid q(v) \geq \hat{q}_i\} \qquad (i = 1, \cdots, m) \qquad (5.22)$$

とおく．また，$\hat{\rho}_p$ は (5.20) の ρ_p の Lovász 拡張 (3.10) である．

(2) 任意の $p \in \mathbf{Z}^V$ と $q \in [\mathbf{0}, \mathbf{1}]_{\mathbf{R}}$ に対して[1]

$$\overline{g}(p+q) = (1-\hat{q}_1)g(p) + \sum_{i=1}^{m-1} (\hat{q}_i - \hat{q}_{i+1})g(p+\chi_{U_i}) + \hat{q}_m g(p+\chi_{U_m}). \quad (5.23)$$

(3) $\overline{g}(p) = g(p) \qquad (p \in \mathbf{Z}^V)$.

(4) $\overline{g}(q + \alpha\mathbf{1}) = \overline{g}(q) + \alpha r \qquad (q \in \mathbf{R}^V, \alpha \in \mathbf{R})$.

(5) $N_0 = \{q \in \mathbf{R}^V \mid \max_{v \in V} q(v) - \min_{v \in V} q(v) \leq 1\}$ とおくと，(5.21) は $q \in N_0$ に対して成立する．

証明　(1)〜(4) まず，(5.21) と (5.23) の書換えは容易．各 $p \in \mathbf{Z}^V$ に対し，(5.23) の右辺で決まる $q \in [\mathbf{0}, \mathbf{1}]_{\mathbf{R}}$ の関数を h_p と記すと，$\rho_p \in \mathcal{S}[\mathbf{R}]$ と定理 3.15 により，h_p は多面体的凸関数である．関数 $h : \mathbf{R}^V \to \mathbf{R} \cup \{+\infty\}$ を

$$h(p+q) = h_p(q) \qquad (p \in \mathbf{Z}^V, q \in [\mathbf{0}, \mathbf{1}]_{\mathbf{R}})$$

によって定義する (このとき，ある $v \in V$ に対して $q(v) = 0$ のときも $h_p(q) = h_{p-\chi_v}(q + \chi_v)$ が成り立つので h の値は一意に定まる)．この構成法から h は各 $p \in \mathbf{Z}^V$ に対して単位超立方体 $[p, p+\mathbf{1}]_{\mathbf{R}}$ 上で凸関数であるが，実は，$\mathbf{R}^V$ 全域で凸である．なぜなら，(5.2) から

$$h(q - \alpha\mathbf{1}) = h(q) - \alpha r \qquad (q \in \mathbf{R}^V, \alpha \in \mathbf{R}) \qquad (5.24)$$

が成り立ち，各 $q \in \mathbf{R}^V$ に対して，ある $\alpha \in \mathbf{R}$ と $p \in \mathbf{Z}^V$ が存在して，$q - \alpha\mathbf{1}$ は $[p, p+\mathbf{1}]_{\mathbf{R}}$ の内点となるからである．したがって，h は $h(p) = g(p)$ $(p \in \mathbf{Z}^V)$

[1] $p \notin \mathrm{dom}\, g$ のときでも (5.23) には $\infty - \infty$ の形が現れない．

を満たす凸関数であり，明らかに，このような凸関数の中で最大である．ゆえに，$h = \overline{g}$.

(5) $q \in N_0$ に対して $\alpha = \min_{v \in V} q(v)$ とすると $q - \alpha \mathbf{1} \in [\mathbf{0}, \mathbf{1}]_{\mathbf{R}}$ である．(4) より $\overline{g}(p+q) = \overline{g}(p + (q - \alpha\mathbf{1})) + \alpha r$. この右辺を (5.21) により展開すればよい． ■

上の定理の (1) と (3) より，次の定理を得る．

5.17 [定理]　L 凸関数は整凸関数であり，したがって，凸拡張可能である．

劣モジュラ性 (5.1) をもつ整凸関数を**劣モジュラ整凸関数**と呼ぶ．

5.18 [定理]　実効定義域が空でない関数 $g : \mathbf{Z}^V \to \mathbf{R} \cup \{+\infty\}$ に対して，

$$g \text{ が } \mathrm{L}^\natural \text{ 凸関数} \iff g \text{ が劣モジュラ整凸関数}.$$

証明　⇒ の証明: L$^\natural$ 凸関数の定義により g は劣モジュラであり，(5.4) と定理 5.17 により整凸である．

⇐ の証明: g は整凸だからその凸閉包 $\overline{g}$ は単位超立方体ごとの局所凸拡張に一致するが，一方，劣モジュラ性により局所凸拡張は Lovász 拡張 (5.21) で作られるので

$$2\overline{g}\left(\frac{p+q}{2}\right) = g\left(\left\lceil \frac{p+q}{2} \right\rceil\right) + g\left(\left\lfloor \frac{p+q}{2} \right\rfloor\right)$$

が成り立つ．これと $\overline{g}$ の中点凸性

$$g(p) + g(q) = \overline{g}(p) + \overline{g}(q) \geq 2\overline{g}\left(\frac{p+q}{2}\right)$$

により，g の離散中点凸性 (5.17) が導かれる．定理 5.15 より，g は L$^\natural$ 凸関数である． ■

5.19 [補足]　劣モジュラ性 (5.1) だけから凸拡張可能性は導かれない．たとえば，$\mathrm{dom}\, g = \{(p_1, p_2) \in \mathbf{Z}^2 \mid p_1 = p_2\}$ であるような任意の関数 $g : \mathbf{Z}^2 \to \mathbf{R} \cup \{+\infty\}$ は劣モジュラ性 (5.1) をもつ． □

6. 多面体的L凸関数

前節において整数格子点上で定義されたL凸関数が整凸関数であって通常の凸関数に拡張できることを示した．とくに，有界な区間の上では，L凸関数の凸拡張は多面体的凸関数である．本節ではこの見方を発展させて，実数ベクトルを変数とする多面体的な実数値関数に対してL凸性の概念を導入する．証明は省略するので [107] を参照されたい．

多面体的凸関数 $g : \mathbf{R}^V \to \mathbf{R} \cup \{+\infty\}$ が**L凸関数**であるとは，g が**劣モジュラ性**と**1方向の線形性**の2条件

$$g(p) + g(q) \geq g(p \vee q) + g(p \wedge q) \quad (p, q \in \mathbf{R}^V), \tag{5.25}$$

$$\exists r \in \mathbf{R}, \forall p \in \mathbf{R}^V, \forall \alpha \in \mathbf{R} :\ g(p + \alpha \mathbf{1}) = g(p) + \alpha r \tag{5.26}$$

を満たすことと定義される．この条件 (5.25), (5.26) は離散関数の場合の条件 (5.1), (5.2) と同じ形をしている．なお，**多面体的L凹関数**の定義は明らかであろう．

多面体的L凸関数の全体を $\mathcal{L}[\mathbf{R} \to \mathbf{R}]$ と書き表し，変数の次元 n を特定する必要があるときは $\mathcal{L}_n[\mathbf{R} \to \mathbf{R}]$ と書く．

劣モジュラ性 (5.25) は，実効定義域に関する適当な仮定の下で，局所的な条件，すなわち，ある限られた p, q について**劣モジュラ不等式**

$$g(p) + g(q) \geq g(p \vee q) + g(p \wedge q) \tag{5.27}$$

が成り立つという条件に置き換えられる (整数格子点上の関数についての同様の事情を命題5.5に述べた)．たとえば，次の二つの命題が成り立つ．

5.20［命題］　関数 $g : \mathbf{R}^V \to \mathbf{R} \cup \{+\infty\}$ の実効定義域 $\mathrm{dom}\, g$ が区間とする．

(1) 任意の $p \in \mathrm{dom}\, g$，任意の相異なる $u, v \in V$，任意の $\lambda, \mu \geq 0$ に対して

$$g(p + \lambda \chi_u) + g(p + \mu \chi_v) \geq g(p) + g(p + \lambda \chi_u + \mu \chi_v) \tag{5.28}$$

が成り立つならば，g は劣モジュラ性 (5.25) をもつ．

(2) $p \in \mathrm{dom}\, g$ の成分の相異なる値を $\hat{p}_1 > \hat{p}_2 > \cdots > \hat{p}_m$ と表し，$u, v \in V$ に対して j, k を $p(u) = \hat{p}_j$, $p(v) = \hat{p}_k$ によって定める．不等式 (5.28) が

任意の $p \in \mathrm{dom}\, g$，任意の相異なる $u, v \in V$，任意の $\lambda \in [0, \hat{p}_{j-1} - \hat{p}_j]_{\mathbf{R}}$，$\mu \in [0, \hat{p}_{k-1} - \hat{p}_k]_{\mathbf{R}}$ に対して成り立つならば，g は劣モジュラ性 (5.25) をもつ．ただし，$\hat{p}_0 = +\infty$ とし，$[0, +\infty]_{\mathbf{R}}$ は半開区間 $[0, +\infty)_{\mathbf{R}}$ と解釈する．

証明　(1) この仮定より，$|\mathrm{supp}^+(p-q)| = |\mathrm{supp}^-(p-q)| = 1$ である任意の p, q に対して劣モジュラ不等式 (5.27) が成り立つ．なぜならば，$\mathrm{supp}^+(p-q) = \{u\}$，$\mathrm{supp}^-(p-q) = \{v\}$ とすると，$p = (p \wedge q) + \lambda \chi_u$, $q = (p \wedge q) + \mu \chi_v$ と書けるからである．一方，$|\mathrm{supp}^+(p-q)| = 0$ または $|\mathrm{supp}^-(p-q)| = 0$ ならば (5.27) は自明に成り立つので，$|\mathrm{supp}\,(p-q)| \leq 2$ ならば (5.27) が成り立つことになる．任意の $p, q \in \mathrm{dom}\, g$ に対して (5.27) が成り立つことを $|\mathrm{supp}\,(p-q)|$ に関する帰納法で証明する．$|\mathrm{supp}\,(p-q)| \geq 3$ とし，一般性を失うことなく，$|\mathrm{supp}^-(p-q)| \geq 2$ とする．$v \in \mathrm{supp}^-(p-q)$ として $\lambda = q(v) - p(v)$ とおくと，$\mathrm{dom}\, g$ が区間だから $p \wedge q + \lambda \chi_v \in \mathrm{dom}\, g$ である．$p' = p + \lambda \chi_v$, $q' = (p \wedge q) + \lambda \chi_v$ とおくと $|\mathrm{supp}\,(p - q')| \leq |\mathrm{supp}\,(p-q)| - 1$, $|\mathrm{supp}\,(p' - q)| = |\mathrm{supp}\,(p-q)| - 1$ であるから，帰納法の仮定により，

$$g(p) - g(p \wedge q) \geq g(p + \lambda \chi_v) - g((p \wedge q) + \lambda \chi_v) \geq g(p \vee q) - g(q)$$

が成り立つ．(2) については，(2) から (1) の条件が導かれることに注意すればよい．■

5.21 ［命題］　$g : \mathbf{R}^V \to \mathbf{R} \cup \{+\infty\}$ を多面体的凸関数とする．実効定義域 $\mathrm{dom}\, g$ の各点 p_0 に対して，ある $\varepsilon > 0$ が存在して，$\|p - p_0\|_\infty \leq \varepsilon$, $\|q - p_0\|_\infty \leq \varepsilon$ を満たす任意の 2 点 p, q に対して劣モジュラ不等式 (5.27) が成り立つならば，g は劣モジュラ性 (5.25) をもつ．

証明　証明は難しくない．[107] の Theorem 4.26 を参照されたい．■

整数格子点上で定義された L 凸関数と多面体的 L 凸関数との間には，ごく自然に期待されるような関係がある．

5.22 ［定理］　整数格子点上の L 凸関数 $g \in \mathcal{L}[\mathbf{Z} \to \mathbf{R}]$ の凸閉包 $\overline{g} : \mathbf{R}^V \to \mathbf{R} \cup \{+\infty\}$ は (5.25), (5.26) を満たす．したがって，$\overline{g}$ が多面体的ならば $\overline{g} \in \mathcal{L}[\mathbf{R} \to \mathbf{R}]$ である．

証明　定理 5.16 の式 (5.21) を用いる．(5.26) は明らかである．後に示す命題 5.34(1) により $\hat{\rho}_p$ は $\mathbf{R}^V$ 上で劣モジュラであるから，$\overline{g}$ は各 $p \in \mathbf{Z}^V$ に対して単位超立方体 $[p, p+\mathbf{1}]_{\mathbf{R}}$ 上で劣モジュラである．このことから $\overline{g}$ が $\mathbf{R}^V$ 全域で劣モジュラであること (5.25) を導くのは容易である ($\overline{g}$ を有界区間に制限した関数に命題 5.21 を適用する)． ■

5.23 [例]　整数格子点上の L 凸関数 $g \in \mathcal{L}[\mathbf{Z} \to \mathbf{R}]$ の凸閉包 $\overline{g}$ は，当然凸関数であるが，多面体的凸関数とは限らない．たとえば，$n = 2$ で，$g(p_1, p_2) = (p_1 - p_2)^2$ とすると，$g \in \mathcal{L}[\mathbf{Z} \to \mathbf{R}]$ であるが，$\overline{g}$ のグラフは無限個の線分をつないだ形になるので多面体的凸関数でない．なお，$\mathrm{dom}\, g$ が有界ならば $\overline{g}$ は多面体的である． □

多面体的凸関数としての整数性 (4.65) をもつ多面体的 L 凸関数を**整数性をもつ多面体的 L 凸関数**あるいは**整多面体的 L 凸関数**と呼び，その全体を $\mathcal{L}[\mathbf{Z}|\mathbf{R} \to \mathbf{R}]$ という記号で表すことにする．定理 5.22 と命題 5.13 により，整多面体的 L 凸関数とは多面体的 L 凸関数であって整数格子点上の L 凸関数 $g \in \mathcal{L}[\mathbf{Z} \to \mathbf{R}]$ の凸閉包 $\overline{g}$ に一致するものであると言い換えることができる．したがって

$$\mathcal{L}[\mathbf{Z}|\mathbf{R} \to \mathbf{R}] \subseteq \mathcal{L}[\mathbf{R} \to \mathbf{R}], \quad \mathcal{L}[\mathbf{Z}|\mathbf{R} \to \mathbf{R}] \hookrightarrow \mathcal{L}[\mathbf{Z} \to \mathbf{R}] \tag{5.29}$$

である (第二の式は，$\mathcal{L}[\mathbf{Z}|\mathbf{R} \to \mathbf{R}]$ から $\mathcal{L}[\mathbf{Z} \to \mathbf{R}]$ の中への単射が存在し，実質的に前者を後者の部分集合と見なせることを表している)．

L 凸関数から L$^\natural$ 凸関数が定義されたように，式 (5.4) に基づいて多面体的 L 凸関数から**多面体的 L$^\natural$ 凸関数**の概念が定義される．多面体的 L$^\natural$ 凸関数の全体を $\mathcal{L}^\natural[\mathbf{R} \to \mathbf{R}]$ と書き表し，変数の次元 n を特定する必要があるときは $\mathcal{L}^\natural_n[\mathbf{R} \to \mathbf{R}]$ と書く．このとき，$\mathcal{L}^\natural_n[\mathbf{R} \to \mathbf{R}]$ と $\mathcal{L}_n[\mathbf{R} \to \mathbf{R}]$ の間に式 (5.7) と類似の包含関係が成り立つ．また，**整多面体的 L$^\natural$ 凸関数**の全体を $\mathcal{L}^\natural[\mathbf{Z}|\mathbf{R} \to \mathbf{R}]$ と表す．

並進劣モジュラ性 の実数版として

$$g(p) + g(q) \geq g((p - \alpha\mathbf{1}) \vee q) + g(p \wedge (q + \alpha\mathbf{1})) \quad (0 \leq \alpha \in \mathbf{R},\ p, q \in \mathbf{R}^V) \tag{5.30}$$

を考える．

5.24 [定理]　多面体的凸関数 $g : \mathbf{R}^V \to \mathbf{R} \cup \{+\infty\}$ に対して,

$$g \text{ が多面体的 } \mathrm{L}^\natural \text{ 凸関数} \iff g \text{ が並進劣モジュラ性 (5.30) をもつ.}$$

5.25 [定理]　多面体的 L 凸関数 $g \in \mathcal{L}[\mathbf{R} \to \mathbf{R}]$ に対して

$$g(p)+g(q) \geq g((p-\alpha\mathbf{1})\vee q)+g(p\wedge(q+\alpha\mathbf{1})) \quad (\alpha \in \mathbf{R},\ p,q \in \mathbf{R}^V) \tag{5.31}$$

が成り立つ．したがって，多面体的 L 凸関数は多面体的 $\mathrm{L}^\natural$ 凸関数である．

前節までに示した L 凸関数の性質のほとんどすべてが多面体的 L 凸関数に対して拡張される．とくに，定理 5.9, 5.10, 5.12, 命題 5.13 に対応して以下の定理が成り立つ．ただし，証明において定義域の離散性に基づく帰納法が使えなくなるので，違った形の証明が必要となる．

5.26 [定理]　$g, g_1, g_2 \in \mathcal{L}[\mathbf{R} \to \mathbf{R}]$ を多面体的 L 凸関数とする．

(1)　$0 < \lambda \in \mathbf{R}$ に対し，$\lambda g(p)$ は多面体的 L 凸関数.

(2)　$a \in \mathbf{R}^V$, $\beta \in \mathbf{R} \setminus \{0\}$ に対し，$g(a+\beta p)$ は (p の関数として) 多面体的 L 凸関数.

(3)　$x \in \mathbf{R}^V$ に対し，$g[-x]$ は多面体的 L 凸関数.

(4)　$U \subseteq V$ への射影 g^U (式 (4.31)) は，$g^U > -\infty$ ならば，多面体的 L 凸関数.

(5)　$\psi_v \in \mathcal{C}[\mathbf{R} \to \mathbf{R}]$ $(v \in V)$ に対して,

$$\tilde{g}(p) = \inf_{q \in \mathbf{R}^V} \left[g(q) + \sum_{v \in V} \psi_v(p(v) - q(v)) \right] \qquad (p \in \mathbf{R}^V) \tag{5.32}$$

とすると，$\tilde{g} > -\infty$ ならば，$\tilde{g}$ は多面体的 L 凸関数.

(6)　和 $g_1 + g_2$ は，$\mathrm{dom}\,(g_1 + g_2) \neq \emptyset$ ならば，多面体的 L 凸関数.

5.27 [定理]　$g, g_1, g_2 \in \mathcal{L}^\natural[\mathbf{R} \to \mathbf{R}]$ を多面体的 $\mathrm{L}^\natural$ 凸関数とする．

(1) 定理 5.26 の (1)~(6) の構成法によって多面体的 $\mathrm{L}^\natural$ 凸関数が生じる．

(2)　$a, b \in (\mathbf{R} \cup \{\pm\infty\})^V$ に対し，区間 $[a,b]$ への制限 $g_{[a,b]}$ (式 (2.129)) は，$\mathrm{dom}\, g_{[a,b]} \neq \emptyset$ ならば，多面体的 $\mathrm{L}^\natural$ 凸関数.

(3) $U \subseteq V$ への制限 g_U(式 (4.30)) は，$\mathrm{dom}\, g_U \neq \emptyset$ ならば，多面体的 L$^\natural$ 凸関数.

5.28 ［定理］(L 凸関数最小性規準)

(1) 多面体的 L 凸関数 $g \in \mathcal{L}[\mathbf{R} \to \mathbf{R}]$ と $p \in \mathrm{dom}\, g$ に対して，

$$g(p) \leq g(q) \quad (\forall\, q \in \mathbf{R}^V) \iff \begin{cases} g'(p; \chi_X) \geq 0 & (\forall\, X \subseteq V), \\ g'(p; \mathbf{1}) = 0. \end{cases}$$

(2) 多面体的 L$^\natural$ 凸関数 $g \in \mathcal{L}^\natural[\mathbf{R} \to \mathbf{R}]$ と $p \in \mathrm{dom}\, g$ に対して，

$$g(p) \leq g(q) \quad (\forall\, q \in \mathbf{R}^V) \iff g'(p; \pm\chi_X) \geq 0 \quad (\forall\, X \subseteq V).$$

5.29 ［命題］　多面体的 L 凸関数 $g \in \mathcal{L}[\mathbf{R} \to \mathbf{R}]$ と任意の $x \in \mathbf{R}^V$ に対し $\arg\min g[-x]$ は L 凸多面体または空集合である.

命題 5.29 の逆も成り立つが，これについては定理 5.39 で扱う.

5.30 ［補足］　定理 5.26(4) における条件「$g^U > -\infty$ ならば」は「$g^U(p_0) > -\infty$ となる p_0 が存在するならば」と弱めることができる．定理 5.26(5) の「$\tilde{g} > -\infty$ ならば」についても同様である.　□

5.31 ［補足］　整数格子点上の L$^\natural$ 凸関数は離散中点凸性や劣モジュラ整凸性によって特徴づけられた (定理 5.15, 定理 5.18) が，多面体的 L$^\natural$ 凸関数に関する類似の定理はない．多面体的関数に対しては離散中点凸性や整凸性の概念が定義されないからである．これに対し，並進劣モジュラ性による特徴づけは多面体的 L$^\natural$ 凸関数に対しても有効である (定理 5.24).　□

7. 正斉次 L 凸関数

正斉次性をもつ多面体的 L 凸関数が劣モジュラ集合関数の Lovász 拡張に他ならないことを示そう.

多面体的 L 凸関数，整多面体的 L 凸関数で正斉次性をもつものの全体をそれぞれ ${}_0\mathcal{L}[\mathbf{R} \to \mathbf{R}]$, ${}_0\mathcal{L}[\mathbf{Z}|\mathbf{R} \to \mathbf{R}]$ と表す．また，整数格子点上で定義された L

凸関数 $g \in \mathcal{L}[\mathbf{Z} \to \mathbf{R}]$ のうち，その凸閉包 $\overline{g}$ が正斉次であるようなものの全体を ${}_0\mathcal{L}[\mathbf{Z} \to \mathbf{R}]$ と表す．次の命題は，これら三つの集合が同一視できること:

$$ {}_0\mathcal{L}[\mathbf{Z} \to \mathbf{R}] \simeq {}_0\mathcal{L}[\mathbf{Z}|\mathbf{R} \to \mathbf{R}] = {}_0\mathcal{L}[\mathbf{R} \to \mathbf{R}] \qquad (5.33) $$

を示している．さらに，${}_0\mathcal{L}[\mathbf{Z} \to \mathbf{R}]$ に属する整数値関数の全体を ${}_0\mathcal{L}[\mathbf{Z} \to \mathbf{Z}]$ という記号で表すこととする．

5.32 ［命題］

(1) ${}_0\mathcal{L}[\mathbf{Z}|\mathbf{R} \to \mathbf{R}] = {}_0\mathcal{L}[\mathbf{R} \to \mathbf{R}]$.

(2) $g \in {}_0\mathcal{L}[\mathbf{Z} \to \mathbf{R}]$ の凸閉包 $\overline{g}$ は ${}_0\mathcal{L}[\mathbf{R} \to \mathbf{R}]$ に属す．

証明　(1) 命題 5.29 により，任意の $x \in \mathbf{R}^V$ に対し $\arg\min g[-x]$ は L 凸多面体 (または空集合) であるが，これは凸錐なので $\{0, +\infty\}$ 値の距離関数 γ によって $\mathbf{D}(\gamma)$ の形に表現できるから，整数多面体である．

(2) g は整凸関数で $\overline{g}$ は正斉次であるから，$\overline{g}$ は有限個の線形関数の最大値として書ける．したがって，$\overline{g}$ は多面体的である．また，定理 5.22 により $\overline{g}$ は (5.25), (5.26) を満たす． ∎

正斉次 L 凸関数 g から劣モジュラ集合関数 ρ_g が

$$ \rho_g(X) = g(\chi_X) \qquad (X \subseteq V) \qquad (5.34) $$

によって定まる．より詳しくは，次の命題が成り立つ．ここで，$\mathcal{S}[\mathbf{R}]$, $\mathcal{S}[\mathbf{Z}]$ はそれぞれ実数値，整数値の劣モジュラ集合関数の全体である (第 3 章 2 節参照).

5.33 ［命題］

(1) $g \in {}_0\mathcal{L}[\mathbf{R} \to \mathbf{R}]$ に対して，$\rho_g \in \mathcal{S}[\mathbf{R}]$.

(2) $g \in {}_0\mathcal{L}[\mathbf{Z} \to \mathbf{Z}]$ に対して，$\rho_g \in \mathcal{S}[\mathbf{Z}]$.

証明　ρ_g の劣モジュラ性は，g の劣モジュラ性と $\chi_{X \cup Y} = \chi_X \vee \chi_Y$, $\chi_{X \cap Y} = \chi_X \wedge \chi_Y$ による．また，$\rho_g(\emptyset) = g(\mathbf{0}) = 0$, $\rho_g(V) = g(\mathbf{1}) < +\infty$ に注意． ∎

逆に，劣モジュラ集合関数 $\rho \in \mathcal{S}[\mathbf{R}]$ に対し，Lovász 拡張 $\hat{\rho} : \mathbf{R}^V \to \mathbf{R} \cup \{+\infty\}$ が正斉次 L 凸関数であることを示そう．Lovász 拡張の定義 (3.10) を復習する

と，$p \in \mathbf{R}^V$ の成分の相異なる値を $\hat{p}_1 > \hat{p}_2 > \cdots > \hat{p}_m$ とし，

$$U_i = \{v \in V \mid p(v) \geq \hat{p}_i\} \qquad (i = 1, \cdots, m) \tag{5.35}$$

とおいて

$$\hat{\rho}(p) = \sum_{i=1}^{m-1} (\hat{p}_i - \hat{p}_{i+1})\rho(U_i) + \hat{p}_m \rho(U_m) \tag{5.36}$$

である．$\hat{\rho}$ の $\mathbf{Z}^V$ への制限を $\hat{\rho}_{\mathbf{Z}}$ と書く．ρ が整数値関数ならば，整数ベクトル p に対して $\hat{\rho}(p)$ は整数となるので，$\hat{\rho}_{\mathbf{Z}} : \mathbf{Z}^V \to \mathbf{Z} \cup \{+\infty\}$ である．

5.34 ［命題］

(1) $\rho \in \mathcal{S}[\mathbf{R}]$ に対して，$\hat{\rho} \in {}_0\mathcal{L}[\mathbf{R} \to \mathbf{R}]$.

(2) $\rho \in \mathcal{S}[\mathbf{Z}]$ に対して，$\hat{\rho}_{\mathbf{Z}} \in {}_0\mathcal{L}[\mathbf{Z} \to \mathbf{Z}]$.

証明　(1) $g = \hat{\rho}$ とおくと，g が (5.26) を満たすことは明らか．最初に，$\rho < +\infty$ の場合を考える．命題 5.20(2) により，$u \in U_j \setminus U_{j-1}$, $v \in U_k \setminus U_{k-1}$, $\lambda \in [0, \hat{p}_{j-1} - \hat{p}_j]_{\mathbf{R}}$, $\mu \in [0, \hat{p}_{k-1} - \hat{p}_k]_{\mathbf{R}}$ に対して不等式 (5.28) を示せば g の劣モジュラ性 (5.25) が証明される ($U_0 = \emptyset$)．式 (5.36) により，

$$\begin{aligned} g(p + \lambda\chi_u) &= g(p) + \lambda[\rho(U_{j-1} \cup \{u\}) - \rho(U_{j-1})], \\ g(p + \mu\chi_v) &= g(p) + \mu[\rho(U_{k-1} \cup \{v\}) - \rho(U_{k-1})] \end{aligned}$$

である．さて，$j \neq k$ の場合には，

$$\begin{aligned} & g(p + \lambda\chi_u + \mu\chi_v) + g(p) \\ =\ & \lambda[\rho(U_{j-1} \cup \{u\}) - \rho(U_{j-1})] + \mu[\rho(U_{k-1} \cup \{v\}) - \rho(U_{k-1})] + 2g(p) \\ =\ & g(p + \lambda\chi_u) + g(p + \mu\chi_v). \end{aligned}$$

また，$j = k$ の場合には，$\lambda \geq \mu$ としてよいので，ρ の劣モジュラ性を用いて

$$\begin{aligned} & g(p + \lambda\chi_u + \mu\chi_v) + g(p) \\ =\ & \lambda[\rho(U_{j-1} \cup \{u\}) - \rho(U_{j-1})] \\ & \quad + \mu[\rho(U_{j-1} \cup \{u, v\}) - \rho(U_{j-1} \cup \{u\})] + 2g(p) \\ \leq\ & \lambda[\rho(U_{j-1} \cup \{u\}) - \rho(U_{j-1})] + \mu[\rho(U_{j-1} \cup \{v\}) - \rho(U_{j-1})] + 2g(p) \\ =\ & g(p + \lambda\chi_u) + g(p + \mu\chi_v). \end{aligned}$$

したがって，いずれの場合にも不等式 (5.28) が成り立つ．

次に，ρ が有限値とは限らない一般の場合を扱う．正整数 k に対して，ρ_k を

$$\rho_k(X) = \min_{Y \subseteq X} \{\rho(X \setminus Y) + k|Y|\} \quad (X \subseteq V)$$

と定義すると，$\rho_k < +\infty$ であって，さらに，$\rho_k \in \mathcal{S}[\mathbf{R}]$ である．$g_k = \hat{\rho}_k$ とおくと，$\rho(X) = \lim_{k\to\infty} \rho_k(X)$ $(\forall X \subseteq V)$ より，各 $p \in \mathbf{R}^V$ に対して $g(p) = \lim_{k\to\infty} g_k(p)$ が成り立つ．一方，既に示したことにより g_k は (5.25) を満たすので，g も (5.25) を満たす．

(2) 上に注意したように，$\hat{\rho}_{\mathbf{Z}} : \mathbf{Z}^V \to \mathbf{Z} \cup \{+\infty\}$ である．劣モジュラ性と **1** 方向の線形性は (1) から導かれる．∎

次の定理は正斉次 L 凸関数の全体と劣モジュラ集合関数の全体との間の 1 対 1 対応を示している．補足 3.39 も参照されたい．

5.35 [定理]　$({}_0\mathcal{L}, \mathcal{S}) = ({}_0\mathcal{L}[\mathbf{R} \to \mathbf{R}], \mathcal{S}[\mathbf{R}])$ または $({}_0\mathcal{L}[\mathbf{Z} \to \mathbf{Z}], \mathcal{S}[\mathbf{Z}])$ とする．写像 $\Phi : {}_0\mathcal{L} \to \mathcal{S}$，$\Psi : \mathcal{S} \to {}_0\mathcal{L}$ が，(5.34), (5.36) によって定義される．Φ と Ψ は互いに逆写像であり，${}_0\mathcal{L}$ と $\mathcal{S}$ の間の 1 対 1 対応を与える．

証明　命題 5.33，命題 5.34 より $g \in {}_0\mathcal{L}$ に対し $\Phi(g) \in \mathcal{S}$ であり，$\rho \in \mathcal{S}$ に対し $\Psi(\rho) \in {}_0\mathcal{L}$ である．

[$\Phi \circ \Psi(\rho) = \rho$ の証明]: これは $\rho(X) = \hat{\rho}(\chi_X)$ より明らか．

[$\Psi \circ \Phi(g) = g$ の証明]: g の $\mathbf{Z}^V$ への制限を $g_{\mathbf{Z}}$ とすると，命題 5.32 により，$g_{\mathbf{Z}} \in {}_0\mathcal{L}[\mathbf{Z} \to \mathbf{R}]$ で，$g_{\mathbf{Z}}$ の凸閉包 $\overline{g_{\mathbf{Z}}}$ は g に一致する．一方，$\rho = \Phi(g)$ とおくと，定理 5.16(5) から $\overline{g_{\mathbf{Z}}}(q) = \sum_{i=1}^{m-1} (\hat{q}_i - \hat{q}_{i+1}) g(\chi_{U_i}) + \hat{q}_m g(\chi_{U_m}) = \hat{\rho}(q)$ $(q \in N_0)$ となるが，原点 $q = \mathbf{0}$ が N_0 の内点なので，正斉次性より，この式は任意の $q \in \mathbf{R}^V$ に対して成り立つ．したがって，$g = \hat{\rho} = \Psi \circ \Phi(g)$．∎

次の命題は次節への準備である．

5.36 [命題]　正斉次の多面体的凸関数 $g : \mathbf{R}^V \to \mathbf{R} \cup \{+\infty\}$ に対して，次の 2 条件 (a), (b) は同値である．ただし，$\mathrm{dom}\, g \neq \emptyset$ とする．

(a) $g \in {}_0\mathcal{L}[\mathbf{R} \to \mathbf{R}]$.

(b) $\inf g[-x] > -\infty$ である任意の $x \in \mathbf{R}^V$ に対し $\arg\min g[-x] \in \mathcal{L}_0[\mathbf{R}]$.

証明　(a) ⇒ (b) は命題 5.29 より容易である．以下，(b) ⇒ (a) を示そう．$\rho(X) = g(\chi_X)$ $(X \subseteq V)$ とおき，その Lovász 拡張 (5.36) を $\hat{\rho}$ とすると，

$$\hat{\rho}(p) = \sum_{i=1}^{m-1} (\hat{p}_i - \hat{p}_{i+1}) g(\chi_{U_i}) + \hat{p}_m g(\chi_{U_m}) \tag{5.37}$$

である．式 (3.9) と g の正斉次凸性より $\hat{\rho}(p) \geq g(p)$ となるので，$p \notin \mathrm{dom}\, g$ ならば $\hat{\rho}(p) = g(p) = +\infty$ である．以下，$p \in \mathrm{dom}\, g$ とする．$p \in \arg\min g[-x]$ となる x をとり，$D = \arg\min g[-x]$ とおくと，D は L 凸多面体かつ凸錐だから標示関数 $\delta_D \in {}_0\mathcal{L}[\mathbf{R} \to \mathbf{R}]$．$\mu(X) = \delta_D(\chi_X)$ $(X \subseteq V)$ とおくと $\mu \in \mathcal{S}[\mathbf{R}]$ で，μ の Lovász 拡張は δ_D に一致する (定理 5.35)．式 (3.12) により，$p \in D \iff U_i \in \mathrm{dom}\, \mu$ $(i = 1, \cdots, m) \iff \chi_{U_i} \in D$ $(i = 1, \cdots, m)$ である．g は D 上で線形だから，(3.9) より $g(p)$ は (5.37) の右辺に等しい．したがって $g(p) = \hat{\rho}(p)$．

以上により $g(p) = \hat{\rho}(p)$ $(\forall p \in \mathbf{R}^V)$．$g$ は凸だから，定理 3.15 により，ρ は劣モジュラである．また，$\mathbf{0} \in D$, $D \in \mathcal{L}_0[\mathbf{R}]$ より $\mathbf{1} \in D$ だから $\rho(V) = \hat{\rho}(\mathbf{1}) = g(\mathbf{1}) < +\infty$．したがって，$\rho \in \mathcal{S}[\mathbf{R}]$．最後に，命題 5.34(1) により，$\hat{\rho} \in {}_0\mathcal{L}[\mathbf{R} \to \mathbf{R}]$． ■

8．方向微分と劣微分

本節では，L 凸関数の方向微分と劣微分による特徴づけを与える．多面体的 L 凸関数 g の方向微分 $g'(p; d)$ は d の関数として正斉次 L 凸関数であり，劣微分は M 凸多面体である．

最初に多面体的 L 凸関数 $g \in \mathcal{L}[\mathbf{R} \to \mathbf{R}]$ の方向微分を考える．式 (2.26) により，各 $p \in \mathrm{dom}\, g$ に対して，ある $\varepsilon > 0$ が存在して，

$$g(p + d) - g(p) = g'(p; d) \qquad (\|d\|_\infty \leq \varepsilon) \tag{5.38}$$

が成り立つことに注意する．

5.37 [命題]　$g \in \mathcal{L}[\mathbf{R} \to \mathbf{R}]$ と $p \in \mathrm{dom}\, g$ に対して $g'(p; \cdot) \in {}_0\mathcal{L}[\mathbf{R} \to \mathbf{R}]$．

証明　式 (5.38) により，$g'(p; d)$ は原点 $d = \mathbf{0}$ の近傍で (5.25), (5.26) を満たす．これと $g'(p; \cdot)$ の正斉次性により，この 2 条件が $\mathbf{R}^V$ 全域で成り立つ． ■

L 凸関数の方向微分と劣微分は次のように与えられる．なお, $\mathcal{M}_0[\mathbf{R}]$, $\mathcal{M}_0[\mathbf{Z}]$, $\mathcal{M}_0[\mathbf{Z}|\mathbf{R}]$ などの記号の定義は補足 3.24 を，また，$\partial_{\mathbf{R}}$, $\partial_{\mathbf{Z}}$ については (2.24), (4.75), (4.77) を参照のこと．

5.38 ［定理］

(1) $g \in \mathcal{L}[\mathbf{R} \to \mathbf{R}]$ と $p \in \mathrm{dom}\, g$ に対して，$\rho(X) = g'(p; \chi_X)$ $(X \subseteq V)$ とおくと，

$$\rho \in \mathcal{S}[\mathbf{R}], \quad \partial_{\mathbf{R}} g(p) = \mathbf{B}(\rho) \in \mathcal{M}_0[\mathbf{R}], \quad g'(p; \cdot) = \hat{\rho}(\cdot).$$

(2) $g \in \mathcal{L}[\mathbf{Z} \to \mathbf{R}]$ と $p \in \mathrm{dom}\, g$ に対して，$\rho(X) = g(p + \chi_X) - g(p)$ $(X \subseteq V)$ とおくと，

$$\rho \in \mathcal{S}[\mathbf{R}], \quad \partial_{\mathbf{R}} g(p) = \mathbf{B}(\rho) \in \mathcal{M}_0[\mathbf{R}], \quad \overline{g}'(p; \cdot) = \hat{\rho}(\cdot).$$

さらに，$g \in \mathcal{L}[\mathbf{Z} \to \mathbf{Z}]$ ならば,

$$\rho \in \mathcal{S}[\mathbf{Z}], \quad \partial_{\mathbf{R}} g(p) \in \mathcal{M}_0[\mathbf{Z}|\mathbf{R}], \quad \partial_{\mathbf{Z}} g(p) \in \mathcal{M}_0[\mathbf{Z}], \quad \partial_{\mathbf{R}} g(p) = \overline{\partial_{\mathbf{Z}} g(p)}$$

(とくに，$\partial_{\mathbf{Z}} g(p) \neq \emptyset$).

証明　(1) $\rho \in \mathcal{S}[\mathbf{R}]$ は命題 5.37 と命題 5.33 による．定理 5.28(1)(L 凸関数最小性規準) を用いて,

$$\begin{aligned} x \in \partial_{\mathbf{R}} g(p) &\iff g(p+q) - g(p) \geq \langle q, x \rangle \qquad (\forall\, q \in \mathbf{R}^V) \\ &\iff g'(p; \chi_X) \geq x(X) \quad (X \subseteq V);\ g'(p; \mathbf{1}) = x(V) \\ &\iff x \in \mathbf{B}(\rho). \end{aligned}$$

$\mathbf{B}(\rho) \in \mathcal{M}_0[\mathbf{R}]$ は (3.33) による．さらに (2.32), (2.34), (3.20) より $g'(p; \cdot) = \hat{\rho}(\cdot)$.

(2) $\rho \in \mathcal{S}[\mathbf{R}]$ は明らか．残りの部分は，(1) の証明において，定理 5.28(1) の代わりに定理 5.12(1), 式 (3.33) の代わりに定理 3.13 を用いて同様に証明できる． ∎

次の定理は，方向微分の L 凸性，劣微分の M 凸性，最小値集合の L 凸性によって L 凸関数が特徴づけられることを示している．(a) と (c) の同値性は，M 凸性と L 凸性が表裏一体であることの一端を示すものである．

5.39 [定理]　多面体的凸関数 $g : \mathbf{R}^V \to \mathbf{R} \cup \{+\infty\}$ に対して，次の 4 条件 (a), (b), (c), (d) は同値である．ただし，$\mathrm{dom}\, g \neq \emptyset$ とする．

(a) $g \in \mathcal{L}[\mathbf{R} \to \mathbf{R}]$.

(b) 任意の $p \in \mathrm{dom}\, g$ に対して $g'(p; \cdot) \in {}_0\mathcal{L}[\mathbf{R} \to \mathbf{R}]$.

(c) 任意の $p \in \mathrm{dom}\, g$ に対して $\partial_{\mathbf{R}} g(p) \in \mathcal{M}_0[\mathbf{R}]$.

(d) $\inf g[-x] > -\infty$ である任意の $x \in \mathbf{R}^V$ に対し $\arg\min g[-x] \in \mathcal{L}_0[\mathbf{R}]$.

証明　(a) ⇒ (b) は命題 5.37 による．(a) ⇒ (c) は定理 5.38 による．(a) ⇒ (d) は命題 5.29 による．

(b) ⇒ (a): 式 (5.38) により，各点 p の近傍で g は劣モジュラ性と **1** 方向の線形性をもつ．このことから g が $\mathbf{R}^V$ 全域でこの二つの性質をもつことを導くのは容易である (劣モジュラ性は命題 5.21 による)．

(b) ⇔ (c): $\partial_{\mathbf{R}} g(p)$ の支持関数が方向微分に等しいこと (2.34) と，補足 3.24 と定理 5.35 から得られる $\mathcal{M}_0[\mathbf{R}]$ と ${}_0\mathcal{L}[\mathbf{R} \to \mathbf{R}]$ の対応による．

(d) ⇒ (b): 命題 5.36 により，$\inf g'(p; \cdot)[-x] > -\infty$ である任意の $x \in \mathbf{R}^V$ に対し $\arg\min(g'(p; \cdot)[-x]) \in \mathcal{L}_0[\mathbf{R}]$ を示せばよい．このような x に対し，$\inf g[-x] > -\infty$ であるから, 仮定より $\arg\min g[-x] \in \mathcal{L}_0[\mathbf{R}]$ であり, ある距離関数 γ によって $\arg\min g[-x] = \{q \in \mathbf{R}^V \mid q(v) - q(u) \leq \gamma(u, v)\ (u, v \in V)\}$ と表現される (式 (3.56) 参照)．$A_p = \{(u, v) \mid p(v) - p(u) = \gamma(u, v)\}$ とおくと，$\arg\min(g'(p; \cdot)[-x]) = \{q \in \mathbf{R}^V \mid q(v) - q(u) \leq 0\ ((u, v) \in A_p)\} \in \mathcal{L}_0[\mathbf{R}]$ となる．∎

上の定理における (a) と (d) の同値性に整数性を加味すると，整多面体的 L 凸関数の特徴づけが得られる．

5.40 [定理]　多面体的凸関数 $g : \mathbf{R}^V \to \mathbf{R} \cup \{+\infty\}$ に対して，次の 2 条件 (a), (d) は同値である．ただし，$\mathrm{dom}\, g \neq \emptyset$ とする．

(a) $g \in \mathcal{L}[\mathbf{Z}|\mathbf{R} \to \mathbf{R}]$.

(d) $\inf g[-x] > -\infty$ である任意の $x \in \mathbf{R}^V$ に対し $\arg\min g[-x] \in \mathcal{L}_0[\mathbf{Z}|\mathbf{R}]$.

5.41 [補足]　定理 5.14(1) の ⇐ の証明を与える．仮定より $\arg\min g[-x] \in \mathcal{L}_0[\mathbf{Z}]$ であるが，L 凸集合は整凸集合である (定理 3.31) から，定理 2.49 より g は整凸関数である．$\mathrm{dom}\, g$ が有界だから g の凸閉包 $\overline{g} : \mathbf{R}^V \to \mathbf{R} \cup \{+\infty\}$ は

多面体的凸関数であり，$\arg\min \overline{g}[-x] = \overline{\arg\min g[-x]} \in \mathcal{L}_0[\mathbf{Z}|\mathbf{R}]$．したがって，定理 5.40 より $\overline{g} \in \mathcal{L}[\mathbf{Z}|\mathbf{R} \to \mathbf{R}]$ となり $g \in \mathcal{L}[\mathbf{Z} \to \mathbf{R}]$ が証明される． □

ノート

L 凸関数の概念は [100] によって導入され，定理 5.16, 定理 5.35(の $\mathbf{Z}$ の場合) などの基本定理の多くは [100] において，また，定理 5.9 などに示した構成法の多くは [102] によって示された．

L 凸関数の変種である $\mathrm{L}^\natural$ 凸関数の概念は [42] で導入された．定理 5.2, 定理 5.3, 定理 5.15 における離散中点凸性と $\mathrm{L}^\natural$ 凸性の同値性，定理 5.18 は [42] による．定理 5.18 によって $\mathrm{L}^\natural$ 凸関数の概念と等価であることが明らかとなった劣モジュラ整凸関数の概念は，$\mathrm{L}^\natural$ 凸関数より前に Favati–Tardella [29] によって導入されていたものである．

多面体的 L 凸関数の概念と諸定理は [107] による．第 6 節に述べたように，離散点上の L 凸関数と同様の諸定理が多面体的 L 凸関数に対しても成り立つが，証明は違った形 (より一般的な議論) が必要となる．より一般的な形の証明法は離散点上の L 凸関数に対しても有効であるが，本書では，離散点上の L 凸関数に対しては離散性を前面に出した形の証明を与える方針とした．

L 凸関数より広いクラスとして**準 L 凸関数**の概念がある [109]．この概念によって，L 凸関数 g に単調増加関数 φ による非線形スケール変換を施して得られる関数 $\varphi \circ g$ の性質が捉えられる．たとえば，L 凸関数最小性規準 (定理 5.12) に類した命題が成り立つ．

6

共役性と双対性

本章では，離散凸解析の根幹をなす共役性と双対性を論じる[1]*．第 4 章で M 凸関数，第 5 章で L 凸関数を別個に扱ったが，本章ではこれらを同時に考察して両者の関係を明らかにする．通常の凸解析では，凸関数の概念に M や L といった区別はなく，凸関数の共役関数 (Legendre–Fenchel 変換) は再び凸関数である．これに対して，組合せ構造まで考えると M と L という 2 種類の凸性が区別され，それらが Legendre–Fenchel 変換によって移り合う状況になっている．これが M 凸関数と L 凸関数の共役性である．これに対し，双対性は分離定理や Fenchel 最大最小定理などの双対定理を意味する．これらの双対定理が組合せ構造とどのように関係するかが主な関心事である．整数値 M 凸/M 凹関数に対する離散分離定理 (M 分離定理)，整数値 L 凸/L 凹関数に対する離散分離定理 (L 分離定理) および，Fenchel 型最大最小定理が重要な結果である．M 分離定理と L 分離定理は，マトロイドや劣モジュラ関数に関して知られていたほとんどすべての双対定理を包含する一般形であり，たとえば，L 分離定理は劣モジュラ集合関数に関する離散分離定理を特別な場合として含んでいる．*

1. 共役性

通常の凸解析では，凸関数の概念に M や L といった区別はなく，凸関数の共役は再び凸関数である．これに対して，組合せ構造まで考えると，M と L という 2 種類の凸性が区別され，それらが Legendre–Fenchel 変換によって移り合う．この意味で M 凸関数と L 凸関数は共役関係にある．さらに，この共役性が，多面体的 M/L 凸関数と整数格子点上の整数値 M/L 凸関数の両方において

[1] 数学の他の分野では共役性と双対性を同義語として用いることも多いが，離散凸解析では両者を区別して別の意味に用いる．

成り立つ．本節で示す共役性定理は離散凸解析のひとつの中心的な結果である．

1.1 多面体的 M/L 凸関数

はじめに，多面体的 M/L 凸関数の共役関係を扱う．次の命題は準備である．

6.1［命題］ $g \in \mathcal{L}[\mathbf{R} \to \mathbf{R}]$ とする．$\inf g[-x] > -\infty, \inf g[-y] > -\infty$ を満たす $x, y \in \mathbf{R}^V$，および $u \in \mathrm{supp}^+(x-y)$ に対して，ある $v \in \mathrm{supp}^-(x-y)$ が存在して

$$p(v) - p(u) \leq q(v) - q(u) \quad (\forall p \in \arg\min g[-x], \forall q \in \arg\min g[-y]). \tag{6.1}$$

証明 定理 5.39 より $\arg\min g[-x], \arg\min g[-y] \in \mathcal{L}_0[\mathbf{R}]$ である．

$$\begin{aligned} D_x &= \{p \mid p \in \arg\min g[-x],\ p(u) = 0\}, \\ D_y &= \{q \mid q \in \arg\min g[-y],\ q(u) = 0\} \end{aligned}$$

とおくとき，$p(v) \leq q(v)$ $(\forall p \in D_x,\ \forall q \in D_y)$ を満たす $v \in \mathrm{supp}^-(x-y)$ の存在を示せばよい．以下，これを背理法で示す．

仮に，任意の $v \in \mathrm{supp}^-(x-y)$ に対して，$p_v(v) > q_v(v)$ を満たす $p_v \in D_x$, $q_v \in D_y$ が存在するとして矛盾を導こう．このとき

$$p_* = \bigvee \{p_v \mid v \in \mathrm{supp}^-(x-y)\}, \quad q_* = \bigwedge \{q_v \mid v \in \mathrm{supp}^-(x-y)\}$$

と定義すると，$p_* \in D_x$, $q_* \in D_y$ かつ $p_*(v) > q_*(v)$ $(\forall v \in \mathrm{supp}^-(x-y))$ である．$\lambda = \min\{p_*(v) - q_*(v) \mid v \in \mathrm{supp}^+(p_* - q_*)\}$ とおいて，

$$\begin{aligned} p' &= (p_* - \lambda\mathbf{1}) \vee q_* = \begin{cases} p_*(v) - \lambda & (v \in \mathrm{supp}^+(p_* - q_*)), \\ q_*(v) & (v \in V \setminus \mathrm{supp}^+(p_* - q_*)), \end{cases} \\ q' &= p_* \wedge (q_* + \lambda\mathbf{1}) = \begin{cases} q_*(v) + \lambda & (v \in \mathrm{supp}^+(p_* - q_*)), \\ p_*(v) & (v \in V \setminus \mathrm{supp}^+(p_* - q_*)), \end{cases} \end{aligned}$$

を考えると，定理 5.25 により，

$$g(p_*) + g(q_*) \geq g(p') + g(q') \tag{6.2}$$

が成り立つ．一方，$\mathrm{supp}^-(x-y) \subseteq \mathrm{supp}^+(p_* - q_*)$ に注意して，

$$\langle p', x \rangle + \langle q', y \rangle - \langle p_*, x \rangle - \langle q_*, y \rangle$$

$$
\begin{aligned}
&= \lambda \sum \{y(v) - x(v) \mid v \in \mathrm{supp}^+(p_* - q_*)\} \\
&\quad + \sum \left\{(q_*(v) - p_*(v))(x(v) - y(v)) \ \mid v \in V \setminus \mathrm{supp}^+(p_* - q_*)\right\} \\
&\geq \lambda \sum \{y(v) - x(v) \mid v \in V \setminus \{u\}\} \\
&= \lambda \{x(u) - y(u)\} \ > \ 0
\end{aligned}
$$

である．ただし，最後の等号は $x(V) = y(V) = r$ による ($r \in \mathbf{R}$ は (5.26) におけるもの)．この不等式と (6.2) により

$$
g[-x](p') + g[-y](q') < g[-x](p_*) + g[-y](q_*)
$$

となるが，これは $p_* \in \arg\min g[-x]$, $q_* \in \arg\min g[-y]$ に矛盾する． ■

多面体的 M/L 凸関数の共役関係を定理の形で述べよう．

6.2 ［定理］(共役性定理)

(1) 多面体的 M 凸関数の全体 $\mathcal{M}[\mathbf{R} \to \mathbf{R}]$ と多面体的 L 凸関数の全体 $\mathcal{L}[\mathbf{R} \to \mathbf{R}]$ は，Legendre–Fenchel 変換 (2.27) により 1 対 1 に対応する．より詳しくは，写像 $\Phi : \mathcal{M}[\mathbf{R} \to \mathbf{R}] \to \mathcal{L}[\mathbf{R} \to \mathbf{R}]$, $\Psi : \mathcal{L}[\mathbf{R} \to \mathbf{R}] \to \mathcal{M}[\mathbf{R} \to \mathbf{R}]$ が $\Phi : f \mapsto f^\bullet$, $\Psi : g \mapsto g^\bullet$ によって定義され，Φ と Ψ は互いに逆写像である．

(2) 多面体的 M$^\natural$ 凸関数の全体 $\mathcal{M}^\natural[\mathbf{R} \to \mathbf{R}]$ と多面体的 L$^\natural$ 凸関数の全体 $\mathcal{L}^\natural[\mathbf{R} \to \mathbf{R}]$ の間にも (2.27) による 1 対 1 対応がある．

証明　(1) と (2) は同等であるから，(1) を証明する．

(i) $f \in \mathcal{M}[\mathbf{R} \to \mathbf{R}] \Rightarrow f^\bullet \in \mathcal{L}[\mathbf{R} \to \mathbf{R}]$ の証明: 定理 4.51 の (a)⇒(d) により

$$
\partial_{\mathbf{R}} f^\bullet(p) = \arg\min f[-p] \in \mathcal{M}_0[\mathbf{R}] \qquad (\forall p \in \mathrm{dom}\, f^\bullet)
$$

である．これと定理 5.39 により，$f^\bullet \in \mathcal{L}[\mathbf{R} \to \mathbf{R}]$.

(ii) $g \in \mathcal{L}[\mathbf{R} \to \mathbf{R}] \Rightarrow g^\bullet \in \mathcal{M}[\mathbf{R} \to \mathbf{R}]$ の証明: $x, y \in \mathrm{dom}\, g^\bullet$ とする．このとき $\inf g[-x] > -\infty$, $\inf g[-y] > -\infty$ であるから，命題 6.1 により，任意の $u \in \mathrm{supp}^+(x - y)$ に対して，ある $v \in \mathrm{supp}^-(x - y)$ が存在して，(6.1) が成り立つ．ここで，$\arg\min g[-x]$ の支持関数が $g^\bullet$ の方向微分に等しいという関係 $(\delta_{\arg\min g[-x]})^\bullet = (g^\bullet)'(x; \cdot)$ (これは (2.31) と (2.34) から導かれる) を

用いて，

$$
\begin{aligned}
&(g^\bullet)'(x; v, u) + (g^\bullet)'(y; u, v) \\
&= \sup\{p(v) - p(u) \mid p \in \arg\min g[-x]\} \\
&\quad + \sup\{q(u) - q(v) \mid q \in \arg\min g[-y]\} \le 0.
\end{aligned}
$$

ゆえに $g^\bullet$ は (4.63) を満たし，$g^\bullet \in \mathcal{M}[\mathbf{R} \to \mathbf{R}]$.

(iii) 一般に，多面体的凸関数 f に対して，$(f^\bullet)^\bullet = f$ が成り立つ．したがって，Φ と Ψ は逆写像である．∎

集合の標示関数の共役関数は正斉次凸関数だから，$\mathcal{M}[\mathbf{R} \to \mathbf{R}]$ と $\mathcal{L}[\mathbf{R} \to \mathbf{R}]$ の共役関係の特殊ケースとして，M 凸多面体 $\mathcal{M}_0[\mathbf{R}]$ と正斉次 L 凸関数 ${}_0\mathcal{L}[\mathbf{R} \to \mathbf{R}]$ の共役関係，および，L 凸多面体 $\mathcal{L}_0[\mathbf{R}]$ と正斉次 M 凸関数 ${}_0\mathcal{M}[\mathbf{R} \to \mathbf{R}]$ の共役関係が得られる．一方，正斉次 L 凸関数は劣モジュラ集合関数 $\mathcal{S}[\mathbf{R}]$ と同一視でき (定理 5.35)，正斉次 M 凸関数は三角不等式を満たす距離関数 $\mathcal{T}[\mathbf{R}]$ と同一視できる (定理 4.47)．これらをまとめると次のようになる．

$$
\boxed{
\begin{array}{ccccc}
 & \mathcal{M}_0[\mathbf{R}] & \longleftrightarrow & {}_0\mathcal{L}[\mathbf{R} \to \mathbf{R}] & \longleftrightarrow \quad \mathcal{S}[\mathbf{R}] \\
 & \mathcal{M}[\mathbf{R} \to \mathbf{R}] & \longleftrightarrow & \mathcal{L}[\mathbf{R} \to \mathbf{R}] & \\
\mathcal{T}[\mathbf{R}] \quad \longleftrightarrow & {}_0\mathcal{M}[\mathbf{R} \to \mathbf{R}] & \longleftrightarrow & \mathcal{L}_0[\mathbf{R}] &
\end{array}
}
\tag{6.3}
$$

ここで，${}_0\mathcal{M}[\mathbf{R} \to \mathbf{R}] \cap \mathcal{M}_0[\mathbf{R}]$ は **M 凸錐** (M 凸多面体である凸錐) の全体と同一視でき，${}_0\mathcal{L}[\mathbf{R} \to \mathbf{R}] \cap \mathcal{L}_0[\mathbf{R}]$ は **L 凸錐** (L 凸多面体である凸錐) の全体と同一視できる．一方，凸錐が互いに極錐 (2.35) の関係にあることと標示関数が互いに共役であることは同等であるから，上に示した共役関係 (6.3) の特殊ケースとして M 凸錐と L 凸錐が極錐の関係にあることが導かれる．

6.3 [定理]　M 凸錐と L 凸錐とは互いに他の極錐 (2.35) である．

6.4 [補足]　定理 6.2 を用いて，定理 4.51 の証明を完成させよう．(b) $\Leftrightarrow$ (c) は定理 6.2 の特殊ケースである．$f^\bullet$ を g とおくと，$\partial_{\mathbf{R}} f(x) = \arg\min g[-x]$, $\arg\min f[-p] = \partial_{\mathbf{R}} g(p)$ が成り立つ．定理 6.2 により $f \in \mathcal{M}[\mathbf{R} \to \mathbf{R}] \Leftrightarrow g \in \mathcal{L}[\mathbf{R} \to \mathbf{R}]$ であり，定理 5.39 より，$g \in \mathcal{L}[\mathbf{R} \to \mathbf{R}] \Leftrightarrow \arg\min g[-x] \in \mathcal{L}_0[\mathbf{R}]$

$\Leftrightarrow \partial_{\mathbf{R}} g(p) \in \mathcal{M}_0[\mathbf{R}]$ である．したがって，定理 4.51 において，(a) $\Leftrightarrow$ (c) $\Leftrightarrow$ (d) が成り立つ． □

6.5［補足］　上の補足 6.4 で証明した定理 4.51 の (d) $\Rightarrow$ (a) を用いて，定理 4.33 の証明を完成させよう．$f \in \mathcal{M}[\mathbf{Z} \to \mathbf{R}]$ の凸閉包を $\overline{f}$ とするとき，任意の $p \in \mathbf{R}^V$ に対して $\arg\min \overline{f}[-p]$ は M 凸多面体または空集合である (定理 4.30)．仮定により $\overline{f}$ は多面体的凸関数であるから，定理 4.51 の (d) $\Rightarrow$ (a) により，$\overline{f} \in \mathcal{M}[\mathbf{R} \to \mathbf{R}]$ が成り立つ．なお，定理 6.2 や定理 4.51 の証明の過程で定理 4.33 を使っていないことを念のため注意しておく． □

6.6［補足］　定理 6.3 を用いて，M 凸錐の $\chi_u - \chi_v$ $(u, v \in V)$ の形のベクトルによる表現 (補足 3.25) の証明を与える．B_0 が M 凸錐とすると，その極錐 D_0 は L 凸錐である (定理 6.3)．したがって，ある $a_j = \chi_{u_j} - \chi_{v_j}$ $(j = 1, \cdots, m)$ によって $D_0 = \{p \in \mathbf{R}^V \mid \langle p, a_j \rangle \leq 0 \ (j = 1, \cdots, m)\}$ と表現される (式 (3.56) 参照)．一方，極錐の定義 (2.35) より，$B_0 = \{x \in \mathbf{R}^V \mid \langle p, x \rangle \leq 0 \ (\forall p \in D_0)\}$ である．したがって，Farkas の補題 (定理 2.11) より，$B_0 = \{x \in \mathbf{R}^V \mid x$ は a_j $(j = 1, \cdots, m)$ の非負結合 $\}$ が導かれる．逆に，この形に表現される凸錐が M 凸錐であることを示すには上の議論を逆にたどればよい． □

6.7［補足］　定理 6.3 を用いて，L 凸錐の表現 (補足 3.37) の証明を与える．D_0 が L 凸錐とすると，その極錐 B_0 は M 凸錐である (定理 6.3)．したがって，$\rho(X) \in \{0, +\infty\}$ である $\rho \in \mathcal{S}[\mathbf{R}]$ によって $B_0 = \mathbf{B}(\rho)$ と書ける (式 (3.33) 参照)．$\mathcal{D} = \mathrm{dom}\,\rho$ とおくと，$\mathcal{D}$ は集合束の部分束で，$B_0 = \{x \in \mathbf{R}^V \mid \langle \chi_X, x \rangle \leq 0 \ (\forall X \in \mathcal{D} \setminus \{V\}), \langle \chi_V, x \rangle = 0\}$ と表現される．一方，極錐の定義 (2.35) より，$D_0 = \{p \in \mathbf{R}^V \mid \langle p, x \rangle \leq 0 \ (\forall x \in B_0)\}$ である．したがって，Farkas の補題 (定理 2.11) より，$D_0 = \{p = \sum_{X \in \mathcal{D}} c_X \chi_X \mid c_X \geq 0 \ (X \in \mathcal{D} \setminus \{V\})\}$ が導かれる．逆に，この形に表現される凸錐が L 凸錐であることを示すには上の議論を逆にたどればよい． □

1.2　整数値 M/L 凸関数

次に，整数格子点上で定義された関数の共役関係に移ろう．関数 $f : \mathbf{Z}^V \to \mathbf{R} \cup \{+\infty\}$ に対し，

$$f^\bullet(p) = \sup\{\langle p, x\rangle - f(x) \mid x \in \mathbf{Z}^V\} \qquad (p \in \mathbf{R}^V) \tag{6.4}$$

で定義される関数 $f^\bullet : \mathbf{R}^V \to \mathbf{R} \cup \{\pm\infty\}$ を f の **(凸) 共役関数**と呼ぶ．また，写像 $f \mapsto f^\bullet$ を**離散 Legendre–Fenchel 変換** と呼ぶ．$\mathrm{dom}\, f \neq \emptyset$ ならば $f^\bullet(p) > -\infty$ である．関数 f が整数値のとき，整数ベクトル p に対して $f^\bullet(p)$ も整数になる．したがって，$f : \mathbf{Z}^V \to \mathbf{Z} \cup \{+\infty\}$ に対しては $f^\bullet : \mathbf{Z}^V \to \mathbf{Z} \cup \{\pm\infty\}$ と見なすことができる．式 (6.4) において $p \in \mathbf{Z}^V$ としたものを $(6.4)_{\mathbf{Z}}$ として参照することにする．同様に，関数 $h : \mathbf{Z}^V \to \mathbf{R} \cup \{-\infty\}$ の **(凹) 共役関数** $h^\circ : \mathbf{R}^V \to \mathbf{R} \cup \{\pm\infty\}$ を

$$h^\circ(p) = \inf\{\langle p, x\rangle - h(x) \mid x \in \mathbf{Z}^V\} \qquad (p \in \mathbf{R}^V) \tag{6.5}$$

と定義する (ここで $p \in \mathbf{Z}^V$ としたものを $(6.5)_{\mathbf{Z}}$ と書く)．$h^\circ(p) = -(-h)^\bullet(-p)$ である．

次の事実は離散関数の共役性にとって基本的である．

6.8 [命題]　関数 $f : \mathbf{Z}^V \to \mathbf{Z} \cup \{+\infty\}$ と $x \in \mathrm{dom}\, f$ に対して，$\partial_{\mathbf{Z}} f(x) \neq \emptyset$ ならば $(f^\bullet)^\bullet(x) = f(x)$．ここで，$^\bullet$ は離散 Legendre–Fenchel 変換 $(6.4)_{\mathbf{Z}}$ である．

証明　$p \in \partial_{\mathbf{Z}} f(x)$ とすると，$f^\bullet(p) = \langle p, x\rangle - f(x)$ であり (式 (2.31) と同様)，$(f^\bullet)^\bullet(x) = \sup\{\langle q, x\rangle - f^\bullet(q) \mid q \in \mathbf{Z}^V\} \geq \langle p, x\rangle - f^\bullet(p) = f(x)$．一方，$(f^\bullet)^\bullet(x) \leq f(x)$ は明らかである．■

整数格子点上の整数値 M/L 凸関数の共役性定理を述べる．

6.9 [定理] (離散共役性定理)

(1) 整数値 M 凸関数の全体 $\mathcal{M}[\mathbf{Z} \to \mathbf{Z}]$ と整数値 L 凸関数の全体 $\mathcal{L}[\mathbf{Z} \to \mathbf{Z}]$ は，離散 Legendre–Fenchel 変換 $(6.4)_{\mathbf{Z}}$ により 1 対 1 に対応する．より詳しくは，写像 $\Phi : \mathcal{M}[\mathbf{Z} \to \mathbf{Z}] \to \mathcal{L}[\mathbf{Z} \to \mathbf{Z}]$, $\Psi : \mathcal{L}[\mathbf{Z} \to \mathbf{Z}] \to \mathcal{M}[\mathbf{Z} \to \mathbf{Z}]$ が離散 Legendre–Fenchel 変換 $\Phi : f \mapsto f^\bullet$, $\Psi : g \mapsto g^\bullet$ によって定義され，Φ と Ψ は互いに逆写像である．

(2) 整数値 M$^\natural$ 凸関数の全体 $\mathcal{M}^\natural[\mathbf{Z} \to \mathbf{Z}]$ と整数値 L$^\natural$ 凸関数の全体 $\mathcal{L}^\natural[\mathbf{Z} \to \mathbf{Z}]$ の間にも $(6.4)_{\mathbf{Z}}$ による 1 対 1 対応がある．

証明　証明の基本方針は，f, g の凸拡張に対して定理 6.2 を適用することである．(1) と (2) は同等であるから，(2) を証明する．

(i) $f \in \mathcal{M}^\natural[\mathbf{Z} \to \mathbf{Z}] \Rightarrow f^\bullet \in \mathcal{L}^\natural[\mathbf{Z} \to \mathbf{Z}]$ の証明: f の凸閉包を $\overline{f}$，$\overline{f}$ の共役関数 (2.27) を $\overline{f}^\bullet$ とする．定理 4.29 により f は凸拡張可能だから，$f(x) = \overline{f}(x)$ $(x \in \mathbf{Z}^V)$ が成り立ち，したがって，$f^\bullet(p) = \overline{f}^\bullet(p)$ $(p \in \mathbf{Z}^V)$ である．

まず, $\mathrm{dom}\, f$ が有界の場合を考える．このとき, $\overline{f}$ は多面体的凸関数だから, 定理 4.33 より $\overline{f} \in \mathcal{M}^\natural[\mathbf{R} \to \mathbf{R}]$. したがって, 定理 6.2 により $\overline{f}^\bullet \in \mathcal{L}^\natural[\mathbf{R} \to \mathbf{R}]$. 一方，$f^\bullet(p) = \overline{f}^\bullet(p) \in \mathbf{Z}$ $(p \in \mathbf{Z}^V)$ であり，$\overline{f}^\bullet$ が並進劣モジュラ性 (5.30) をもてば $f^\bullet$ は並進劣モジュラ性 (5.5) をもつ．ゆえに，$f^\bullet \in \mathcal{L}^\natural[\mathbf{Z} \to \mathbf{Z}]$.

次に，$\mathrm{dom}\, f$ が有界とは限らない場合を考える．$\mathrm{dom}\, f \cap [-k\mathbf{1}, k\mathbf{1}]_{\mathbf{Z}} \neq \emptyset$ を満たす十分大きい $k \in \mathbf{Z}$ に対して，f の整数区間 $[-k\mathbf{1}, k\mathbf{1}]_{\mathbf{Z}}$ へ制限を f_k とする．このとき，$f_k \in \mathcal{M}^\natural[\mathbf{Z} \to \mathbf{Z}]$ である (定理 4.10) から，上の議論により，$f_k^\bullet \in \mathcal{L}^\natural[\mathbf{Z} \to \mathbf{Z}]$. 一方，各 $p \in \mathbf{Z}^V$ に対して $f^\bullet(p) = \lim_{k\to\infty} f_k^\bullet(p)$ が成り立つ[2]ので，$f_k^\bullet$ の並進劣モジュラ性から $f^\bullet$ の並進劣モジュラ性が導かれる．ゆえに，$f^\bullet \in \mathcal{L}^\natural[\mathbf{Z} \to \mathbf{Z}]$.

(ii) $g \in \mathcal{L}^\natural[\mathbf{Z} \to \mathbf{Z}] \Rightarrow g^\bullet \in \mathcal{M}^\natural[\mathbf{Z} \to \mathbf{Z}]$ の証明: g の凸閉包を $\overline{g}$，$\overline{g}$ の共役関数 (2.27) を $\overline{g}^\bullet$ とする．定理 5.17 により g は凸拡張可能だから，$g(p) = \overline{g}(p)$ $(p \in \mathbf{Z}^V)$ が成り立ち，したがって，

$$\overline{g}^\bullet(x) = \sup\{\langle p, x\rangle - g(p) \mid p \in \mathbf{Z}^V\} \qquad (x \in \mathbf{R}^V) \tag{6.6}$$

である．とくに $g^\bullet(x) = \overline{g}^\bullet(x)$ $(x \in \mathbf{Z}^V)$ が成り立つ．

まず, $\mathrm{dom}\, g$ が有界の場合を考える．このとき, $\overline{g}$ は多面体的凸関数だから, 定理 5.22 より $\overline{g} \in \mathcal{L}^\natural[\mathbf{R} \to \mathbf{R}]$. したがって，定理 6.2 により $\overline{g}^\bullet \in \mathcal{M}^\natural[\mathbf{R} \to \mathbf{R}]$ であり，$\overline{g}^\bullet$ は (M$^\natural$-EXC[$\mathbf{R}$]) を満たす (定理 4.35)．(M$^\natural$-EXC[$\mathbf{R}$]) において $\alpha_0 = 1$ ととれれば，$g^\bullet$ が (M$^\natural$-EXC[$\mathbf{Z}$]) を満たすことになり，定理 4.2 より $g^\bullet \in \mathcal{M}^\natural[\mathbf{Z} \to \mathbf{Z}]$ が証明される．

さて，$\alpha_0 = 1$ とできることを示そう (以下，x, y, u, v は (M$^\natural$-EXC[$\mathbf{R}$]) における記号である)．いま $\mathrm{dom}\, g$ が有界だから，x に対して (6.6) の sup を達成する p が存在するが，さらに強く，十分小さい $\alpha_1 > 0$ が存在して，すべての

---

[2] 定理 4.29 より f は整凸関数だから，命題 2.51 より，$p \in \mathrm{dom}\, f^\bullet$ に対しては，ある k が存在して $f^\bullet(p) = \overline{f}^\bullet(p) = \overline{f_k}^\bullet(p) = f_k^\bullet(p)$ となる．

$\alpha \in [0, \alpha_1]_{\mathbf{R}}$ に対して

$$\overline{g}^{\bullet}(x - \alpha(\chi_u - \chi_v)) = \langle p_0, x - \alpha(\chi_u - \chi_v)\rangle - g(p_0) \tag{6.7}$$

を満たす $p_0 \in \mathbf{Z}^V$ が存在する．(6.7) は

$$p_0 \in \arg\min g[-x + \alpha(\chi_u - \chi_v)] \tag{6.8}$$

と同値である．L 凸関数最小性規準 (定理 5.12(2)) によって条件 (6.8) を書き直すと

$$\alpha\langle \pm\chi_X, \chi_v - \chi_u\rangle \leq g(p_0 \pm \chi_X) - g(p_0) - \langle \pm\chi_X, x\rangle \qquad (\forall X \subseteq V)$$

となる (複号同順)．右辺は整数であり，左辺の α の係数 $\in \{0, \pm 1\}$ なので，この不等式が十分小さいすべての $\alpha \geq 0$ に対して成り立つならば $\alpha = 1$ に対しても成り立つ (ここで整数性が効いていることに注意)[3]．ゆえに，(6.7) が任意の $\alpha \in [0, 1]_{\mathbf{R}}$ に対して成り立つ．同様に，ある $q_0 \in \mathbf{Z}^V$ が存在して，任意の $\alpha \in [0, 1]_{\mathbf{R}}$ に対して

$$\overline{g}^{\bullet}(y + \alpha(\chi_u - \chi_v)) = \langle q_0, y + \alpha(\chi_u - \chi_v)\rangle - g(q_0). \tag{6.9}$$

式 (6.7), (6.9) を用いて計算すると

$$\begin{aligned}&\overline{g}^{\bullet}(x - \alpha(\chi_u - \chi_v)) + \overline{g}^{\bullet}(y + \alpha(\chi_u - \chi_v)) - \overline{g}^{\bullet}(x) - \overline{g}^{\bullet}(y)\\ &= \alpha[p_0(v) - p_0(u) + q_0(u) - q_0(v)]\end{aligned}$$

となることから，$\alpha_0 = 1$ とできることがわかる．

次に，$\mathrm{dom}\, g$ が有界とは限らない場合を考える．$\mathrm{dom}\, g \cap [-k\mathbf{1}, k\mathbf{1}]_{\mathbf{Z}} \neq \emptyset$ を満たす十分大きい $k \in \mathbf{Z}$ に対して，g の整数区間 $[-k\mathbf{1}, k\mathbf{1}]_{\mathbf{Z}}$ へ制限を g_k とする．このとき，$g_k \in \mathcal{L}^{\natural}[\mathbf{Z} \to \mathbf{Z}]$ である (定理 5.10) から，上の議論により，$g_k^{\bullet} \in \mathcal{M}^{\natural}[\mathbf{Z} \to \mathbf{Z}]$．一方，各 $x \in \mathbf{Z}^V$ に対して $g^{\bullet}(x) \geq g_k^{\bullet}(x)$, $g^{\bullet}(x) = \lim_{k\to\infty} g_k^{\bullet}(x)$ が成り立つ[4]．したがって，$g_k^{\bullet}$ が (M$^{\natural}$-EXC[$\mathbf{Z}$]) を満たすことから，$g^{\bullet}$ が (M$^{\natural}$-EXC[$\mathbf{Z}$]) を満たすことが導かれる．ゆえに，$g^{\bullet} \in \mathcal{M}^{\natural}[\mathbf{Z} \to \mathbf{Z}]$.

[3] (6.8) は $x - \alpha(\chi_u - \chi_v) \in \partial_{\mathbf{R}} g(p_0)$ と同値であり，$\partial_{\mathbf{R}} g(p_0)$ は整 M$^{\natural}$ 凸多面体である (定理 5.38(2))．さらに，補足 3.24 において (証明なしで) 述べた事実「整 M 凸多面体 B においては，$x, y \in B \cap \mathbf{Z}^V$ ならば，(B-EXC[$\mathbf{R}$]) で $\alpha_0 = 1$ にとれる」を用いることによってもこのことを証明できる．

[4] 定理 5.17 より g は整凸関数だから，命題 2.51 より，$x \in \mathrm{dom}\, g^{\bullet}$ に対しては，ある k が存在して $g^{\bullet}(x) = \overline{g}^{\bullet}(x) = \overline{g_k}^{\bullet}(x) = g_k^{\bullet}(x)$ となる．

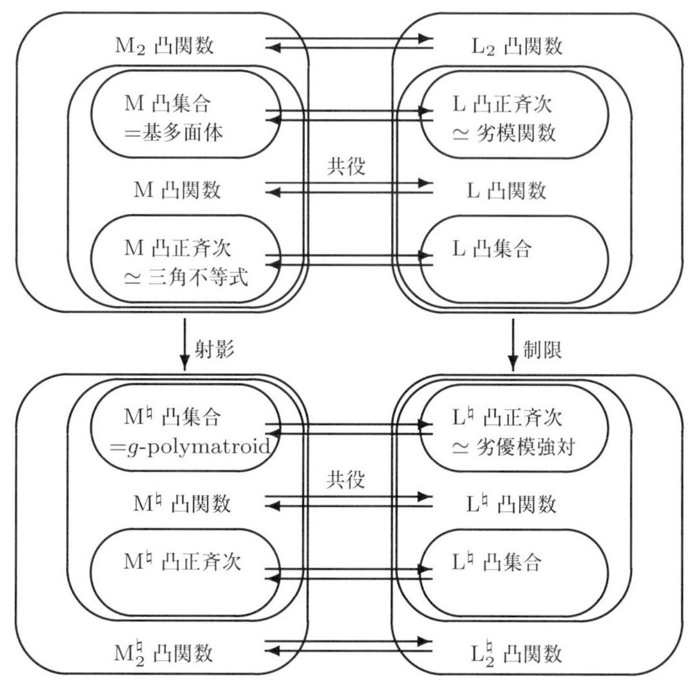

図 6.1　離散凸関数の共役関係

(iii) Φ と Ψ が逆写像であることは，定理 4.50, 定理 5.38, 命題 6.8 による． ∎

定理 6.9, 定理 5.35, 定理 4.47 (および定理 3.13, 定理 3.30) より，式 (6.3) の離散版として，

$$\boxed{\begin{array}{ccccccc} & & \mathcal{M}_0[\mathbf{Z}] & \longleftrightarrow & {}_0\mathcal{L}[\mathbf{Z}\to\mathbf{Z}] & \longleftrightarrow & \mathcal{S}[\mathbf{Z}] \\ & & \mathcal{M}[\mathbf{Z}\to\mathbf{Z}] & \longleftrightarrow & \mathcal{L}[\mathbf{Z}\to\mathbf{Z}] & & \\ \mathcal{T}[\mathbf{Z}] & \longleftrightarrow & {}_0\mathcal{M}[\mathbf{Z}\to\mathbf{Z}] & \longleftrightarrow & \mathcal{L}_0[\mathbf{Z}] & & \end{array}} \tag{6.10}$$

が得られる．

離散凸関数の共役関係を図 6.1 にまとめて示しておく ($\mathrm{M}_2^\natural$ 凸，$\mathrm{L}_2^\natural$ 凸の概念は本章 3 節で説明する)．マトロイド $(V,\mathcal{B},\rho)$ における基族 $\mathcal{B}$ と階数関数 ρ の等価性 (第 2 章 4 節) に端を発した共役関係の究極の姿がこの図式である．一言

でいえば，いろいろなレベルで，交換公理と劣モジュラ性が表裏一体の関係になっているということである．

共役関係にある M 凸関数と L 凸関数の例を挙げる．関数はすべて整数格子点上で定義された整数値関数とする．

- ネットワークフロー (第 2 章 3 節) で，各 $a \in A$ に対して $f_a \in \mathcal{C}[\mathbf{Z} \to \mathbf{Z}]$ と $g_a \in \mathcal{C}[\mathbf{Z} \to \mathbf{Z}]$ が共役ならば，(2.74) の $f \in \mathcal{M}[\mathbf{Z} \to \mathbf{Z}]$ と (2.75) の $g \in \mathcal{L}[\mathbf{Z} \to \mathbf{Z}]$ は互いに共役．なお，これに関しては第 7 章 5 節で詳しく述べる．

- 多項式行列から生じる付値マトロイド (第 2 章 4.2 項) で，(2.105) の $f \in \mathcal{M}[\mathbf{Z} \to \mathbf{Z}]$ と (2.93) の $g \in \mathcal{L}[\mathbf{Z} \to \mathbf{Z}]$ は互いに共役．

- 定理 4.10 と定理 5.10 において，M$^\natural$ 凸関数 f と L$^\natural$ 凸関数 g が共役ならば，$U \subseteq V$ に対して制限 f_U と射影 g^U，射影 f^U と制限 g_U は共役．

- 各 $v \in V$ に対して $\varphi_v \in \mathcal{C}[\mathbf{Z} \to \mathbf{Z}]$ と $\psi_v \in \mathcal{C}[\mathbf{Z} \to \mathbf{Z}]$ が共役ならば，(4.35) の $\tilde{f} \in \mathcal{M}[\mathbf{Z} \to \mathbf{Z}]$ と (5.14) の $\tilde{g} \in \mathcal{L}[\mathbf{Z} \to \mathbf{Z}]$ は共役．

- $i = 1, 2$ に対して $f_i \in \mathcal{M}^\natural[\mathbf{Z} \to \mathbf{Z}]$ と $g_i \in \mathcal{L}^\natural[\mathbf{Z} \to \mathbf{Z}]$ が共役ならば，$f_1 \Box_{\mathbf{Z}} f_2 \in \mathcal{M}^\natural[\mathbf{Z} \to \mathbf{Z}]$ と $g_1 + g_2 \in \mathcal{L}^\natural[\mathbf{Z} \to \mathbf{Z}]$ は共役．

2. 双対性

離散凸解析の根幹をなす離散双対定理を与えよう．M 凸/M 凹関数に対する分離定理 (M 分離定理)，L 凸/L 凹関数に対する分離定理 (L 分離定理)，および，Fenchel 型双対定理を示す．これらの離散双対定理は，見かけは通常の凸解析における双対定理と同じであるが，その本質は組合せ論的に深い内容を含んでいる．たとえば，L 分離定理は劣モジュラ関数に関する離散分離定理 (定理 3.16) を特別な場合として含んでいる．

最初に，第 1 章 2 節における**離散分離定理**に関する予備的考察で見た事実を復習しよう．$f : \mathbf{Z}^V \to \mathbf{Z} \cup \{+\infty\}$, $h : \mathbf{Z}^V \to \mathbf{Z} \cup \{-\infty\}$ として，

$$f(x) \geq \alpha^* + \langle p^*, x \rangle \geq h(x) \qquad (\forall\, x \in \mathbf{Z}^V) \tag{6.11}$$

を満たす $\alpha^* \in \mathbf{Z}$, $p^* \in \mathbf{Z}^V$ が存在するかどうかが問題であった．f の凸閉包を $\overline{f}$，h の凹閉包を $\overline{h}$ (すなわち $-\overline{h}$ が $-h$ の凸閉包) とするとき，例 1.1, 例 1.2 は次のことを示している：

1. $f(x) \geq h(x)\ (\forall\, x \in \mathbf{Z}^V) \ \not\Rightarrow\ \overline{f}(x) \geq \overline{h}(x)\ (\forall\, x \in \mathbf{R}^V)$,
2. $f(x) \geq h(x)\ (\forall\, x \in \mathbf{Z}^V) \ \not\Rightarrow\ \alpha^* \in \mathbf{R}, p^* \in \mathbf{R}^V$ が存在,
3. $\alpha^* \in \mathbf{R}, p^* \in \mathbf{R}^V$ が存在 $\not\Rightarrow\ \alpha^* \in \mathbf{Z}, p^* \in \mathbf{Z}^V$ が存在.

実は，M 凸関数と L 凸関数に対して上の $\not\Rightarrow$ が三つとも $\Rightarrow$ となることを以下で示すのであるが，第一の点に関しては次の命題が成り立つ．

6.10［命題］

(1) $f, -h \in \mathcal{M}^\natural[\mathbf{Z} \to \mathbf{R}]$ とする．$f(x) \geq h(x)\ (\forall\, x \in \mathbf{Z}^V)$ ならば $\overline{f}(x) \geq \overline{h}(x)\ (\forall\, x \in \mathbf{R}^V)$ である．

(2) $g, -k \in \mathcal{L}^\natural[\mathbf{Z} \to \mathbf{R}]$ とする．$g(p) \geq k(p)\ (\forall\, p \in \mathbf{Z}^V)$ ならば $\overline{g}(p) \geq \overline{k}(p)\ (\forall\, p \in \mathbf{R}^V)$ である．

証明　(1) $f, -h \in \mathcal{M}[\mathbf{Z} \to \mathbf{R}]$ の場合に示せばよい．定理 4.31 において $f_1 = f$, $f_2 = -h$ とする．凸拡張の重み λ が共通にとれるので $f_1 + f_2 \geq 0$ から $\overline{f_1} + \overline{f_2} \geq 0$ が導かれる．

(2) $g, -k \in \mathcal{L}[\mathbf{Z} \to \mathbf{R}]$ の場合に示せばよい．定理 5.16 により g と $-k$ の凸拡張の重みが共通にとれるので，同様に証明される．　■

M 凸/M 凹関数に対する分離定理 (M 分離定理) を述べる．なお，$f^\bullet$ は f の凸共役関数 (6.4)，h° は h の凹共役関数 (6.5) である．また，凹関数に対する劣微分の記号 $\partial'_{\mathbf{R}}$, $\partial'_{\mathbf{Z}}$ を

$$\partial'_{\mathbf{R}} h(x) = -\partial_{\mathbf{R}}(-h)(x), \quad \partial'_{\mathbf{Z}} h(x) = -\partial_{\mathbf{Z}}(-h)(x) \tag{6.12}$$

で定義する．

6.11［定理］(M 分離定理)　　$f : \mathbf{Z}^V \to \mathbf{R} \cup \{+\infty\}$ を M$^\natural$ 凸関数, $h : \mathbf{Z}^V \to \mathbf{R} \cup \{-\infty\}$ を M$^\natural$ 凹関数として，$\mathrm{dom}_{\mathbf{Z}} f \cap \mathrm{dom}_{\mathbf{Z}} h \neq \emptyset$ または $\mathrm{dom}_{\mathbf{R}} f^\bullet \cap \mathrm{dom}_{\mathbf{R}} h^\circ \neq \emptyset$ が成り立つと仮定する．$f(x) \geq h(x)\ (\forall\, x \in \mathbf{Z}^V)$ ならば，ある

$\alpha^* \in \mathbf{R}$, $p^* \in \mathbf{R}^V$ が存在して，

$$f(x) \geq \alpha^* + \langle p^*, x\rangle \geq h(x) \qquad (\forall\, x \in \mathbf{Z}^V). \tag{6.13}$$

さらに，f, h が整数値ならば，(6.13) を満たす $\alpha^* \in \mathbf{Z}$, $p^* \in \mathbf{Z}^V$ が存在する．

証明　$f, -h \in \mathcal{M}[\mathbf{Z} \to \mathbf{R}]$ の場合に示せばよい．

まず，$\mathrm{dom}_{\mathbf{Z}} f \cap \mathrm{dom}_{\mathbf{Z}} h \neq \emptyset$ の場合を考える．f の凸閉包を $\overline{f}$, h の凹閉包を $\overline{h}$ とすると，命題 6.10(1) より $\overline{f}(x) \geq \overline{h}(x)$ $(\forall\, x \in \mathbf{R}^V)$ が成り立つ．$\mathrm{dom}_{\mathbf{Z}} f \cap \mathrm{dom}_{\mathbf{Z}} h \neq \emptyset$ ならば $\mathrm{dom}_{\mathbf{R}} \overline{f} \cap \mathrm{dom}_{\mathbf{R}} \overline{h} \neq \emptyset$ であるから，通常の分離定理 (定理 2.7) により，$\overline{f}(x) \geq \alpha + \langle p, x\rangle \geq \overline{h}(x)$　$(\forall\, x \in \mathbf{R}^V)$ を満たす $\alpha \in \mathbf{R}$, $p \in \mathbf{R}^V$ が存在する (補足 6.22 参照)．$\mathbf{Z}^V$ 上で $\overline{f} = f$, $\overline{h} = h$ である (定理 4.29) から (6.13) が成り立つ．さらに，f, h が整数値の場合には，M 凸関数の整数劣微分が L 凸集合をなすという事実 (定理 4.50) を用いる．$\inf\{f(x) - h(x) \mid x \in \mathbf{Z}^V\} = 0$ のときに証明すれば十分であるが，このとき，$f(x_0) - h(x_0) = 0$ を満たす $x_0 \in \mathbf{Z}^V$ が存在する (関数値が整数であることによる)．(4.76) と定理 4.50(2) により，

$$\partial_{\mathbf{R}} \overline{f}(x_0) \cap \partial'_{\mathbf{R}} \overline{h}(x_0) = \partial_{\mathbf{R}} f(x_0) \cap \partial'_{\mathbf{R}} h(x_0) = \overline{\partial_{\mathbf{Z}} f(x_0)} \cap \overline{\partial'_{\mathbf{Z}} h(x_0)}$$

であり，$\partial_{\mathbf{Z}} f(x_0)$ と $\partial'_{\mathbf{Z}} h(x_0)$ はともに L 凸集合である．さらに，定理 3.32(1) により，

$$\overline{\partial_{\mathbf{Z}} f(x_0)} \cap \overline{\partial'_{\mathbf{Z}} h(x_0)} = \overline{\partial_{\mathbf{Z}} f(x_0) \cap \partial'_{\mathbf{Z}} h(x_0)}$$

が成り立つ．$p \in \partial_{\mathbf{R}} \overline{f}(x_0) \cap \partial'_{\mathbf{R}} \overline{h}(x_0)$ ゆえ $\partial_{\mathbf{R}} \overline{f}(x_0) \cap \partial'_{\mathbf{R}} \overline{h}(x_0) \neq \emptyset$ であるから，$\exists\, p^* \in \partial_{\mathbf{Z}} f(x_0) \cap \partial'_{\mathbf{Z}} h(x_0)$．この p^* と $\alpha^* = h(x_0) - \langle p^*, x_0\rangle \in \mathbf{Z}$ に対して (6.13) が成り立つ．

次に，$\mathrm{dom}_{\mathbf{Z}} f \cap \mathrm{dom}_{\mathbf{Z}} h = \emptyset$, $\mathrm{dom}_{\mathbf{R}} f^\bullet \cap \mathrm{dom}_{\mathbf{R}} h^\circ \neq \emptyset$ の場合を考える．$p_0 \in \mathrm{dom}_{\mathbf{R}} f^\bullet \cap \mathrm{dom}_{\mathbf{R}} h^\circ$ を固定すると，

$$\begin{aligned}
f^\bullet(p) &= \sup_{x \in \mathrm{dom}_{\mathbf{Z}} f} \{\langle p - p_0, x\rangle + [\langle p_0, x\rangle - f(x)]\} \\
&\leq \sup_{x \in \mathrm{dom}_{\mathbf{Z}} f} \langle p - p_0, x\rangle + f^\bullet(p_0), \\
h^\circ(p) &= \inf_{x \in \mathrm{dom}_{\mathbf{Z}} h} \{\langle p - p_0, x\rangle + [\langle p_0, x\rangle - h(x)]\} \\
&\geq \inf_{x \in \mathrm{dom}_{\mathbf{Z}} h} \langle p - p_0, x\rangle + h^\circ(p_0)
\end{aligned}$$

が成り立つので，

$$h^\circ(p) - f^\bullet(p) \geq \left[\inf_{x \in \mathrm{dom}_{\mathbf{Z}} h} \langle p - p_0, x \rangle - \sup_{x \in \mathrm{dom}_{\mathbf{Z}} f} \langle p - p_0, x \rangle \right] + h^\circ(p_0) - f^\bullet(p_0) \tag{6.14}$$

となる．$\mathrm{dom}_{\mathbf{Z}} f$ と $\mathrm{dom}_{\mathbf{Z}} h$ は M 凸集合で $\mathrm{dom}_{\mathbf{Z}} f \cap \mathrm{dom}_{\mathbf{Z}} h = \emptyset$ だから，M 凸集合の分離定理 3.18 により，(6.14) の右辺が正となるような $p = p^* \in \mathbf{R}^V$ が存在する．この p^* と $f^\bullet(p^*) \leq -\alpha^* \leq h^\circ(p^*)$ を満たす $\alpha^* \in \mathbf{R}$ に対して (6.13) が成り立つ．f, h が整数値の場合には，$f^\bullet, -h^\circ \in \mathcal{L}[\mathbf{Z} \mid \mathbf{R} \to \mathbf{R}]$ となるので，$\mathrm{dom}_{\mathbf{R}} f^\bullet$ と $\mathrm{dom}_{\mathbf{R}} h^\circ$ はともに整 L 凸多面体であり，定理 3.32(1) により $p_0 \in \mathbf{Z}^V$ と仮定してよい．定理 3.18 により $p^* \in \mathbf{Z}^V$ としてよいので，$f^\bullet(p^*)$ と $h^\circ(p^*)$ は整数であり，したがって，$\alpha^* \in \mathbf{Z}$ とできる． ■

次に，L 凸/L 凹関数に対する分離定理 (L 分離定理) を述べる．

6.12 [定理] (L 分離定理)　$g : \mathbf{Z}^V \to \mathbf{R} \cup \{+\infty\}$ を L$^\natural$ 凸関数，$k : \mathbf{Z}^V \to \mathbf{R} \cup \{-\infty\}$ を L$^\natural$ 凹関数として，$\mathrm{dom}_{\mathbf{Z}} g \cap \mathrm{dom}_{\mathbf{Z}} k \neq \emptyset$ または $\mathrm{dom}_{\mathbf{R}} g^\bullet \cap \mathrm{dom}_{\mathbf{R}} k^\circ \neq \emptyset$ が成り立つと仮定する，$g(p) \geq k(p)$ $(\forall\, p \in \mathbf{Z}^V)$ ならば，ある $\beta^* \in \mathbf{R}$, $x^* \in \mathbf{R}^V$ が存在して，

$$g(p) \geq \beta^* + \langle p, x^* \rangle \geq k(p) \qquad (\forall\, p \in \mathbf{Z}^V). \tag{6.15}$$

さらに，g, k が整数値ならば，(6.15) を満たす $\beta^* \in \mathbf{Z}$, $x^* \in \mathbf{Z}^V$ が存在する．

証明　$g, -k \in \mathcal{L}[\mathbf{Z} \to \mathbf{R}]$ の場合に示せばよい．

まず，$\mathrm{dom}_{\mathbf{Z}} g \cap \mathrm{dom}_{\mathbf{Z}} k \neq \emptyset$ の場合を考える．g の凸閉包を $\overline{g}$, k の凹閉包を $\overline{k}$ とすると，命題 6.10(2) より $\overline{g}(p) \geq \overline{k}(p)$ $(\forall\, p \in \mathbf{R}^V)$ が成り立つ．$\mathrm{dom}_{\mathbf{Z}} g \cap \mathrm{dom}_{\mathbf{Z}} k \neq \emptyset$ ならば $\mathrm{dom}_{\mathbf{R}} \overline{g} \cap \mathrm{dom}_{\mathbf{R}} \overline{k} \neq \emptyset$ であるから，通常の分離定理 (定理 2.7) により，$\overline{g}(p) \geq \beta + \langle p, x \rangle \geq \overline{k}(p)$　$(\forall\, p \in \mathbf{R}^V)$ を満たす $\beta \in \mathbf{R}$, $x \in \mathbf{R}^V$ が存在する (補足 6.22 参照)．$\mathbf{Z}^V$ 上で $\overline{g} = g$, $\overline{k} = k$ である (定理 5.16(3)) から (6.15) が成り立つ．さらに，g, k が整数値の場合には，L 凸関数の整数劣微分が M 凸集合をなすという事実 (定理 5.38) を用いる．$\inf\{g(p) - k(p) \mid p \in \mathbf{Z}^V\} = 0$ のときに証明すれば十分であるが，このとき，$g(p_0) - k(p_0) = 0$ を満たす $p_0 \in \mathbf{Z}^V$ が存在する (関数値が整数であることに

よる)．(4.76) と定理 5.38(2) により，

$$\partial_{\mathbf{R}}\overline{g}(p_0) \cap \partial'_{\mathbf{R}}\overline{k}(p_0) = \partial_{\mathbf{R}}g(p_0) \cap \partial'_{\mathbf{R}}k(p_0) = \overline{\partial_{\mathbf{Z}}g(p_0)} \cap \overline{\partial'_{\mathbf{Z}}k(p_0)}$$

であり，$\partial_{\mathbf{Z}}g(p_0)$ と $\partial'_{\mathbf{Z}}k(p_0)$ はともに M 凸集合である．さらに，定理 3.19 により

$$\overline{\partial_{\mathbf{Z}}g(p_0)} \cap \overline{\partial'_{\mathbf{Z}}k(p_0)} = \overline{\partial_{\mathbf{Z}}g(p_0) \cap \partial'_{\mathbf{Z}}k(p_0)}$$

が成り立つ．$x \in \partial_{\mathbf{R}}\overline{g}(p_0) \cap \partial'_{\mathbf{R}}\overline{k}(p_0)$ ゆえ $\partial_{\mathbf{R}}\overline{g}(p_0) \cap \partial'_{\mathbf{R}}\overline{k}(p_0) \neq \emptyset$ であるから，$\exists\, x^* \in \partial_{\mathbf{Z}}g(p_0) \cap \partial'_{\mathbf{Z}}k(p_0)$．この x^* と $\beta^* = k(p_0) - \langle p_0, x^* \rangle \in \mathbf{Z}$ に対して (6.15) が成り立つ．

次に，$\mathrm{dom}_{\mathbf{Z}}g \cap \mathrm{dom}_{\mathbf{Z}}k = \emptyset$, $\mathrm{dom}_{\mathbf{R}}g^{\bullet} \cap \mathrm{dom}_{\mathbf{R}}k^{\circ} \neq \emptyset$ の場合を考える．$x_0 \in \mathrm{dom}_{\mathbf{R}}g^{\bullet} \cap \mathrm{dom}_{\mathbf{R}}k^{\circ}$ を固定すると，

$$\begin{aligned}
g^{\bullet}(x) &= \sup_{p \in \mathrm{dom}_{\mathbf{Z}}g} \{\langle p, x - x_0 \rangle + [\langle p, x_0 \rangle - g(p)]\} \\
&\leq \sup_{p \in \mathrm{dom}_{\mathbf{Z}}g} \langle p, x - x_0 \rangle + g^{\bullet}(x_0), \\
k^{\circ}(x) &= \inf_{p \in \mathrm{dom}_{\mathbf{Z}}k} \{\langle p, x - x_0 \rangle + [\langle p, x_0 \rangle - k(p)]\} \\
&\geq \inf_{p \in \mathrm{dom}_{\mathbf{Z}}k} \langle p, x - x_0 \rangle + k^{\circ}(x_0)
\end{aligned}$$

が成り立つので，

$$\begin{aligned}
&k^{\circ}(x) - g^{\bullet}(x) \\
&\quad \geq \left[\inf_{p \in \mathrm{dom}_{\mathbf{Z}}k} \langle p, x - x_0 \rangle - \sup_{p \in \mathrm{dom}_{\mathbf{Z}}g} \langle p, x - x_0 \rangle\right] + k^{\circ}(x_0) - g^{\bullet}(x_0)
\end{aligned} \tag{6.16}$$

となる．$\mathrm{dom}_{\mathbf{Z}}g$ と $\mathrm{dom}_{\mathbf{Z}}k$ は L 凸集合で $\mathrm{dom}_{\mathbf{Z}}g \cap \mathrm{dom}_{\mathbf{Z}}k = \emptyset$ だから，L 凸集合の分離定理 3.34 により，(6.16) の右辺が正となるような $x = x^* \in \mathbf{R}^V$ が存在する．この x^* と $g^{\bullet}(x^*) \leq -\beta^* \leq k^{\circ}(x^*)$ を満たす $\beta^* \in \mathbf{R}$ に対して (6.15) が成り立つ．g, k が整数値の場合には，$g^{\bullet}, -k^{\circ} \in \mathcal{M}[\mathbf{Z} \mid \mathbf{R} \to \mathbf{R}]$ となるので，$\mathrm{dom}_{\mathbf{R}}g^{\bullet}$ と $\mathrm{dom}_{\mathbf{R}}k^{\circ}$ はともに整 M 凸多面体であり，定理 3.19 により $x_0 \in \mathbf{Z}^V$ と仮定してよい．定理 3.34 により $x^* \in \mathbf{Z}^V$ としてよいので，$g^{\bullet}(x^*)$ と $k^{\circ}(x^*)$ は整数であり，したがって，$\beta^* \in \mathbf{Z}$ とできる．■

Fenchel 型双対定理に移ろう．関数 $f : \mathbf{Z}^V \to \mathbf{R} \cup \{+\infty\}$ が凸拡張可能，$h : \mathbf{Z}^V \to \mathbf{R} \cup \{-\infty\}$ が凹拡張可能とすると，共役関数の定義 (6.4), (6.5) に

より，

$$\begin{aligned}&\inf\{f(x)-h(x)\mid x\in\mathbf{Z}^V\}\geq\inf\{\overline{f}(x)-\overline{h}(x)\mid x\in\mathbf{R}^V\}\\&\geq\sup\{h^\circ(p)-f^\bullet(p)\mid p\in\mathbf{R}^V\}\geq\sup\{h^\circ(p)-f^\bullet(p)\mid p\in\mathbf{Z}^V\}\end{aligned}\tag{6.17}$$

が成り立ち，さらに，通常の Fenchel 双対定理 (定理 2.8) により (適当な仮定の下で) 中央の不等号が等号で成立する．次の定理の要点は，f が整数値 M$^\natural$ 凸関数，h が整数値 M$^\natural$ 凹関数ならば inf と sup をとる範囲をそれぞれ整数ベクトルに限ってよく，この不等式がすべて等号で成り立つという主張 (3) および整数値 L$^\natural$ 凸/L$^\natural$ 凹関数に対する同様の主張 (4) にある．

6.13 ［定理］(Fenchel 型双対定理)

(1) f を M$^\natural$ 凸関数，h を M$^\natural$ 凹関数 (すなわち $f,-h\in\mathcal{M}^\natural[\mathbf{Z}\to\mathbf{R}]$) とするとき，(a) $\mathrm{dom}_{\mathbf{Z}}f\cap\mathrm{dom}_{\mathbf{Z}}h\neq\emptyset$ または (b) $\mathrm{dom}_{\mathbf{R}}f^\bullet\cap\mathrm{dom}_{\mathbf{R}}h^\circ\neq\emptyset$ の仮定の下で

$$\inf\{f(x)-h(x)\mid x\in\mathbf{Z}^V\}=\sup\{h^\circ(p)-f^\bullet(p)\mid p\in\mathbf{R}^V\}\tag{6.18}$$

が成り立つ．さらに，この両辺が有限値ならば，sup を達成する $p\in\mathrm{dom}_{\mathbf{R}}f^\bullet\cap\mathrm{dom}_{\mathbf{R}}h^\circ$ が存在する．

(2) g を L$^\natural$ 凸関数，k を L$^\natural$ 凹関数 (すなわち $g,-k\in\mathcal{L}^\natural[\mathbf{Z}\to\mathbf{R}]$) とするとき，(a) $\mathrm{dom}_{\mathbf{Z}}g\cap\mathrm{dom}_{\mathbf{Z}}k\neq\emptyset$ または (b) $\mathrm{dom}_{\mathbf{R}}g^\bullet\cap\mathrm{dom}_{\mathbf{R}}k^\circ\neq\emptyset$ の仮定の下で

$$\inf\{g(p)-k(p)\mid p\in\mathbf{Z}^V\}=\sup\{k^\circ(x)-g^\bullet(x)\mid x\in\mathbf{R}^V\}\tag{6.19}$$

が成り立つ．さらに，この両辺が有限値ならば，sup を達成する $x\in\mathrm{dom}_{\mathbf{R}}g^\bullet\cap\mathrm{dom}_{\mathbf{R}}k^\circ$ が存在する．

(3) f を整数値 M$^\natural$ 凸関数，h を整数値 M$^\natural$ 凹関数 (すなわち $f,-h\in\mathcal{M}^\natural[\mathbf{Z}\to\mathbf{Z}]$) とするとき，$\mathrm{dom}_{\mathbf{Z}}f\cap\mathrm{dom}_{\mathbf{Z}}h\neq\emptyset$ または $\mathrm{dom}_{\mathbf{Z}}f^\bullet\cap\mathrm{dom}_{\mathbf{Z}}h^\circ\neq\emptyset$ の仮定の下で

$$\inf\{f(x)-h(x)\mid x\in\mathbf{Z}^V\}=\sup\{h^\circ(p)-f^\bullet(p)\mid p\in\mathbf{Z}^V\}\tag{6.20}$$

が成り立つ．さらに，この両辺が有限値ならば，inf を達成する $x\in\mathrm{dom}_{\mathbf{Z}}f\cap\mathrm{dom}_{\mathbf{Z}}h$ と sup を達成する $p\in\mathrm{dom}_{\mathbf{Z}}f^\bullet\cap\mathrm{dom}_{\mathbf{Z}}h^\circ$ が存在する．

(4) g を整数値 $\mathrm{L}^\natural$ 凸関数, k を整数値 $\mathrm{L}^\natural$ 凹関数 (すなわち $g, -k \in \mathcal{L}^\natural[\mathbf{Z} \to \mathbf{Z}]$) とするとき, $\mathrm{dom}_{\mathbf{Z}} g \cap \mathrm{dom}_{\mathbf{Z}} k \neq \emptyset$ または $\mathrm{dom}_{\mathbf{Z}} g^\bullet \cap \mathrm{dom}_{\mathbf{Z}} k^\circ \neq \emptyset$ の仮定の下で

$$\inf\{g(p) - k(p) \mid p \in \mathbf{Z}^V\} = \sup\{k^\circ(x) - g^\bullet(x) \mid x \in \mathbf{Z}^V\} \tag{6.21}$$

が成り立つ. さらに, この両辺が有限値ならば, inf を達成する $p \in \mathrm{dom}_{\mathbf{Z}} g \cap \mathrm{dom}_{\mathbf{Z}} k$ と sup を達成する $x \in \mathrm{dom}_{\mathbf{Z}} g^\bullet \cap \mathrm{dom}_{\mathbf{Z}} k^\circ$ が存在する.

証明　(1) まず, $\mathrm{dom}_{\mathbf{Z}} f \cap \mathrm{dom}_{\mathbf{Z}} h \neq \emptyset$ の場合を考える. 不等式 (6.17) により, $\Delta = \inf\{f(x) - h(x) \mid x \in \mathbf{Z}^V\}$ が有限値の場合を考えればよい. $(f - \Delta, h)$ に M 分離定理 6.11 を適用すると, ある $\alpha^* \in \mathbf{R}$ と $p^* \in \mathbf{R}^V$ に対して $f(x) - \Delta \geq \alpha^* + \langle p^*, x\rangle \geq h(x)$ $(x \in \mathbf{Z}^V)$ が成り立つことがわかる. これより $h^\circ(p^*) - f^\bullet(p^*) \geq \Delta$. 不等式 (6.17) と併せて, (6.18) が成り立つことと p^* が sup を達成することが導かれる. 次に, $\mathrm{dom}_{\mathbf{Z}} f \cap \mathrm{dom}_{\mathbf{Z}} h = \emptyset$, $\mathrm{dom}_{\mathbf{R}} f^\bullet \cap \mathrm{dom}_{\mathbf{R}} h^\circ \neq \emptyset$ の場合を考える. $B_1 = \mathrm{dom}_{\mathbf{Z}} h$, $B_2 = \mathrm{dom}_{\mathbf{Z}} f$ に対して M 凸集合の分離定理 3.18 を適用して, (3.29) を満たす $p^* \in \{0, \pm 1\}^V$ をとる. M 分離定理 6.11 の証明中の (6.14) で $p = p_0 + cp^*$ とおいて $c \to +\infty$ とすると, (6.18) の $\sup = +\infty$ が導かれる. 一方, $\mathrm{dom}_{\mathbf{Z}} f \cap \mathrm{dom}_{\mathbf{Z}} h = \emptyset$ だから (6.18) の $\inf = +\infty$ である.

(2) (1) と同様であるが, 念のために述べる. まず, $\mathrm{dom}_{\mathbf{Z}} g \cap \mathrm{dom}_{\mathbf{Z}} k \neq \emptyset$ の場合を考える. 不等式 (6.17) により, $\Delta = \inf\{g(p) - k(p) \mid p \in \mathbf{Z}^V\}$ が有限値の場合を考えればよい. $(g - \Delta, k)$ に L 分離定理 6.12 を適用すると, ある $\beta^* \in \mathbf{R}$ と $x^* \in \mathbf{R}^V$ に対して $g(p) - \Delta \geq \beta^* + \langle p, x^*\rangle \geq k(p)$ $(p \in \mathbf{Z}^V)$ が成り立つことがわかる. これより $k^\circ(x^*) - g^\bullet(x^*) \geq \Delta$. 不等式 (6.17) と併せて, (6.19) が成り立つことと x^* が sup を達成することが導かれる. 次に, $\mathrm{dom}_{\mathbf{Z}} g \cap \mathrm{dom}_{\mathbf{Z}} k = \emptyset$, $\mathrm{dom}_{\mathbf{R}} g^\bullet \cap \mathrm{dom}_{\mathbf{R}} k^\circ \neq \emptyset$ の場合を考える. $D_1 = \mathrm{dom}_{\mathbf{Z}} g$, $D_2 = \mathrm{dom}_{\mathbf{Z}} k$ に対して L 凸集合の分離定理 3.34 を適用して, (3.46) を満たす $x^* \in \{0, \pm 1\}^V$ をとる. L 分離定理 6.12 の証明中の (6.16) で $x = x_0 + cx^*$ とおいて $c \to +\infty$ とすると, (6.19) の $\sup = +\infty$ が導かれる. 一方, $\mathrm{dom}_{\mathbf{Z}} g \cap \mathrm{dom}_{\mathbf{Z}} k = \emptyset$ だから (6.19) の $\inf = +\infty$ である.

(3) (1) の証明において, $\alpha^* \in \mathbf{Z}$, $p^* \in \mathbf{Z}^V$, $c \in \mathbf{Z}$ ととれることに注意すればよい. (6.20) の両辺が有限値のときに inf と sup を達成するものがあること

は関数値の整数性から明らかである．

(4) $f = g^\bullet$, $h = k^\circ$ とおくと，$f, -h \in \mathcal{M}^\natural[\mathbf{Z} \to \mathbf{Z}]$ であり，式 (6.20) は (6.21) に一致する．■

M 分離定理と L 分離定理は (証明まで含めて) 共役関係にある．これに対し，整数値関数に対する Fenchel 型双対定理は自己共役である．実際，式 (6.20) を $g = f^\bullet$, $k = h^\circ$ で書き換えると (6.21) になる．本節では，M 分離定理と L 分離定理を独立に証明し，これらを用いて Fenchel 型双対定理を証明した．しかし，M 凸関数と L 凸関数の共役性を前提とすれば，この三つの双対定理はほとんど同等であり，どれか一つを認めれば，他の二つは比較的簡単な機械的な計算で導出することができる．

M 分離定理から二つの M 凸関数の和の最小値の特徴づけが得られる．ここで，M 凸関数の和は M 凸とは限らないことに注意されたい．二つの M 凸関数の和の最小値を求める問題を **M 凸交わり問題**と呼ぶ．

6.14［定理］(M 凸交わり定理)　$f_1, f_2 \in \mathcal{M}^\natural[\mathbf{Z} \to \mathbf{R}]$, $x^* \in \mathrm{dom}_{\mathbf{Z}} f_1 \cap \mathrm{dom}_{\mathbf{Z}} f_2$ とする，

$$f_1(x^*) + f_2(x^*) \leq f_1(x) + f_2(x) \qquad (\forall\, x \in \mathbf{Z}^V) \tag{6.22}$$

であるためには，ある $p^* \in \mathbf{R}^V$ が存在して

$$f_1[-p^*](x^*) \leq f_1[-p^*](x) \quad (\forall\, x \in \mathbf{Z}^V), \tag{6.23}$$

$$f_2[+p^*](x^*) \leq f_2[+p^*](x) \quad (\forall\, x \in \mathbf{Z}^V) \tag{6.24}$$

となることが必要十分である．条件 (6.23), (6.24) はそれぞれ

$$f_1[-p^*](x^*) \leq f_1[-p^*](x^* + \chi_u - \chi_v) \quad (\forall\, u, v \in V \cup \{0\}), \tag{6.25}$$

$$f_2[+p^*](x^*) \leq f_2[+p^*](x^* + \chi_u - \chi_v) \quad (\forall\, u, v \in V \cup \{0\}) \tag{6.26}$$

と同値であり ($\chi_0 = \mathbf{0}$)，このとき，

$$\arg\min(f_1 + f_2) = \arg\min f_1[-p^*] \cap \arg\min f_2[+p^*] \tag{6.27}$$

が成り立つ．さらに，f_1, f_2 が整数値 ($f_1, f_2 \in \mathcal{M}^\natural[\mathbf{Z} \to \mathbf{Z}]$) のときには，$p^* \in \mathbf{Z}^V$ とすることができる．

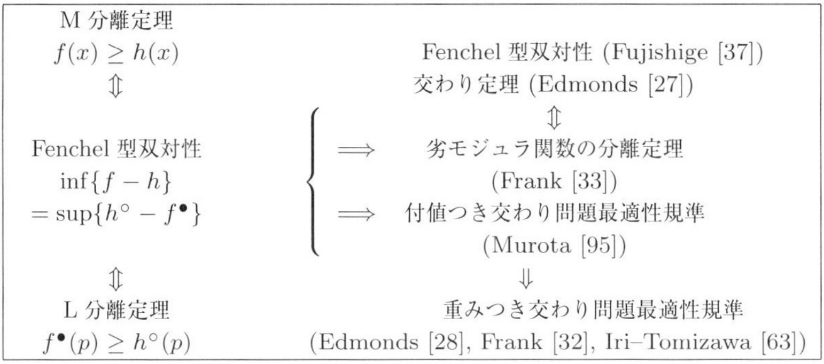

M 分離定理
$f(x) \geq h(x)$
$\Updownarrow$
Fenchel 型双対性
$\inf\{f - h\}$
$= \sup\{h^{\circ} - f^{\bullet}\}$
$\Updownarrow$
L 分離定理
$f^{\bullet}(p) \geq h^{\circ}(p)$

Fenchel 型双対性 (Fujishige [37])
交わり定理 (Edmonds [27])
$\Updownarrow$
$\Longrightarrow$ 劣モジュラ関数の分離定理 (Frank [33])
$\Longrightarrow$ 付値つき交わり問題最適性規準 (Murota [95])
$\Downarrow$
重みつき交わり問題最適性規準
(Edmonds [28], Frank [32], Iri–Tomizawa [63])

図 6.2　双対定理の関係 (f は $\mathrm{M}^{\natural}$ 凸関数，h は $\mathrm{M}^{\natural}$ 凹関数)

証明　十分性は明らかである．(6.22) が成り立つとき，M 分離定理 6.11 で $f(x) = f_1(x)$, $h(x) = f_1(x^*) + f_2(x^*) - f_2(x)$ とすると，(6.13) を満たす α^* と p^* がとれる．(6.13) で $x = x^*$ とおくと $\alpha^* = f_1[-p^*](x^*)$ となるので，(6.13) は

$$f_1(x) \geq f_1[-p^*](x^*) + \langle p^*, x\rangle \geq f_1(x^*) + f_2(x^*) - f_2(x)$$

となる．これより (6.23), (6.24) が導かれる．(6.23) と (6.25), (6.24) と (6.26) の同値性は M 凸関数最小性規準 (定理 4.16(2)) による．$\hat{x} \in \arg\min(f_1 + f_2)$ とすると，$f_1[-p^*](\hat{x}) + f_2[+p^*](\hat{x}) = f_1[-p^*](x^*) + f_2[+p^*](x^*)$ である．これと (6.23), (6.24) より，$\hat{x} \in \arg\min f_1[-p^*] \cap \arg\min f_2[+p^*]$．したがって，(6.27) の左辺 $\subseteq$ 右辺．逆向きの包含関係は自明である．最後に，p^* の整数性については定理 6.11 による．∎

以上に示した離散双対定理は，見かけは通常の凸解析における双対定理と同じであるが，その本質は組合せ論的に深い内容を含んでいる．組合せ最適化の分野で著名な双対定理のいくつかが本節の双対定理から導出されることを説明しよう (図 6.2 参照)．ネットワークフロー問題における双対性との関連は第 7 章で扱う．

6.15 [例]　劣モジュラ集合関数に関する離散分離定理 (定理 3.16) は L 分離定理 (定理 6.12) の特殊ケースである．命題 5.4 に述べたように，劣モジュラ関数 ρ, 優モジュラ関数 μ を実効定義域が単位超立方体の頂点集合 $\{0,1\}^V$ に含ま

れる関数 $g : \mathbf{Z}^V \to \mathbf{R} \cup \{+\infty\}$, $k : \mathbf{Z}^V \to \mathbf{R} \cup \{-\infty\}$ と同一視すると，g は $\mathrm{L}^\natural$ 凸関数，k は $\mathrm{L}^\natural$ 凹関数である．また，$\rho(\emptyset) = \mu(\emptyset) = 0$ より $g(\mathbf{0}) = k(\mathbf{0}) = 0$ なので，$\mathrm{dom}_{\mathbf{Z}} g \cap \mathrm{dom}_{\mathbf{Z}} k \neq \emptyset$ が成り立つ．L 分離定理 (定理 6.12) により，不等式 (6.15) を満たす β^*, x^* の存在が保証されるが，ここで $g(\mathbf{0}) = k(\mathbf{0}) = 0$ より $\beta^* = 0$ である．式 (6.15) で $p \in \{0,1\}^V$ とすると，ρ と μ の分離を示す式 (3.26) が得られる．このとき，ρ, μ が整数値ならば g, k も整数値となり L 分離定理の整数性の主張から $x^* \in \mathbf{Z}^V$ とできることに注意されたい． □

6.16［例］　劣モジュラ集合関数に関する Fenchel 型双対定理とは，劣モジュラ関数 $\rho : 2^V \to \mathbf{R} \cup \{+\infty\}$，優モジュラ関数 $\mu : 2^V \to \mathbf{R} \cup \{-\infty\}$ $(\rho, -\mu \in \mathcal{S}[\mathbf{R}])$ に対して，その共役関数を

$$\rho^\bullet(x) = \max\{x(X) - \rho(X) \mid X \subseteq V\} \qquad (x \in \mathbf{R}^V),$$
$$\mu^\circ(x) = \min\{x(X) - \mu(X) \mid X \subseteq V\} \qquad (x \in \mathbf{R}^V)$$

と定義するとき，

$$\min\{\rho(X) - \mu(X) \mid X \subseteq V\} = \max\{\mu^\circ(x) - \rho^\bullet(x) \mid x \in \mathbf{R}^V\} \qquad (6.28)$$

が成り立ち，さらに，ρ, μ が整数値ならば右辺の最大値を達成する整数ベクトル $x \in \mathbf{Z}^V$ が存在するという定理である ([37], [40] の Theorem 6.3)．上の例 6.15 と同様に ρ, μ に対応する $\mathrm{L}^\natural$ 凸関数 g，$\mathrm{L}^\natural$ 凹関数 k を考えると，$g^\bullet = \rho^\bullet$, $k^\circ = \mu^\circ$, $\mathrm{dom}_{\mathbf{Z}} g \cap \mathrm{dom}_{\mathbf{Z}} k \neq \emptyset$ である．したがって，劣モジュラ集合関数に関する Fenchel 型双対定理は，$\mathrm{L}^\natural$ 凸関数に関する Fenchel 型双対定理 6.13(2), (4) の特殊ケースと見なすことができる． □

6.17［例］　Edmonds の交わり定理 (定理 3.17) で，劣モジュラ関数 ρ_1, ρ_2 が整数値の場合の最大最小関係式:

$$\max\{x(V) \mid x \in \mathbf{P}(\rho_1) \cap \mathbf{P}(\rho_2) \cap \mathbf{Z}^V\} = \min\{\rho_1(X) + \rho_2(V \setminus X) \mid X \subseteq V\} \qquad (6.29)$$

は Fenchel 型双対定理 6.13(3) の特殊ケースである．$\mathbf{P}(\rho_i) \cap \mathbf{Z}^V$ の標示関数を $\delta_i(x)$ $(i = 1, 2)$ として，$f(x) = \delta_1(x)$, $h(x) = \langle \mathbf{1}, x \rangle - \delta_2(x)$ とおくと，$\mathrm{dom}_{\mathbf{Z}} f \cap \mathrm{dom}_{\mathbf{Z}} h \neq \emptyset$ であり，$f, -h \in \mathcal{M}^\natural[\mathbf{Z} \to \mathbf{Z}]$ である．共役関数は

$$f^\bullet(p) = \sup_{x \in \mathbf{P}(\rho_1)} \langle p, x \rangle, \quad h^\circ(p) = -\sup_{x \in \mathbf{P}(\rho_2)} \langle \mathbf{1} - p, x \rangle$$

となるので，$\mathrm{dom}_{\mathbf{Z}} f^{\bullet} \cap \mathrm{dom}_{\mathbf{Z}} h^{\circ} \subseteq \{0,1\}^V$ であり，$p = \chi_X$ $(X \subseteq V)$ に対して $f^{\bullet}(p) = \rho_1(X)$, $h^{\circ}(p) = -\rho_2(V \setminus X)$ が成り立つ．これらを Fenchel 型最大最小関係式 (6.20) に代入すると，式 (6.29) の符号を反転したものが得られる． □

6.18 [例]　マトロイドの**重みつき交わり問題**の最適性規準は M 凸交わり定理 6.14 の特殊ケースである．これを最小重み共通基問題について述べる．同じ台集合 V をもつ二つのマトロイド $(V, \mathcal{B}_i, \rho_i)$ $(i = 1, 2)$ と重みベクトル $w : V \to \mathbf{R}$ が与えられたとき，**共通基** $B \in \mathcal{B}_1 \cap \mathcal{B}_2$ の中で重み $w(B) = \sum_{v \in B} w(v)$ が最小のものを求める問題を**最小重み共通基問題**と呼ぶ．共通基 $B^* \in \mathcal{B}_1 \cap \mathcal{B}_2$ がこの問題の最適解であるためには，ある $w_1^*, w_2^* \in \mathbf{R}^V$ が存在して，(i) $w = w_1^* + w_2^*$, (ii) B^* は重み w_1^* に関する $(V, \mathcal{B}_1)$ の最小基，(iii) B^* は重み w_2^* に関する $(V, \mathcal{B}_2)$ の最小基，の 3 条件が成り立つことが必要十分であることが知られている (十分性は明らか)．さらに，$w \in \mathbf{Z}^V$ ならば $w_1^*, w_2^* \in \mathbf{Z}^V$ とできる．これは**重み分割** (weight-splitting) と呼ばれる ([16] などを参照)．なお，条件 (ii) は，(ii′) $B - u + v \in \mathcal{B}_1$ を満たす任意の $u \in B$ と $v \in V \setminus B$ に対して $w_1^*(u) \leq w_1^*(v)$ が成り立つことと同値であり，条件 (iii) は，(iii′) $B - u + v \in \mathcal{B}_2$ を満たす任意の $u \in B$ と $v \in V \setminus B$ に対して $w_2^*(u) \leq w_2^*(v)$ が成り立つことと同値である．二つの関数

$$f_1(x) = \begin{cases} w(B) & (x = \chi_B, B \in \mathcal{B}_1) \\ +\infty & (\text{その他}) \end{cases} \qquad f_2(x) = \begin{cases} 0 & (x = \chi_B, B \in \mathcal{B}_2) \\ +\infty & (\text{その他}) \end{cases}$$

を定義すると，f_1, f_2 は M 凸関数である．M 凸交わり定理 6.14 によって存在を保証された p^* を用いて $w_1^* = w - p^*$, $w_2^* = p^*$ とすれば，重み分割が構成できる． □

6.19 [例]　同じ台集合 V をもつ二つの付値マトロイド (V, ω_i) $(i = 1, 2)$ が与えられたとき，$\omega_1(B) + \omega_2(B)$ を最大にする B を求める問題を**付値マトロイド交わり問題**あるいは**付値つき交わり問題**と呼ぶ．式 (2.105) に従って ω_i に対応する M 凸関数 $f_i : \mathbf{Z}^V \to \mathbf{Z} \cup \{+\infty\}$ を定義すると，$\omega_1(B) + \omega_2(B)$ の最大化は $f_1(x) + f_2(x)$ の最小化と等価である．したがって，付値つき交わり問題の最適性規準が M 凸交わり定理 6.14 の特殊ケースとして得られる． □

繰返しになるが，離散双対定理は組合せ論的に深い内容を含んでおり，凸関

数への拡張定理 (定理 4.29, 定理 5.17) と通常の分離定理 (定理 2.7) や Fenchel 双対定理 (定理 2.8) を組み合わせただけでは導かれないことを再度強調しておく (例 1.1, 例 1.2 参照).

6.20 [補足]　定理 6.11, 定理 6.12, 定理 6.13 において実効定義域に関する仮定は必要である．たとえば，$f : \mathbf{Z}^2 \to \mathbf{Z} \cup \{+\infty\}$, $h : \mathbf{Z}^2 \to \mathbf{Z} \cup \{-\infty\}$ を

$$f(x_1, x_2) = \begin{cases} x_1 & (x_1 + x_2 = 1) \\ +\infty & (x_1 + x_2 \neq 1) \end{cases} \qquad h(x_1, x_2) = \begin{cases} -x_1 & (x_1 + x_2 = -1) \\ -\infty & (x_1 + x_2 \neq -1) \end{cases}$$

と定義すると，f は M 凸関数，h は M 凹関数である．

$$f^{\bullet}(p_1, p_2) = \begin{cases} p_2 & (p_1 - p_2 = 1) \\ +\infty & (p_1 - p_2 \neq 1) \end{cases} \qquad h^{\circ}(p_1, p_2) = \begin{cases} -p_2 & (p_1 - p_2 = -1) \\ -\infty & (p_1 - p_2 \neq -1) \end{cases}$$

となるので，$\mathrm{dom}_{\mathbf{Z}} f \cap \mathrm{dom}_{\mathbf{Z}} h = \emptyset$, $\mathrm{dom}_{\mathbf{R}} f^{\bullet} \cap \mathrm{dom}_{\mathbf{R}} h^{\circ} = \emptyset$ であり，(6.20) の左辺 $= +\infty$，右辺 $= -\infty$ となって，(6.20) は不成立．また，(f, h) および $(f^{\bullet}, h^{\circ})$ に対して分離 1 次関数は存在しない．　□

6.21 [補足]　定理 6.13(1) において inf を達成する $x \in \mathbf{Z}^V$ は必ずしも存在しない ((2) の sup についても同様である)．たとえば，$f : \mathbf{Z} \to \mathbf{R} \cup \{+\infty\}$, $h : \mathbf{Z} \to \mathbf{R} \cup \{-\infty\}$ を

$$f(x) = \begin{cases} \exp(-x) & (x \geq 0) \\ +\infty & (x < 0) \end{cases} \qquad h(x) = \begin{cases} 0 & (x \geq 0) \\ -\infty & (x < 0) \end{cases}$$

と定義すると，f は M$^{\natural}$ 凸関数，h は M$^{\natural}$ 凹関数である．$\mathrm{dom}_{\mathbf{Z}} f = \mathrm{dom}_{\mathbf{Z}} h = \mathbf{Z}_+$, $\mathrm{dom}_{\mathbf{R}} f^{\bullet} = (-\infty, 0]_{\mathbf{R}}$, $\mathrm{dom}_{\mathbf{R}} h^{\circ} = [0, +\infty)_{\mathbf{R}}$ であり，仮定の (a), (b) ともに成り立つ．(6.18) の両辺 $= 0$ であるが，左辺の inf を達成する $x \in \mathbf{Z}$ は存在しない．なお，右辺の sup は $p = 0$ で達成される．　□

6.22 [補足]　M 分離定理 6.11 および L 分離定理 6.12 の証明中で，関数の凸拡張と凹拡張に対して通常の分離定理 (定理 2.7) を適用して分離 1 次関数の存在を導いた．その際，議論の大筋をはっきりさせるために，実効定義域に関する前提を無視したので，この点を補足して説明する．

M 分離定理について述べることとし，$f, -h \in \mathcal{M}[\mathbf{Z} \to \mathbf{R}]$, $\mathrm{dom}_{\mathbf{Z}} f \cap \mathrm{dom}_{\mathbf{Z}} h \neq \emptyset$ として，f の凸閉包を $\overline{f}$, h の凹閉包を $\overline{h}$ とする．まず，$\overline{f}, \overline{h}$ が多面体

的な場合には定理 2.7 がそのまま適用できる．次に，$\inf\{f(x) - h(x) \mid x \in \mathbf{Z}^V\}$ を達成する $x = x_0 \in \mathbf{Z}^V$ が存在する場合には，x_0 における方向微分 $\overline{f}'(x_0;\cdot)$, $\overline{h}'(x_0;\cdot)$ を考えると，これらは多面体的凸/凹関数であって，

$$\overline{f}(x) \geq \overline{f}(x_0) + \overline{f}'(x_0; x - x_0) \geq \overline{h}(x_0) + \overline{h}'(x_0; x - x_0) \geq \overline{h}(x)$$

が成り立つので，定理 2.7 を方向微分 (中央の不等式の部分) に適用すればよい．一般の場合には，整凸性に基づいて次の命題を用いる：整凸関数 $f : \mathbf{Z}^V \to \mathbf{R} \cup \{+\infty\}$ の凸閉包を $\overline{f}$，整凹関数 $h : \mathbf{Z}^V \to \mathbf{R} \cup \{-\infty\}$ の凹閉包を $\overline{h}$ とするとき，$\mathrm{dom}_{\mathbf{Z}} f \cap \mathrm{dom}_{\mathbf{Z}} h \neq \emptyset$ かつ $\overline{f}(x) \geq \overline{h}(x)$ $(\forall\, x \in \mathbf{R}^V)$ ならば，ある $\alpha^* \in \mathbf{R}$, $p^* \in \mathbf{R}^V$ が存在して，$\overline{f}(x) \geq \alpha^* + \langle p^*, x \rangle \geq \overline{h}(x)$ $(\forall\, x \in \mathbf{R}^V)$ が成り立つ．□

6.23［補足］　整凸関数に対して離散分離定理は成立しない (例 1.2 が反例)．□

6.24［補足］　離散分離定理や Fenchel 型最大最小定理には幾つかの応用がある．多項式行列から生じる付値マトロイド (第 2 章 4.2 節) はシステム解析において重要であり，さらに，混合多項式行列に基づくシステム解析法において離散分離定理は自然な意味をもっている [104]．また，離散双対定理に基づき離散最適化に対する Lagrange 双対理論が展開される ([100] の第 6 節)．□

6.25［補足］　一般に最適化問題においては，(a) 最適解をどのようにして見出すか (アルゴリズムの話) と (b) 最適解であることをどのようにして確認するか (最適性規準の話)，という二つの問題を区別して考えることが大切である．話を具体的にするために，例 6.18 のマトロイドの最小重み共通基問題を考えよう．二つの問題 (a),(b) の区別をはっきりさせるため，社長と社員を登場させよう．社員は社長から「最小重み共通基を見出せ」と命令され，何らかのアルゴリズムによって最適な共通基 B^* を探し出し，社長に報告に行く．社長は，社員がどうやってその B^* を見つけ出したか (アルゴリズムの効率) には関心はなく，ただ，その共通基 B^* が本当に最適 (最小重み) かどうかを確認したいと思っている．このとき，社員は社長を納得させるためにどうしたらよいであろうか．社長にすべての共通基 $B \in \mathcal{B}_1 \cap \mathcal{B}_2$ を列挙してもらって B^* の最適性を納得してもらうというやり方では，社員は何の役にも立たなかったことになる．ここで有用なの

が重み分割の定理である．もし，社長と社員が重み分割の定理を知っていたならば，社員は最適性の証拠として重み分割 (w_1^*, w_2^*) も一緒に報告すればよいのである．そうすれば，社長は三つの条件 (i) $w = w_1^* + w_2^*$, (ii′) $B - u + v \in \mathcal{B}_1$ を満たす任意の $u \in B$ と $v \in V \setminus B$ に対して $w_1^*(u) \leq w_1^*(v)$, (iii′) $B - u + v \in \mathcal{B}_2$ を満たす任意の $u \in B$ と $v \in V \setminus B$ に対して $w_2^*(u) \leq w_2^*(v)$, を確かめて満足するという次第である．ここで，次の 2 点が重要である．第一には，既に述べたように，最適基や重み分割をどのようにして見つけるかというアルゴリズムの話（その具体的な手順とか効率とか）は社長の関心外であることである．第二には，社長が最適性を確認するための手間（計算量）が問題のサイズの多項式時間で抑えられていることである．このように，Fenchel 型最大最小定理のような双対定理は，効率的に確認できる最適性の証拠を与えるという意義をもっている．　□

3. M_2 凸関数と L_2 凸関数

前節の M 凸交わり定理 6.14 において二つの M 凸関数の和の最小値がうまく特徴づけられることをみた．本節では，二つの M 凸関数の和として表せる関数を M_2 凸関数，二つの L 凸関数の合成積として表せる関数を L_2 凸関数と名づけて，その性質を明らかにする．この種の関数は組合せ最適化において重要な位置を占めており，たとえば，Edmonds の交わり定理 (定理 3.17) の最大最小関係式 (3.28) の左辺が M_2 凸関数，右辺が L_2 凸関数に相当する．なお，M 凸関数の合成積は M 凸関数，L 凸関数の和は L 凸関数である (定理 4.8, 定理 5.9).

二つの M 凸関数の和として表せる関数を **$\mathbf{M}_2$ 凸関数**と呼ぶ．より詳しくは，ある $f_1, f_2 \in \mathcal{M}[\mathbf{Z} \to \mathbf{R}]$ によって $f = f_1 + f_2$ の形に書ける関数 $f : \mathbf{Z}^V \to \mathbf{R} \cup \{+\infty\}$ で, $\mathrm{dom}\, f \neq \emptyset$ であるものである．M_2 凸関数の全体を $\mathcal{M}_2[\mathbf{Z} \to \mathbf{R}]$ とする．また，$f_1, f_2 \in \mathcal{M}[\mathbf{Z} \to \mathbf{Z}]$ と限って得られる $f = f_1 + f_2$ の全体を $\mathcal{M}_2[\mathbf{Z} \to \mathbf{Z}]$ とする．

二つの $\mathrm{M}^\natural$ 凸関数の和として表せる関数を **$\mathbf{M}_2^\natural$ 凸関数**と呼ぶと，これは M_2 凸関数の射影として得られる関数である．記号 $\mathcal{M}_2^\natural[\mathbf{Z} \to \mathbf{R}]$, $\mathcal{M}_2^\natural[\mathbf{Z} \to \mathbf{Z}]$ を同様に定義する．関数のクラスとしては，$\mathrm{M}_2^\natural$ 凸関数は M_2 凸関数より真に広いが，概念としては $\natural$ がついていてもいなくても等価である．

6.26 [定理]　$\mathrm{M}_2^\natural$ 凸関数 $f \in \mathcal{M}_2^\natural[\mathbf{Z} \to \mathbf{R}]$ は整凸関数である．とくに，$\mathrm{M}_2^\natural$ 凸集合は整凸集合である．

証明　M_2 凸関数に対して示せばよい．$f_1, f_2 \in \mathcal{M}[\mathbf{Z} \to \mathbf{R}]$, $x \in \mathbf{R}^V$ とする．定理 4.31 により，$\tilde{f}(x) = \tilde{f_1}(x) + \tilde{f_2}(x) = \overline{f_1}(x) + \overline{f_2}(x)$ となり，$\tilde{f}$ の凸性が示される．∎

前節の離散双対定理から機械的な計算によって次の命題と二つの定理が導出できる．

6.27 [命題]　$\mathrm{M}_2^\natural$ 凸関数 $f \in \mathcal{M}_2^\natural[\mathbf{Z} \to \mathbf{R}]$ の実効定義域 $\mathrm{dom}\, f$ は $\mathrm{M}_2^\natural$ 凸集合，最小値集合 $\arg\min f$ は $\mathrm{M}_2^\natural$ 凸集合または空集合である．

証明　$f_i \in \mathcal{M}^\natural[\mathbf{Z} \to \mathbf{R}]$ $(i = 1, 2)$ に対して自明に成り立つ関係 $\mathrm{dom}\,(f_1 + f_2) = \mathrm{dom}\, f_1 \cap \mathrm{dom}\, f_2$，M 凸交わり定理 6.14 の式 (6.27)，および命題 4.1, 定理 4.20 による．∎

6.28 [定理]　$\mathrm{M}^\natural$ 凸関数 $f_1, f_2 \in \mathcal{M}^\natural[\mathbf{Z} \to \mathbf{R}]$ と $x \in \mathrm{dom}_{\mathbf{Z}} f_1 \cap \mathrm{dom}_{\mathbf{Z}} f_2$ に対して，

$$\partial_{\mathbf{R}}(f_1 + f_2)(x) = \partial_{\mathbf{R}} f_1(x) + \partial_{\mathbf{R}} f_2(x) \ \neq \emptyset.$$

とくに，$f_1, f_2 \in \mathcal{M}^\natural[\mathbf{Z} \to \mathbf{Z}]$ ならば，

$$\partial_{\mathbf{Z}}(f_1 + f_2)(x) = \partial_{\mathbf{Z}} f_1(x) + \partial_{\mathbf{Z}} f_2(x) \ \neq \emptyset.$$

したがって，整数値 $\mathrm{M}_2^\natural$ 凸関数の整数劣微分は $\mathrm{L}_2^\natural$ 凸集合である．

証明　M 凸交わり定理 6.14 により，

$$\begin{aligned}
&p \in \partial_{\mathbf{R}}(f_1 + f_2)(x) \\
&\iff x \in \arg\min(f_1 + f_2[-p]) \\
&\iff \exists q \in \mathbf{R}^V : x \in \arg\min f_1[-q] \cap \arg\min f_2[-p+q] \\
&\iff \exists q \in \mathbf{R}^V : q \in \partial_{\mathbf{R}} f_1(x) \text{ かつ } p - q \in \partial_{\mathbf{R}} f_2(x) \\
&\iff p \in \partial_{\mathbf{R}} f_1(x) + \partial_{\mathbf{R}} f_2(x).
\end{aligned}$$

f_1, f_2 が整数値のときには，定理 4.50(2) より $\partial_{\mathbf{R}} f_i(x) \in \mathcal{L}_0^\natural[\mathbf{Z}|\mathbf{R}]$ であることと定理 3.33 に注意する． ■

任意の $f_1, f_2 : \mathbf{Z}^V \to \mathbf{Z} \cup \{+\infty\}$ に対して

$$(f_1 \Box_{\mathbf{Z}} f_2)^\bullet = f_1{}^\bullet + f_2{}^\bullet \tag{6.30}$$

が成り立つことは定義から容易に確かめられる．ここで，$\Box_{\mathbf{Z}}$ は離散世界の合成積 (4.33)，$^\bullet$ は離散 Legendre–Fenchel 変換 $(6.4)_{\mathbf{Z}}$ である．次の定理は，これと共役な関係式が M 凸関数に対しては成り立つことを示している．

6.29［定理］　整数値 M$^\natural$ 凸関数 $f_1, f_2 \in \mathcal{M}^\natural[\mathbf{Z} \to \mathbf{Z}]$ に対して，$\mathrm{dom}_{\mathbf{Z}} f_1 \cap \mathrm{dom}_{\mathbf{Z}} f_2 \neq \emptyset$ とする．

(1) $(f_1 + f_2)^\bullet = f_1{}^\bullet \Box_{\mathbf{Z}} f_2{}^\bullet$.

(2) $(f_1 + f_2)^{\bullet\bullet} = f_1 + f_2$.

証明　(1) $p \in \mathrm{dom}_{\mathbf{Z}}(f_1 + f_2)^\bullet$ とする．M 凸交わり定理 6.14 により，ある $q \in \mathbf{Z}^V$ に対して

$$\begin{aligned}(f_1 + f_2)^\bullet(p) &= -\min(f_1 + f_2[-p]) \\ &= -\min f_1[-q] - \min f_2[-p+q] = f_1^\bullet(q) + f_2^\bullet(p-q)\end{aligned}$$

となるので，$(f_1 + f_2)^\bullet \geq f_1{}^\bullet \Box_{\mathbf{Z}} f_2{}^\bullet$．逆向きの不等号は，任意の x と q に対して $\langle p, x\rangle - f_1(x) - f_2(x) \leq f_1^\bullet(q) + f_2^\bullet(p-q)$ が成り立つことから明らかである．(2) は (1)，(6.30)，定理 6.9 による． ■

二つの L 凸関数の合成積として表せる関数を **L$_2$ 凸関数**と呼ぶ．より詳しくは，ある $g_1, g_2 \in \mathcal{L}[\mathbf{Z} \to \mathbf{R}]$ によって $g = g_1 \Box_{\mathbf{Z}} g_2$ の形に書ける関数 $g : \mathbf{Z}^V \to \mathbf{R} \cup \{+\infty\}$ で，$g > -\infty$ である[5] ものである．L$_2$ 凸関数の全体を $\mathcal{L}_2[\mathbf{Z} \to \mathbf{R}]$ とする．また，$g_1, g_2 \in \mathcal{L}[\mathbf{Z} \to \mathbf{Z}]$ と限って得られる $g = g_1 \Box_{\mathbf{Z}} g_2$ の全体を $\mathcal{L}_2[\mathbf{Z} \to \mathbf{Z}]$ とする．

二つの L$^\natural$ 凸関数の合成積として表せる関数を **L$_2^\natural$ 凸関数**と呼ぶと，これは L$_2$ 凸関数の制限として得られる関数である．記号 $\mathcal{L}_2^\natural[\mathbf{Z} \to \mathbf{R}]$, $\mathcal{L}_2^\natural[\mathbf{Z} \to \mathbf{Z}]$ を

[5] $g_1, g_2 \in \mathcal{L}[\mathbf{Z} \to \mathbf{R}]$ に対し，$(g_1 \Box_{\mathbf{Z}} g_2)(x_0) = -\infty$ $(\exists x_0) \Longrightarrow (g_1 \Box_{\mathbf{Z}} g_2)(x) = -\infty$ $(\forall x \in \mathrm{dom}_{\mathbf{Z}} g_1 + \mathrm{dom}_{\mathbf{Z}} g_2)$ が知られている．

同様に定義する．関数のクラスとしては，$\mathrm{L}_2^\natural$ 凸関数は L_2 凸関数より真に広いが，概念としては $\natural$ がついていてもいなくても等価である．

6.30 ［命題］　$\mathrm{L}_2^\natural$ 凸関数 $g \in \mathcal{L}_2^\natural[\mathbf{Z} \to \mathbf{R}]$ の実効定義域 $\mathrm{dom}\, g$ は $\mathrm{L}_2^\natural$ 凸集合，最小値集合 $\arg\min g$ は $\mathrm{L}_2^\natural$ 凸集合または空集合である．

証明　$g_i \in \mathcal{L}^\natural[\mathbf{Z} \to \mathbf{R}]$ $(i = 1, 2)$ に対して成り立つ関係

$$\mathrm{dom}\,(g_1 \Box_{\mathbf{Z}}\, g_2) = \mathrm{dom}\, g_1 + \mathrm{dom}\, g_2,$$
$$\arg\min(g_1 \Box_{\mathbf{Z}}\, g_2) = \arg\min g_1 + \arg\min g_2$$

と命題 5.7, 命題 5.13 による．より詳しくは [161] を参照のこと．■

6.31 ［定理］　$\mathrm{L}_2^\natural$ 凸関数 $g \in \mathcal{L}_2^\natural[\mathbf{Z} \to \mathbf{R}]$ は整凸関数である．とくに，$\mathrm{L}_2^\natural$ 凸集合は整凸集合である．

証明　実効定義域が有界な L_2 凸関数 g に対して示せばよい．このとき，定理 2.49 が適用できるが，任意の $x \in \mathbf{R}^V$ に対して $g[-x]$ が L_2 凸関数であることと命題 6.30 により，L_2 凸集合が整凸集合であることを示せばよいことになる．

S を L_2 凸集合として，$S = D_1 + D_2$, $D_k \in \mathcal{L}_0[\mathbf{Z}]$ $(k = 1, 2)$ と表示する．$p \in \overline{S}$ として $p \in \overline{S \cap \mathrm{N}(p)}$ を示すことが目標である (式 (2.125) 参照)．$\overline{S} = \overline{D_1 + D_2} = \overline{D_1} + \overline{D_2}$ だから，ある $p_1 \in \overline{D_1}$, $p_2 \in \overline{D_2}$ によって $p = p_1 + p_2$ と書ける．$a_1 = p_1 - \lfloor p_1 \rfloor$, $a_2 = \lceil p_2 \rceil - p_2$ とおく．このとき $0 \leq a_k(v) < 1$ $(k = 1, 2; v \in V)$ である．$\{a_1(v), a_2(v) \mid v \in V\}$ の中の相異なる値を $\alpha_1 > \alpha_2 > \cdots > \alpha_m$ (≥ 0) として $U_{ki} = \{v \in V \mid a_k(v) \geq \alpha_i\}$ $(k = 1, 2; i = 1, \cdots, m)$ とすると

$$a_k = \sum_{i=1}^{m-1} (\alpha_i - \alpha_{i+1}) \chi_{U_{ki}} + \alpha_m \chi_{U_{km}} \qquad (k = 1, 2)$$

である．したがって

$$p = p_1 + p_2 = \sum_{i=0}^{m} (\alpha_i - \alpha_{i+1})(\lfloor p_1 \rfloor + \chi_{U_{1i}} + \lceil p_2 \rceil - \chi_{U_{2i}}) \qquad (6.31)$$

が成り立つ ($\alpha_0 = 1$, $\alpha_{m+1} = 0$, $U_{10} = U_{20} = \emptyset$)．$q_i = \lfloor p_1 \rfloor + \chi_{U_{1i}} + \lceil p_2 \rceil - \chi_{U_{2i}}$ とおくと，以下に示すように $q_i \in S \cap \mathrm{N}(p)$ $(i = 0, 1, \cdots, m)$ が成り立つので，(6.31) から $p \in \overline{S \cap \mathrm{N}(p)}$ が導かれる．

[$q_i \in S$ の証明]: $p_1 \in \overline{D_1}$ と定理 3.31 により $\lfloor p_1 \rfloor + \chi_{U_{1i}} \in D_1$ である．同様に ($-D_2$ を考えて) $\lceil p_2 \rceil - \chi_{U_{2i}} \in D_2$ である．ゆえに $q_i \in D_1 + D_2 = S$.

[$q_i \in \mathrm{N}(p)$ の証明]:

$$p(v) \in \mathbf{Z} \Longrightarrow q_i(v) = p(v), \tag{6.32}$$

$$p(v) \notin \mathbf{Z} \Longrightarrow \lfloor p(v) \rfloor \le q_i(v) \le \lfloor p(v) \rfloor + 1 \tag{6.33}$$

を示せばよい．$\lfloor p_1 \rfloor + \lceil p_2 \rceil = p - a_1 + a_2 \in \mathbf{Z}^V$, $-1 < -a_1(v) + a_2(v) < 1$ $(v \in V)$ により，

$$p(v) \in \mathbf{Z} \Longrightarrow \lfloor p_1(v) \rfloor + \lceil p_2(v) \rceil = p(v),\ a_1(v) = a_2(v), \tag{6.34}$$

$$p(v) \notin \mathbf{Z} \Longrightarrow \lfloor p_1(v) \rfloor + \lceil p_2(v) \rceil \in \{\lfloor p(v) \rfloor, \lfloor p(v) \rfloor + 1\} \tag{6.35}$$

である．$p(v) \in \mathbf{Z}$ のとき (6.34) から $\chi_{U_{1i}}(v) = \chi_{U_{2i}}(v)$ が導かれ (6.32) が成り立つ．$W = \{v \in V \mid \lfloor p_1(v) \rfloor + \lceil p_2(v) \rceil = \lfloor p(v) \rfloor + 1\}$ とおき，(i) $v \in W$ と (ii) $v \in V \setminus W$ の場合に分けて (6.33) を示そう．(i) のとき，$v \in U_{1i}$ とすると $a_2(v) = \lfloor p_1(v) \rfloor + \lceil p_2(v) \rceil - p(v) + a_1(v) = \lfloor p(v) \rfloor + 1 - p(v) + a_1(v) \ge a_1(v) \ge \alpha_i$ より $v \in U_{2i}$ となるので，$-1 \le \chi_{U_{1i}}(v) - \chi_{U_{2i}}(v) \le 0$ が導かれ (6.33) が成り立つ．(ii) のとき，$v \in U_{2i}$ とすると $a_1(v) = -\lfloor p_1(v) \rfloor - \lceil p_2(v) \rceil + p(v) + a_2(v) = -\lfloor p(v) \rfloor + p(v) + a_2(v) \ge a_2(v) \ge \alpha_i$ より $v \in U_{1i}$ となるので $0 \le \chi_{U_{1i}}(v) - \chi_{U_{2i}}(v) \le 1$ が導かれ (6.33) が成り立つ．■

次の二つの定理は離散双対定理から機械的な計算で導出できる．

6.32［定理］　L$^\natural$ 凸関数 $g_i \in \mathcal{L}^\natural[\mathbf{Z} \to \mathbf{R}]$ $(i = 1, 2)$ に対して $g_1 \Box_{\mathbf{Z}}\, g_2 > -\infty$, $\mathrm{dom}_{\mathbf{Z}} g_1$ は有界と仮定する．任意の $p \in \mathrm{dom}_{\mathbf{Z}}(g_1 \Box_{\mathbf{Z}}\, g_2)$ に対してある $p_i \in \mathrm{dom}_{\mathbf{Z}} g_i$ $(i = 1, 2)$ が存在して $p = p_1 + p_2$ かつ

$$\partial_{\mathbf{R}}(g_1 \Box_{\mathbf{Z}}\, g_2)(p) = \partial_{\mathbf{R}} g_1(p_1) \cap \partial_{\mathbf{R}} g_2(p_2) \ \neq \emptyset.$$

とくに，$g_i \in \mathcal{L}^\natural[\mathbf{Z} \to \mathbf{Z}]$ $(i = 1, 2)$ ならば，

$$\partial_{\mathbf{Z}}(g_1 \Box_{\mathbf{Z}}\, g_2)(p) = \partial_{\mathbf{Z}} g_1(p_1) \cap \partial_{\mathbf{Z}} g_2(p_2) \ \neq \emptyset.$$

したがって，整数値 $\mathrm{L}_2^\natural$ 凸関数の整数劣微分は $\mathrm{M}_2^\natural$ 凸集合である．

証明　容易にわかる関係

$$x \in \partial_{\mathbf{R}}(g_1 \Box_{\mathbf{Z}}\, g_2)(p) \iff p \in \arg\min(g_1 \Box_{\mathbf{Z}}\, g_2)[-x],$$
$$\arg\min(g_1 \Box_{\mathbf{Z}}\, g_2)[-x] = \arg\min g_1[-x] + \arg\min g_2[-x]$$

による．g_1, g_2 が整数値のときには，定理 5.38 より $\partial_{\mathbf{R}} g_i(p_i) \in \mathcal{M}_0^\natural[\mathbf{Z}|\mathbf{R}]$ であることと定理 3.19 に注意する． ■

6.33［定理］　$\mathrm{L}^\natural$ 凸関数 $g_i \in \mathcal{L}^\natural[\mathbf{Z} \to \mathbf{Z}]$ $(i = 1, 2)$ に対して，$g_1 \Box_{\mathbf{Z}}\, g_2 > -\infty$ ならば $(g_1 \Box_{\mathbf{Z}}\, g_2)^{\bullet\bullet} = g_1 \Box_{\mathbf{Z}}\, g_2$．ただし，$^\bullet$ は離散 Legendre–Fenchel 変換 $(6.4)_{\mathbf{Z}}$．

証明　$f_i = g_i^\bullet \in \mathcal{M}^\natural[\mathbf{Z} \to \mathbf{Z}]$ に対して定理 6.29 を用いて計算する． ■

最後に，M_2 凸関数と L_2 凸関数の関係を示す定理を二つ述べる．

6.34［定理］　整数値 M_2 凸関数の全体 $\mathcal{M}_2[\mathbf{Z} \to \mathbf{Z}]$ と整数値 L_2 凸関数の全体 $\mathcal{L}_2[\mathbf{Z} \to \mathbf{Z}]$ は，離散 Legendre–Fenchel 変換 $(6.4)_{\mathbf{Z}}$ により 1 対 1 に対応する．同様に，$\mathcal{M}_2^\natural[\mathbf{Z} \to \mathbf{Z}]$ と $\mathcal{L}_2^\natural[\mathbf{Z} \to \mathbf{Z}]$ は共役関係にある．

証明　式 (6.30), 定理 6.29, 定理 6.33, 定理 6.9 による． ■

6.35［定理］　関数 $f : \mathbf{Z}^V \to \mathbf{R} \cup \{+\infty\}$ に対して，

$$\mathrm{M}_2^\natural \text{ 凸 かつ } \mathrm{L}_2^\natural \text{ 凸} \iff \mathrm{M}^\natural \text{ 凸 かつ } \mathrm{L}^\natural \text{ 凸} \iff \text{変数分離凸}.$$

証明　変数分離凸関数が $\mathrm{M}_2^\natural$ 凸かつ $\mathrm{L}_2^\natural$ 凸であることは明らかであるから，逆に，$\mathrm{M}_2^\natural$ 凸かつ $\mathrm{L}_2^\natural$ 凸である f が変数分離形であることを導けばよい．その概略を述べる．$\arg\min f[-p] \neq \emptyset$ である $p \in \mathbf{R}^V$ を考える．f が $\mathrm{M}_2^\natural$ 凸関数であるから，M 凸交わり定理 6.14 により，$\arg\min f[-p]$ は $\mathrm{M}_2^\natural$ 凸集合である．また，f は $\mathrm{L}_2^\natural$ 凸関数でもあるから，$\arg\min f[-p]$ は $\mathrm{L}_2^\natural$ 凸集合である．したがって，$\arg\min f[-p]$ は空集合または整数区間である．これが任意の p に対して成り立つので，f は変数分離形である． ■

ノート

本書では，多面体的方法によって離散共役性定理 (定理 6.9) と離散分離定理 (定理 6.11, 定理 6.12) を証明した．離散 M/L 凸関数の凸拡張を考えて多面体的 M/L 凸関数に持ち込む議論であるが．多面体的なアプローチでは (うっかりすると) 離散性が見失われがちなので注意が必要である．なお，M 分離定理の原証明は，劣モジュラ流問題の枠組みを用いて純粋に離散的な世界で構成的に与えられている [98], [100]．また，離散共役性定理の原証明は [100] (および [101]) にある．

共役性に関して，定理 6.2 は [107] により，定理 6.9 は [100] による．より一般の枠組での共役性定理が [158] にある．M 分離定理 6.11，M 凸交わり定理 6.14 は [98], [99], [100] による．L 分離定理 6.12 は [100] により，Fenchel 型双対定理 6.13 は [99], [100] による．$\mathrm{M}_2/\mathrm{L}_2$ 凸関数に関して，定理 6.28, 定理 6.29, 定理 6.32, 定理 6.33 は [100] による．また，定理 6.26, 定理 6.31, 定理 6.35 は [108] による．L_2 凸関数の定義については [161] も参照のこと．

7

ネットワークフロー

第 2 章において，ネットワークフロー (非線形抵抗回路) と離散凸性とが密接な関係をもっていることを見た．要点は，(i) 非線形抵抗回路の平衡状態を求める問題が凸関数をコストとする最小費用流問題として定式化されること，および，(ii) フローを変数とするコスト関数が M 凸関数，ポテンシャルを変数とするコスト関数が L 凸関数であって，互いに共役の関係にあること，の 2 点であった．ネットワークフローと離散凸性の関係はこれだけに留まらない．本章では，(i) 最小費用流問題が劣モジュラ流問題という枠組みに一般化され，そこでも M 凸関数，L 凸関数が自然な形で現れること，(ii) M 凸関数をコストとする劣モジュラ流問題の最適性が整数性を保つ美しい形で記述できること，(iii) その最適性規準を与える定理が Fenchel 型双対定理と同等であること，(iv) M 凸関数，L 凸関数がネットワークを介して別の M 凸関数，L 凸関数に変換されることなどを紹介する．アルゴリズムについては第 8 章で扱う．

1. 劣モジュラ流問題

最小費用流問題が M 凸関数をコストとする劣モジュラ流問題へと一般化されることを述べよう．このように問題を一般化しても，最適性の特徴づけ定理や効率的アルゴリズムが美しい形で得られることがポイントである．

線形費用をもつ最小費用流問題から始めよう．点集合 V，枝集合 A からなるグラフ $G = (V, A)$ を考える．各枝 $a \in A$ の流量の上限 $\overline{c}(a)$ と下限 $\underline{c}(a)$，および，単位流量あたりの費用 $\gamma(a)$ が与えられ，さらに，各点 $v \in V$ での供給量 $x(v)$ が与えられているとする．**最小費用流問題**は，供給量と整合的でかつ容量の上下限制約を満たすフロー (流れ) $\xi = (\xi(a) \mid a \in A)$ の中で総費用 $\langle \gamma, \xi \rangle_A = \sum_{a \in A} \gamma(a)\xi(a)$ を最小にするものを求める問題である．フロー ξ と

供給 x の整合性の意味は，

$$\partial\xi(v) = \sum\{\xi(a) \mid a \in \delta^+ v\} - \sum\{\xi(a) \mid a \in \delta^- v\} \qquad (v \in V) \qquad (7.1)$$

で定義されるフロー ξ の**境界** $\partial\xi \in \mathbf{R}^V$ が供給 $x \in \mathbf{R}^V$ に等しいということである．問題の記述として与えられているのは，グラフ $G = (V, A)$，容量上限関数 $\overline{c} : A \to \mathbf{R} \cup \{+\infty\}$，容量下限関数 $\underline{c} : A \to \mathbf{R} \cup \{-\infty\}$，費用関数 $\gamma : A \to \mathbf{R}$，供給関数 (ベクトル) $x : V \to \mathbf{R}$ であり，フローを表す $\xi : A \to \mathbf{R}$ が最適化問題の変数であることに注意されたい．

最小費用流問題 $\mathbf{MFP}_0$ (線形枝コスト)

$$\begin{aligned} \text{Minimize} \quad & \Gamma_1(\xi) = \sum_{a \in A} \gamma(a)\xi(a) & (7.2) \\ \text{subject to} \quad & \underline{c}(a) \le \xi(a) \le \overline{c}(a) \qquad (a \in A), & (7.3) \\ & \partial\xi = x, & (7.4) \\ & \xi(a) \in \mathbf{R} \qquad (a \in A). & (7.5) \end{aligned}$$

容量制約と供給が整数値関数で与えられている場合，すなわち，$\overline{c} : A \to \mathbf{Z} \cup \{+\infty\}$, $\underline{c} : A \to \mathbf{Z} \cup \{-\infty\}$, $x : V \to \mathbf{Z}$ の場合に，フローの値を整数値に限った問題を考えるのも自然である．式 (7.5) を整数性の条件

$$\xi(a) \in \mathbf{Z} \qquad (a \in A) \qquad (7.6)$$

に置き換えた問題 (**最小費用整数流問題**) を考えるのである．容量制約と供給が整数値の場合には，ことさら整数性条件 (7.6) を課さなくても，整数値のフローで最適なものが存在する (**最適解の整数性**) という著しい性質がある (定理 7.10).

最小費用流問題は数々の良い性質をもっており，扱いやすい組合せ最適化問題の代表となっている．詳しくは後に説明することとしてキーワードを挙げれば，負閉路による最適性規準，ポテンシャル (双対変数) による最適性規準，効率的なアルゴリズム，そして最適解の整数性である．これらの良い性質を保った形で問題をどこまで一般化できるかがネットワークフロー理論の一つの焦点である．

上の最小費用流問題における供給制約 (7.4) は，フローの境界 $\partial\xi$ が与えられたベクトル x に等しいことを要請しているが，これを，$\partial\xi$ がある実行可能領域 B に属すべきであるという制約

$$\partial\xi \in B \tag{7.7}$$

に置き換えた一般化を考える．このとき，B が基多面体ならば上記の良い性質が保たれることが知られている．基多面体 B は劣モジュラ関数 $\rho : 2^V \to \mathbf{R} \cup \{+\infty\}$ によって $B = \mathbf{B}(\rho)$ と記述される ($\rho \in \mathcal{S}[\mathbf{R}]$，式 (3.17) 参照) ので，基多面体 B(あるいは劣モジュラ関数 ρ) によってこのように定義される問題を**劣モジュラ流問題**と呼ぶ．

劣モジュラ流問題 MFP$_1$ (線形枝コスト)

$$\begin{aligned}
\text{Minimize}\quad & \Gamma_1(\xi) = \sum_{a \in A} \gamma(a)\xi(a) && (7.8)\\
\text{subject to}\quad & \underline{c}(a) \le \xi(a) \le \overline{c}(a) \qquad (a \in A), && (7.9)\\
& \partial\xi \in \mathbf{B}(\rho), && (7.10)\\
& \xi(a) \in \mathbf{R} \quad (\text{あるいは}\ \xi(a) \in \mathbf{Z}) \qquad (a \in A). && (7.11)
\end{aligned}$$

なお，整数値のフローを考えるときには，ρ を整数値 ($\rho \in \mathcal{S}[\mathbf{Z}]$) と仮定する．

フローの境界 $\partial\xi$ が実行可能領域 B に属すべきであるという制約をさらに一般化して，$\partial\xi$ に対するコストを導入する．点集合 V 上のベクトルを変数とする関数 $f : \mathbf{R}^V \to \mathbf{R} \cup \{+\infty\}$ を用いて，$f(\partial\xi)$ を目的関数に加えるのである．このとき，制約条件 $\partial\xi \in B = \mathrm{dom}\, f$ が課されることになる．後に述べるように，f が M 凸関数ならば良い性質が保たれる．M 凸関数 $f \in \mathcal{M}[\mathbf{R} \to \mathbf{R}]$ によってこのように定義される問題を **M 凸劣モジュラ流問題**と呼ぶ．

M 凸劣モジュラ流問題 MFP$_2$ (線形枝コスト)

$$\begin{aligned}
\text{Minimize}\quad & \Gamma_2(\xi) = \sum_{a \in A} \gamma(a)\xi(a) + f(\partial\xi) && (7.12)\\
\text{subject to}\quad & \underline{c}(a) \le \xi(a) \le \overline{c}(a) \qquad (a \in A), && (7.13)\\
& \partial\xi \in \mathrm{dom}\, f, && (7.14)\\
& \xi(a) \in \mathbf{R} \quad (\text{あるいは}\ \xi(a) \in \mathbf{Z}) \qquad (a \in A). && (7.15)
\end{aligned}$$

なお，M 凸関数 f が $\{0,+\infty\}$ 値の場合には f は基多面体の標示関数となり，この場合の M 凸劣モジュラ流問題は劣モジュラ流問題に一致する．また，整数値のフローを考えるときには，$\overline{c}: A \to \mathbf{Z} \cup \{+\infty\}$, $\underline{c}: A \to \mathbf{Z} \cup \{-\infty\}$, $f \in \mathcal{M}[\mathbf{Z} \to \mathbf{R}]$ (あるいは $f \in \mathcal{M}[\mathbf{Z}|\mathbf{R} \to \mathbf{R}]$) と仮定する．

上の問題では，各枝を流れるフロー $\xi(a)$ の費用は線形であるが，これを非線形関数に一般化することも可能である．各 $a \in A$ に対して非線形関数 $f_a : \mathbf{R} \to \mathbf{R} \cup \{+\infty\}$ が与えられているとして，Γ_2 の中の $\displaystyle\sum_{a \in A} \gamma(a)\xi(a)$ を $\displaystyle\sum_{a \in A} f_a(\xi(a))$ に置き換えるのである．

M 凸劣モジュラ流問題 MFP$_3$ (非線形枝コスト)

$$
\begin{aligned}
\text{Minimize} \quad & \Gamma_3(\xi) = \sum_{a \in A} f_a(\xi(a)) + f(\partial\xi) && (7.16)\\
\text{subject to} \quad & \xi(a) \in \operatorname{dom} f_a \qquad (a \in A), && (7.17)\\
& \partial\xi \in \operatorname{dom} f, && (7.18)\\
& \xi(a) \in \mathbf{R} \quad (\text{あるいは}\, \xi(a) \in \mathbf{Z}) \qquad (a \in A). && (7.19)
\end{aligned}
$$

明らかに，MFP$_2$ は MFP$_3$ の特殊ケースであり，MFP$_3$ において

$$
f_a(t) = \begin{cases} \gamma(a)t & (t \in [\underline{c}(a), \overline{c}(a)]) \\ +\infty & (\text{その他}) \end{cases} \tag{7.20}
$$

の場合が MFP$_2$ に一致する．逆に，各 f_a が凸関数ならば，MFP$_3$ は MFP$_2$ の形に書き直すことができる (補足 7.1 参照) ので，良い性質が保たれることになる．枝の上の費用関数 $f_A(\xi) = \sum_{a \in A} f_a(\xi(a))$ が変数分離形の凸関数であることに注意されたい．これを一般の凸関数 $f_A : \mathbf{R}^A \to \mathbf{R} \cup \{+\infty\}$ にまで一般化すると，良い性質は保たれなくなってしまう．

整数値のフローを考えるときには $f \in \mathcal{M}[\mathbf{Z} \to \mathbf{R}]$, $f_a \in \mathcal{C}[\mathbf{Z} \to \mathbf{R}]$ $(a \in A)$ (あるいは $f \in \mathcal{M}[\mathbf{Z}|\mathbf{R} \to \mathbf{R}]$, $f_a \in \mathcal{C}[\mathbf{Z}|\mathbf{R} \to \mathbf{R}]$ $(a \in A)$) と仮定する．ここで，$\mathcal{C}[\mathbf{Z}|\mathbf{R} \to \mathbf{R}]$ は 1 変数の多面体的凸関数であって整数性 (4.65) をもつものの全体を表す．$\mathcal{C}[\mathbf{Z}|\mathbf{R} \to \mathbf{R}]$ は 1 変数離散凸関数 $\varphi \in \mathcal{C}[\mathbf{Z} \to \mathbf{R}]$ の凸閉包 $\overline{\varphi}$ として書ける多面体的凸関数の全体に一致する．

なお，任意のフロー ξ に対して $\partial\xi(V) = 0$ であるから，制約条件 $\partial\xi \in \operatorname{dom} f =$

$B = \mathbf{B}(\rho)$ において

$$\rho(V) = 0, \qquad \mathrm{dom}\, f \subseteq \{x \in \mathbf{R}^V \mid x(V) = 0\} \tag{7.21}$$

としてよい．以下では，つねにこれを仮定する．

7.1［補足］　問題 MFP_3 を MFP_2 の形に帰着させる仕方を説明する．各枝 $a = (u, v) \in A$ を 2 本の枝 $a^+ = (u, v_a^-)$, $a^- = (v_a^+, v)$ に置き換える．その結果, 枝集合は $\tilde{A} = \{a^+, a^- \mid a \in A\}$ となり, 点集合は $\tilde{V} = V \cup \{v_a^+, v_a^- \mid a \in A\}$ となる．各 $a \in A$ に対して 2 変数の関数

$$\tilde{f}_a(x^+, x^-) = \begin{cases} f_a(x^+) & (x^+ + x^- = 0) \\ +\infty & (x^+ + x^- \neq 0) \end{cases}$$

を定義する．フロー $\tilde{\xi} : \tilde{A} \to \mathbf{R}$ が $(\partial\tilde{\xi}(v_a^+), \partial\tilde{\xi}(v_a^-)) \in \mathrm{dom}\, \tilde{f}_a$ を満たすならば，$\tilde{\xi}(a^+) = \tilde{\xi}(a^-)$ となることに注意する．$\partial\tilde{\xi}$ の V への制限を $\partial\tilde{\xi}|V$ と書くことにして，関数 $\tilde{f} : \mathbf{R}^{\tilde{V}} \to \mathbf{R} \cup \{+\infty\}$ を

$$\tilde{f}(\partial\tilde{\xi}) = \sum_{a \in A} \tilde{f}_a(\partial\tilde{\xi}(v_a^+), \partial\tilde{\xi}(v_a^-)) + f(\partial\tilde{\xi}|V)$$

と定義する．このようにして，与えられた問題 MFP_3 は $\tilde{\Gamma}_2(\tilde{\xi}) = \tilde{f}(\partial\tilde{\xi})$ をコストとする問題 MFP_2 の形に帰着される．しかも，$f \in \mathcal{M}[\mathbf{R} \to \mathbf{R}]$, $f_a \in \mathcal{C}[\mathbf{R} \to \mathbf{R}]$ $(a \in A)$ ならば $\tilde{f} \in \mathcal{M}[\mathbf{R} \to \mathbf{R}]$ である．さらに，この議論から MFP_2 で $\gamma = 0$ としても一般性において同等であることがわかる．　□

2. 実行可能流の存在

劣モジュラ流問題に実行可能流が存在するための条件を述べる．グラフ $G = (V, A)$, 容量上限関数 $\overline{c} : A \to \mathbf{R} \cup \{+\infty\}$, 容量下限関数 $\underline{c} : A \to \mathbf{R} \cup \{-\infty\}$, および劣モジュラ関数 $\rho : 2^V \to \mathbf{R} \cup \{+\infty\}$ が与えられているとする（$\overline{c}(a) \geq \underline{c}(a)$ $(a \in A)$, $\rho(V) = \rho(\emptyset) = 0$ とする）．条件

$$\underline{c}(a) \leq \xi(a) \leq \overline{c}(a) \qquad (a \in A), \tag{7.22}$$

$$\partial\xi \in \mathbf{B}(\rho) \tag{7.23}$$

を満たす $\xi : A \to \mathbf{R}$ を劣モジュラ流問題の**実行可能流**と呼ぶ.

最初に，容量制約 (7.22) だけを満たすフローの境界を考える．$X \subseteq V$ から出る枝，X に入る枝の集合をそれぞれ

$$\Delta^+ X = \{a \in A \mid \partial^+ a \in X, \partial^- a \in V \setminus X\}, \tag{7.24}$$

$$\Delta^- X = \{a \in A \mid \partial^- a \in X, \partial^+ a \in V \setminus X\} \tag{7.25}$$

で表し，**カット関数** $\kappa : 2^V \to \mathbf{R} \cup \{+\infty\}$ を

$$\kappa(X) = \overline{c}(\Delta^+ X) - \underline{c}(\Delta^- X) = \sum_{a \in \Delta^+ X} \overline{c}(a) - \sum_{a \in \Delta^- X} \underline{c}(a) \qquad (X \subseteq V) \tag{7.26}$$

と定義する．容易に確かめられるように，κ は劣モジュラ関数である．供給量を表すベクトル $x : V \to \mathbf{R}$ が与えられたとき，容量制約 (7.22) と $\partial\xi = x$ を満たす ξ が存在するならば，任意の $X \subseteq V$ に対して

$$\begin{aligned} x(X) = \partial\xi(X) &= \sum_{a \in \Delta^+ X} \xi(a) - \sum_{a \in \Delta^- X} \xi(a) \\ &\leq \sum_{a \in \Delta^+ X} \overline{c}(a) - \sum_{a \in \Delta^- X} \underline{c}(a) = \kappa(X) \end{aligned}$$

が成り立つ．すなわち，$x \in \mathbf{B}(\kappa)$ である (ここで $\mathbf{B}(\kappa)$ は κ の定める基多面体 (3.17) を表す)．ネットワークフロー理論においてよく知られているように，実は，この逆も成立する．

7.2［定理］　与えられた $x : V \to \mathbf{R}$ に対して，容量制約 (7.22) と $\partial\xi = x$ を満たすフロー $\xi : A \to \mathbf{R}$ が存在するためには

$$x(X) \leq \kappa(X) \quad (X \subseteq V), \qquad x(V) = 0 \tag{7.27}$$

が成り立つことが必要十分である．すなわち，

$$\mathbf{B}(\kappa) = \{\partial\xi \mid \xi : A \to \mathbf{R},\ \underline{c}(a) \leq \xi(a) \leq \overline{c}(a)\ (a \in A)\}. \tag{7.28}$$

さらに，$\overline{c}, \underline{c}$ が整数値のときには，整数値フローに限ってよく，

$$\mathbf{B}(\kappa) \cap \mathbf{Z}^V = \{\partial\xi \mid \xi : A \to \mathbf{Z},\ \underline{c}(a) \leq \xi(a) \leq \overline{c}(a)\ (a \in A)\} \tag{7.29}$$

が成り立つ．

証明　最大流最小カットの定理，あるいは，その変種である循環流の存在判定定理 (Hoffman's circulation theorem) から容易に導ける．[16] の Theorem 3.18，[40] の式 (2.65) を参照されたい．　■

容量制約 (7.22) と供給制約 (7.23) の両方を満たすフロー (すなわち劣モジュラ流問題の実行可能流) の存在条件は次のように述べられる．

7.3［定理］　劣モジュラ流問題に実行可能流が存在するためには

$$\overline{c}(\Delta^- X) - \underline{c}(\Delta^+ X) + \rho(X) \geq 0 \qquad (X \subseteq V) \tag{7.30}$$

が成り立つことが必要十分である．さらに，$\overline{c}$, $\underline{c}$, ρ が整数値のときには，実行可能流 $\xi : A \to \mathbf{R}$ が存在すれば整数の実行可能流 $\xi : A \to \mathbf{Z}$ が存在する．

証明　定理 7.2 により，実行可能流の存在は $\mathbf{B}(\kappa) \cap \mathbf{B}(\rho) \neq \emptyset$ と同値である．交わり定理 3.17 により，これは $\kappa(V \setminus X) + \rho(X) \geq 0$ $(\forall X \subseteq V)$ と同値である．ここで $\kappa(V \setminus X) = \overline{c}(\Delta^- X) - \underline{c}(\Delta^+ X)$ であるから，これはさらに (7.30) と同値である．$\overline{c}$, $\underline{c}$, ρ が整数値のときには，$\mathbf{B}(\kappa)$, $\mathbf{B}(\rho)$ ともに整基多面体なので，$\partial\xi \in \mathbf{B}(\kappa) \cap \mathbf{B}(\rho) \cap \mathbf{Z}^V$ を満たす ξ が存在する．このとき，(7.29) により，フロー ξ 自身も整数にとることができる．　■

7.4［補足］　条件 (7.30) の必要性は簡単にわかる．任意の $X \subseteq V$ に対して，X へのネット流入量はゼロに等しいから，

$$\sum_{a \in \Delta^- X} \xi(a) - \sum_{a \in \Delta^+ X} \xi(a) + \partial\xi(X) = 0 \tag{7.31}$$

が成り立つ．これと

$$\xi(a) \leq \overline{c}(a) \ (a \in \Delta^- X), \quad \xi(a) \geq \underline{c}(a) \ (a \in \Delta^+ X), \quad \partial\xi(X) \leq \rho(X) \tag{7.32}$$

から (7.30) が導かれる．定理 7.3 は，このようにして簡単に導かれる必要条件が実は十分条件でもあることを主張しているのである．　□

7.5［補足］　定理 7.3 の証明から次のことがわかる．劣モジュラ流問題が実行可能流をもつとき，実行可能流の境界の全体 $\partial\Xi = \{\partial\xi \mid \xi : \text{実行可能流}\}$ は

M_2 凸多面体である．さらに，$\overline{c}$, $\underline{c}$, ρ が整数値のときには，$\partial\Xi$ は整 M_2 凸多面体である．□

実行可能流 ξ の中で特定の枝 $a_0 \in A$ の流量 $\xi(a_0)$ を最大にする問題を**最大劣モジュラ流問題**と呼ぶ．

最大劣モジュラ流問題 MSP

$$\text{Maximize} \quad \xi(a_0) \tag{7.33}$$

$$\text{subject to} \quad \underline{c}(a) \leq \xi(a) \leq \overline{c}(a) \qquad (a \in A), \tag{7.34}$$

$$\partial\xi \in \mathbf{B}(\rho), \tag{7.35}$$

$$\xi(a) \in \mathbf{R} \qquad (a \in A). \tag{7.36}$$

この問題に関して次の最大流最小カットの定理が成り立つ．式 (7.31), (7.32) から，$a_0 \in \Delta^+ X$ である任意の $X \subset V$ に対して

$$\begin{aligned}\xi(a_0) &= \sum_{a \in \Delta^- X} \xi(a) - \sum_{a \in \Delta^+ X \setminus \{a_0\}} \xi(a) + \partial\xi(X) \\ &\leq \overline{c}(\Delta^- X) - \underline{c}(\Delta^+ X \setminus \{a_0\}) + \rho(X)\end{aligned}$$

が成り立つことに注意されたい．

7.6［定理］　最大劣モジュラ流問題 MSP に実行可能流が存在するとき，

$$\begin{aligned}&\max\{\xi(a_0) \mid (7.34), (7.35), (7.36)\} \\ &= \min\{\overline{c}(a_0), \min\{\overline{c}(\Delta^- X) - \underline{c}(\Delta^+ X \setminus \{a_0\}) + \rho(X) \\ &\qquad\qquad \mid a_0 \in \Delta^+ X, X \subset V\}\}\end{aligned} \tag{7.37}$$

が成り立つ (両辺 $= +\infty$ の可能性もある)．さらに，$\overline{c}$, $\underline{c}$, ρ が整数値で (7.37) の値が有限のときには，整数の最大流 $\xi : A \to \mathbf{Z}$ が存在する．

証明　枝 $a_0 = (u, v)$ を (直列に)2 本に分けて，これを $a_0 = (u, w)$, $a_0' = (w, v)$ とする (点集合は $\tilde{V} = V \cup \{w\}$ に，枝集合は $\tilde{A} = A \cup \{a_0'\}$ になる)．t をパラメータとして，枝 a_0' の容量制約を $\underline{c}(a_0') = t$, $\overline{c}(a_0') = +\infty$ と定義し，劣モジュラ関数 ρ を $\rho(X \cup \{w\}) = \rho(X)$ $(X \subseteq V)$ によって $\tilde{V}$ 上へ拡張する．こ

の劣モジュラ流問題に実行可能流が存在するような t の最大値が (7.37) の左辺に等しい．一方，これは，定理 7.3 により，(7.37) の右辺に等しい．整数性に関する主張も定理 7.3 から示される． ∎

7.7［補足］　式 (7.37) の左辺の最大値を与える ξ と右辺の最小値を与える $X \subset V$ に対して，$\xi(a_0) < \overline{c}(a_0)$ ならば，

$$\partial\xi(X) = \rho(X), \quad \xi(a) = \overline{c}(a) \ (a \in \Delta^- X), \quad \xi(a) = \underline{c}(a) \ (a \in \Delta^+ X \setminus \{a_0\})$$

が成り立つ．このことは，X の部分へのネット流入量が限界に達していることを示している． □

3. ポテンシャルによる最適性規準

M 凸劣モジュラ流問題 MFP_3 の最適性を特徴づける定理に関して述べる．これは M 凸関数と L 凸関数に対する Fenchel 型双対定理と密接な関係にある．

各点に実数を割り当てる関数 $p : V \to \mathbf{R}$ (すなわちベクトル $p \in \mathbf{R}^V$) を**ポテンシャル**と呼ぶ．ポテンシャル p の**双対境界**は

$$\delta p(a) = p(\partial^+ a) - p(\partial^- a) \qquad (a \in A) \tag{7.38}$$

で定義されることを思い出そう (式 (2.65) 参照)．テンション η とフロー ξ の内積 (pairing) $\langle \eta, \xi \rangle_A = \sum_{a \in A} \eta(a)\xi(a)$ は，

$$\eta = -\delta p \tag{7.39}$$

を満たすポテンシャル p と ξ の境界 $x = \partial\xi$ によって

$$\langle \eta, \xi \rangle_A = -\langle \delta p, \xi \rangle_A = -\langle p, \partial\xi \rangle_V = -\langle p, x \rangle_V \tag{7.40}$$

と書き直せる (ここで $\langle p, x \rangle_V = \sum_{v \in V} p(v)x(v)$ など)．式 (7.40) は頻繁に用いる基本関係式である (補足 7.24 参照)．

ポテンシャル p が与えられたとき，費用関数 f_a $(a \in A)$，f を修正して

$$f_a[\delta p(a)](t) = f_a(t) + (p(\partial^+ a) - p(\partial^- a))t \qquad (t \in \mathbf{R}), \tag{7.41}$$

$$f[-p](x) = f(x) - \sum_{v \in V} p(v)x(v) \qquad (x \in \mathbf{R}^V) \tag{7.42}$$

を考えると，(7.40) により，

$$\begin{aligned}\Gamma_3(\xi) &= \sum_{a\in A} f_a(\xi(a)) + f(\partial\xi) \\ &= [\sum_{a\in A} f_a(\xi(a)) + \langle\delta p, \xi\rangle_A] + [f(\partial\xi) - \langle p, \partial\xi\rangle_V] \\ &= \sum_{a\in A} f_a[\delta p(a)](\xi(a)) + f[-p](\partial\xi) \\ &\geq \sum_{a\in A} \inf_t f_a[\delta p(a)](t) + \inf_x f[-p](x) \end{aligned} \tag{7.43}$$

が成り立つ．したがって，ある p に対して，(i) $\xi(a) \in \arg\min f_a[\delta p(a)]$ $(\forall a \in A)$ および (ii) $\partial\xi \in \arg\min f[-p]$ が成り立つならば，ξ は最適流である．

次の定理は，f と f_a $(a \in A)$ が多面体的凸関数ならばこのようなポテンシャルが存在することを示している．ここで f や $\mathrm{dom}\, f$ の M 凸性は無関係であることに注意されたい．

7.8［定理］　問題 MFP_3 において，f と f_a $(a \in A)$ が多面体的凸関数であると仮定する．

(1) (制約条件 (7.17), (7.18) を満たす) 実行可能流 $\xi : A \to \mathbf{R}$ に対して，次の 2 条件 (OPT), (POT) は同値である．

(OPT) ξ は最適流である．

(POT) 次の 2 条件 (i), (ii) を満たすポテンシャル $p : V \to \mathbf{R}$ が存在する:

(i)　各 $a \in A$ に対して $\xi(a) \in \arg\min f_a[\delta p(a)]$,

(ii)　$\partial\xi \in \arg\min f[-p]$.

なお，このような ξ と p に対して (7.43) が等号で成立する．

(2) ポテンシャル $p : V \to \mathbf{R}$ がある最適流 ξ に対して上の 2 条件 (i), (ii) を満たすとする．実行可能流 ξ' が最適流であるためには，

(i)　各 $a \in A$ に対して $\xi'(a) \in \arg\min f_a[\delta p(a)]$,

(ii)　$\partial\xi' \in \arg\min f[-p]$

を満たすことが必要十分である．

証明　(1) (POT) ⇒ (OPT) は既に示した．(OPT) ⇒ (POT) を示そう．

$$f_A(x) = \inf_\xi \{\sum_{a\in A} f_a(\xi(a)) \mid \partial\xi = x\} \tag{7.44}$$

とおくと

$$\inf_{\xi} \Gamma_3(\xi) = \inf_{x} \left[\left(\inf_{\xi:\partial\xi=x} \sum_{a\in A} f_a(\xi(a)) \right) + f(x) \right] = \inf_{x} [f_A(x) + f(x)]$$

と書けるが，最適流の存在より $\inf \Gamma_3$ は有限値である．さらに，$f_A(x) > -\infty$ で，f_A は多面体的凸関数であることが示せる (補足 2.33)．ξ を最適流とすると，$x = \partial\xi$ が上式の右辺の最小値を与えるから，Fenchel 双対定理 2.8 により，ある $p : V \to \mathbf{R}$ が存在して

$$f_A[p](\partial\xi) = \inf f_A[p], \qquad f[-p](\partial\xi) = \inf f[-p] \tag{7.45}$$

となる．この第二式は (POT) の条件 (ii) である．式 (7.44) に (7.40) を用いると，任意の x' に対して

$$\begin{aligned} f_A[p](x') &= \inf_{\xi'} \{ \sum_{a\in A} f_a(\xi'(a)) \mid \partial\xi' = x' \} + \langle p, x' \rangle_V \\ &= \inf_{\xi'} \{ \sum_{a\in A} f_a(\xi'(a)) + \langle \delta p, \xi' \rangle_A \mid \partial\xi' = x' \} \\ &= \inf_{\xi'} \{ \sum_{a\in A} f_a[\delta p(a)](\xi'(a)) \mid \partial\xi' = x' \} \end{aligned}$$

となるので，

$$\inf f_A[p] = \sum_{a\in A} \inf f_a[\delta p(a)] \tag{7.46}$$

である．一方，ξ の最適性により

$$f_A(\partial\xi) = \sum_{a\in A} f_a(\xi(a))$$

であるから，

$$f_A[p](\partial\xi) = \sum_{a\in A} f_a[\delta p(a)](\xi(a)) \tag{7.47}$$

である．(7.45) の第一式，(7.46)，(7.47) により，各 $a \in A$ に対して

$$f_a[\delta p(a)](\xi(a)) = \inf f_a[\delta p(a)],$$

すなわち，(POT) の条件 (i) が成り立つ．

(2) (1) と (7.43) より明らかである．■

(POT) の2条件 (i), (ii) を満たす p を**最適ポテンシャル**と呼ぶ．(2) により，2条件 (i), (ii) を満たす p は ξ のとり方によらないことに注意されたい．

(POT) の条件 (i) は，第2章3節で説明した特性曲線 (キルター図)Γ_a と密接な関係にある (図 2.5 参照)．(2.72), (2.73) からわかるように，

$$\xi(a) \in \arg\min f_a[-\eta(a)] \iff (\xi(a), \eta(a)) \in \Gamma_a \tag{7.48}$$

が成り立つ．したがって，(POT) の条件 (i) は，各枝 a においてフロー $\xi(a)$ とテンション $\eta(a) = -\delta p(a)$ が枝特性を満足すべきであることを述べていることになる．

枝のコストが線形 (7.20) の場合の特性曲線 (キルター図) は図 7.1 のようになり，(POT) の条件 (i) の $\xi(a) \in \arg\min f_a[\delta p(a)]$ は

$$\gamma_p(a) > 0 \implies \xi(a) = \underline{c}(a), \tag{7.49}$$

$$\gamma_p(a) < 0 \implies \xi(a) = \overline{c}(a) \tag{7.50}$$

となる．ここで，$\gamma_p : A \to \mathbf{R}$ は修正された費用関数

$$\gamma_p(a) = \gamma(a) + p(\partial^+ a) - p(\partial^- a) \qquad (a \in A) \tag{7.51}$$

である．また，関数 f が $\{0, +\infty\}$ 値の場合には，$B = \mathrm{dom}\, f$ とすると，(POT) の条件 (ii) の $\partial\xi \in \arg\min f[-p]$ は

$$\partial\xi \in \arg\max_{x \in B} \langle p, x \rangle \tag{7.52}$$

となる．

7.9［補足］　定理 7.8 においては，記述の簡単のため f と f_a $(a \in A)$ が多面体的凸関数であると仮定したが，多面体的でない凸関数の場合にも適当な仮定の下で同様の主張が成り立つ ([60], [128] 参照)．□

ここまでの議論では，ネットワークフローのもつ組合せ的な性質はもっぱらグラフという構造自体に由来しており，M 凸性は効いていない．費用関数 f が M 凸関数の場合には，(POT) の条件 (ii) を扱いやすい形に書き直すことができる．

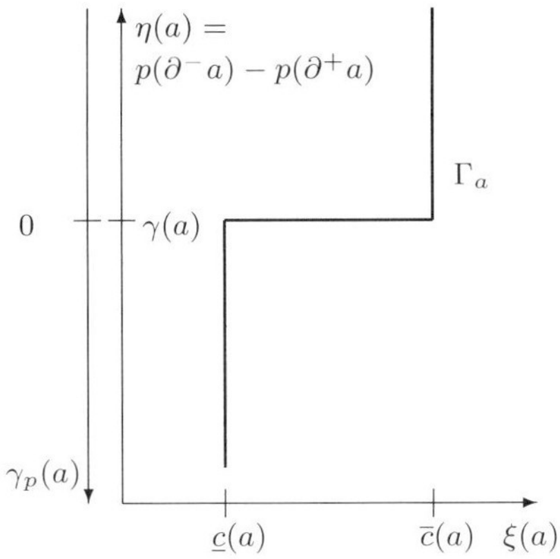

図 7.1　線形コストの場合の特性曲線 (キルター図)

第一の形は f の方向微分によるものである．f が多面体的 M 凸関数なら $f[-p]$ も多面体的 M 凸関数なので，定理 4.39(M 凸関数最小性規準) により

$$\partial\xi \in \arg\min f[-p] \iff f'(\partial\xi; -\chi_u + \chi_v) + p(u) - p(v) \geq 0 \quad (u, v \in V) \tag{7.53}$$

が成り立つ．次節において，この事実から負閉路による最適性規準が導かれる．

第二の形は，$\arg\min f[-p]$ が M 凸多面体 (基多面体) をなすことに着目した表現である．f の共役関数を g とすると，g は多面体的 L 凸関数であり，$\arg\min f[-p] = \partial_{\mathbf{R}} g(p)$ が成り立つ．また，(7.21) によって $g(p + \mathbf{1}) = g(p)$ $(\forall\, p)$ である．g の方向微分 g' によって $g_p(X) = g'(p; \chi_X)$ と定義される集合関数 g_p は劣モジュラであるが，(2.31) と定理 5.28(1) より

$$\begin{aligned} x \in \arg\min f[-p] &\iff p \in \arg\min g[-x] \\ &\iff \begin{cases} g'(p; \chi_X) - x(X) \geq 0 \ (\forall\, X \subseteq V), \\ g'(p; \mathbf{1}) - x(V) = 0 \end{cases} \end{aligned}$$

が成り立つので，関数 g_p の定義する基多面体 $\mathbf{B}(g_p)$ が $\arg\min f[-p]$ に一致する．したがって，

$$\partial\xi \in \arg\min f[-p] \iff \partial\xi \in \mathbf{B}(g_p) \tag{7.54}$$

が成立する．この形は劣モジュラ流問題を解く主双対法というアルゴリズム (第8章3.2項) などに利用される．

最小費用流問題 MFP_0 において，容量制約が整数ならば整数値の最適流が存在し (**主整数性**)，コストが整数ならば整数値の最適ポテンシャルが存在すること (**双対整数性**) はよく知られた事実である (いろいろな証明があるが，たとえば，定理 2.15 と例 2.13 による)．この整数性定理 はM凸劣モジュラ流問題に対しても以下の形で成り立つ．

7.10［定理］　M凸劣モジュラ流問題 MFP_3 が最適解をもつとする ($f_a \in \mathcal{C}[\mathbf{R} \to \mathbf{R}]$ $(a \in A)$, $f \in \mathcal{M}[\mathbf{R} \to \mathbf{R}]$ と仮定している)．

(1) 最適流の境界の全体 $\partial\Xi^* = \{\partial\xi \mid \xi:$ 最適流 $\}$ は M_2 凸多面体であり，最適ポテンシャルの全体 $\Pi^* = \{p \mid p:$ 最適ポテンシャル $\}$ はL凸多面体である．

(2) [**主整数性**]　$f_a \in \mathcal{C}[\mathbf{Z}|\mathbf{R} \to \mathbf{R}]$ $(a \in A)$, $f \in \mathcal{M}[\mathbf{Z}|\mathbf{R} \to \mathbf{R}]$ ならば，$\partial\Xi^*$ は整 M_2 凸多面体であり，整数最適流 $\xi : A \to \mathbf{Z}$ が存在する．

(3) [**双対整数性**]　$f_a^\bullet \in \mathcal{C}[\mathbf{Z}|\mathbf{R} \to \mathbf{R}]$ $(a \in A)$, $f^\bullet \in \mathcal{L}[\mathbf{Z}|\mathbf{R} \to \mathbf{R}]$ ならば，Π^* は整L凸多面体であり，とくに，整数最適ポテンシャル $p : V \to \mathbf{Z}$ が存在する．

証明　(1) 最適ポテンシャル p を一つ固定する．$\arg\min f_a[\delta p(a)]$ は区間をなすから，これを $[\underline{d}(a), \overline{d}(a)]$ とおくと，(POT) の条件 (i) は，$\underline{d}(a) \leq \xi(a) \leq \overline{d}(a)$ $(a \in A)$ と書ける．式 (7.26) と同様に

$$\lambda(X) = \overline{d}(\Delta^+ X) - \underline{d}(\Delta^- X) \qquad (X \subseteq V)$$

と定義すると，(7.28) より (POT) の条件 (i) を満たす ξ の境界の全体は基多面体 $\mathbf{B}(\lambda)$ に等しい．これと (7.54) により $\partial\Xi^* = \mathbf{B}(\lambda) \cap \mathbf{B}(g_p)$ と書けるので，$\partial\Xi^*$ は M_2 凸多面体である．

最適流 ξ を一つ固定する．$\partial_{\mathbf{R}} f_a(\xi(a))$ は区間をなすから，これを $[\underline{e}(a), \overline{e}(a)]$ とおくと，(POT) の条件 (i) は，$\underline{e}(a) \leq p(\partial^- a) - p(\partial^+ a) \leq \overline{e}(a)$ $(a \in A)$ と書けるので，(POT) の条件 (i) を満たす p の全体はL凸多面体 D_1 をなす．一方，(POT) の条件 (ii) を満たす p の全体はL凸多面体 $D_2 = \partial_{\mathbf{R}} f(\partial\xi)$ (f の $\partial\xi$ における劣微分) に一致する．L凸多面体の共通部分 $\Pi^* = D_1 \cap D_2$ はL凸多面体である．

(2) 仮定の下で，$\mathbf{B}(\lambda)$, $\mathbf{B}(g_p)$ が整 M 凸多面体になることによる．

(3) 仮定の下で，D_1, D_2 が整 L 凸多面体になることによる．ここで，$D_2 = \arg\min f^\bullet[-\partial\xi] \in \mathcal{L}_0[\mathbf{Z}|\mathbf{R}]$ に注意されたい． ■

なお，枝のコストが線形 (7.20) の場合の整数性条件は次のように書けることを注意しておく:

$$f_a \in \mathcal{C}[\mathbf{Z}|\mathbf{R} \to \mathbf{R}] \iff \overline{c}(a), \underline{c}(a) \in \mathbf{Z}, \tag{7.55}$$

$$f_a^\bullet \in \mathcal{C}[\mathbf{Z}|\mathbf{R} \to \mathbf{R}] \iff \gamma(a) \in \mathbf{Z}. \tag{7.56}$$

最後に，整数流の M 凸劣モジュラ流問題 MFP_3 に対する最適性規準を述べておく．

7.11 ［定理］　整数流の M 凸劣モジュラ流問題 MFP_3 ($f_a \in \mathcal{C}[\mathbf{Z} \to \mathbf{R}]$ $(a \in A)$, $f \in \mathcal{M}[\mathbf{Z} \to \mathbf{R}]$) を考える．

(1) (制約条件 (7.17), (7.18) を満たす) 実行可能整数流 $\xi : A \to \mathbf{Z}$ に対して，次の 2 条件 (OPT), (POT) は同値である．

(OPT) ξ は最適流である．

(POT) 次の 2 条件 (i), (ii) を満たすポテンシャル $p : V \to \mathbf{R}$ が存在する:

(i)　各 $a \in A$ に対して $\xi(a) \in \arg\min f_a[\delta p(a)]$,

(ii)　$\partial\xi \in \arg\min f[-p]$.

(2) ポテンシャル $p : V \to \mathbf{R}$ がある最適整数流 ξ に対して上の 2 条件 (i), (ii) を満たすとする．実行可能整数流 ξ' が最適流であるためには,

(i)　各 $a \in A$ に対して $\xi'(a) \in \arg\min f_a[\delta p(a)]$,

(ii)　$\partial\xi' \in \arg\min f[-p]$

を満たすことが必要十分である．

(3) 最適整数流の境界の全体 $\partial\Xi^* = \{\partial\xi \mid \xi :$ 最適整数流 $\}$ は M_2 凸集合である．

(4) コスト関数が整数値 ($f_a \in \mathcal{C}[\mathbf{Z} \to \mathbf{Z}]$ $(a \in A)$, $f \in \mathcal{M}[\mathbf{Z} \to \mathbf{Z}]$) のときには，(POT) において整数値のポテンシャル $p : V \to \mathbf{Z}$ をとれる．さらに，最適整数ポテンシャルの全体 Π^* は L 凸集合である．

なお，(POT) の条件 (ii) に関して

$$\partial\xi \in \arg\min f[-p] \iff \Delta f(\partial\xi; v, u) + p(u) - p(v) \geq 0 \quad (u, v \in V) \quad (7.57)$$

が成り立つことに注意されたい (式 (7.53) に対応するものである).

7.12［補足］　最小費用流問題 MFP_3 の最適性定理 7.8 を Fenchel 双対定理 2.8(の (a2) の場合) から導いたが，この逆も容易である．$f_1 : \mathbf{R}^V \to \mathbf{R} \cup \{+\infty\}$ を多面体的凸関数，$h_2 : \mathbf{R}^V \to \mathbf{R} \cup \{-\infty\}$ を多面体的凹関数として，$\mathrm{dom}\, f_1 \cap \mathrm{dom}\, h_2 \neq \emptyset$ を仮定する．V のコピー V_1, V_2 の和集合を点集合，$A = \{(v_1, v_2) \mid v \in V\}$ を枝集合とするグラフ $G = (V_1 \cup V_2, A)$ を考える ($v_1 \in V_1, v_2 \in V_2$ は $v \in V$ のコピーである)．すべての枝のコストを 0 ($f_a = 0$, $\mathrm{dom}\, f_a = \mathbf{R}$ $(\forall a \in A)$)，$f : \mathbf{R}^{V_1} \times \mathbf{R}^{V_2} \to \mathbf{R} \cup \{+\infty\}$ を

$$f(x_1, x_2) = f_1(x_1) - h_2(-x_2) \qquad (x_1 \in \mathbf{R}^{V_1}, x_2 \in \mathbf{R}^{V_2})$$

と定義する．最適性 (POT) から f_1, h_2 に対する Fenchel 双対定理 2.8(の (a2) の場合) が導かれる．さらに，f_1 が M 凸，h_2 が M 凹ならば，f は M 凸になるので，最適性 (POT) から M 凸関数に対する Fenchel 型双対定理 6.13 が導かれる．上のネットワークの最適流と最適ポテンシャルが最大最小関係式 (2.39), (6.18), (6.20) における最適な x と最適な p に対応する．　□

4. 負閉路による最適性規準

M 凸劣モジュラ流の最適性は，補助ネットワーク上に負の長さの閉路 (負閉路) が存在しないことによっても特徴づけられる．この事実を逆向きに利用すると，補助ネットワーク上の負閉路を消去することを繰り返すことによって最適解を求めるアルゴリズム (負閉路消去法，第 8 章 3.1 項) が得られる．以下では問題 MFP_2 (線形枝コストの場合) について述べるが，問題 MFP_3 (非線形枝コストの場合) は問題 MFP_2 の形に帰着できること (補足 7.1) に注意されたい．

最初に $f \in \mathcal{M}[\mathbf{R} \to \mathbf{R}]$ として，実行可能流 $\xi : A \to \mathbf{R}$ に対して**補助グラフ** $G_\xi = (V, A_\xi)$ を定義する．その点集合は V であり，枝集合 A_ξ は互いに素な 3 つの部分

$$A^*_\xi = \{a \mid a \in A, \xi(a) < \overline{c}(a)\},$$

$$B^*_\xi = \{\overline{a} \mid a \in A, \underline{c}(a) < \xi(a)\} \quad (\overline{a} \text{ は } a \text{ の逆向き}),$$

$$C_\xi = \{(u,v) \mid u,v \in V, u \neq v, \exists\alpha > 0 : \partial\xi - \alpha(\chi_u - \chi_v) \in \mathrm{dom}\, f\}$$

からなる．すなわち，$A_\xi = A_\xi^* \cup B_\xi^* \cup C_\xi$ である．枝長関数 $\ell_\xi : A_\xi \to \mathbf{R}$ を

$$\ell_\xi(a) = \begin{cases} \gamma(a) & (a \in A_\xi^*) \\ -\gamma(\overline{a}) & (a \in B_\xi^*, \overline{a} \in A) \\ f'(\partial\xi; -\chi_u + \chi_v) & (a = (u,v) \in C_\xi) \end{cases} \tag{7.58}$$

と定義する．補助グラフ G_ξ と枝長関数 ℓ_ξ の組 (G_ξ, ℓ_ξ) を**補助ネットワーク**と呼ぶ．また，G_ξ 上の有向閉路で枝長 ℓ_ξ に関する長さが負であるものを**負閉路**と呼ぶ．

7.13 ［定理］　M 凸劣モジュラ流問題 MFP$_2$ (ただし $f \in \mathcal{M}[\mathbf{R} \to \mathbf{R}]$) の実行可能流 $\xi : A \to \mathbf{R}$ に対して，次の 2 条件は同値である．

(OPT) ξ は最適解である．

(NNC) 補助ネットワーク (G_ξ, ℓ_ξ) 上に負閉路が存在しない．

証明　(NNC) は，G_ξ 上のポテンシャル $p : V \to \mathbf{R}$ で

$$\ell_\xi(a) + p(\partial^+ a) - p(\partial^- a) \geq 0 \qquad (a \in A_\xi) \tag{7.59}$$

を満たすものが存在することと同等である．実際，不等式 (7.59) を有向閉路に沿って加え合わせると (p の部分は打ち消されて) 閉路の長さ ≥ 0 が導かれ，逆に，負閉路が存在しないときには，G_ξ の任意の 1 点 $v_0 \in V$ を始点に選んで，v_0 から $v \in V$ への ℓ_ξ に関する最短路長を $p(v)$ とすれば (7.59) が成り立つ (G_ξ が連結でない場合には各連結成分に始点をとる)．一方，上の不等式 (7.59) は，式 (7.49), (7.50), (7.53) により，定理 7.8 の最適性条件 (POT) の (i) と (ii) を合わせたものに他ならない．したがって，(NNC) と (OPT) は同値である．■

7.14 ［補足］　双対整数性をもつ問題においては，(7.58) の枝長 $\ell_\xi(a)$ が整数になる．実際，$a \in A_\xi^* \cup B_\xi^*$ については，(7.56) で示した $\gamma(a)$ の整数性による．また，$a \in C_\xi$ については，(2.34) と $\partial_{\mathbf{R}} f(x) = \arg\min f^\bullet[-x] \in \mathcal{L}_0[\mathbf{Z}|\mathbf{R}]$ による．なお，枝長関数 ℓ_ξ の整数性と定理 7.13 の証明の議論からも，双対整数性をもつ問題では整数の最適ポテンシャルが存在すること (定理 7.10(3)) を導くことができる．□

次に，整数流の場合を考えることとし，

$$\overline{c}: A \to \mathbf{Z} \cup \{+\infty\}, \quad \underline{c}: A \to \mathbf{Z} \cup \{-\infty\}, \quad f \in \mathcal{M}[\mathbf{Z} \to \mathbf{R}] \tag{7.60}$$

と仮定する．実行可能整数流 $\xi: A \to \mathbf{Z}$ に関する補助ネットワーク (G_ξ, ℓ_ξ) を上と同様に定義する．ただし，C_ξ に属する枝 $a = (u, v)$ の長さは (微分ではなく) 式 (4.2) の差分

$$\Delta f(x; v, u) = f(x - \chi_u + \chi_v) - f(x)$$

によって定義する．すなわち，

$$\ell_\xi(a) = \begin{cases} \gamma(a) & (a \in A_\xi^*) \\ -\gamma(\overline{a}) & (a \in B_\xi^*, \overline{a} \in A) \\ \Delta f(\partial\xi; v, u) & (a = (u, v) \in C_\xi) \end{cases} \tag{7.61}$$

とする．なお，枝集合 C_ξ の定義において $\alpha = 1$ とできることに注意されたい．

7.15［定理］　整数流の M 凸劣モジュラ流問題 MFP_2 (ただし (7.60) を仮定) の実行可能整数流 $\xi: A \to \mathbf{Z}$ に対して，条件 (OPT) と条件 (NNC) は同値である．

上の定理 7.13 および定理 7.15 によれば，負閉路の存在は解の非最適性を意味する．以下において，補助ネットワーク上の負閉路をうまく消去することを繰り返すことによって最適解を構成する方法を述べよう．これは負閉路消去法と呼ばれるアルゴリズム (第 8 章 3.1 項) の基礎を与えると同時に，(OPT) $\Rightarrow$ (NNC) に対する構成的な別証明を与えることにもなる．

整数流の場合を考えることとし，(7.60) を仮定する．実行可能整数流 ξ に関する補助ネットワーク (G_ξ, ℓ_ξ) (枝長は (7.61)) に負閉路が存在するとして，負閉路の中から枝数最小のものを選び，その枝集合を Q $(\subseteq A_\xi)$ とする．フロー ξ を Q に沿って変更して，$\overline{\xi}: A \to \mathbf{Z}$ を

$$\overline{\xi}(a) = \begin{cases} \xi(a) + 1 & (a \in Q \cap A_\xi^*) \\ \xi(a) - 1 & (\overline{a} \in Q \cap B_\xi^*) \\ \xi(a) & (\text{その他}) \end{cases} \tag{7.62}$$

と定義する．このとき，フローの実行可能性が保たれ，目的関数

$$\Gamma_2(\xi) = \sum_{a \in A} \gamma(a)\xi(a) + f(\partial\xi)$$

の値が減少することを主張する次の定理が成り立つ．

7.16 [定理]　補助ネットワーク (G_ξ, ℓ_ξ) 上の枝数最小の負閉路 Q に対して (7.62) で定義される $\overline{\xi}$ は実行可能流であって，

$$\Gamma_2(\overline{\xi}) \leq \Gamma_2(\xi) + \ell_\xi(Q) < \Gamma_2(\xi).$$

以下，この定理を証明する．証明の要点は，$(\partial\xi, \partial\overline{\xi})$ が「一意最適条件」を満たすこと，そしてその結果としてコストの変化量 $f(\partial\overline{\xi}) - f(\partial\xi)$ が補助ネットワークの枝長で表現できるという事実である．

さて，$|x(v) - y(v)| \leq 1$ $(v \in V)$ を満たす整数ベクトル $x \in \mathrm{dom}\, f$, $y \in \mathbf{Z}^V$ に対して，$V^+ = \mathrm{supp}^+(x-y)$, $V^- = \mathrm{supp}^-(x-y)$ を点集合，

$$\hat{A} = \{(u,v) \mid u \in V^+, v \in V^-, x - \chi_u + \chi_v \in \mathrm{dom}\, f\}$$

を枝集合とする 2 部グラフ $G(x,y) = (V^+, V^-; \hat{A})$ を考える．枝 $(u,v) \in \hat{A}$ の重み $c(u,v) = \Delta f(x; v, u)$ と定義して，完全マッチングの最小重みを $\check{f}(x,y)$ とする．当然であるが，$G(x,y)$ 上に完全マッチングが存在すれば最小重み完全マッチングが存在する．$G(x,y)$ 上の最小重み完全マッチングが一意に存在するとき，(x,y) は**一意最適条件**を満たすということにする．

命題 4.17 により $f(y) - f(x) \geq \check{f}(x,y)$ が成り立つが，一意最適条件はこの不等式が等号で成り立つための十分条件となっている．

7.17 [命題]　$f \in \mathcal{M}[\mathbf{Z} \to \mathbf{R}]$ を M 凸関数，$x \in \mathrm{dom}\, f$, $y \in \mathbf{Z}^V$, $|x(v) - y(v)| \leq 1$ $(v \in V)$ とする．(x,y) が一意最適条件を満たすならば，$y \in \mathrm{dom}\, f$ であって

$$f(y) - f(x) = \check{f}(x,y). \tag{7.63}$$

証明　$\omega(X) = -f(x \wedge y + \chi_X)$ $(X \subseteq V)$ で定義される ω は付値マトロイドである (例 2.41)．この命題は，付値マトロイドに対する unique-max lemma ([104] の Theorem 5.2.35) を言い換えたものである．■

次の命題は，一般の 2 部グラフにおいて最小重み完全マッチングが一意に存在するための必要十分条件をポテンシャル（双対変数）を用いて与えるものである．この命題は，一意最適条件が効率よく判定できる条件であることも示している．

7.18［命題］　2 部グラフ $G = (V^+, V^-; \hat{A})$ において $|V^+| = |V^-|$ とし，重み関数 $c : V^+ \times V^- \to \mathbf{R} \cup \{+\infty\}$ が与えられているとする (ただし，$c(u,v) < +\infty \iff (u,v) \in \hat{A}$ とする)．G 上に最小重み完全マッチングが一意に存在するための必要十分条件は，あるポテンシャル $\hat{p} : V^+ \cup V^- \to \mathbf{R}$ と節点の番号づけ $V^+ = \{u_1, \cdots, u_m\}$, $V^- = \{v_1, \cdots, v_m\}$ とが存在して，

$$c(u_i, v_j) + \hat{p}(u_i) - \hat{p}(v_j) \begin{cases} = 0 & (1 \le i = j \le m) \\ \ge 0 & (1 \le j < i \le m) \\ > 0 & (1 \le i < j \le m) \end{cases} \tag{7.64}$$

となることである．

証明　命題 2.16 の証明のようにマッチングを線形計画問題として定式化するとき，定理 2.12(3) の相補性から導かれる．■

7.19［命題］　$(\partial\xi, \partial\overline{\xi})$ は一意最適条件を満たす．

証明　2 部グラフ $G(\partial\xi, \partial\overline{\xi}) = (V^+, V^-; \hat{A})$ を考える ($|\partial\xi(v) - \partial\overline{\xi}(v)| \le 1$ $(v \in V)$ であることに注意)．定義により，点集合は $V^+ = \mathrm{supp}^+(\partial\xi - \partial\overline{\xi})$, $V^- = \mathrm{supp}^-(\partial\xi - \partial\overline{\xi})$，枝集合は

$$\hat{A} = \{(u,v) \mid u \in V^+, v \in V^-, \partial\xi - \chi_u + \chi_v \in \mathrm{dom}\, f\}$$

であり，$m = ||\partial\xi - \partial\overline{\xi}||_1/2$ とおくと $|V^+| = |V^-| = m$ が成り立つ．枝 (u,v) の重みは $\Delta f(\partial\xi; v, u)$ である．

$Q \cap C_\xi$ は $G(\partial\xi, \partial\overline{\xi})$ の完全マッチングと対応することに注意して，命題 2.16 にいう最小重みマッチング $M = \{(u_i, v_i) \mid i = 1, \cdots, m\}$ とポテンシャル $\hat{p}$ を考える．M は

$$C_\xi^* = \{(u,v) \mid u \in V^+, v \in V^-, \Delta f(\partial\xi; v, u) + \hat{p}(u) - \hat{p}(v) = 0\}$$

に含まれることに注意．M を C_ξ の部分集合とみて，$Q' = (Q \setminus C_\xi) \cup M$ とおく．$\ell_\xi(M)$ は $G(\partial\xi, \partial\overline{\xi})$ の完全マッチングの最小重みであるから

$$\ell_\xi(Q') = \ell_\xi(Q) + [\ell_\xi(M) - \ell_\xi(Q \cap C_\xi)] \leq \ell_\xi(Q) < 0 \tag{7.65}$$

が成り立つ．ここで，Q' は G_ξ における幾つかの閉路の和であるから，Q' を構成する閉路の少なくとも一つは負閉路である．一方，Q は枝数最小の負閉路であるから，Q' 自身が枝数最小の負閉路ということになる．

さて，$(\partial\xi, \partial\overline{\xi})$ が一意最適条件を満たさないと仮定して，矛盾を導こう．$i = 1, \cdots, m$ に対して $(u_i, v_i) \in C_\xi^*$ であるから，命題 7.18 により，相異なる番号 i_k $(k = 1, \cdots, q; q \geq 2)$ が存在して，$(u_{i_k}, v_{i_{k+1}}) \in C_\xi^*$ が $k = 1, \cdots, q$ に対して成り立つ $(i_{q+1} = i_1)$．すなわち，

$$\Delta f(\partial\xi; v_{i_{k+1}}, u_{i_k}) = -\hat{p}(u_{i_k}) + \hat{p}(v_{i_{k+1}}) \qquad (k = 1, \cdots, q)$$

である．一方，

$$\Delta f(\partial\xi; v_{i_k}, u_{i_k}) = -\hat{p}(u_{i_k}) + \hat{p}(v_{i_k}) \qquad (k = 1, \cdots, q)$$

であるから，

$$\sum_{k=1}^{q} \Delta f(\partial\xi; v_{i_{k+1}}, u_{i_k}) = \sum_{k=1}^{q} \Delta f(\partial\xi; v_{i_k}, u_{i_k})$$

が成立する．これを記号 ℓ_ξ を使って書くと

$$\sum_{k=1}^{q} \ell_\xi(u_{i_k}, v_{i_{k+1}}) = \sum_{k=1}^{q} \ell_\xi(u_{i_k}, v_{i_k}) \tag{7.66}$$

となる．

各 $k = 1, \cdots, q$ に対して，Q' 上の $v_{i_{k+1}}$ から u_{i_k} までのパスを $P'(v_{i_{k+1}}, u_{i_k})$ と書くことにして，$P'(v_{i_{k+1}}, u_{i_k})$ に枝 $(u_{i_k}, v_{i_{k+1}})$ を追加してできる有向閉路を Q'_k とする．明らかに，

$$\bigcup_{k=1}^{q} Q'_k = \left(\bigcup_{k=1}^{q} P'(v_{i_{k+1}}, u_{i_k}) \right) \cup \{(u_{i_k}, v_{i_{k+1}}) \mid k = 1, \cdots, q\}$$

であり，一方，

$$\left(\bigcup_{k=1}^{q} P'(v_{i_{k+1}}, u_{i_k})\right) \cup \{(u_{i_k}, v_{i_k}) \mid k = 1, \cdots, q\} = q' \cdot Q'$$

が $1 \leq q' < q$ を満たすある整数 q' に対して成り立つ．ここで，集合の合併は (要素の重複度も考えた) 多重集合としての合併の意味である．したがって，

$$\begin{aligned}\sum_{k=1}^{q} \ell_\xi(Q'_k) &= \sum_{k=1}^{q} \ell_\xi(P'(v_{i_{k+1}}, u_{i_k})) + \sum_{k=1}^{q} \ell_\xi(u_{i_k}, v_{i_{k+1}}) \\ &= \sum_{k=1}^{q} \ell_\xi(P'(v_{i_{k+1}}, u_{i_k})) + \sum_{k=1}^{q} \ell_\xi(u_{i_k}, v_{i_k}) \\ &= q' \cdot \ell_\xi(Q') \ < 0\end{aligned}$$

となる．ここで，(7.66) と (7.65) を用いている．ゆえに，ある k に対して $\ell_\xi(Q'_k) < 0$ である．しかし，Q'_k の枝数は Q' の枝数より少ないから，これは Q' が枝数最小の負閉路であることに矛盾する．以上で，$(\partial\xi, \partial\overline{\xi})$ が一意最適条件を満たすことが証明された．■

定理 7.16 の証明　命題 7.19 と命題 7.17 により

$$f(\partial\overline{\xi}) = f(\partial\xi) + \check{f}(\partial\xi, \partial\overline{\xi}) \leq f(\partial\xi) + \ell_\xi(Q \cap C_\xi)$$

が成り立つ．また，

$$\sum_{a\in A} \gamma(a)\overline{\xi}(a) = \sum_{a\in A} \gamma(a)\xi(a) + \ell_\xi(Q \cap (A^*_\xi \cup B^*_\xi))$$

である．これらを加え合わせて $\Gamma_2(\overline{\xi}) \leq \Gamma_2(\xi) + \ell_\xi(Q)$ を得る．■

5. ネットワーク双対性

M 凸関数，L 凸関数の演算のなかで最も重要なものはネットワークによる変換である．ネットワークの入口側に与えられた M 凸関数，L 凸関数はネットワーク上のフローを通じて，出口側の別の M 凸関数，L 凸関数に変換され，さらに，入口側に与えられた M 凸関数と L 凸関数が互いに共役関係にあれば出口側に得られる M 凸関数と L 凸関数も互いに共役になる，という事実である．こ

れは，ネットワークから自然な形でM凸関数，L凸関数が生じるという事実(第2章3節)の拡張であり，劣モジュラ流問題の最適性規準の定理から導かれる．本節では，主として $\mathbf{Z} \to \mathbf{Z}$ 型のM凸関数，L凸関数についてこれを述べる．

$G = (V, A; S, T)$ を点集合 V，枝集合 A，入口集合 S，出口集合 T をもつグラフ ($S, T \subseteq V$, $S \cap T = \emptyset$) とし，枝 $a \in A$ の (整数) フローのコストが $f_a : \mathbf{Z} \to \mathbf{Z} \cup \{+\infty\}$ で，(整数) テンションのコストが $g_a : \mathbf{Z} \to \mathbf{Z} \cup \{+\infty\}$ で与えられているとする．

ネットワークの入口側に与えられた関数 $f, g : \mathbf{Z}^S \to \mathbf{Z} \cup \{+\infty\}$ に対して，出口側の関数 $\tilde{f}, \tilde{g} : \mathbf{Z}^T \to \mathbf{Z} \cup \{\pm\infty\}$ を

$$\tilde{f}(y) = \inf_{\xi, x} \{f(x) + \sum_{a \in A} f_a(\xi(a)) \mid \partial\xi = (x, -y, \mathbf{0}),$$
$$\xi \in \mathbf{Z}^A, (x, -y, \mathbf{0}) \in \mathbf{Z}^S \times \mathbf{Z}^T \times \mathbf{Z}^{V \setminus (S \cup T)}\} \quad (y \in \mathbf{Z}^T), \tag{7.67}$$

$$\tilde{g}(q) = \inf_{\eta, p, r} \{g(p) + \sum_{a \in A} g_a(\eta(a)) \mid \eta = -\delta(p, q, r),$$
$$\eta \in \mathbf{Z}^A, (p, q, r) \in \mathbf{Z}^S \times \mathbf{Z}^T \times \mathbf{Z}^{V \setminus (S \cup T)}\} \quad (q \in \mathbf{Z}^T) \tag{7.68}$$

で定義する．これを**ネットワークによる変換** ((7.67) を**フロー型変換**，(7.68) を**ポテンシャル型変換**) と呼ぶ．

次の定理は，ネットワークとM凸関数，L凸関数の関係を最も一般的な形で与えている．ただし，$\mathcal{C}[\mathbf{Z} \to \mathbf{Z}]$ は整数値1変数離散凸関数の全体であり，記号 $\bullet$ は $\mathbf{Z}$ 上の Legendre–Fenchel 変換 $(6.4)_{\mathbf{Z}}$ を表す．定理の証明は後で述べる．

7.20 [定理]　$f_a \in \mathcal{C}[\mathbf{Z} \to \mathbf{Z}]$, $g_a \in \mathcal{C}[\mathbf{Z} \to \mathbf{Z}]$ $(a \in A)$ を離散凸関数とし，$f, g : \mathbf{Z}^S \to \mathbf{Z} \cup \{+\infty\}$ に対して (7.67), (7.68) によって $\tilde{f}, \tilde{g} : \mathbf{Z}^T \to \mathbf{Z} \cup \{\pm\infty\}$ を定義する．ただし，$\tilde{f} > -\infty$, $\mathrm{dom}\,\tilde{f} \neq \emptyset$, $\tilde{g} > -\infty$, $\mathrm{dom}\,\tilde{g} \neq \emptyset$ を仮定する．

(1) [M凸関数の変換] $f \in \mathcal{M}[\mathbf{Z} \to \mathbf{Z}]$ ならば $\tilde{f} \in \mathcal{M}[\mathbf{Z} \to \mathbf{Z}]$ であり，$f \in \mathcal{M}^\natural[\mathbf{Z} \to \mathbf{Z}]$ ならば $\tilde{f} \in \mathcal{M}^\natural[\mathbf{Z} \to \mathbf{Z}]$ である．

(2) [L凸関数の変換] $g \in \mathcal{L}[\mathbf{Z} \to \mathbf{Z}]$ ならば $\tilde{g} \in \mathcal{L}[\mathbf{Z} \to \mathbf{Z}]$ であり，$g \in \mathcal{L}^\natural[\mathbf{Z} \to \mathbf{Z}]$ ならば $\tilde{g} \in \mathcal{L}^\natural[\mathbf{Z} \to \mathbf{Z}]$ である．

(3) [共役関係] $g = f^\bullet$, $g_a = {f_a}^\bullet$ $(a \in A)$ ならば $\tilde{g} = \tilde{f}^\bullet$ が成り立つ．

主張 (3) は双対性の一つの表現であるが，このことは $(S,T)=(V,\emptyset)$ という特殊ケース[1]を考えると明確になる．実際，関数

$$\Phi(x,\xi) = f(x) + \sum_{a\in A} f_a(\xi(a)) \qquad (x \in \mathbf{Z}^V, \xi \in \mathbf{Z}^A),$$
$$\Psi(p,\eta) = -g(p) - \sum_{a\in A} g_a(\eta(a)) \qquad (p \in \mathbf{Z}^V, \eta \in \mathbf{Z}^A)$$

を定義すると，$(S,T)=(V,\emptyset)$ の場合の定理 7.20(3) の内容は，最大最小関係式

$$\begin{aligned}&\inf\{\Phi(x,\xi) \mid \partial\xi = x, x \in \mathbf{Z}^V, \xi \in \mathbf{Z}^A\}\\ &= \sup\{\Psi(p,\eta) \mid \eta = -\delta p, p \in \mathbf{Z}^V, \eta \in \mathbf{Z}^A\}\end{aligned} \tag{7.69}$$

になる．

もう一つの特殊ケースとして，$(S,T)=(V\setminus T,T)$ であって，$f(x)$ は $x=\mathbf{0}\in\mathbf{Z}^{V\setminus T}$ に対してのみ 0 で $x\neq\mathbf{0}$ に対しては $+\infty$，また，$g(p)$ はすべての $p\in\mathbf{Z}^{V\setminus T}$ に対して $g(p)=0$ という場合を考える．変換後の関数 $\tilde{f}(y)$, $\tilde{g}(q)$ は

$$\tilde{f}(y) = \inf_{\xi}\{\sum_{a\in A} f_a(\xi(a)) \mid \partial\xi = (\mathbf{0},-y) \in \mathbf{Z}^{V\setminus T}\times\mathbf{Z}^T, \xi\in\mathbf{Z}^A\} \quad (y \in \mathbf{Z}^T),$$
$$\tilde{g}(q) = \inf_{\eta,p}\{\sum_{a\in A} g_a(\eta(a)) \mid \eta = -\delta(p,q), p \in \mathbf{Z}^{V\setminus T}, \eta\in\mathbf{Z}^A\} \quad (q \in \mathbf{Z}^T)$$

で与えられる．このとき，定理 7.20 の三つの主張は既に第 2 章 3 節に述べた事実に一致する．

定理 7.20 の証明を (2), (3), (1) の順に与えよう．$f\in\mathcal{M}[\mathbf{Z}\to\mathbf{Z}]$, $g\in\mathcal{L}[\mathbf{Z}\to\mathbf{Z}]$ の場合を考えれば十分である．

(2) $\alpha = g(p+\mathbf{1})-g(p)$ とおく (これは p によらない)．$\delta(p+\mathbf{1},q+\mathbf{1},r+\mathbf{1}) = \delta(p,q,r)$ であるから，

$$\begin{aligned}\tilde{g}(q+\mathbf{1}) &= \inf_{\eta,p',r'}\{g(p') + \sum_{a\in A} g_a(\eta(a)) \mid \eta = -\delta(p',q+\mathbf{1},r')\}\\ &= \inf_{\eta,p,r}\{g(p+\mathbf{1}) + \sum_{a\in A} g_a(\eta(a)) \mid \eta = -\delta(p,q,r)\}\\ &= \tilde{g}(q)+\alpha\end{aligned}$$

[1] $T=\emptyset$ のとき，(7.67), (7.68) で定義される $\tilde{f}$, $\tilde{g}$ は定数なので，定理 7.20 の仮定は満たされるとしてよい．

が成り立つ．$\tilde{g}(q)$ が有限値となる $q = q_1, q_2$ をとると，ある (η_1, p_1, r_1), (η_2, p_2, r_2) が存在して

$$\tilde{g}(q_i) = g(p_i) + \sum_{a \in A} g_a(\eta_i(a)), \quad \eta_i = -\delta(p_i, q_i, r_i) \qquad (i = 1, 2)$$

を満たす．

$$\eta_\vee = -\delta(p_1 \vee p_2, q_1 \vee q_2, r_1 \vee r_2), \quad \eta_\wedge = -\delta(p_1 \wedge p_2, q_1 \wedge q_2, r_1 \wedge r_2)$$

とおくと，補足 2.35 に示したように，g_a の凸性から

$$g_a(\eta_1(a)) + g_a(\eta_2(a)) \geq g_a(\eta_\vee(a)) + g_a(\eta_\wedge(a)) \qquad (a \in A)$$

が成り立ち，一方，g の劣モジュラ性から

$$g(p_1) + g(p_2) \geq g(p_1 \vee p_2) + g(p_1 \wedge p_2)$$

が成り立つ．これより，

$$\begin{aligned}
&\tilde{g}(q_1) + \tilde{g}(q_2) \\
&\geq g(p_1 \vee p_2) + g(p_1 \wedge p_2) + \sum_{a \in A} [g_a(\eta_\vee(a)) + g_a(\eta_\wedge(a))] \\
&\geq \tilde{g}(q_1 \vee q_2) + \tilde{g}(q_1 \wedge q_2)
\end{aligned}$$

となるが，これは $\tilde{g}$ の劣モジュラ性を示している．

(3) $\partial\xi = (x, -y, \mathbf{0})$, $\eta = -\delta(p, q, r)$ のとき

$$\langle \eta, \xi \rangle_A = -\langle \delta(p, q, r), \xi \rangle_A = -\langle (p, q, r), \partial\xi \rangle_V = -\langle p, x \rangle_S + \langle q, y \rangle_T$$

が成り立ち ((7.40) 参照)，一方，$g = f^\bullet$, $g_a = {f_a}^\bullet$ $(a \in A)$ ならば

$$f(x) + g(p) \geq \langle p, x \rangle, \quad \sum_{a \in A} [f_a(\xi(a)) + g_a(\eta(a))] \geq \langle \eta, \xi \rangle$$

である．したがって，

$$\left[f(x) + \sum_{a \in A} f_a(\xi(a)) \right] + \left[g(p) + \sum_{a \in A} g_a(\eta(a)) \right] \geq \langle q, y \rangle$$

となり，左辺の下限をとって

$$\tilde{f}(y) + \tilde{g}(q) \geq \langle q, y \rangle \tag{7.70}$$

を得る．

$\tilde{f}(y)$ が有限値となる y を固定する．定理 7.11 の (POT) により，ある (p, q, r) が存在して

$$\tilde{f}(y) = \langle q, y \rangle + \inf f[-p] + \sum_{a \in A} \inf f_a[-\eta(a)]$$

が成り立つ (ただし，$\eta = -\delta(p, q, r)$)．したがって

$$\begin{aligned}\tilde{f}(y) &= \langle q, y \rangle - f^{\bullet}(p) - \sum_{a \in A} f_a{}^{\bullet}(\eta(a)) \\ &= \langle q, y \rangle - g(p) - \sum_{a \in A} g_a(\eta(a)) \\ &\leq \langle q, y \rangle - \tilde{g}(q)\end{aligned}$$

である．これは (7.70) の不等式を等号とするような q が存在すること，すなわち $\tilde{g} = \tilde{f}^{\bullet}$ を示している．

(1) は (2), (3) と M 凸関数と L 凸関数の共役性から導かれる．以上で定理 7.20 の証明を終わる．

定理 7.20 は変数も関数値も整数である離散的な場合を扱っているが，同様のことが関数値が実数の場合 ($\mathbf{Z} \to \mathbf{R}$ 型の場合) や多面体的 M/L 凸関数の場合にも成り立つ．証明は同様であるから結果だけ述べておこう．$\mathbf{Z} \to \mathbf{R}$ 型の場合には共役性に関する主張がないことに注意されたい．

7.21［定理］ $f_a \in \mathcal{C}[\mathbf{Z} \to \mathbf{R}]$, $g_a \in \mathcal{C}[\mathbf{Z} \to \mathbf{R}]$ $(a \in A)$ を離散凸関数とし，$f, g : \mathbf{Z}^S \to \mathbf{R} \cup \{+\infty\}$ に対して，グラフ $G = (V, A; S, T)$ から (7.67), (7.68) によって $\tilde{f}, \tilde{g} : \mathbf{Z}^T \to \mathbf{R} \cup \{\pm\infty\}$ を定義する．ただし，$\tilde{f} > -\infty$, $\mathrm{dom}\, \tilde{f} \neq \emptyset$, $\tilde{g} > -\infty$, $\mathrm{dom}\, \tilde{g} \neq \emptyset$ を仮定する．

(1) [M 凸関数の変換] $f \in \mathcal{M}[\mathbf{Z} \to \mathbf{R}]$ ならば $\tilde{f} \in \mathcal{M}[\mathbf{Z} \to \mathbf{R}]$ であり，$f \in \mathcal{M}^{\natural}[\mathbf{Z} \to \mathbf{R}]$ ならば $\tilde{f} \in \mathcal{M}^{\natural}[\mathbf{Z} \to \mathbf{R}]$ である．

(2) [L 凸関数の変換] $g \in \mathcal{L}[\mathbf{Z} \to \mathbf{R}]$ ならば $\tilde{g} \in \mathcal{L}[\mathbf{Z} \to \mathbf{R}]$ であり，$g \in \mathcal{L}^{\natural}[\mathbf{Z} \to \mathbf{R}]$ ならば $\tilde{g} \in \mathcal{L}^{\natural}[\mathbf{Z} \to \mathbf{R}]$ である．

7.22 [定理]　$f_a \in \mathcal{C}[\mathbf{R} \to \mathbf{R}]$, $g_a \in \mathcal{C}[\mathbf{R} \to \mathbf{R}]$ $(a \in A)$ を多面体的凸関数とし，$f, g : \mathbf{R}^S \to \mathbf{R} \cup \{+\infty\}$ に対して，グラフ $G = (V, A; S, T)$ から

$$\tilde{f}(y) = \inf_{\xi, x}\{f(x) + \sum_{a \in A} f_a(\xi(a)) \mid \partial\xi = (x, -y, \mathbf{0}),$$
$$\xi \in \mathbf{R}^A, (x, -y, \mathbf{0}) \in \mathbf{R}^S \times \mathbf{R}^T \times \mathbf{R}^{V \setminus (S \cup T)}\} \quad (y \in \mathbf{R}^T),$$
$$\tilde{g}(q) = \inf_{\eta, p, r}\{g(p) + \sum_{a \in A} g_a(\eta(a)) \mid \eta = -\delta(p, q, r),$$
$$\eta \in \mathbf{R}^A, (p, q, r) \in \mathbf{R}^S \times \mathbf{R}^T \times \mathbf{R}^{V \setminus (S \cup T)}\} \quad (q \in \mathbf{R}^T)$$

によって $\tilde{f}, \tilde{g} : \mathbf{R}^T \to \mathbf{R} \cup \{\pm\infty\}$ を定義する．ただし，$\tilde{f} > -\infty$, $\mathrm{dom}\,\tilde{f} \neq \emptyset$, $\tilde{g} > -\infty$, $\mathrm{dom}\,\tilde{g} \neq \emptyset$ を仮定する．

(1) [多面体的 M 凸関数の変換] $f \in \mathcal{M}[\mathbf{R} \to \mathbf{R}]$ ならば $\tilde{f} \in \mathcal{M}[\mathbf{R} \to \mathbf{R}]$ であり，$f \in \mathcal{M}^\natural[\mathbf{R} \to \mathbf{R}]$ ならば $\tilde{f} \in \mathcal{M}^\natural[\mathbf{R} \to \mathbf{R}]$ である．

(2) [多面体的 L 凸関数の変換] $g \in \mathcal{L}[\mathbf{R} \to \mathbf{R}]$ ならば $\tilde{g} \in \mathcal{L}[\mathbf{R} \to \mathbf{R}]$ であり，$g \in \mathcal{L}^\natural[\mathbf{R} \to \mathbf{R}]$ ならば $\tilde{g} \in \mathcal{L}^\natural[\mathbf{R} \to \mathbf{R}]$ である．

(3) [共役関係] $g = f^\bullet$, $g_a = {f_a}^\bullet$ $(a \in A)$ ならば $\tilde{g} = \tilde{f}^\bullet$ が成り立つ．ただし，記号 $^\bullet$ は $\mathbf{R}$ 上の Legendre–Fenchel 変換 (2.27) を表す．

7.23 [補足]　定理 7.20, 定理 7.21, 定理 7.22 において，$\tilde{f}$ が M$^\natural$ 凸関数，$\tilde{g}$ が L$^\natural$ 凸関数の場合を考える．L$^\natural$ 凸関数の定義により，$\tilde{g}$ は劣モジュラ関数であるが，一方，定理 4.40 により $\tilde{f}$ は優モジュラ関数である．Gale–Politof [50], Granot–Veinott [51], Shapley [134] などで平行枝の容量に関する最小費用の補完性と呼ばれている性質は，$\tilde{f}$ が M$^\natural$ 凸関数であることの帰結として導かれる優モジュラ性にあたる [159]. □

7.24 [補足]　本書では，境界 $\partial\xi(v)$ を v からの流出量，双対境界 $\delta p(a)$ を [a の始点での p の値]−[a の終点での p の値] と定義し，テンション $\eta = -\delta p$ とした (式 (7.1), (7.38), (7.39))．このとき，

$$\langle \eta, \xi \rangle_A = -\langle \delta p, \xi \rangle_A = -\langle p, \partial\xi \rangle_V$$

という関係が成り立っていた (式 (7.40))．双対境界を [終点での値]−[始点での値] と定義する流儀もある．このときは，テンション $\eta = \delta p$ とすべきであり，

上の関係式は

$$\langle \eta, \xi \rangle_A = \langle \delta p, \xi \rangle_A = -\langle p, \partial \xi \rangle_V$$

となる．なお，Rockafellar [128] の記号と本書の記号の対応は $\mathrm{div} = \partial$, $\Delta = -\delta$ である． □

7.25［補足］　定理 7.21 の応用として，M 凸関数の集約 f^{U*} (式 (4.32)) が再び M 凸関数になること (定理 4.8(7)) の証明を与える．V のコピー V' を作り，$S = V'$, $T = U \cup \{u_0\}$, $A = \{(v', v) \mid v \in U\} \cup \{(v', u_0) \mid v \in V \setminus U\}$ ($v' \in V'$ は $v \in V$ のコピー，u_0 は新しい点) として (2 部) グラフ $G = (S \cup T, A; S, T)$ を考え，$f : \mathbf{Z}^{V'} \to \mathbf{R} \cup \{+\infty\}$ と見なす．枝のコスト f_a は 0 とする ($a \in A$)．このとき T 上に得られる $\tilde{f}$ は集約 f^{U*} に一致する． □

7.26［補足］　定理 7.21 の応用として，M 凸関数の合成積 $f_1 \Box_{\mathbf{Z}} f_2$ (式 (4.33)) が再び M 凸関数になること (定理 4.8(8)) の証明を与える．V のコピー V_1, V_2 を作り，$S = V_1 \cup V_2$, $T = V$, $A = \{(v_1, v) \mid v \in V\} \cup \{(v_2, v) \mid v \in V\}$ ($v_i \in V_i$ は $v \in V$ のコピー) として (2 部) グラフ $G = (S \cup T, A; S, T)$ を考え，$f_i : \mathbf{Z}^{V_i} \to \mathbf{R} \cup \{+\infty\}$ と見なす．枝のコスト f_a は 0 とする ($a \in A$)．このとき T 上に得られる $\tilde{f}$ は合成積 $f_1 \Box_{\mathbf{Z}} f_2$ に一致する． □

ノート

M 凸劣モジュラ流問題は [98] で導入された．(M 凸コストを含まない) 劣モジュラ流問題についての詳しいサーベイが [65] にある．

命題 7.17 は [95] の “unique-max lemma” である．命題 7.19 は [95] によるが，その証明の論法の起源は [36] にある．

ネットワークによる変換は，まず最初に M 凸関数 $f \in \mathcal{M}[\mathbf{Z} \to \mathbf{R}]$ に関して [99] で見出された．その証明は，M 凸関数と L 凸関数の共役性を用いず，定理 7.11(1) と最小値による M 凸関数の特徴づけ (定理 4.20) に基づいたものである．別証が [137] にある．L 凸関数の変換は [103] で述べられた．多面体的 M 凸関数，L 凸関数への拡張は [107] で与えられた．

8

アルゴリズム

M 凸関数と L 凸関数は，共役性や双対性といった数学的に美しい構造をもっているだけでなく，計算の観点からも扱いやすい対象である．本章では，M 凸関数の最小化，L 凸関数の最小化，M 凸劣モジュラ流問題の三つの問題に対するアルゴリズムを記述する．L 凸関数の最小化は劣モジュラ集合関数の最小化を含み，M 凸劣モジュラ流問題の解法は Fenchel 型双対性における最大・最小値の計算と同等である．

1. M 凸関数の最小化

M 凸関数の最小化アルゴリズムとして，降下法と領域縮小法の二つを述べる．本節を通じて $f : \mathbf{Z}^V \to \mathbf{R} \cup \{+\infty\}$ を M 凸関数とし，$n = |V|$ とおく．

降下法は，局所最適性によって大域最適性が保証されること (定理 4.16) に基づくアルゴリズムである．

M 凸関数 f の最小化 (降下法)

S0: $x \in \mathrm{dom}\, f$ を任意に選ぶ．

S1: $f(x - \chi_u + \chi_v)$ を最小にする $u, v \in V \ (u \neq v)$ を見出す．

S2: もし $f(x) \leq f(x - \chi_u + \chi_v)$ ならば終了 (x が最適解)．

S3: $x := x - \chi_u + \chi_v$ として S1 に戻る．

ステップ S1 は，関数 f の値を n^2 回評価すれば実行できる．反復ごとに関数値は単調に減少する．このことだけから，反復が有限で終了するかどうかは一般には結論できないが，たとえば，f が整数値で下に有界ならば，有限回の反復の後に終了する．$\mathrm{dom}\, f$ が有界のとき，その大きさを $K = \max\{\|x-y\|_\infty \mid x, y \in \mathrm{dom}\, f\}$ で表すと，ステップ S1 の実行回数は $(K+1)^{n-1}$ で抑えられる．

領域縮小法は多次元空間における2分法のようなもので，$\mathrm{dom}\, f$ が有界のときに適用できる(最適解の存在する有界な範囲がわかっていればよい)．M凸関数の最小値が $\log_2 K$ と n に関する多項式オーダーの計算時間で求められる．基礎となるのは次の性質である．

8.1［命題］　$f : \mathbf{Z}^V \to \mathbf{R} \cup \{+\infty\}$ をM凸関数とし，$\arg\min f \neq \emptyset$ と仮定する．

(1) $v \in V$ に対し $u \in V$ が $f(x - \chi_u + \chi_v) = \min_{s \in V} f(x - \chi_s + \chi_v)$ を満たすならば，$x^*(u) \leq x(u) - 1 + \chi_v(u)$ を満たす $x^* \in \arg\min f$ が存在する．

(2) $u \in V$ に対し $v \in V$ が $f(x - \chi_u + \chi_v) = \min_{t \in V} f(x - \chi_u + \chi_t)$ を満たすならば，$x^*(v) \geq x(v) + 1 - \chi_u(v)$ を満たす $x^* \in \arg\min f$ が存在する．

(3) $x \in \mathrm{dom}\, f$ が最適解でなく $(x \notin \arg\min f)$, $u, v \in V$ が $f(x - \chi_u + \chi_v) = \min_{s,t \in V} f(x - \chi_s + \chi_t)$ を満たすならば，$x^*(u) \leq x(u) - 1$, $x^*(v) \geq x(v) + 1$ を満たす最適解 $x^* \in \arg\min f$ が存在する．

証明　(1) $B^* = \arg\min f$ の要素 x^* で $x^*(u)$ が最小となるものが存在する場合を考えればよい．もし $x^*(u) > x(u) - 1 + \chi_v(u)$ とすると，交換公理(M-EXC[$\mathbf{Z}$])により，ある $w \neq u$ に対して $f(x^*) + f(x - \chi_u + \chi_v) \geq f(x^* - \chi_u + \chi_w) + f(x + \chi_v - \chi_w)$ となる．これより $x^* - \chi_u + \chi_w \in B^*$ となり矛盾を生じる．

(2) (1)と同様である．

(3) 定理4.16(M凸関数最小性規準)より $u \neq v$ である．(1), (2)より $B^* \cap \{y \mid y(u) \leq x(u) - 1\} \neq \emptyset$, $B^* \cap \{y \mid y(v) \geq x(v) + 1\} \neq \emptyset$．$B^*$ はM凸集合であるから，これより，$B^* \cap \{y \mid y(u) \leq x(u) - 1, y(v) \geq x(v) + 1\} \neq \emptyset$．　■

有界なM凸集合 $B \subseteq \mathbf{Z}^V$ に対して，$l_B, u_B, \tilde{l}_B, \tilde{u}_B \in \mathbf{Z}^V$, $B^\diamond \subseteq \mathbf{Z}^V$ を

$$
\begin{aligned}
& l_B(v) = \min_{y \in B} y(v), \quad u_B(v) = \max_{y \in B} y(v) \qquad (v \in V), \\
& \tilde{l}_B = \left\lfloor (1 - \frac{1}{n}) l_B + \frac{1}{n} u_B \right\rfloor, \qquad \tilde{u}_B = \left\lceil \frac{1}{n} l_B + (1 - \frac{1}{n}) u_B \right\rceil, \\
& B^\diamond = \{ y \in B \mid \tilde{l}_B \leq y \leq \tilde{u}_B \}
\end{aligned}
$$

で定義する．

8.2［命題］　$B^\diamond \neq \emptyset$.

証明　B を記述する劣モジュラ関数を $\rho \in \mathcal{S}[\mathbf{Z}]$ とする．(i) $\tilde{l}_B(X) \leq \rho(X)$ $(X \subseteq V)$，(ii) $\tilde{u}_B(X) \geq \rho(V) - \rho(V \setminus X)$ $(X \subseteq V)$ を示せばよい ([40] の Theorem 3.8) が，ここでは (i) のみを示す ((ii) も同様に示せる)．$p_0 = \chi_X$, $p_v = \mathbf{1} - \chi_v$ $(v \in X)$, $k = |X|$ とおくと，

$$k\mathbf{1} = p_0 + \sum_{v \in X} p_v, \quad \chi_v = p_0 + \sum_{u \in X \setminus \{v\}} p_u - (k-1)\mathbf{1} \quad (v \in X)$$

である．ρ の Lovász 拡張 $\hat{\rho}$ は正斉次 L 凸関数であり，$k\rho(V) = \hat{\rho}(k\mathbf{1})$,

$$\begin{aligned}\rho(v) = \hat{\rho}(\chi_v) &= \hat{\rho}(p_0 + \sum_{u \in X \setminus \{v\}} p_u - (k-1)\mathbf{1}) \\ &= \hat{\rho}(p_0 + \sum_{u \in X \setminus \{v\}} p_u) - (k-1)\rho(V)\end{aligned}$$

などが成り立つ．$l_B(v) = \rho(V) - \rho(V - v)$, $u_B(v) = \rho(v)$ であるから，

$$\begin{aligned}&(1 - \frac{1}{n}) l_B(X) + \frac{1}{n} u_B(X) \leq \rho(X) \\ &\Leftrightarrow (n-1)k\rho(V) + \sum_{v \in X} \rho(v) \leq n\rho(X) + (n-1)\sum_{v \in X} \rho(V - v) \\ &\Leftrightarrow (n-k)\hat{\rho}(p_0 + \sum_{v \in X} p_v) + \sum_{v \in X} \hat{\rho}(p_0 + \sum_{u \in X \setminus \{v\}} p_u) \\ &\qquad \leq n\hat{\rho}(p_0) + (n-1)\sum_{v \in X} \hat{\rho}(p_v).\end{aligned}$$

最後の不等式は $\hat{\rho}$ の正斉次性と凸性により成立する．したがって，$\tilde{l}_B(X) \leq \rho(X)$ が成立する．■

M 凸関数 f の最小化 (領域縮小法)

S0: $B := \mathrm{dom}\, f$ とおく．

S1: 任意の $x \in B^\diamond$ を選ぶ．

S2: $f(x - \chi_u + \chi_v)$ を最小にする $u, v \in V$ $(u \neq v)$ を見出す．

S3: もし $f(x) \leq f(x - \chi_u + \chi_v)$ ならば終了 (x が最適解)．

S4: $B := B \cap \{y \in \mathbf{Z}^V \mid y(u) \leq x(u) - 1, y(v) \geq x(v) + 1\}$ として S1 に戻る．

このアルゴリズムで $u_B(w) - l_B(w)$ の値が $w = u, v$ に対して $(1 - \frac{1}{n})$ 倍になるので，反復回数は $\mathrm{O}(n^2 \log_2 K)$ で抑えられる．B の要素 x がわかっていれば，交換容量 $\tilde{c}_B(x, v, u) = \max\{\alpha \mid x + \alpha(\chi_v - \chi_u) \in B\}$ を $u, v \in V$ に対して計算することによって $B^\diamond$ の要素を生成できる．交換容量は2分法により f の値を $\lceil \log_2 K \rceil$ 回計算すれば求められる．したがって，領域縮小法では，関数 f を $\mathrm{O}(n^4 (\log_2 K)^2)$ 回計算することにより最適解を求められる．

付値マトロイドは実効定義域が $\{0,1\}^V$ に含まれるM凹関数と同じものであった（V の部分集合 X とその特性ベクトル χ_X を同一視; 例2.41）．したがって，付値マトロイドの最大化は，$\mathrm{dom}\, f \subseteq \{0,1\}^V$ であるM凸関数 f の最小化と等価である．$\bar{f}(X) = f(\chi_X)$ の最小値は次の**貪欲算法**で求められる（正当性は命題8.1(2)による）．なお，対応するマトロイドの階数（$\chi_X \in \mathrm{dom}\, f$ である X の大きさ）を r とする

M凸関数 f の最小化（**貪欲算法**; $\mathrm{dom}\, f \subseteq \{0,1\}^V$）

S0: $\bar{f}(X_0)$ が有限値である $X_0 = \{u_1, u_2, \cdots, u_r\}$ を任意にとる
（要素の番号づけも任意に定める）．

S1: $k = 1, 2, \cdots, r$ に対して以下を繰り返す:
$\bar{f}(X_{k-1} - u_k + v)$ を最小にする $v \in V \setminus \{v_1, \cdots, v_{k-1}, u_{k+1}, \cdots, u_r\}$ を v_k として，$X_k := X_{k-1} - u_k + v_k$ とおく．

S2: $x^* = \chi_{X_r}$ を最適解とする．

このアルゴリズムによって，関数 f の値を $r(|V| - r) + 1$ 回計算することにより最適解が求められる．

2. L凸関数の最小化

2.1　劣モジュラ関数最小化

劣モジュラ集合関数 $\rho: 2^V \to \mathbf{R} \cup \{+\infty\}$ の最小値を求めるアルゴリズムを記述する．関数値の評価の回数および四則演算（加減乗除）の回数が $n = |V|$ の多項式で抑えられていること，すなわち，このアルゴリズムが**強多項式時間アルゴリズム**であることが重要である．

劣モジュラ関数 ρ に付随して**基多面体**が

$$\mathbf{B}(\rho) = \{x \in \mathbf{R}^V \mid x(X) \le \rho(X)\ (\forall X \subset V), x(V) = \rho(V)\} \tag{8.1}$$

と定義されることを思い出そう (式 (3.17)). $\mathbf{B}(\rho)$ の点を基，端点を端点基と呼ぶのであった．任意の基 x と任意の部分集合 X に対して

$$\sum\{x(v) \mid v \in \mathrm{supp}^-(x)\} \leq x(X) \leq \rho(X) \tag{8.2}$$

が成り立つので，もしこの二つの不等式が等号で満たされるならば，X は ρ の最小値を与えていることになる．実際，上の不等号を等号にする x と X が存在して

$$\max\{\sum_{v \in \mathrm{supp}^-(x)} x(v) \mid x \in \mathbf{B}(\rho)\} = \min\{\rho(X) \mid X \subseteq V\} \tag{8.3}$$

が成り立つ (Edmonds の交わり定理 3.17 で $\rho_1 = \rho$, $\rho_2 = 0$ として証明できる[1])．

以下に述べるアルゴリズムは，n 個以下の端点基 $x_1, \cdots, x_k$ $(k \leq n)$ と凸結合表現

$$x = \sum_{i=1}^{k} \lambda_i x_i \qquad (\text{ただし} \ \sum_{i=1}^{k} \lambda_i = 1, \lambda_i > 0 \ (1 \leq i \leq k)) \tag{8.4}$$

の係数 $\lambda_1, \cdots, \lambda_k$ を更新していくことによって最終的に不等式 (8.2) を等号で満たす x と X を見出すものである．アルゴリズムの大略の流れとしては，端点基 x_i と凸結合係数 λ_i $(1 \leq i \leq k)$ による表現 (8.4) に対して，V を点集合とするグラフ $G = (V, A)$ を作って $P = \mathrm{supp}^+(x)$ から $N = \mathrm{supp}^-(x)$ に至る有向道を探し，ある規則に従って凸結合表現 (8.4) を更新することを繰り返す．P から N への有向道が存在しないときには，N に到達可能な点の全体 X が ρ の最小値を与えるので終了する．以下，ρ が有限値 $(\rho : 2^V \to \mathbf{R})$ と仮定し，一般の場合は補足 8.5 で触れる．

劣モジュラ集合関数の最小化 (概略)

S1: 端点基 x_i と凸結合係数 λ_i $(1 \leq i \leq k)$ に対して
　グラフ $G = (V, A)$ を作る．

S2: 基 x を (8.4) で定義し，$P := \mathrm{supp}^+(x)$, $N := \mathrm{supp}^-(x)$ とおく．

S3: G 上で P から N への有向道が存在しないときには，

---

[1] 本節のアルゴリズムは (8.3) の構成的証明にもなっている．

N に到達可能な点の全体を X として終了 (X が最適解).

S4: 端点基 x_i と凸結合係数 λ_i $(1 \leq i \leq k)$ を更新して S1 に戻る.

グラフ $G = (V, A)$ の定義を述べるための準備として，まず，端点基に付随する半順序について説明する．V の要素の番号づけ $V = \{v_1, v_2, \cdots, v_n\}$ に対して

$$x(v_j) = \rho(V_j) - \rho(V_{j-1}) \qquad (1 \leq j \leq n) \tag{8.5}$$

(ただし $V_j = \{v_1, v_2, \cdots, v_j\}$ $(1 \leq j \leq n)$) によって端点基 x が定まる (補足 3.10 参照)．このことを，V 上の全順序 $v_1 \leq v_2 \leq \cdots \leq v_n$ が端点基 x を生成するということにする．任意の端点基はある全順序によって生成され，一つの端点基を生成する全順序は複数ありうる．端点基 x を生成する任意の全順序 $\leq$ に対して $u \leq v$ が成り立つときに $u \preceq_x v$ と定義することによって，端点基 x に付随する V 上の半順序 $\preceq_x$ を定める．この半順序 $\preceq_x$ によって定義される半順序集合を $\mathcal{P}(x) = (V, \preceq_x)$ と表す．$s, t \in V$ に対し，s から t までの区間を

$$[s, t]_{\preceq_x} = \{v \in V \mid s \preceq_x v \preceq_x t\}$$

と記す (空集合の可能性もある)．また，$u \preceq_x v$ かつ $v \in X$ ならば必ず $u \in X$ となるような $X \subseteq V$ を $\mathcal{P}(x)$ の**イデアル**と呼ぶ．$\mathcal{P}(x)$ は V を点集合とし，$A_x = \{(u, v) \mid u \preceq_x v\}$ を枝集合とするグラフ $G_x = (V, A_x)$ によって表現されるが，このとき，入る枝をもたない $X \subseteq V$ が $\mathcal{P}(x)$ のイデアルに対応する．

半順序 $\preceq_x$ の意味を説明しよう．基 x の支持集合の全体

$$\mathcal{D}(x) = \{X \subseteq V \mid x(X) = \rho(X)\} \tag{8.6}$$

は集合束 2^V の部分束をなすことを思い出そう (式 (3.19))．x を端点基とすると，$\mathcal{D}(x)$ の極大鎖の長さは n に等しいので，$\mathcal{D}(x)$ の極大鎖は V 上のある全順序によって

$$(\emptyset =)\ V_0 \subsetneqq V_1 \subsetneqq V_2 \subsetneqq \cdots \subsetneqq V_n\ (= V) \tag{8.7}$$

と表される．式 (8.5) からもわかるように，

$$\mathcal{D}(x) \text{ の極大鎖} \ \longleftrightarrow\ x \text{ を生成する全順序} \tag{8.8}$$

の対応がある．これより

$$\text{全順序が } x \text{ を生成する} \iff \text{全順序が半順序 } \preceq_x \text{ の拡張}$$

が成り立つ．ここで，全順序 $\leq$ が半順序 $\preceq_x$ の拡張であるとは，「$u \preceq_x v \Rightarrow u \leq v$」が成り立つことをいう．また，

$$\mathcal{D}(x) \text{ の要素 } \longleftrightarrow \mathcal{P}(x) \text{ のイデアル} \tag{8.9}$$

の対応がある．これは，

$$[\ x(X) = \rho(X)\ ] \iff [\ u \preceq_x v, v \in X \Rightarrow u \in X\ ] \tag{8.10}$$

を述べており，x の支持集合が $\mathcal{P}(x)$ のイデアルとして表現できることを述べている．これにより，端点基 x が与えられたとき，$\mathcal{P}(x)$ を表現するグラフ $G_x = (V, A_x)$ を強多項式時間で構成することができる．実際，(8.10) により，各 $u \in V$ に対して $D_u = \{v \in V \mid (v, u) \in A_x\}$ は u を含む最小の支持集合であるから，$D := V$ から始めて，$D \setminus \{v\} \in \mathcal{D}(x)$ であるような $v \in D \setminus \{u\}$ がある限り $D := D \setminus \{v\}$ と更新していけば，最後に $D = D_u$ となる．

端点基 x_i と係数 λ_i $(1 \leq i \leq k)$ による凸結合表現 (8.4) に付随するグラフ $G = (V, A)$ を

$$A = \{(u, v) \mid \exists i \in \{1, \cdots, k\} : u \preceq_{x_i} v\} = \bigcup_{i=1}^{k} A_{x_i}$$

で定義し，$P = \mathrm{supp}^+(x)$, $N = \mathrm{supp}^-(x)$ とおく．

グラフ G 上に P から N に至る有向道が存在しないときの状況を分析しよう．有向道で N に到達可能な点の全体を X とすると，X は N を含み，P とは共通部分をもたないので $x(X) = x(N)$ である．一方，X に入る枝は存在しないので，各 i に対して X は $\mathcal{P}(x_i)$ におけるイデアルであり $\rho(X) = x_i(X)$ が成り立ち，$\rho(X) \geq x(X) = \sum_{i=1}^{k} \lambda_i x_i(X) = \rho(X)$ である．したがって，(8.2) がすべて等号で満たされ，X は ρ の最小値を与える．

グラフ G 上に P から N に至る有向道が存在するときには，次のようにして凸結合表現 (8.4) を更新する．まず，V の要素に任意の順番 (番号) をつけておく (これは端点基に付随する全順序とは無関係で，最後まで固定しておく)．点 $v \in V$ の P からの距離 (P のどれかの点から v への有向道の枝数の最小値) を $d(v)$ とする．P から到達可能な N の点で $d(v)$ $(< +\infty)$ が最大である点を t とする．ただし，このようなものが複数あるときは t の番号が最大のものを選ぶ．V の点で $d(s) = d(t) - 1$, $(s, t) \in A$ である点を s とする．ただし，このよう

なものが複数あるときは s の番号が最大のものを選ぶ．$(s,t) \in A$ よりどれかの i $(1 \le i \le k)$ に対して区間 $[s,t]_{\preceq_{x_i}}$ は二つ以上の要素を含むが，$|[s,t]_{\preceq_{x_i}}|$ の最大値を α とし，最大値を与える添え字を i とする．

端点基 x_i を生成する全順序を $\{v_1, \cdots, v_n\}$ とする．ただし，区間 $[s,t]_{\preceq_{x_i}}$ の要素はこの中に連続して現れるようにとり，$[s,t]_{\preceq_{x_i}} = \{v_p, \cdots, v_{p+m}\}$ とする $(v_p = s,\, v_{p+m} = t,\, m = \alpha - 1)$．$j = 1, \cdots, m$ に対して v_{p+j} を v_p の直前に移した全順序

$$v_1 \cdots v_{p-1} \mid v_{p+j} \mid v_p \cdots v_{p+j-1} \mid \quad \mid v_{p+j+1} \cdots v_{p+m} \mid v_{p+m+1} \cdots v_n$$

によって生成される端点基を y_j とする．ここで，x_i, y_j は式 (8.5) のように定まるので，$V_h = \{v_1, \cdots, v_h\}$ $(h = 0, 1, \cdots, n)$ として

$$x_i(v_h) = \rho(V_h) - \rho(V_{h-1}) \quad (1 \le h \le n),$$

$$y_j(v_h) = \begin{cases} \rho(V_h) - \rho(V_{h-1}) & (1 \le h \le p-1) \\ \rho(V_h \cup \{v_{p+j}\}) - \rho(V_{h-1} \cup \{v_{p+j}\}) & (p \le h \le p+j-1) \\ \rho(V_{p-1} \cup \{v_{p+j}\}) - \rho(V_{p-1}) & (h = p+j) \\ \rho(V_h) - \rho(V_{h-1}) & (p+j+1 \le h \le n) \end{cases}$$

である．$p \le h \le p+j-1$ については ρ の劣モジュラ性に注意し，$h = p+j$ については $V_{p-1} \cup \{v_{p+j}\}$ が $\mathcal{P}(x_i)$ におけるイデアルでないから $\rho(V_{p-1} \cup \{v_{p+j}\}) > x_i(V_{p-1} \cup \{v_{p+j}\}) = x_i(V_{p-1}) + x_i(v_{p+j}) = \rho(V_{p-1}) + x_i(v_{p+j})$ であることに注意すると，

$$(y_j - x_i)(v_h) \begin{cases} = 0 & (1 \le h \le p-1) \\ \le 0 & (p \le h \le p+j-1) \\ > 0 & (h = p+j) \\ = 0 & (p+j+1 \le h \le n) \end{cases} \tag{8.11}$$

が成り立つことがわかる．この符号パターンと $\chi_t - \chi_s$ を $m = 4$ の場合に $p \le h \le p+j$ の範囲で図示すると

	p	$p+1$	$\cdots$	$\cdots$	$p+m$
$y_1 - x_i$	$\ominus$	$+$	0	0	0
$y_2 - x_i$	$\ominus$	$\ominus$	$+$	0	0
$y_3 - x_i$	$\ominus$	$\ominus$	$\ominus$	$+$	0
$y_4 - x_i$	$\ominus$	$\ominus$	$\ominus$	$\ominus$	$+$
$\chi_t - \chi_s$	-1	0	0	0	1

となる ($+$ は正，$\ominus$ は負または零)．したがって，$\chi_t - \chi_s = \sum_{j=1}^{m} \mu_j(y_j - x_i)$ $(\mu_j \geq 0; \mu_m > 0)$ と書ける．$\mu = \sum_{j=1}^{m} \mu_j$, $\varepsilon = \min(-x(t), \lambda_i/\mu)$ とおき，基を

$$x' = x + \varepsilon(\chi_t - \chi_s) = (\lambda_i - \varepsilon\mu)x_i + \sum_{1 \leq j \leq k; j \neq i} \lambda_j x_j + \sum_{j=1}^{m} \varepsilon\mu_j y_j \quad (8.12)$$

と更新する．この右辺が端点基の凸結合の形になっていることに注意する．右辺に現れる端点基が線形従属ならば，線形独立なものを適当に選ぶことによって，x' を線形独立な (したがって n 個以下の) 端点基の凸結合として表現できる．これは基本的には Gauss の消去法でできるので，強多項式時間で計算できる．

更新された凸結合表現に対して，上に述べたようにグラフ $G = (V, A)$ を作り，P から N への有向道を探すことを繰り返すと，次の定理に示すように，高々 $\mathrm{O}(|V|^7)$ 回の反復の後に P から N への有向道が存在しなくなり，そのときに，ρ を最小化する X が求められる．

8.3［定理］　端点基の凸結合表現 (8.4) の更新回数は $\mathrm{O}(|V|^7)$ で抑えられるので，上記の手順は劣モジュラ集合関数最小化の強多項式時間アルゴリズムを与える．

証明　$|[s,t]_{\preceq_{x_h}}| = \alpha$ となる h の個数を β とする．変数 $x, d, A, P, N, t, s, \alpha, \beta$ の更新後の値を $x', d', A', P', N', t', s', \alpha', \beta'$ とする．以下において

(i) すべての $v \in V$ に対して $d'(v) \geq d(v)$,

(ii) すべての $v \in V$ に対して $d'(v) = d(v)$ ならば, $(d'(t'), t', s', \alpha', \beta')$ は辞書式順序で $(d(t), t, s, \alpha, \beta)$ より小さい

を示す．(ii) の場合が引き続き起きる回数は $O(|V|^5)$ で抑えられるので，高々 $O(|V|^5)$ 回の反復後に，ある $v \in V$ に対して $d'(v) > d(v)$ となる．各 $v \in V$ に対して，$d'(v) > d(v)$ となる回数は $|V|$ 以下であるから，全反復回数は $O(|V|^7)$ で抑えられることになる．

(i) を $d'(v)$ に関する帰納法で証明する．$d'(v) = 0$ なら，$P' \subseteq P$ より $d(v) = 0$ である．$d'(v) \geq 1$ とすると，$d'(u) = d'(v) - 1$, $(u,v) \in A'$ となる u が存在するが，帰納法の仮定により $d'(u) \geq d(u)$．$(u,v) \in A$ の場合は，$d(v) \leq d(u)+1 \leq d'(u)+1 = d'(v)$．$(u,v) \notin A$ の場合は，ある j に対して $u \preceq_{y_j} v$ かつ $u \not\preceq_{x_i} v$．すると，後に述べる命題 8.4 により，ある $\overline{s}, \overline{t} \in V$ が存在して $\overline{s} \preceq_{x_i} v$, $u \preceq_{x_i} \overline{t}$, $x_i(\overline{s}) \neq y_j(\overline{s})$, $x_i(\overline{t}) \neq y_j(\overline{t})$．式 (8.11) より $\overline{s}, \overline{t} \in [s,t]_{\preceq_{x_i}}$ となり，$s \preceq_{x_i} v$, $u \preceq_{x_i} t$．これより $d(v) \leq d(s) + 1 = d(t) \leq d(u) + 1 \leq d'(u) + 1 = d'(v)$．以上で (i) が証明された．

(ii) $\varepsilon = \min(-x(t), \lambda_i/\mu)$ より，(a) $\varepsilon = -x(t)$ あるいは (b) $\varepsilon < -x(t)$．(a) のとき，$x'(t) = 0$ となり $N' = N \setminus \{t\}$ あるいは $N' = N \setminus \{t\} \cup \{s\}$．$t' \in N'$ ゆえ $t' \neq t$ である．もし $t' = s$ なら $d'(t') = d(s) < d(t)$ であり，$t' \in N$ なら t の選び方から $(d'(t'), t') = (d(t'), t')$ は $(d(t), t)$ より辞書式順序で小さい．(b) のとき，$x'(t) < 0$ となり $N' = N$ あるいは $N' = N \cup \{s\}$．距離が不変 ($d' = d$) で，s が t' に選ばれることはないから，$t' = t$ であり，$d'(t') = d(t)$．このとき $(s', t) \in A$ である．なぜならば，もし $(s', t) \notin A$ とすると $s' \not\preceq_{x_i} t$ であり，一方，$(s', t) \in A'$ よりある j に対して $s' \preceq_{y_j} t$ となるので，後に述べる命題 8.4 と式 (8.11) より $(s', t) \in A$ となって矛盾するからである．s' の選び方により $d'(s') = d'(t') - 1$ であるが，これは $d(s') = d(t) - 1$ を意味する．$d(\overline{s}) = d(t) - 1$ を満たす $\overline{s}$ の中で番号が最大のものを s に選んだから，$s' \leq s$ である．$s' < s$ の場合には (ii) が成り立つので，以下，$s' = s$ とする．$\varepsilon = \lambda_i/\mu$ により x' の表現 (8.12) における x_i の係数は 0 である．また，$[s,t]_{\preceq_{y_j}} \subseteq \{v_p, \cdots, v_{p+m}\} \setminus \{v_{p+j}\}$ より $|[s,t]_{\preceq_{y_j}}| < \alpha$ である．したがって，$\alpha' < \alpha$ あるいは $\alpha' = \alpha$ かつ $\beta' < \beta$ が成り立つ．∎

8.4［命題］　端点基 x, y と $u, v \in V$ に対して $u \preceq_y v$, $u \not\preceq_x v$ ならば，ある $s, t \in V$ が存在して $s \preceq_x v$, $u \preceq_x t$, $x(s) \neq y(s)$, $x(t) \neq y(t)$．

証明　$S = \{s \in V \mid s \preceq_x v\}$, $T = \{t \in V \mid u \not\preceq_x t\}$ とおく．$v \in S, T$,

$u \notin S, T$ である．S, T ともに $\mathcal{P}(x)$ のイデアルであるから x の支持集合であり，一方，$u \preceq_y v$ により S, T は $\mathcal{P}(y)$ のイデアルでないから y の支持集合でない．ゆえに，$x(S) \neq y(S)$, $x(V \setminus T) \neq y(V \setminus T)$．したがって，ある $s \in S$, $t \in V \setminus T$ に対して $x(s) \neq y(s)$, $x(t) \neq y(t)$． ∎

8.5［補足］ 劣モジュラ関数 ρ が $+\infty$ の値をとる場合でも，上に述べたアルゴリズムを用いて ρ の最小値を求めることができる．まず，$\mathcal{D} = \mathrm{dom}\,\rho$ は集合束 2^V の部分束をなすことに注意し ($\rho \in \mathcal{S}[\mathbf{R}]$ より $\{\emptyset, V\} \subseteq \mathcal{D}$)，各 $v \in V$ に対し，v を含む $\mathcal{D}$ の最小元 M_v が計算できると仮定する．このとき，$X \subseteq V$ を含む $\mathcal{D}$ の最小元 $\overline{X}$ と $v \in V$ を含まない $\mathcal{D}$ の最大元 L_v は

$$\overline{X} = \bigcup_{v \in X} M_v, \qquad L_v = \bigcup_{u : v \notin M_u} M_u$$

によって計算できる．以下，一般性を失うことなく，$\mathcal{D}$ の極大鎖の長さは $|V|$ に等しいとする．ベクトル $c \in \mathbf{R}^V$ と関数 $\overline{\rho} : 2^V \to \mathbf{R}$ を

$$c(v) = \max(0, \rho(L_v) - \rho(L_v \cup \{v\})) \qquad (v \in V),$$
$$\overline{\rho}(X) = \rho(\overline{X}) + c(\overline{X}) - c(X) \qquad (X \subseteq V)$$

で定義する．このとき，$\overline{\rho}$ は有限値をとる劣モジュラ関数であり (後に証明)，さらに，$X \in \arg\min \overline{\rho}$ なら $\overline{X} \in \arg\min \rho$ となる (証明：$Y \in \mathcal{D}$ に対し，$\rho(\overline{X}) \leq \rho(\overline{X}) + c(\overline{X}) - c(X) = \overline{\rho}(X) \leq \overline{\rho}(Y) = \rho(Y)$)．したがって，$\overline{\rho}$ の最小化によって ρ の最小化が達成される．

最後に，$\overline{\rho}$ の劣モジュラ性を証明する．$X \in \mathcal{D}$, $v \notin X$, $Y = X \cup \{v\} \in \mathcal{D}$ のとき，$Y \cup L_v = L_v \cup \{v\}$, $Y \cap L_v = X$ であるから

$$\rho(X) = \rho(Y \cap L_v) \leq \rho(Y) + \rho(L_v) - \rho(Y \cup L_v) \leq \rho(Y) + c(v)$$

となるので，$\mu(X) = \rho(X) + c(X)$ は $\mathcal{D}$ 上で単調非減少である．$\overline{\mu}(X) = \mu(\overline{X})$ とおく．任意の $X, Y \subseteq V$ に対して，$\overline{X} \cup \overline{Y} = \overline{X \cup Y}$, $\overline{X} \cap \overline{Y} \supseteq \overline{X \cap Y}$ に注意して，

$$\overline{\mu}(X) + \overline{\mu}(Y) = \mu(\overline{X}) + \mu(\overline{Y}) \geq \mu(\overline{X} \cup \overline{Y}) + \mu(\overline{X} \cap \overline{Y})$$
$$\geq \mu(\overline{X \cup Y}) + \mu(\overline{X \cap Y}) = \overline{\mu}(X \cup Y) + \overline{\mu}(X \cap Y)$$

となるので，$\overline{\mu}$ は劣モジュラである．したがって，$\overline{\rho}$ も劣モジュラである．□

8.6［補足］　補足 8.5 に記したアルゴリズムは，さらに一般に，分配束上の劣モジュラ関数の最小化アルゴリズムを与えていることになる．このことを説明しよう．空でない集合 S とその上の二つの二項演算 $\vee$ (「結び」), $\wedge$ (「交わり」) の組 $(S, \vee, \wedge)$ が，任意の $a, b, c \in S$ に対して

$$a \vee a = a, \quad a \wedge a = a; \quad a \vee b = b \vee a, \quad a \wedge b = b \wedge a;$$
$$a \vee (b \vee c) = (a \vee b) \vee c, \quad a \wedge (b \wedge c) = (a \wedge b) \wedge c;$$
$$a \wedge (a \vee b) = a, \quad a \vee (a \wedge b) = a$$

を満たすとき，**束**と呼ぶ．さらに，**分配律**

$$a \wedge (b \vee c) = (a \wedge b) \vee (a \wedge c), \quad a \vee (b \wedge c) = (a \vee b) \wedge (a \vee c)$$

を満たすとき，**分配束**と呼ぶ．集合束 2^V の部分束 $\mathcal{D} \subseteq 2^V$ は，$(S, \vee, \wedge) = (\mathcal{D}, \cup, \cap)$ として分配束をなすが，逆に，任意の分配束はある集合束の部分束として表現されることが知られている (**Birkhoff の表現定理**と呼ばれる基本事実)．このとき，分配束を表現するための集合の大きさは，分配束の極大鎖の長さに等しい．分配束 $(S, \vee, \wedge)$ に対し，S の上で定義された関数 $\rho : S \to \mathbf{R}$ が不等式

$$\rho(a) + \rho(b) \geq \rho(a \vee b) + \rho(a \wedge b)$$

を満たすとき，ρ を**劣モジュラ関数**と呼ぶ．分配束 $(S, \vee, \wedge)$ が集合束の部分束として表現されている場合には，劣モジュラ関数 ρ の最小化が補足 8.5 に記したアルゴリズムによってできる．□

8.7［補足］　劣モジュラ関数最小化アルゴリズムの重要性は，既に 1970 年頃には J. Edmonds [27] などによって認識されていたようである．最初の多項式時間アルゴリズムは，M. Grötschel, L. Lovász, A. Schrijver によるものである (1981 年 [52] に弱多項式時間，1988 年 [53] に強多項式時間アルゴリズム)．しかし，これは楕円体法に基づくものであり，その後，組合せ的な強多項式時間アルゴリズムを設計しようとする試みが続けられた (W. H. Cunningham [10], [17], [18] の貢献が大きい)．1994 年に M. Queyranne [123] が ($\rho(X) = \rho(V \setminus X)$ の意味で) 対称な劣モジュラ関数に対する組合せ的なアルゴリズムを示した (永

持・茨木 [114] の無向グラフに対する最小カットアルゴリズムの拡張である).
一般の劣モジュラ関数に対する組合せ的な強多項式時間アルゴリズムは，1999 年の夏に，岩田・L. Fleischer・藤重 [67], [68] と A. Schrijver [133] によって独立にほぼ同時に示された．両者とも [10], [17], [18] のアプローチを精密化したものといえるが，スケーリングの有無や計算量で違いがある．本節では [133] のアルゴリズムの原形（1999 年 11 月時点）を記述した．また，この両者とも，楕円体法を用いないという意味で組合せ的ではあるが，凸結合の係数を計算するために割り算を実行するという算術的な（非組合せ的な）部分を含んでいる．計算の途中で，与えられたデータの加減算と比較だけを用いる「完全に組合せ的な」アルゴリズムがあるだろうかという問題意識が A. Schrijver によって提示されたが，これは 2000 年の秋に岩田 [66] によって肯定的に解決された．□

8.8［補足］　一般の劣モジュラ集合関数の最大化は困難な問題であり, ($\mathrm{P} \neq \mathrm{NP}$ 予想とは無関係に) 多項式時間のアルゴリズムは存在しないことが知られている [70], [86], [87]．一方，$\{0,1\}$ ベクトル上の $\mathrm{M}^\natural$ 凹関数は劣モジュラであり (補足 5.6)，$\mathrm{M}^\natural$ 凹関数は第 1 節で述べたアルゴリズムにより効率的に最大化できる．したがって，$\{0,1\}$ ベクトル上の $\mathrm{M}^\natural$ 凹関数は劣モジュラ集合関数の中で最大化がうまくできるサブクラスを与えていることになる．□

2.2　L 凸関数最小化

劣モジュラ関数最小化アルゴリズムから L 凸関数最小化アルゴリズムを構成することができる．降下法，分配束上の劣モジュラ関数最小化に帰着させる方法，およびスケーリング法の三つを述べる．本節を通じて $g : \mathbf{Z}^V \to \mathbf{R} \cup \{+\infty\}$ を $\mathrm{L}^\natural$ 凸関数とし，$n = |V|$ とおく．

降下法は $\mathrm{L}^\natural$ 凸関数の大域最適性が局所最適性によって保証されること (定理 5.12) に基づいて構成される．

$\mathrm{L}^\natural$ 凸関数 g の最小化 (降下法)

S0: $p \in \mathrm{dom}\, g$ を任意に選ぶ．

S1: $g(p + \alpha\chi_X)$ を最小にする $\alpha \in \{1, -1\}$ と $X \subseteq V$ を見出す．

S2: もし $g(p) \leq g(p + \alpha\chi_X)$ ならば終了 (p が最適解)．

S3: $p := p + \alpha\chi_X$ として S1 に戻る．

ステップ S1 は，二つの劣モジュラ集合関数

$$\rho_p^+(X) = g(p+\chi_X) - g(p), \quad \rho_p^-(X) = g(p-\chi_X) - g(p)$$

の最小化によって実行できる．反復ごとに関数値は単調に減少する．このことだけから，反復が有限で終了するかどうかは一般には結論できないが，たとえば，g が整数値で下に有界ならば，有限回の反復の後に終了する．$\mathrm{dom}\, g$ が有界のとき，その大きさを

$$K = \max\{||p-q||_\infty \mid p, q \in \mathrm{dom}\, g\} \tag{8.13}$$

で表すと，ステップ S1 の実行回数は $(K+1)^n$ で抑えられる．なお，g が L 凸関数ならば $\alpha = 1$ に限ってよい (定理 5.12 参照)．

第二のアルゴリズムとして，分配束上の劣モジュラ関数最小化アルゴリズムを直接利用するものがある．L$^\natural$ 凸関数 g の実効定義域 $\mathrm{dom}\, g$ は分配束をなし，g はその上で劣モジュラであるから，分配束上の劣モジュラ関数最小化アルゴリズム (補足 8.6) が直接適用できる．$\mathrm{dom}\, g$ が有界な整数区間 $[a,b]_{\mathbf{Z}}$ $(a, b \in \mathbf{Z}^V)$ に含まれているならば，$\mathrm{dom}\, g$ は大きさ $||a-b||_1$ の集合 $\tilde{V} = \{a + \alpha_v \chi_v \mid 1 \leq \alpha_v \leq b(v) - a(v), v \in V\}$ の部分集合からなる分配束と同一視できる．$||a-b||_1 \leq nK$ であるから，計算時間は K と n に関する多項式オーダーとなる．このアルゴリズムは，L$^\natural$ 凸関数 g の劣モジュラ性のみに基づいており，L$^\natural$ 凸性を十分に利用していない．

第三のアルゴリズムとして，L$^\natural$ 凸性に基づいた**スケーリング**技法を示そう．これは，分配束上の劣モジュラ関数最小化アルゴリズムと L 凸性に基づくスケーリング技法を組み合わせることによって，$\log_2 K$ と n に関する多項式オーダーの計算時間を実現している．

次の命題は，スケーリングされた関数の最小値は近くにあることを示している．

8.9 ［命題］　α を正整数，$n = |V|$ とする．

(1) $g : \mathbf{Z}^V \to \mathbf{R} \cup \{+\infty\}$ を $g(p) = g(p + \mathbf{1})$ $(\forall\, p \in \mathbf{Z}^V)$ を満たす L 凸関数とするとき，$p_\alpha^* \in \mathrm{dom}\, g$ に対し

$$g(p_\alpha^*) \leq g(p_\alpha^* + \alpha\chi_X) \qquad (\forall X \subseteq V) \tag{8.14}$$

ならば，$\arg\min g \neq \emptyset$ であって，

$$p^*_\alpha \le q^* \le p^*_\alpha + (\alpha-1)(n-1)\mathbf{1} \tag{8.15}$$

を満たす $q^* \in \arg\min g$ が存在する．

(2) $g : \mathbf{Z}^V \to \mathbf{R} \cup \{+\infty\}$ を L$^\natural$ 凸関数とするとき，$p^*_\alpha \in \mathrm{dom}\, g$ に対し

$$g(p^*_\alpha) \le g(p^*_\alpha \pm \alpha\chi_X) \qquad (\forall X \subseteq V) \tag{8.16}$$

ならば，$\arg\min g \neq \emptyset$ であって，

$$p^*_\alpha - (\alpha-1)n\mathbf{1} \le q^* \le p^*_\alpha + (\alpha-1)n\mathbf{1} \tag{8.17}$$

を満たす $q^* \in \arg\min g$ が存在する．

証明　(1) 任意の $\beta > \inf g$ に対して，$g(q^*) \le \beta$ かつ (8.15) を満たす q^* が存在することを示せばよい ((8.15) を満たす q^* は有限個であることに注意)．一般性を失うことなく $p^*_\alpha = \mathbf{0}$ とする．$g(q^*) \le \beta$ かつ $q^* \ge \mathbf{0}$ を満たす q^* が存在するが，そのような q^* で (ベクトル順序に関して) 極小のものをとる．ある $v \in V$ に対して $q^*(v) = 0$ であり，

$$g(q^* - \chi_X) > g(q^*) \qquad (\forall X \subseteq \mathrm{supp}^+(q^*)) \tag{8.18}$$

が成り立つ．q^* を $q^* = \displaystyle\sum_{i=1}^{k} \mu_i \chi_{X_i}$ の形に表現する．ここで，$\mu_i > 0, \mu_i \in \mathbf{Z}$ $(i = 1, \cdots, k)$, $\emptyset \neq X_1 \subsetneqq X_2 \subsetneqq \cdots \subsetneqq X_k \neq V$, $0 \le k \le n-1$ である．このとき

$$g(\sum_{i=1}^{j-1} \mu_i \chi_{X_i} + \mu\chi_{X_j}) > g(\sum_{i=1}^{j-1} \mu_i \chi_{X_i} + (\mu+1)\chi_{X_j}) \tag{8.19}$$

$(1 \le j \le k, 0 \le \mu \le \mu_j - 1)$ が成り立つ．なぜならば，$p = \sum_{i=1}^{j-1} \mu_i \chi_{X_i} + \mu\chi_{X_j} \in \mathrm{dom}\, g$ とすると，$X_j \subseteq \mathrm{supp}^+(q^*)$ と (8.18) より $g(q^* - \chi_{X_j}) > g(q^*)$ であり，一方，$X_j = \arg\max_{v \in V}\{q^*(v) - p(v)\}$ と定理 5.15 の性質 (L$^\natural$-APR[$\mathbf{Z}$]) より $[g(q^* - \chi_{X_j}) > g(q^*) \Rightarrow g(p + \chi_{X_j}) < g(p)]$ が成り立つからである．さらに，

$$g(\mu\chi_{X_j}) > g((\mu+1)\chi_{X_j}) \quad (1 \le j \le k, 0 \le \mu \le \mu_j - 1) \tag{8.20}$$

が成り立つ．実際，$p=\sum_{i=1}^{j}\mu_i\chi_{X_i}$, $q=\mu\chi_{X_j}\in\mathrm{dom}\,g$ とすると，$V\setminus X_j=\arg\max_{v\in V}\{q(v)-p(v)\}$ であり，(8.19) より $g(p+\chi_{V\setminus X_j})=g(p-\chi_{X_j})>g(p)$ となるので，再び (L$^\natural$-APR[**Z**]) を用いて $g(q)>g(q-\chi_{V\setminus X_j})=g(q+\chi_{X_j})$ が導かれる．不等式 (8.20) と仮定 (8.14) より $\mu_i<\alpha$ $(i=1,\cdots,k)$ となるので，

$$\mathbf{0}\le q^*\le(\alpha-1)\sum_{i=1}^{k}\chi_{X_i}\le(\alpha-1)(n-1)\mathbf{1}$$

となる．(2) は L$^\natural$ 凸関数と L 凸関数の関係 (5.4) を用いて (1) から容易に導かれる． ■

正の整数 α と整数ベクトル $b\in\mathbf{Z}^V$ に対して $g^{\alpha,b}:\mathbf{Z}^V\to\mathbf{R}\cup\{+\infty\}$ を

$$g^{\alpha,b}(p)=\frac{1}{\alpha}g(\alpha p+b)\qquad(p\in\mathbf{Z}^V)\tag{8.21}$$

と定義する．g が L$^\natural$ 凸関数ならば，$\mathrm{dom}\,g^{\alpha,b}\neq\emptyset$ である限り，$g^{\alpha,b}$ も L$^\natural$ 凸関数である．上の命題 8.9 と定理 5.28(L 凸関数最小性規準) から次の命題が得られる．

8.10 ［命題］　α を正整数，$b\in\mathbf{Z}^V$，$n=|V|$ とする．

(1) $g:\mathbf{Z}^V\to\mathbf{R}\cup\{+\infty\}$ が $g(p)=g(p+\mathbf{1})$ $(\forall p\in\mathbf{Z}^V)$ を満たす L 凸関数ならば，任意の $p^*\in\arg\min g^{2\alpha,b}$ に対し，

$$2p^*\le q^*\le 2p^*+(n-1)\mathbf{1}\tag{8.22}$$

を満たす $q^*\in\arg\min g^{\alpha,b}$ が存在する．

(2) $g:\mathbf{Z}^V\to\mathbf{R}\cup\{+\infty\}$ が L$^\natural$ 凸関数ならば，任意の $p^*\in\arg\min g^{2\alpha,b}$ に対し，

$$2p^*-n\mathbf{1}\le q^*\le 2p^*+n\mathbf{1}\tag{8.23}$$

を満たす $q^*\in\arg\min g^{\alpha,b}$ が存在する．

L$^\natural$ 凸関数 g を最小化するための**スケーリング法**は次のように記述される．$\mathrm{dom}\,g$ は有界と仮定し，K を (8.13) で定義する．

$\mathrm{L}^\natural$ 凸関数 g の最小化 (スケーリング法)

S0: $b \in \mathrm{dom}\, g$ を求め，$p^* := \mathbf{0}$, $\alpha := 2^{\lceil \log_2 K \rceil}$ とおく．

S1: $\alpha < 1$ ならば終了 ($b + p^*$ が最適解).

S2: $2p^* - n\mathbf{1} \leq p \leq 2p^* + n\mathbf{1}$ の範囲で $g^{\alpha,b}(p)$ を最小化する p を求める．

S3: $p^* := p$, $\alpha := \alpha/2$ として S1 に戻る．

ステップ S2 は，分配束上の劣モジュラ関数の最小化によって，n の多項式オーダーの手間で実行できる．ステップ S2 の実行回数は $\lceil \log_2 K \rceil$ で抑えられる．なお，g が L 凸関数ならば，S2 における p の範囲を $2p^* \leq p \leq 2p^* + (n-1)\mathbf{1}$ に限ってよい．

3. 劣モジュラ流問題の解法

M 凸劣モジュラ流問題の解法として負閉路消去法と主双対法を述べる．M 凸劣モジュラ流問題の最適性規準と Fenchel 型双対定理は本質的に同等である (補足 7.12) から，M 凸劣モジュラ流問題を解くアルゴリズムは分離定理や Fenchel 型最大最小定理などの双対性に関するアルゴリズムを与えることになる．

3.1 負閉路消去法

第 7 章 1 節で導入した M 凸劣モジュラ流問題のうち，線形枝コスト，整数流の場合を扱う．

M 凸劣モジュラ流問題 MFP_2 (線形枝コスト，整数流)

$$\text{Minimize} \quad \Gamma_2(\xi) = \sum_{a \in A} \gamma(a)\xi(a) + f(\partial\xi) \tag{8.24}$$

$$\text{subject to} \quad \underline{c}(a) \leq \xi(a) \leq \overline{c}(a) \qquad (a \in A), \tag{8.25}$$

$$\partial\xi \in \mathrm{dom}\, f, \tag{8.26}$$

$$\xi(a) \in \mathbf{Z} \qquad (a \in A). \tag{8.27}$$

ここで，$\overline{c}: A \to \mathbf{Z} \cup \{+\infty\}$, $\underline{c}: A \to \mathbf{Z} \cup \{-\infty\}$, $f \in \mathcal{M}[\mathbf{Z} \to \mathbf{R}]$ であり，$x \in \mathrm{dom}\, f$ に対して $x(V) = 0$ であると仮定する．

第 7 章 4 節で見たように，フローの最適性は補助ネットワーク (G_ξ, ℓ_ξ) 上の負閉路の非存在によって特徴づけられる (定理 7.15; 枝長 ℓ_ξ は (7.61))．さらに，フローが最適でないときには (G_ξ, ℓ_ξ) 上の負閉路を消去することによって目的関数 Γ_2 の値を減少させることができた (定理 7.16)．この事実に基づき，**負閉路消去法**と呼ばれる以下のアルゴリズムが得られる．

M 凸劣モジュラ流問題 MFP$_2$ に対する負閉路消去法

S0: 実行可能流 ξ を求める．

S1: (G_ξ, ℓ_ξ) 上に負閉路が存在しないならば終了 (ξ は最適流)．

S2: 枝数最小の負閉路を Q として，$\overline{\xi}$ を (7.62) で定義する．

S3: $\xi := \overline{\xi}$ と更新して S1 に戻る．

S0 において実行可能流を求める方法については [40], [65] を参照されたい．目的関数 Γ_2 は単調に減少する (定理 7.16)．このことだけから，反復が有限で終了するかどうかは一般には結論できないが，たとえば，Γ_2 が整数値で下に有界ならば，有限回の反復の後に終了することがわかる．また，$\mathrm{dom}\, f \subseteq \{0,1\}^V$ の場合には，少し工夫を加えることによって，$|V|$ の多項式オーダーの計算時間のアルゴリズムを設計することができる [96]．

3.2　主双対法

M 凸劣モジュラ流問題を解く主双対法を述べる．これはフローとポテンシャルを交互に更新して，最終的に，最適性規準 (POT) を満たす最適フローと最適ポテンシャルを同時に求めるアルゴリズムである．M 凸劣モジュラ流問題のうち，枝コストが線形で，双対整数性をもつ場合を扱う．

M 凸劣モジュラ流問題 MFP$_2$ (線形枝コスト，実数フロー)

$$\text{Minimize}\quad \Gamma_2(\xi) = \sum_{a\in A} \gamma(a)\xi(a) + f(\partial\xi) \tag{8.28}$$

$$\text{subject to}\quad \underline{c}(a) \le \xi(a) \le \overline{c}(a) \qquad (a \in A), \tag{8.29}$$

$$\partial\xi \in \mathrm{dom}\, f, \tag{8.30}$$

$$\xi(a) \in \mathbf{R} \qquad (a \in A). \tag{8.31}$$

ここで，$\overline{c} : A \to \mathbf{R} \cup \{+\infty\}$, $\underline{c} : A \to \mathbf{R} \cup \{-\infty\}$, $f \in \mathcal{M}[\mathbf{R} \to \mathbf{R}]$ であり，双対整数性 $f^\bullet \in \mathcal{L}[\mathbf{Z}|\mathbf{R} \to \mathbf{R}]$, $\gamma : A \to \mathbf{Z}$ を仮定する (定理 7.10, (7.56) 参照)．また，実行可能流 ((8.29), (8.30), (8.31) を満たす ξ) の存在を仮定する．

定理 7.8, 定理 7.10 により，実行可能流 $\xi : A \to \mathbf{R}$ の最適性は条件

$$\gamma_p(a) > 0 \implies \xi(a) = \underline{c}(a), \tag{8.32}$$

$$\gamma_p(a) < 0 \implies \xi(a) = \overline{c}(a), \tag{8.33}$$

$$\partial\xi \in \mathbf{B}(g_p) \tag{8.34}$$

を満たす整数ポテンシャル $p : V \to \mathbf{Z}$ の存在と同値である ((7.49), (7.50), (7.54) 参照)．ここで，$\gamma_p : A \to \mathbf{Z}$ は

$$\gamma_p(a) = \gamma(a) + p(\partial^+ a) - p(\partial^- a) \qquad (a \in A) \tag{8.35}$$

と定義される．また, $g_p : 2^V \to \mathbf{R} \cup \{+\infty\}$ は f の共役関数 $g = f^\bullet \in \mathcal{L}[\mathbf{Z}|\mathbf{R} \to \mathbf{R}]$ の p における方向微分 $g'(p; \cdot)$ から導かれる劣モジュラ集合関数

$$g_p(X) = g'(p; \chi_X) = g(p + \chi_X) - g(p) \qquad (X \subseteq V)$$

であり, $\mathbf{B}(g_p)$ は g_p の定義する基多面体 (3.17) である．(7.21) によって $g_p(V) = 0$ が成り立つことに注意.

主双対法のアルゴリズムは，実行可能流 ξ と整数ポテンシャル p の組 $(\xi, p) \in \mathbf{R}^A \times \mathbf{Z}^V$ を更新していく．その際，条件 (8.34) を満たしつつ，条件 (8.32), (8.33) が成り立つような枝 a を増やすようにし，最終的に，これら 3 条件を満たす (ξ, p) (最適フローと最適ポテンシャル) を求める．与えられた (ξ, p) に対して，枝 a が条件 (8.32), (8.33) を満たすとき**インキルター** (in kilter)，満たさないとき**アウトオブキルター** (out of kilter) という．アウトオブキルターの枝に対しては，条件 (8.32), (8.33) の一方だけが不成立であることに注意されたい.

条件 (8.34) を満たす (ξ, p) を一つ見つけるには次のようにする．まず，実行可能流 ξ を見出す ([40], [65] を参照)．V を点集合とし，

$$C_\xi = \{(u, v) \mid u, v \in V, u \neq v, \exists \alpha > 0 : \partial\xi - \alpha(\chi_u - \chi_v) \in \mathrm{dom}\, f\}$$

を枝集合とするグラフ $G_\xi = (V, C_\xi)$ を考え, 枝 (u, v) の長さを $f'(\partial\xi; -\chi_u + \chi_v)$ とする．任意の 1 点 v_0 を始点に定め，v_0 から $v \in V$ への最短路長を $p(v)$ と定義する (G_ξ が連結でない場合には各連結成分に始点 v_0 をとって同様にする)．このとき，

$$p(v) - p(u) \leq f'(\partial\xi; -\chi_u + \chi_v) \qquad (u, v \in V) \tag{8.36}$$

が成り立つので，(7.53), (7.54) により $\partial\xi \in \arg\min f[-p] = \mathbf{B}(g_p)$ が成り立つ．双対整数性を仮定しているので $f'(\partial\xi; -\chi_u + \chi_v) \in \mathbf{Z}$ であり (補足 7.14 参照)，したがって，$p \in \mathbf{Z}^V$ となっていることに注意されたい．

実行可能流 ξ と整数ポテンシャルの組 (ξ, p) が与えられたとき，アウトオブキルターの枝を分類して，

$$\begin{aligned} D_\xi^+(v) &= \{a \in \delta^+ v \mid \gamma_p(a) < 0, \xi(a) < \overline{c}(a)\} \qquad (v \in V), \\ D_\xi^-(v) &= \{a \in \delta^- v \mid \gamma_p(a) > 0, \xi(a) > \underline{c}(a)\} \qquad (v \in V), \\ D_\xi(v) &= D_\xi^+(v) \cup D_\xi^-(v) \qquad (v \in V) \end{aligned}$$

と定義する (これらは p にも依存するが，記号には表れていない)．$D_\xi^+(v)$ は v を始点とする枝で (8.33) を満たさないもの，$D_\xi^-(v)$ は v を終点とする枝で (8.32) を満たさないものである．このとき，$\{D_\xi(v) \mid v \in V\}$ はアウトオブキルターの枝の集合の分割になる．

アウトオブキルターの枝が存在しない (つまり，すべての $v \in V$ に対して $D_\xi(v) = \emptyset$) ならば，(ξ, p) は最適である．アウトオブキルターの枝があるときには，$D_\xi(v^\star) \neq \emptyset$ である $v^\star \in V$ を任意に選び，フローを変更することによって $D_\xi(v^\star)$ の枝をインキルターにできるかを試みる．そのために，各枝 $a \in A$ の容量制約を表す区間 $[\underline{c}^\star(a), \overline{c}^\star(a)]$ を

$$\underline{c}^\star(a), \overline{c}^\star(a) = \begin{cases} \underline{c}(a), \xi(a) & (\gamma_p(a) > 0) \\ \underline{c}(a), \overline{c}(a) & (\gamma_p(a) = 0) \\ \xi(a), \overline{c}(a) & (\gamma_p(a) < 0) \end{cases} \tag{8.37}$$

と定義し，次の劣モジュラ流問題 (最大流問題の形) を補助問題として考える．

最大劣モジュラ流問題 MSP

$$\begin{aligned} \text{Maximize} \quad & \xi'(D_\xi^+(v^\star)) - \xi'(D_\xi^-(v^\star)) && (8.38) \\ \text{subject to} \quad & \underline{c}^\star(a) \le \xi'(a) \le \overline{c}^\star(a) \qquad (a \in A), && (8.39) \\ & \partial\xi' \in \mathbf{B}(g_p), && (8.40) \\ & \xi'(a) \in \mathbf{R} \qquad (a \in A). && (8.41) \end{aligned}$$

ここで，$\xi' : A \to \mathbf{R}$ がフローを表す変数である．容量制約を表す区間 $[\underline{c}^\star(a), \overline{c}^\star(a)]$ は元の問題の区間 $[\underline{c}(a), \overline{c}(a)]$ に含まれているから，MSP の実行可能流

は MFP_2 の実行可能流である．また，MSP には実行可能流 $\xi' = \xi$ が存在することに注意されたい．(8.38) の目的関数

$$\xi'(D^+_\xi(v^\star)) - \xi'(D^-_\xi(v^\star)) = \sum_{a \in D^+_\xi(v^\star)} \xi'(a) - \sum_{a \in D^-_\xi(v^\star)} \xi'(a)$$

の最大化は，$a \in D^+_\xi(v^\star)$ のフロー $\xi'(a)$ を上限 $\overline{c}(a)$ に，$a \in D^-_\xi(v^\star)$ のフロー $\xi'(a)$ を下限 $\underline{c}(a)$ に一致させることによって条件 (8.33), (8.32) を満たそうという意図を表現している．最大劣モジュラ流問題は劣モジュラ流問題の特別な場合として定式化でき，これを解くための効率的なアルゴリズムが知られている．最大劣モジュラ流問題 MSP の最適解を ξ' とする．

$D_{\xi'}(v^\star)$ が空集合ならば，すなわち，(ξ', p) に関するアウトオブキルターの枝で $v^\star$ に接続するものが存在しなければ，フロー ξ を ξ' に更新して (p は変更せずに) 次の反復に移る．このとき (8.40) により条件 (8.34) が成立し続けていることに注意されたい．

$D_{\xi'}(v^\star)$ が空でないならば，後で説明する「最小カット」と呼ばれる集合 $W \subseteq V$ を求め，フロー ξ を ξ' に，ポテンシャル p を

$$p' = p + \chi_W \tag{8.42}$$

に更新して次の反復に移る．後に示すように，このときも条件 (8.34) が保たれる (→命題 8.12)．

以上の手順をまとめると次のようになる（双対整数性を仮定）．

M 凸劣モジュラ流問題 $\mathbf{MFP}_2$ に対する主双対法

S0: 条件 (8.29), (8.34) を満たす $(\xi, p) \in \mathbf{R}^A \times \mathbf{Z}^V$ を見出す．

S1: $D_\xi(v) = \emptyset$ $(\forall\, v \in V)$ ならば終了 ((ξ, p) は最適解)．

S2: $D_\xi(v^\star) \neq \emptyset$ である $v^\star \in V$ を任意に選び，
最大劣モジュラ流問題 MSP を解いて，その解を ξ' とする．

S3: $D_{\xi'}(v^\star) \neq \emptyset$ ならば「最小カット」W を見出し $p := p + \chi_W$ とおく．

S4: $\xi := \xi'$ とおいて S1 に戻る．

さて，保留してあった「最小カット」を説明しよう．一般に $W \subseteq V$ から出る枝，入る枝の集合をそれぞれ $\Delta^+ W$, $\Delta^- W$ と記し ((7.24), (7.25) 参照)，$v^\star$

を含む $W \subseteq V$ に対して，W のカット容量を

$$\begin{aligned}\nu(W) = {} & \overline{c}^\star(\Delta^- W \setminus D_\xi^-(v^\star)) + \overline{c}^\star(D_\xi^+(v^\star) \setminus \Delta^+ W) \\ & - \underline{c}^\star(\Delta^+ W \setminus D_\xi^+(v^\star)) - \underline{c}^\star(D_\xi^-(v^\star) \setminus \Delta^- W) \\ & + g(p + \chi_W) - g(p)\end{aligned}$$

で定義する．次の命題に述べるように，カット容量の最小値は流量の最大値に等しい．最小のカット容量を与える W を**最小カット**と呼ぶ．なお，最小カット W は適当な補助グラフを用いて見出すことができる．

8.11 [命題]　補助問題 MSP において，

$$\begin{aligned}& \max\{\xi'(D_\xi^+(v^\star)) - \xi'(D_\xi^-(v^\star)) \mid (8.39), (8.40), (8.41)\} \\ & = \min\{\nu(W) \mid v^\star \in W \subseteq V\} \qquad (8.43)\end{aligned}$$

が成り立つ．さらに，最大流 ξ' と最小カット W に対して

$$\partial\xi'(W) = g(p + \chi_W) - g(p), \qquad (8.44)$$

$$\xi'(a) = \underline{c}^\star(a) \quad (a \in (\Delta^+ W \setminus D_\xi^+(v^\star)) \cup (D_\xi^-(v^\star) \setminus \Delta^- W)), \qquad (8.45)$$

$$\xi'(a) = \overline{c}^\star(a) \quad (a \in (\Delta^- W \setminus D_\xi^-(v^\star)) \cup (D_\xi^+(v^\star) \setminus \Delta^+ W)). \qquad (8.46)$$

証明　定理 7.6 を用いて証明する．グラフ $G = (V, A)$ の点 $v^\star$ の部分を図 8.1 のように修正したグラフ $\hat{G} = (\hat{V}, \hat{A})$ を作る．点集合 $\hat{V}$ は $v^\star$ のコピー $\hat{v}^\star$ を V につけ加えたものであり，枝集合 $\hat{A}$ は新たな枝 a_0 を A につけ加えたものである．新たな枝 a_0 の始点は $v^\star$，終点は $\hat{v}^\star$ である．また，$a \in D_\xi^+(v^\star)$ の始点を $v^\star$ から $\hat{v}^\star$ に変更し，$a \in D_\xi^-(v^\star)$ の終点を $v^\star$ から $\hat{v}^\star$ に変更する．$\hat{G}$ に対して (7.24), (7.25) で定義される Δ^+, Δ^- を $\hat{\Delta}^+$, $\hat{\Delta}^-$ と記す．

補助問題に使う最大劣モジュラ流問題 MSP は，グラフ $\hat{G} = (\hat{V}, \hat{A})$ 上の枝 a_0 の流量を最大にする問題と等価である．より詳しく言えば，$\hat{v}^\star$ における流量保存 ($\partial\xi'(\hat{v}^\star) = 0$) を制約として課し，枝 a_0 の容量制約なし (下限 $= -\infty$, 上限 $= +\infty$) とする．$\hat{G}$ 上の最大劣モジュラ流問題に定理 7.6 を適用する．$\hat{v}^\star$ における流量保存により，$\xi'(a_0) = \xi'(D_\xi^+(v^\star)) - \xi'(D_\xi^-(v^\star))$ が成り立つ．$a_0 \in \hat{\Delta}^+ W$ を満たす $W \subseteq \hat{V}$ と $v^\star \in W$ を満たす $W \subseteq V$ が 1 対 1 に対応し，

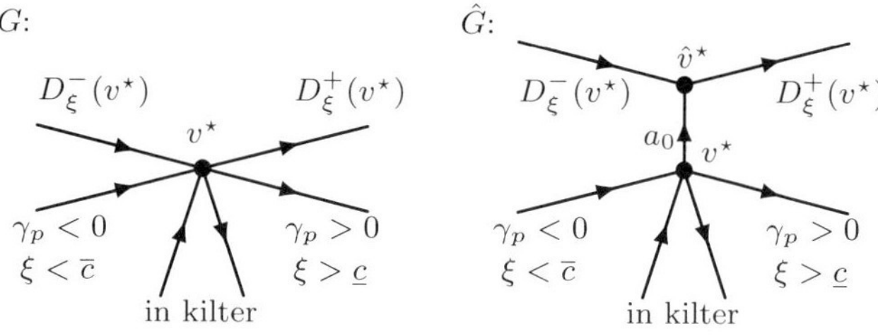

図 8.1　点 $v^\star$ の周りの $G, \hat{G}$ の構造

このような W に対して,

$$\hat{\Delta}^+W = (\Delta^+W \setminus D_\xi^+(v^\star)) \cup (D_\xi^-(v^\star) \setminus \Delta^-W) \cup \{a_0\},$$
$$\hat{\Delta}^-W = (\Delta^-W \setminus D_\xi^-(v^\star)) \cup (D_\xi^+(v^\star) \setminus \Delta^+W)$$

が成り立つ．これらの関係式と (7.37) により (8.43) が得られる．なお，$\nu(W)$ の最後の部分 $g(p+\chi_W) - g(p) = g_p(W)$ が (7.37) における ρ に対応することに注意されたい．(8.44), (8.45), (8.46) は補足 7.7 による． ∎

次の命題は，フローとポテンシャルの組を (ξ, p) から (ξ', p') に更新したときに条件 (8.34) が保たれることを述べている．

8.12 [命題]　最大劣モジュラ流問題 MSP の最適解 ξ' とその最小カット W によって (8.42) で定義されるポテンシャル p' に対して，$\partial\xi' \in \mathbf{B}(g_{p'})$ が成り立つ．

証明　(8.40), (8.44) および離散中点凸性 (5.17) により，

$$\begin{aligned}\partial\xi'(X) &= \partial\xi'(X \cup W) + \partial\xi'(X \cap W) - \partial\xi'(W) \\ &\leq g(p + \chi_{X\cup W}) + g(p + \chi_{X\cap W}) - g(p) - g(p + \chi_W) \\ &\leq g(p + \chi_W + \chi_X) - g(p + \chi_W) = g_{p'}(X) \qquad (X \subseteq V)\end{aligned}$$

が導かれる．これは $\partial\xi' \in \mathbf{B}(g_{p'})$ を示している． ∎

次の命題は主双対法の正当性と計算量を示すものである．

8.13［命題］

(1) アウトオブキルターの枝の集合は非増加である．すなわち，インキルターの枝はアウトオブキルターに転じない．

(2) 各枝 $a \in A$ に対して，a がアウトオブキルターである限り $|\gamma_p(a)|$ は非増加である．すなわち，(ξ, p) を (ξ', p') に更新したとき，$a \in A$ が更新の前後ともアウトオブキルターであるならば $|\gamma_p(a)| \geq |\gamma_{p'}(a)|$.

(3) 高々 $|V|$ 回の反復の後にポテンシャルが更新され，ポテンシャルの更新の度に $\displaystyle\max_{a \in D_\xi(v^\star)} |\gamma_p(a)|$ は少なくとも 1 だけ減少する．

(4) (ξ, p) の更新ごとに

$$N = \sum_v \{ \max_{a \in D_\xi(v)} |\gamma_p(a)| \mid v \in V, D_\xi(v) \neq \emptyset \} \tag{8.47}$$

は少なくとも 1 だけ減少する．したがって，S0 における N の値を N_0 とすると，主双対法のアルゴリズムは N_0 回の反復の後に終了する．

証明 図 7.1 のキルター図を見ながら証明を読まれたい．

(1) 容量制約 $\xi'(a) \in [\underline{c}^\star(a), \overline{c}^\star(a)]$ と (8.37) により，(ξ, p) に関するインキルターの枝は (ξ', p) に関してもインキルターである．以下，ポテンシャルが $p' = p + \chi_W$ に更新される場合を考える．

$$\gamma_{p'}(a) - \gamma_p(a) = \begin{cases} +1 & (a \in \Delta^+ W) \\ -1 & (a \in \Delta^- W) \\ 0 & (\text{その他}) \end{cases} \tag{8.48}$$

が成り立つから，$a \in \Delta^+ W \setminus D_\xi^+(v^\star)$ または $a \in \Delta^- W \setminus D_\xi^-(v^\star)$ であるような枝 a で (ξ', p) に関してインキルターのものを調べればよい．前者の場合には，(8.45) により $\xi'(a) = \underline{c}^\star(a)$ であり，

$$\gamma_{p'}(a) > 0 \;\Rightarrow\; \gamma_p(a) \geq 0 \;\Rightarrow\; \underline{c}^\star(a) = \underline{c}(a),$$
$$\gamma_{p'}(a) < 0 \;\Rightarrow\; \gamma_p(a) < 0 \;\Rightarrow\; \underline{c}^\star(a) = \overline{c}(a)$$

であるから (8.32), (8.33) が保持される．後者の場合には，(8.46) により $\xi'(a) = \overline{c}^\star(a)$ であるから，同様に，条件が保持される．以上で，すべての場合にインキルターの枝がアウトオブキルターに転ずることのないことが示された．

(2) (8.48) により，(ξ, p) に関するアウトオブキルター枝 $a \in A$ に対して，(a) $\gamma_p(a) > 0, a \in \Delta^+ W$ または (b) $\gamma_p(a) < 0, a \in \Delta^- W$ ならば，a は (ξ', p') に関してインキルターであることを示せばよい．(a) の場合，$a \in \Delta^+ W \setminus D_\xi^+(v^\star)$ であるから，(8.45) により $\xi'(a) = \underline{c}^\star(a) = \underline{c}(a)$ であり，$\gamma_{p'}(a) > 0$ だから (ξ', p') に関してインキルターである．(b) の場合も (8.46) により同様に示せる．

(3) ポテンシャルの更新が起きないのは $D_{\xi'}(v^\star) = \emptyset$ の場合であり，このとき，(1) より任意の $v \in V$ に対して $D_{\xi'}(v) \subseteq D_\xi(v)$ が成り立つ．これより，高々 $|V|$ 回の反復の後にポテンシャルが更新されることがわかる．

枝 $a \in D_\xi^+(v^\star) \setminus \Delta^+ W$ に対して，$\gamma_{p'}(a) \leq \gamma_p(a) < 0$ であり，(8.46) より $\xi'(a) = \overline{c}^\star(a) = \overline{c}(a)$ であるから，a は (ξ', p') に関してインキルターである．また，$a \in D_\xi^+(v^\star) \cap \Delta^+ W$ に対しては $\gamma_{p'}(a) = \gamma_p(a) + 1$ と $\gamma_p(a) < 0$ より $|\gamma_{p'}(a)| = |\gamma_p(a)| - 1$ が成り立つ．同様に，(8.45) により，$a \in D_\xi^-(v^\star) \setminus \Delta^- W$ は (ξ', p') に関してインキルターであり，$a \in D_\xi^-(v^\star) \cap \Delta^- W$ に対しては $\gamma_{p'}(a) = \gamma_p(a) - 1$ と $\gamma_p(a) > 0$ より $|\gamma_{p'}(a)| = |\gamma_p(a)| - 1$ が成り立つ．これより，$\max_{a \in D_\xi(v^\star)} |\gamma_p(a)|$ が少なくとも 1 だけ減少することが導かれる．

(4) ポテンシャルが更新されるときには，(3) により N が減少する．ポテンシャルが更新されないときには，$D_{\xi'}(v^\star) = \emptyset$ となるのでやはり N が減少する． ■

8.14 [補足]　本節では，双対整数性の仮定の下で整数値のポテンシャルを更新したが，主双対法の枠組みそのものは実数値のポテンシャルを用いることで双対整数性のない場合にも拡張される [40], [65]．劣モジュラ流問題 (M 凸関数を含まない形) に対する主双対法の枠組みは [19] により確立された． □

3.3 共役スケーリング法

主双対法は，共役スケーリングと呼ばれるスケーリング技法と組み合わせることによって多項式時間アルゴリズムとなる．前項に引き続き，線形枝コスト，実数フローの M 凸劣モジュラ流問題 MFP_2 を扱い，双対整数性 ($f^\bullet \in \mathcal{L}[\mathbf{Z}|\mathbf{R} \to \mathbf{R}]$, $\gamma : A \to \mathbf{Z}$) を仮定する．また，$n = |V|$ とおく．

最初に，通常の**スケーリング法**の考え方を (M 凸関数を含まない) 劣モジュラ流問題 MFP_1 (第 7 章 1 節参照) に対して説明する．命題 8.13(4) に述べたように，主双対法の計算時間は

$$|\gamma_p(a)| = |\gamma(a) + p(\partial^+ a) - p(\partial^- a)| \tag{8.49}$$

が小さいほど少ない (より具体的には，反復回数が N_0 で抑えられている)．このことに着目して，正の整数 α によってスケーリングしたコストベクトル $\lceil \gamma/\alpha \rceil$ を考え，

$$\sum_{a \in A} \left\lceil \frac{\gamma(a)}{\alpha} \right\rceil \xi(a) \tag{8.50}$$

を目的関数とする問題を考える．たとえば，$\gamma = (0, 8, 5, 4, 2, -3)$, $\alpha = 2$ に対して，$\lceil \gamma/\alpha \rceil = (0, 4, 3, 2, 1, -1)$ である．このようなスケーリングの結果，(8.49) における $|\gamma_p(a)|$ が小さくなる．また，問題 MFP_1 の場合には初期ポテンシャル p を 0 にとることができる (式 (8.36) 参照) ので，γ のスケーリングの結果，反復回数の上界である N_0 が小さくなる．すなわち，スケーリングした問題は速く解くことができる．

一方，スケーリングした問題は $\gamma'(a) = \alpha \lceil \gamma(a)/\alpha \rceil$ をコストベクトルとする問題と等価であるから，元の問題の近似問題となっている．たとえば，$\gamma = (0, 8, 5, 4, 2, -3)$, $\alpha = 2$ に対して $\gamma' = (0, 8, 6, 4, 2, -2)$ である．したがって，スケーリングした問題の解 (ξ, p) がわかっているとき，これを初期値とする主双対法によって元の問題を解けば少ない計算時間で済むと期待できる．スケーリング法は十分大きな α から始めて α を半分にしながら (8.50) を目的関数とする問題を解いていくアルゴリズムである．$\alpha = 1$ に達したときに元の問題が解けたことになる．

M 凸劣モジュラ流問題 MFP_2 の場合には，関数 f に対して不等式 (8.36) を満たすように初期ポテンシャル p を選ぶ必要がある．同様のアイデアにより，$\lceil f(\partial\xi)/\alpha \rceil$ の形のスケーリングを考えるのは自然であるが，困ったことに，f が M 凸関数であっても $\lceil f(\cdot)/\alpha \rceil$ は M 凸関数にならない．

共役スケーリングは，M 凸性を保ちつつ，スケーリングの利点を生かすための技法である．$f : \mathbf{R}^V \to \mathbf{R} \cup \{+\infty\}$ を双対整数性をもつ多面体的 M 凸関数とする (すなわち，$f \in \mathcal{M}[\mathbf{R} \to \mathbf{R}]$, $f^\bullet \in \mathcal{L}[\mathbf{Z}|\mathbf{R} \to \mathbf{R}]$)．このとき，整数格子点上で定義された L 凸関数 $g : \mathbf{Z}^V \to \mathbf{R} \cup \{+\infty\}$ によって，

$$f(x) = \sup\{\langle p, x \rangle - g(p) \mid p \in \mathbf{Z}^V\} \qquad (x \in \mathbf{R}^V) \tag{8.51}$$

と書ける．正の整数 α と整数ベクトル $b \in \mathbf{Z}^V$ に対して $g^{\alpha,b} : \mathbf{Z}^V \to \mathbf{R} \cup \{+\infty\}$

を

$$g^{\alpha,b}(p) = \frac{1}{\alpha} g(\alpha p + b) \qquad (p \in \mathbf{Z}^V) \tag{8.52}$$

と定義する．$g \in \mathcal{L}[\mathbf{Z} \to \mathbf{R}]$ であるから，$\mathrm{dom}\, g^{\alpha,b} \neq \emptyset$ である限り，$g^{\alpha,b}$ も L 凸関数である ($g^{\alpha,b} \in \mathcal{L}[\mathbf{Z} \to \mathbf{R}]$)．関数 $g^{\alpha,b}$ の離散 Legendre–Fenchel 変換 (6.4) を $f^{\alpha,b}$ と定義する．すなわち，

$$f^{\alpha,b}(x) = \sup\{\langle p, x\rangle - g^{\alpha,b}(p) \mid p \in \mathbf{Z}^V\} \qquad (x \in \mathbf{R}^V) \tag{8.53}$$

である．$g^{\alpha,b} \in \mathcal{L}[\mathbf{Z} \to \mathbf{R}]$ であるから，$f^{\alpha,b} : \mathbf{R}^V \to \mathbf{R} \cup \{+\infty\}$ は双対整数性をもつ多面体的 M 凸関数である．ここで $f^{\alpha,b} = (f[-b])^{\alpha,\mathbf{0}}$ が成り立つ．f から $f^{\alpha,\mathbf{0}}$ を作る操作を**共役スケーリング**と呼ぶ (→補足 8.15)．

共役スケーリングの技法に基づいて M 凸劣モジュラ流問題 MFP_2 (双対整数性を仮定) を解くアルゴリズムは次のように記述される．ただし，$\mathrm{dom}\, g^{\alpha,b} \neq \emptyset$ がつねに成り立っていると仮定する (たとえば $\mathrm{dom}\, f$ が有界ならこの仮定が満たされる)．

M 凸劣モジュラ流問題 MFP_2 に対する共役スケーリング法

S0: 条件 (8.29), (8.34) を満たす $(\xi, p) \in \mathbf{R}^A \times \mathbf{Z}^V$ を見出し，
　$b := p$, $p^* := \mathbf{0}$, $K := \max_{a \in A} |\gamma_b(a)|$, $\alpha := 2^{\lceil \log_2 K \rceil}$ とおく．

S1: $\alpha < 1$ ならば終了 ($(\xi, b + p^*)$ が最適解)．

S2: $2p^* \leq p \leq 2p^* + (n-1)\mathbf{1}$ の範囲で $g^{\alpha,b}(p) - \langle p, \partial\xi\rangle$ を
　最小にする $p \in \mathbf{Z}^V$ を求める (ただし $n = |V|$)．

S3: (ξ, p) を初期値とする主双対法によって，$(\gamma, f) = (\lceil \gamma_b/\alpha \rceil, f^{\alpha,b})$
　に対する問題 MFP_2 の最適解 $(\xi^*, p^*) \in \mathbf{R}^A \times \mathbf{Z}^V$ を求める．

S4: $\xi := \xi^*$, $\alpha := \alpha/2$ とおいて S1 に戻る．

上のアルゴリズムの S3 において $(\gamma, f) = (\lceil \gamma_b/\alpha \rceil, f^{\alpha,b})$ に対する問題 MFP_2 を解いていることに注意されたい．これは S0 で見出した b を用いて目的関数を

$$\Gamma_2(\xi) = \sum_{a \in A} \gamma(a)\xi(a) + f(\partial\xi) = \sum_{a \in A} \gamma_b(a)\xi(a) + f[-b](\partial\xi)$$

と書き換えた後にスケーリングを施したことに相当する ($f^{\alpha,b} = (f[-b])^{\alpha,\mathbf{0}}$ に注意)．

S2 におけるポテンシャル p は，L 凸関数の最小化アルゴリズム (本章 2.2 項の第二のアルゴリズム) により，$g^{\alpha,b}(p)$ を n の多項式回数評価することによって求めることができる．f が与えられているとき $g^{\alpha,b}$ を計算するには M 凸関数最小化のアルゴリズム (本章 1 節) を用いることとなる．命題 8.10(1) により，S2 における p は $\mathbf{Z}^V$ 上での $g^{\alpha,b}(p) - \langle p, \partial\xi \rangle$ の最小値を与えるので，$\partial\xi \in \mathbf{B}(g_p^{\alpha,b}) = \arg\min f^{\alpha,b}[-p]$ が成立する (条件 (8.34) の保存)．

S3 の主双対法における (ξ, p) の更新回数は n^2 で抑えられる．なぜならば，S3 の開始時における p を p^α とし，$p^{2\alpha} = p^*$, $\gamma^\alpha = \lceil \gamma_b/\alpha \rceil$, $\gamma^{2\alpha} = \lceil \gamma_b/(2\alpha) \rceil$ とおくと，$2\gamma^{2\alpha} - 1 \le \gamma^\alpha \le 2\gamma^{2\alpha}$, $2p^{2\alpha} \le p^\alpha \le 2p^{2\alpha} + (n-1)\mathbf{1}$ より

$$\left| [\gamma^\alpha(a) + p^\alpha(\partial^+ a) - p^\alpha(\partial^- a)] - 2[\gamma^{2\alpha}(a) + p^{2\alpha}(\partial^+ a) - p^{2\alpha}(\partial^- a)] \right| \le n$$

となり，S3 の開始時においてアウトオブキルターの枝 a に対して

$$\left| \gamma^\alpha(a) + p^\alpha(\partial^+ a) - p^\alpha(\partial^- a) \right| \le n$$

が成り立つので，N の値が n^2 で抑えられるからである．

明らかに，S1〜S4 の反復は $\lceil \log_2 K \rceil$ 回である．したがって，共役スケーリング法の計算時間は，n, $\log_2 K$ に関する多項式で抑えられる．ここで，S0 における初期ポテンシャル $p = b$ を，本章 3.2 項に述べたグラフ $G_\xi = (V, C_\xi)$ 上の最短路から定めれば

$$K \le \max_{a \in A} |\gamma(a)| + \max_{x} \max_{u,v \in V} |f'(x; -\chi_u + \chi_v)|$$

が成り立ち (右辺第 2 項は f' が有限の範囲で考える)，$f \in \mathcal{M}[\mathbf{Z}|\mathbf{R} \to \mathbf{R}]$ のときには

$$\max_{x} \max_{u,v \in V} |f'(x; -\chi_u + \chi_v)| \le 2 \max_{x \in \mathrm{dom}\, f} |f(x)|$$

であるから，問題 MFP_2 のサイズは n, $\log_2 K$ によって表されると考えてよい．共役スケーリング法の計算時間は，n, $\log_2 K$ に関する多項式で抑えられるから，共役スケーリング法は多項式時間アルゴリズムであるといえる．

8.15 ［補足］　共役スケーリングについて補足的注意を述べる．$g \in \mathcal{L}[\mathbf{Z} \to \mathbf{R}]$ の凸拡張 $h : \mathbf{R}^V \to \mathbf{R} \cup \{+\infty\}$ が多面体的であるとすると，$h \in \mathcal{L}[\mathbf{R} \to \mathbf{R}]$ であり，$h^\bullet = f \in \mathcal{M}[\mathbf{R} \to \mathbf{R}]$ が成り立つ．式 (8.52) と同様に $h^{\alpha,b}(p) =$

$\frac{1}{\alpha}h(\alpha p + b)$ $(p \in \mathbf{R}^V)$ を定義すると $h^{\alpha,b} \in \mathcal{L}[\mathbf{R} \to \mathbf{R}]$ であり，$h^{\alpha,b}$ の共役関数 $(h^{\alpha,b})^\bullet \in \mathcal{M}[\mathbf{R} \to \mathbf{R}]$ は $(h^{\alpha,b})^\bullet(x) = \frac{1}{\alpha}[f(x) - \langle b, x \rangle]$ で与えられる．しかし，$(h^{\alpha,b})^\bullet$ は (8.53) の $f^{\alpha,b}$ とは一致しない．この事情を見るために 1 次元の M$^\natural$ 凸関数の具体例を挙げると，

$$f(x) = \begin{cases} 0 & (x \le 0) \\ x & (0 \le x \le 1) \\ 3x - 2 & (1 \le x \le 2) \\ 4x - 4 & (2 \le x) \end{cases} \qquad g(p) = \begin{cases} 0 & (p = 0, 1) \\ 1 & (p = 2) \\ 2 & (p = 3) \\ 4 & (p = 4) \\ +\infty & (\text{その他}) \end{cases}$$

に対して

$$f^{2,0}(x) = \begin{cases} 0 & (x \le \frac{1}{2}) \\ x - \frac{1}{2} & (\frac{1}{2} \le x \le \frac{3}{2}) \\ 2x - 2 & (\frac{3}{2} \le x) \end{cases}$$

となり，これは $f(x)/2$ とは異なる．このように，共役スケーリングにおいては，関数の定義域を離散点で考えることが本質的である． □

ノート

M 凸関数最小化の領域縮小法は塩浦 [138]，付値マトロイドの貪欲算法は A. Dress と W. Wenzel [24] による．スケーリング技法を用いた M 凸関数最小化アルゴリズムが [94], [155], [160], [162] にある．劣モジュラ集合関数の最小化に関する文献は補足 8.7 に述べた通りである．L 凸関数最小化の最初の多項式時間アルゴリズムは，P. Favati と F. Tardella [29] よって提案された，楕円体法に基づく劣モジュラ整凸関数最小化アルゴリズムである (定理 5.18 に示したように劣モジュラ整凸関数と L$^\natural$ 凸関数は同じものである)．本章 2.2 項のスケーリング法は岩田覚による (Workshop on Matroids, Matching, and Extensions (1999 年 12 月 6–11 日，Waterloo 大学) における口頭発表)．なお，[157], [166] も参照のこと．L 凸関数のスケーリングに関する命題 8.10 は [69] によって示され，この結果が準 L 凸関数に対しても成り立つことが [109] で指摘された．命題 8.9 の証明は [109] に従った．

M 凸劣モジュラ流問題に対する負閉路消去法は [98] によるが，付値マトロイ

ドに対しては多少の工夫を加えると強多項式時間アルゴリズムとなる [96]．M 凸劣モジュラ流問題に対する主双対法 (本章 3.2 項) と共役スケーリング法 (本章 3.3 項) は岩田・繁野 [69] による．付値マトロイドの交わり問題に対する強多項式時間アルゴリズムが [96] にある．(M 凸コストを含まない) 劣モジュラ流問題のアルゴリズムについての詳しいサーベイが [65] にある．離散凸解析に関連するアルゴリズムが [103], [165] にある．

9

数理経済学への応用

本章では，離散凸解析の数理経済学への応用を述べる．連続量 (実数値) で表される財からなる通常の経済体系を扱う数学的枠組みは 1960 年頃に完成されており，経済均衡の存在は，凸性，コンパクト性，不動点定理などの概念を用いた「位相的な方法」によって示されている．他方，離散量 (整数値) で表される財 (不可分財，非分割財) を含む経済体系を扱う統一的な枠組みは，未だ，十分確立していない．不可分財という離散構造を扱うには，凸性に加えて離散性を考慮する必要があるので，M 凸関数や L 凸関数を中心とした離散凸解析の理論が不可分財を含む経済を扱う統一的な枠組みを与えることになる．M 凸性と L 凸性の共役関係は財と価格の関係にあたり，消費者の効用が $M^\natural$ 凹関数，生産者の費用が $M^\natural$ 凸関数のとき，均衡価格が存在して $L^\natural$ 凸多面体をなすことが示される．経済学の文献で今までに扱われた多くのモデルがこの枠組みに吸収される．

1. 経済モデル

本章では，複数の不可分財と貨幣からなる市場の競争均衡を考える．**不可分財** (indivisible goods) というのは，たとえば，家，自動車，航空機などのように，その量が整数値で表現される財 (商品) であり，**非分割財**とも呼ばれる．これに対して，**貨幣**は実数値で表現されるその他の財を集約したものと解釈される．離散凸解析の諸概念が不可分財を含む経済均衡の問題を扱うための統一的な枠組みを与え，経済学の文献で今までに扱われた多くのモデルがこの枠組みに入ることを説明することが本章の目的である．連続量 (実数値) で表される財からなる通常の経済均衡を扱うための数学的枠組みは 1960 年頃に既に完成されているが，そこでの議論における凸性を $\mathrm{M}^\natural$ 凸性/$\mathrm{L}^\natural$ 凸性に適切に置き換えることによって，不可分財を含む問題 (需要に所得効果のない場合) を扱うことができる．不可分財を含む経済均衡の問題は一種の離散最適化問題として定式化されるので，経済学的な解釈を別とすれば，離散凸解析の諸概念でその本質を記述できるのである．

本章で扱う**経済均衡モデル** (**Arrow–Debreu 型モデル**) を記述しよう[1]．**経済主体**としては**生産者**と**消費者**が区別されているとして，生産者の集合を L，消費者の集合を H と表す (L, H ともに有限集合と仮定する)．**財** (商品) としては，複数個の**不可分財**と**貨幣**を考え，不可分財の集合を K とする (K も有限集合と仮定する)．消費者が最初に財と貨幣を保有している状況を考慮して，消費者 $h \in H$ の不可分財と貨幣の**初期保有量**を整数ベクトル $x_h^\circ \in \mathbf{Z}_+^K$ と実数 $m_h^\circ \in \mathbf{R}_+$ で表す．

生産者と消費者は，与えられた**価格**ベクトル $p \in \mathbf{R}_+^K$ の下で，それぞれ独立に自分の利益や満足度を最大にするように行動して財の供給量 (生産量) や需要量 (消費量) を決める (これについては後に詳しく述べる)．生産者 $l \in L$ の供給量ベクトルを $y_l \in \mathbf{Z}_+^K$，消費者 $h \in H$ の需要量ベクトルを $x_h \in \mathbf{Z}_+^K$ とする．価格 p がうまく定まっていて経済体系全体で各財の**総供給量**と**総需要量**がバランスするとき，すなわち，**需給バランス**

$$\sum_{h \in H} x_h = \sum_{h \in H} x_h^\circ + \sum_{l \in L} y_l \tag{9.1}$$

が成り立つとき，その価格 p を**均衡価格**と呼ぶ．また，そのときの $((x_h \mid h \in H), (y_l \mid l \in L), p)$ を**均衡**あるいは**競争均衡**と呼ぶ．

このモデルにおいては，生産者や消費者の行動は互いに独立であって，各自が自分の行動は価格に影響を与えないと考えると仮定されている．このような状況を**競争経済**と呼ぶ．均衡価格がどのようなメカニズムによって実現されるかという問題はモデルの外にあり，考察の中心は，均衡が存在するか，さらには，均衡がどのような構造をもっているかという問題にある．また，このモデルにおいて分割可能な財は貨幣だけであるが，実際の市場には分割可能な財が他にも存在するであろう．このモデルにおける貨幣は，不可分財の市場の外部にある多くの分割可能な財の市場を集約した**合成財**と位置づけるのが適切である．この意味で，本章で考察するのは**部分均衡分析**である．

---

[1] 経済学の教科書として [121], [143] を挙げておく．

モデルの概略を上に述べたが，次に，数学的な記号を用いて生産者と消費者の行動を記述しよう．財としては，有限集合 K で表される複数の不可分財と貨幣を考えるので，**財空間**は $\mathbf{Z}_+^K \times \mathbf{R}_+$ である．

生産者 $l \in L$ は，不可分財を $y \in \mathbf{Z}_+^K$ だけ生産するための**費用関数** $C_l : \mathbf{Z}^K \to \mathbf{R} \cup \{+\infty\}$ によって記述される $(\mathrm{dom}\, C_l \subseteq \mathbf{Z}_+^K)$[2]．価格 $p \in \mathbf{R}_+^K$ が与えられたとき，生産者 $l \in L$ は，利潤 $\langle p, y\rangle - C_l(y)$ を最大化するように生産量 $y_l \in \mathbf{Z}_+^K$ を定め，これが生産者 l 個人の**供給量**となる．生産者 $l \in L$ の**供給関数** $S_l : \mathbf{R}_+^K \to 2^{\mathbf{Z}_+^K}$，**利潤関数** $\pi_l : \mathbf{R}_+^K \to \mathbf{R}$ を

$$S_l(p) = \arg\max_{y \in \mathbf{Z}^K} (\langle p, y\rangle - C_l(y)) \qquad (p \in \mathbf{R}_+^K), \tag{9.2}$$

$$\pi_l(p) = \max_{y \in \mathbf{Z}^K} (\langle p, y\rangle - C_l(y)) \qquad (p \in \mathbf{R}_+^K) \tag{9.3}$$

と定義すると，$y_l \in S_l(p)$ である．ここで，$S_l(p) = \emptyset$ の可能性もあり，その場合には供給量 y_l は定義されないと解釈する．供給関数 S_l を**供給対応**と呼ぶこともある．また，集合 $S_l(p) \subseteq \mathbf{Z}_+^K$ を生産者 $l \in L$ の**供給集合**と呼ぶ．

利潤は消費者に分配されるとする．生産者 $l \in L$ の利潤 $\pi_l(p)$ は，一定の**分配率** θ_{lh} で消費者 $h \in H$ に分配される．ここで，

$$\sum_{h \in H} \theta_{lh} = 1 \quad (l \in L), \qquad \theta_{lh} \geq 0 \quad (l \in L, h \in H) \tag{9.4}$$

である．

消費者 $h \in H$ は，初期段階で不可分財と貨幣を保有しているとし，その保有量を $(x_h^\circ, m_h^\circ) \in \mathbf{Z}_+^K \times \mathbf{R}_+$ で表す．財 $(x_h, m_h) \in \mathbf{Z}_+^K \times \mathbf{R}_+$ に対する消費者 $h \in H$ の満足度は**効用関数** $\bar{U}_h : \mathbf{Z}_+^K \times \mathbf{R}_+ \to \mathbf{R} \cup \{-\infty\}$ によって表現されるものとし，さらに，効用関数の**準線形性**

$$\bar{U}_h(x, m) = U_h(x) + m \qquad ((x, m) \in \mathbf{Z}_+^K \times \mathbf{R}_+) \tag{9.5}$$

を仮定する (数学的取扱いの便宜上，U_h の定義域を $\mathbf{Z}^K$ 全域にして $U_h : \mathbf{Z}^K \to \mathbf{R} \cup \{-\infty\}$ とし，$\mathrm{dom}\, U_h \subseteq \mathbf{Z}_+^K$ とする)．これは，需要に**所得効果**がないことを仮定することになる．価格 $p \in \mathbf{R}_+^K$ が与えられたとき，消費者 $h \in H$ は予

[2] 費用関数に無限大の値を許すのは (技術的な理由などによって) 生産が不可能な $y \in \mathbf{Z}^K$ を $C_l(y) = +\infty$ によって表現するための便法である．とくに，$\mathrm{dom}\, C_l \subseteq \mathbf{Z}_+^K$ という仮定は，生産可能な量が非負ベクトルであるという自然な状況設定を表現している．

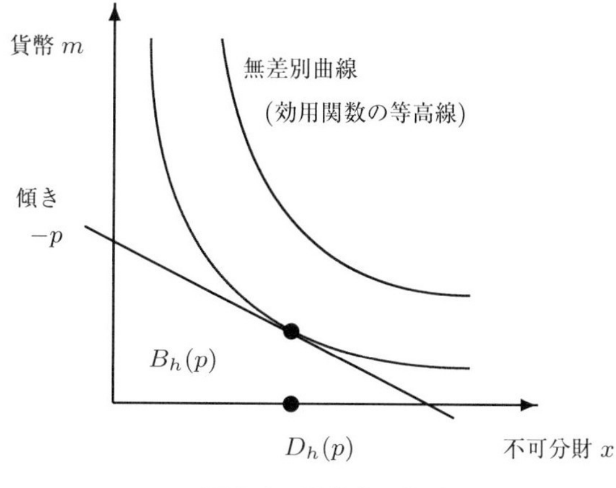

図 9.1　消費者の行動

算制約の下で自らの効用を最大化するように財の消費量 $(x_h, m_h) \in \mathbf{Z}_+^K \times \mathbf{R}_+$ を決定し (図 9.1 参照)，これが消費者 h 個人の**需要量**となる．**所得**は

$$\beta_h(p) = \langle p, x_h^\circ \rangle + m_h^\circ + \sum_{l \in L} \theta_{lh} \pi_l(p) \tag{9.6}$$

であるから，可能な財の消費量を表す**予算集合**は

$$B_h(p) = \{(x, m) \in \mathbf{Z}_+^K \times \mathbf{R}_+ \mid \langle p, x \rangle + m \leq \beta_h(p)\} \tag{9.7}$$

となる．消費者 $h \in H$ は $(x, m) \in B_h(p)$ という制約の下で (9.5) の効用関数 $\bar{U}_h(x, m)$ を最大化することになるが，$m = \beta_h(p) - \langle p, x \rangle$ とすればよいので，これは $U_h(x) - \langle p, x \rangle$ の最大化に帰着される (補足 9.3 参照)．すなわち，消費者 $h \in H$ の**需要関数** $D_h : \mathbf{R}_+^K \to 2^{\mathbf{Z}_+^K}$ を

$$D_h(p) = \arg \max_{x \in \mathbf{Z}^K} (U_h(x) - \langle p, x \rangle) \qquad (p \in \mathbf{R}_+^K) \tag{9.8}$$

と定義すると，

$$x_h \in D_h(p), \quad m_h = \beta_h(p) - \langle p, x_h \rangle \tag{9.9}$$

である．需要関数 D_h を**需要対応**と呼ぶこともある．また，集合 $D_h(p) \subseteq \mathbf{Z}_+^K$ を消費者 $h \in H$ の**需要集合**と呼ぶ．

上で説明した均衡の概念は，各消費者の需要関数 D_h と各生産者の供給関数 S_l を用いると，次のように定義される．条件

$$x_h \in D_h(p) \quad (h \in H), \qquad y_l \in S_l(p) \quad (l \in L), \tag{9.10}$$

および，需給バランス (9.1) を満たす $x_h \in \mathbf{Z}_+^K$, $y_l \in \mathbf{Z}_+^K$, $p \in \mathbf{R}_+^K$ の組 $((x_h \mid h \in H), (y_l \mid l \in L), p)$ を**均衡**あるいは**競争均衡**と呼ぶ．また，そのときの価格 p を**均衡価格**と呼ぶ．ここで，x_h, y_l は整数ベクトル，p は実数ベクトルであることに注意されたい．なお，均衡においては貨幣のバランス

$$\sum_{h \in H} m_h = \sum_{h \in H} m_h^\circ - \sum_{l \in L} C_l(y_l) \tag{9.11}$$

が成り立つ (式 (9.1), (9.6), (9.9) および $\pi_l(p) = \langle p, y_l \rangle - C_l(y_l)$ による).

このように定義された均衡の概念の経済学的意義は明らかであるが[3]，その数学的な性質を明らかにする必要がある．そもそも均衡はどのようなときに存在するのであろうか．すなわち，最も基本的な問題として，

問題 1: 均衡が存在するための，効用関数 U_h と費用関数 C_l に関する (十分) 条件は何か

を考察する必要がある．均衡の定義式 (9.1), (9.10) は需要関数 D_h と供給関数 S_l を用いて述べられており，効用関数 U_h と費用関数 C_l は陽に含まれていない．このことに着目すると，より抽象的なレベルで，

問題 2: 均衡が存在するための，需要関数 D_h と供給関数 S_l に関する (十分) 条件は何か

という問題がある．さらに，均衡が存在する場合にも均衡は一意に決まるとは限らないので，均衡の全体の構造にも興味がある．すなわち，

問題 3: 均衡全体の構造を調べよ

という問題がある．たとえば，均衡価格の中に最大のもの，最小のものがあるかという類の問題である．

本章では，効用関数 U_h に $\mathrm{M}^\natural$ 凹性を仮定することの意味を議論した上で，上の問題 1〜3 に対して次の形で解答を与える．

---

[3] 競争均衡の経済学的意義について経済学においては様々な議論があるようであるが，本書ではその詳細には立ち入らず，初等的なレベルでの理解に留める．

(1) 効用関数 U_h $(h \in H)$ が $\mathrm{M}^\natural$ 凹関数，費用関数 C_l $(l \in L)$ が $\mathrm{M}^\natural$ 凸関数ならば，均衡が存在する (定理 9.14, 定理 9.15).

(2) 需要集合 $D_h(p)$ $(h \in H)$ と供給集合 $S_l(p)$ $(l \in L)$ が $\mathrm{M}^\natural$ 凸集合ならば，均衡が存在する (定理 9.16).

(3) 均衡価格 p の全体 $P^* \subseteq \mathbf{R}^K$ は $\mathrm{L}^\natural$ 凸多面体をなす．とくに，P^* は束の構造をもち，$p, q \in P^*$ ならば $p \vee q, p \wedge q \in P^*$ であって，最大の均衡価格，最小の均衡価格が存在する (定理 9.17).

次節で，一般には均衡が存在しないことを示す簡単な例を検討し，不可分財の離散性がもたらす難しさを説明する．その後で，$\mathrm{M}^\natural$ 凸性が均衡の存在にとって本質的に重要であることを議論する．効用関数に $\mathrm{M}^\natural$ 凹性を仮定することの意義を本章 3 節で考察し，本章 4 節で，上に要約した結果の記述と証明を与える．

9.1 ［**補足**］　上の経済モデルで生産者のいない場合 ($L = \emptyset$ の場合) を**交換経済**と呼ぶ．不可分財に起因する離散性の意味を理解するには交換経済で十分である．□

9.2 ［**補足**］　本書では効用関数の存在を前提として，需要集合 $D_h(p)$ を効用関数から (9.8) によって導出した．経済学では，効用関数の存在を前提とせず，**選好**と呼ばれる財空間の上の 2 項関係 $\preceq_h$ を出発点として議論することも多い．このとき，需要集合 $D_h(p)$ は予算制約の下で選好 $\preceq_h$ に関して極大な (x, m) の x 成分の全体，すなわち，

$$D_h(p) = \{x \mid (x, m) \in B_h(p) \text{ は } \preceq_h \text{ に関して極大}\}$$

として定義される．選好関係によって区別できない (x, m) の集合を**無差別曲線**と呼ぶ．効用関数 $\bar{U}_h$ があるときには，「$(x, m) \preceq_h (x', m') \iff \bar{U}_h(x, m) \leq \bar{U}_h(x', m')$」によって選好 $\preceq_h$ が定義され，無差別曲線は効用関数 $\bar{U}_h$ の等高線となる (図 9.1 参照).　□

9.3 ［**補足**］　式 (9.9) の導出においては m_h の非負性を無視して議論したが，本来はこれを考慮する必要がある．$m_h \geq 0$ となるための十分条件はいろいろありうるが，たとえば，$\mathrm{dom}\, U_h$ が有界，m_h° が十分大きいと仮定すればよい．□

9.4［補足］　連続量 (実数値) で表される通常の財 (分割可能な財) からなる経済体系を扱う数学的枠組みは 1960 年頃に完成した．需要集合と供給集合の凸性，コンパクト性を仮定して不動点定理を利用する「位相的な方法」によって競争均衡の存在が示されている．これについては Debreu [22], [23], Nikaido [117], [119], Arrow–Hahn [3], McKenzie [91] などを参照されたい．　□

9.5［補足］　不可分財の均衡問題は，経済学の文献で取り上げられてきた．初期の論文としては．1970 年の Henry [55]，1974 年の Shapley–Scarf [136]，その後の論文として，Kaneko (1982) [71], Kelso–Crawford (1982) [75], Gale (1984) [49], Quinzii (1984) [124], Svensson (1984) [142], Wako (1984) [148], Kaneko–Yamamoto (1986) [72], van der Laan–Talman–Yang (1997) [146], Bikhchandani–Mamer (1997) [8], Bevia–Quinzii–Silva (1999) [7], Danilov–Koshevoy–Murota (1998) [20], [21], Gul–Stacchetti (1999) [54], Yang (2000) [152], Fujishige–Yang (2000) [43] などがある．　□

2. 不可分財の難しさ

均衡が存在しない例を示して，不可分財を扱う難しさを考察する．2 人の経済主体 (消費者) からなる交換経済を考える ($H = \{1, 2\}$, $L = \emptyset$)．不可分財は 2 種類 ($K = \{1, 2\}$) として，実質的な財空間を単位正方形の頂点 $S = \{(0, 0), (0, 1), (1, 0), (1, 1)\}$ とし (図 9.2 参照)，式 (9.5) における効用関数 U_h $(h = 1, 2)$ を

$$U_1(x) = \min(2x^1 + 2x^2, x^1 + x^2 + 1) \qquad (x = (x^1, x^2) \in S), \tag{9.12}$$

$$U_2(x) = \min(x^1 + 2x^2, 2x^1 + x^2) \qquad (x = (x^1, x^2) \in S) \tag{9.13}$$

とする ($x \in \mathbf{Z}^2 \setminus S$ に対しては $U_h(x) = -\infty$ $(h = 1, 2)$ である)．各経済主体の需要関数 D_1, D_2 を式 (9.8) に従って計算すると，図 9.2 のようになる．たとえば，$p = (p^1, p^2)$, $0 \leq p^1 < 1$, $0 \leq p^2 < 1$ のとき $D_1(p) = \{(1, 1)\}$ であり，$p = (1, 1)$ のとき $D_1(p) = \{(1, 1), (0, 1), (1, 0)\}$ である．

初期保有量の総和を $x^\circ = x_1^\circ + x_2^\circ$ と表すとき，この問題の均衡は条件

$$x_1 \in D_1(p), \quad x_2 \in D_2(p), \quad x_1 + x_2 = x^\circ \tag{9.14}$$

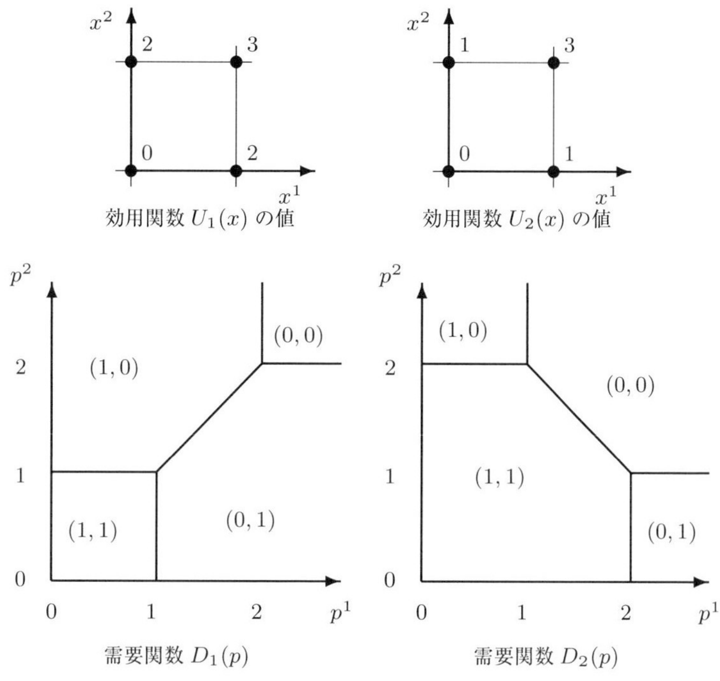

図 9.2　均衡が存在しない交換経済 ($x^\circ = (1,1)$)

を満たす $(x_1, x_2, p) \in \mathbf{Z}_+^2 \times \mathbf{Z}_+^2 \times \mathbf{R}_+^2$ である．たとえば，$x^\circ = (1,2)$ に対しては $x_1 = (0,1)$, $x_2 = (1,1)$, $p = (2,1)$ が一つの均衡である．

別の例として，$x^\circ = (1,1)$ を考えると，この場合には均衡が存在しない．$D_1(p)$ と $D_2(p)$ の図を重ねて Minkowski 和 $D_1(p) + D_2(p)$ を作ってみるとわかるように (図 9.3 参照)，どのような p に対しても (9.14) が成り立たないからである．なお，図 9.3 から，任意の $x^\circ \in ([0,2]_{\mathbf{Z}} \times [0,2]_{\mathbf{Z}}) \setminus \{(1,1)\}$ に対して均衡が存在することがわかる．

均衡が存在しない場合を少し詳しく調べよう．離散性に起因する困難を理解することが目的である．通常の分割可能な財の場合には凸性に基づいて均衡の存在が議論されているので，不可分財の場合にも凸化によって連続世界に埋め込んで考えよう．効用関数は，定義式 (9.12), (9.13) から明らかなように，単位正方形内で凹関数に拡張可能である．U_1, U_2 の凹拡張をそれぞれ $\hat{U}_1$, $\hat{U}_2$ と

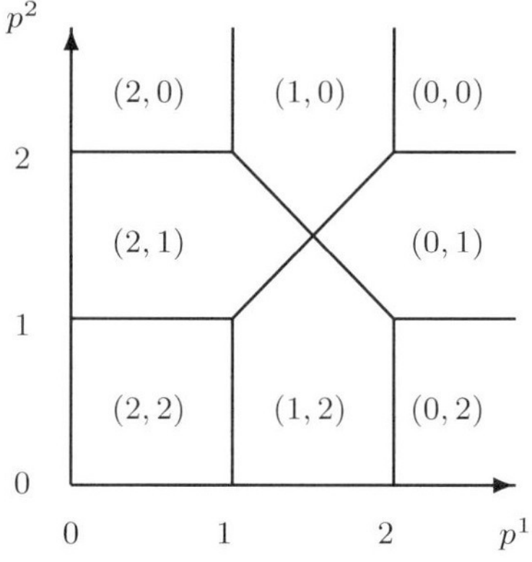

図 9.3　Minkowski 和 $D_1(p) + D_2(p)$

する．連続化した経済体系における財空間は S の凸包 $\overline{S} = [0,1]_{\mathbf{R}} \times [0,1]_{\mathbf{R}}$ であり，各経済主体の需要関数は (9.8) に対応して，

$$\hat{D}_h(p) = \arg\max_{x \in \mathbf{R}^K} (\hat{U}_h(x) - \langle p, x \rangle) \qquad (p \in \mathbf{R}^K) \tag{9.15}$$

と定義される．ここで，$\hat{D}_h(p)$ が $D_h(p)$ の凸包 $\overline{D_h(p)}$ に一致することに注意されたい．連続化した経済体系における均衡は

$$x_1 \in \hat{D}_1(p), \quad x_2 \in \hat{D}_2(p), \quad x_1 + x_2 = x^\circ \tag{9.16}$$

を満たす $(x_1, x_2, p) \in \mathbf{R}^2_+ \times \mathbf{R}^2_+ \times \mathbf{R}^2_+$ と定義される．

このとき，$x^\circ = (1,1)$ に対しては $p = (3/2, 3/2)$, $x_1 = x_2 = (1/2, 1/2)$ が (9.16) の意味で均衡となっていることが容易に確かめられる．凸化によって生じる連続世界には均衡が存在するにもかかわらず，離散世界には均衡が存在しないという状況である．$x_1 = x_2 = (1/2, 1/2)$ は整数ベクトルでないからこれは不可分財の均衡としての資格はないし，さらに言えば，連続世界と離散世界が整合すべき理由もないので，数学的な矛盾が生じた訳ではない．ただ，この例は離散性の困難を端的に示す例として教訓的である．

実は，この例で見た離散性の困難は，例 3.1 および図 3.1 で見た Minkowski 和の非整数性に他ならない．$p = (3/2, 3/2)$ に対して，$D_1(p) = \{(0,1), (1,0)\}$,

$D_2(p) = \{(0,0),(1,1)\}$ であるから，その Minkowski 和

$$D_1(p) + D_2(p) = \{(0,1),(1,0),(1,2),(2,1)\}$$

には穴 $(1,1)$ があいている．この穴が不可分財の均衡の不存在理由である．最後に，U_1 は M$^\natural$ 凹関数であるが，U_2 はそうでないことを注意しておく．

3. 効用関数の M$^\natural$ 凹性

効用関数に M$^\natural$ 凹性を仮定することの意味を議論する．経済学の文献で扱われている劣モジュラ性，粗代替性などの性質と M$^\natural$ 凹性との関係を明らかにすることが本節の目的である．

M$^\natural$ 凹関数の定義を復習する．関数 $U : \mathbf{Z}^K \to \mathbf{R} \cup \{-\infty\}$ が M$^\natural$ 凹関数とは，$\mathrm{dom}\, U \neq \emptyset$ であって，交換公理

(−M$^\natural$-EXC[Z])　任意の $x, y \in \mathrm{dom}\, U$ と任意の $i \in \mathrm{supp}^+(x-y)$ に対して，

$$U(x) + U(y) \leq \max \Big[U(x-\chi_i) + U(y+\chi_i), \max_{j \in \mathrm{supp}^-(x-y)} \{U(x-\chi_i+\chi_j) + U(y+\chi_i-\chi_j)\} \Big] \quad (9.17)$$

を満たすことである[4]．ただし，χ_i は第 i 単位ベクトルであり，空集合の上の最大値は $-\infty$ とする．なお，この条件を (4.2) の記号を用いてもっと簡潔に

$$\min_{i \in \mathrm{supp}^+(x-y)} \max_{j \in \mathrm{supp}^-(x-y) \cup \{0\}} [\Delta U(x; j, i) + \Delta U(y; i, j)] \geq 0 \qquad (9.18)$$

と書くこともできる．ただし，χ_0 をゼロベクトルと約束して，$j = 0$ のとき $\Delta U(x; j, i) = U(x-\chi_i) - U(x)$, $\Delta U(y; i, j) = U(y+\chi_i) - U(y)$ と解釈する．

前章までに示した M$^\natural$ 凸関数の性質は，すべて M$^\natural$ 凹関数の性質に翻訳されるが，とくに，M$^\natural$ 凹関数 U は次の性質をもっている (定理 4.16, 定理 4.18, 定理 4.23, 定理 4.20, 定理 4.25, 定理 4.29, 補足 4.32 の言い換えである)．

[4] 定理 4.2 により，この交換公理を定義として採用できる．

- 局所最大性による大域最大性の保証: $x \in \mathrm{dom}\, U$ のとき,

$$U(x) \geq U(y) \ \ (\forall\, y \in \mathbf{Z}^K) \Longleftrightarrow \begin{cases} U(x) \geq U(x - \chi_i + \chi_j) \ \ (\forall\, i, j \in K), \\ U(x) \geq U(x \pm \chi_j) \ \ (\forall\, j \in K). \end{cases}$$

- $(-\mathrm{M}^\natural\text{-SI}[\mathbf{Z}])$: 任意の $p \in \mathbf{R}^K$ に対して, $-\infty < U[-p](x) < U[-p](y)$ ならば

$$U[-p](x) < \max_{i \in \mathrm{supp}^+(x-y) \cup \{0\}} \ \max_{j \in \mathrm{supp}^-(x-y) \cup \{0\}} U[-p](x - \chi_i + \chi_j). \tag{9.19}$$

- $(-\mathrm{M}^\natural\text{-GS}[\mathbf{Z}])$: $x \in \arg\max U[-p+p_0\mathbf{1}]$, $p \leq q$, $p_0 \leq q_0$, $\arg\max U[-q + q_0\mathbf{1}] \neq \emptyset$ ならば, ある $y \in \arg\max U[-q + q_0\mathbf{1}]$ が存在して

$$\begin{aligned} &\text{(i) } p_i = q_i \ \Rightarrow \ y_i \geq x_i \qquad (i \in K), \\ &\text{(ii) } p_0 = q_0 \ \Rightarrow \ y(K) \leq x(K). \end{aligned}$$

- 最大値集合の M$^\natural$ 凸性: 任意の $p \in \mathbf{R}^K$ に対して, $\arg\max U[-p]$ は M$^\natural$ 凸集合.

- 劣モジュラ性:

$$U(x) + U(y) \geq U(x \vee y) + U(x \wedge y) \qquad (x, y \in \mathbf{Z}^K). \tag{9.20}$$

- 凹拡張可能性.

性質 $(-\mathrm{M}^\natural\text{-GS}[\mathbf{Z}])$ を**粗代替性**と呼ぶことにする. これらの性質および最大値集合の M$^\natural$ 凸性は関数の M$^\natural$ 凹性と本質的に同等であり, これによって M$^\natural$ 凹関数が次のように特徴づけられる (定理 4.18, 定理 4.24, 定理 4.20 の言い換えである). これに対し, 劣モジュラ性や凹拡張可能性は M$^\natural$ 凹性より真に弱い性質である.

9.6 [定理]　実効定義域が空でない関数 $U : \mathbf{Z}^K \to \mathbf{R} \cup \{-\infty\}$ に対して,

$$U \text{ が M}^\natural \text{ 凹関数} \iff U \text{ が } (-\mathrm{M}^\natural\text{-SI}[\mathbf{Z}]) \text{ を満たす.}$$

9.7［定理］　関数 $U : \mathbf{Z}^K \to \mathbf{R} \cup \{-\infty\}$ は凹拡張可能で，実効定義域は有界で空でないとする．このとき，

$$U \text{ が } \mathrm{M}^\natural \text{ 凹関数} \iff U \text{ が粗代替性 } (-\mathrm{M}^\natural\text{-GS}[\mathbf{Z}]) \text{ をもつ.}$$

9.8［定理］　関数 $U : \mathbf{Z}^K \to \mathbf{R} \cup \{-\infty\}$ の実効定義域が有界で空でないとき，

$$U \text{ が } \mathrm{M}^\natural \text{ 凹関数} \iff \text{任意の } p \in \mathbf{R}^K \text{ に対し } \arg\max(U[-p]) \text{ が } \mathrm{M}^\natural \text{ 凸集合.}$$

上に述べた $\mathrm{M}^\natural$ 凹関数の性質 $(-\mathrm{M}^\natural\text{-SI}[\mathbf{Z}])$, $(-\mathrm{M}^\natural\text{-GS}[\mathbf{Z}])$ は，経済学の分野で集合関数に対して考察された性質の自然な拡張になっている．**粗代替性** (gross substitutes property) の概念は，元来，集合関数 $\tilde{U} : 2^K \to \mathbf{R}$ に関して A. S. Kelso, Jr. と V. P. Crawford [75] によって導入されたものであり，

> **(GS)**　$X \in \arg\max \tilde{U}[-p]$, $p \leq q$ ならば $\{i \in X \mid p_i = q_i\} \subseteq Y$ を満たす $Y \in \arg\max \tilde{U}[-q]$ が存在する

という性質である．ただし

$$\tilde{U}[-p](X) = \tilde{U}(X) - \sum_{i \in X} p_i \qquad (X \subseteq K)$$

である．F. Gul と E. Stacchetti [54] は，集合関数 $\tilde{U} : 2^K \to \mathbf{R}$ に対して**単改良性** (single improvement property) という性質

> **(SI)**　任意の $p \in \mathbf{R}^K$ に対して，$X \notin \arg\max \tilde{U}[-p]$ ならば $\tilde{U}[-p](X) < \tilde{U}[-p](Y)$, $|X \setminus Y| \leq 1$, $|Y \setminus X| \leq 1$ を満たす $Y \subseteq K$ が存在する，

と**非補完性** (no complementarities property) と呼ばれる性質

> **(NC)**　任意の $p \in \mathbf{R}^K$ に対して，$X, Y \in \arg\max \tilde{U}[-p]$ かつ $I \subseteq X \setminus Y$ ならば $(X \setminus I) \cup J \in \arg\max \tilde{U}[-p]$ を満たす $J \subseteq Y \setminus X$ が存在する，

のそれぞれが粗代替性 (GS) と同値であること:

$$\text{粗代替性 (GS)} \iff \text{単改良性 (SI)} \iff \text{非補完性 (NC)} \tag{9.21}$$

を示し[5]，さらに，**強非補完性** (strong no complementarities property) と呼ばれる条件

(SNC) 任意の $X, Y \subseteq K$, $I \subseteq X \setminus Y$ に対して，ある $J \subseteq Y \setminus X$ が存在して

$$\tilde{U}(X) + \tilde{U}(Y) \leq \tilde{U}((X \setminus I) \cup J) + \tilde{U}((Y \setminus J) \cup I)$$

を考察し，これが (NC) より強い条件であることを指摘した.

これらの結果は上に示した定理 9.6, 定理 9.7, 定理 9.8 から導くことができる．まず，集合関数 $\tilde{U} : 2^K \to \mathbf{R}$ を

$$\tilde{U}(X) = U(\chi_X) \qquad (X \subseteq K)$$

によって $\mathrm{dom}\, U = \{0,1\}^K$ である関数 $U : \mathbf{Z}^K \to \mathbf{R} \cup \{-\infty\}$ と同一視する．$\tilde{U}$ の粗代替性 (GS)，単改良性 (SI) を U に関する条件に翻訳すると，それぞれ

(−M♮-GS$_{\mathrm{w}}$[Z]) $x \in \arg\max U[-p]$, $p \leq q$ ならば，ある $y \in \arg\max U[-q]$ が存在して，$p_i = q_i \;\Rightarrow\; y_i \geq x_i$,

(−M♮-SI$_{\mathrm{w}}$[Z]) 任意の $p \in \mathbf{R}^K$ と $x \in \mathrm{dom}\, U \setminus \arg\max U[-p]$ に対して

$$U[-p](x) < \max_{i \in K \cup \{0\}} \max_{j \in K \cup \{0\}} U[-p](x - \chi_i + \chi_j)$$

が成り立つ,

となる．明らかに (−M♮-GS[**Z**]) ⇒ (−M♮-GS$_{\mathrm{w}}$[**Z**]), (−M♮-SI[**Z**]) ⇒ (−M♮-SI$_{\mathrm{w}}$[**Z**]) であるが，$\mathrm{dom}\, U = \{0,1\}^K$ である U に対してはこれらの逆が成り立つことを示すことができる [112]．この事実と定理 9.6, 定理 9.7 より，

$$\tilde{U} \text{ の単改良性 (SI)} \iff U \text{ の M}^\natural \text{ 凹性} \iff \tilde{U} \text{ の粗代替性 (GS)}$$

[5] 正確にいうと，[54] においては，$\tilde{U}$ の単調性が仮定され，(GS), (SI), (NC) において p が非負ベクトルに制限されている.

が導かれる．次に，

$$\tilde{U} \text{ の非補完性 (NC)} \iff \forall p \in \mathbf{R}^K\text{: } \arg\max U[-p] \text{ は } \mathrm{M}^\natural \text{ 凸集合} \\ \iff U \text{ の } \mathrm{M}^\natural \text{ 凹性}$$

が成り立つ．ここで，第一の同値性はマトロイドの基族に対する**多重交換公理**([83] の Theorem 4.3.1) から直ちに導かれ，第二の同値性は定理 9.8 による．このように，(9.21) に示した 3 条件 (GS), (SI), (NC) がすべて U の $\mathrm{M}^\natural$ 凹性と同値であることが導かれる[6]．また，条件 (SNC) において，$|I| = 1$ に限ったものが $\mathrm{M}^\natural$ 凹関数の交換公理 ($-\mathrm{M}^\natural$-EXC[$\mathbf{Z}$]) に対応しているので，

$$\tilde{U} \text{ の強非補完性 (SNC)} \implies U \text{ の } \mathrm{M}^\natural \text{ 凹性}$$

が成り立つ．このようにして集合関数 $\tilde{U}$ の諸性質の関係が示された．劣モジュラ性に関しては，既に述べたように U の $\mathrm{M}^\natural$ 凹性より劣モジュラ性 (9.20) が導かれ，これは集合関数 $\tilde{U}$ の劣モジュラ性

$$\tilde{U}(X) + \tilde{U}(Y) \geq \tilde{U}(X \cup Y) + \tilde{U}(X \cap Y) \qquad (X, Y \subseteq K)$$

と同等であることを最後に確認しておく．

9.9 [補足]　均衡は各人の効用関数の最大化によって達成されるが，補足 8.8 に述べたように，一般の劣モジュラ集合関数の最大化は計算量の観点から見て困難な問題である．$\mathrm{M}^\natural$ 凹関数は劣モジュラ集合関数の中で最大化がうまくできるサブクラスとなっている．効用関数に $\mathrm{M}^\natural$ 凹性を仮定することにはこのような意味づけも可能である．　□

9.10 [補足]　$\mathrm{M}^\natural$ 凹関数の例は第 4 章 3 節に示した通りであるが，ここでは経済学の文献で (陽または陰に) 扱われた $\mathrm{M}^\natural$ 凹効用関数の例をいくつか挙げる．

(1) 1 変数の離散凹関数の族 $(u_i \mid i \in K)$ (すなわち $-u_i \in \mathcal{C}[\mathbf{Z} \to \mathbf{R}]$) で定義される**変数分離凹関数**

$$U(x) = \sum_{i \in K} u_i(x_i) \qquad (x = (x_i \mid i \in K) \in \mathbf{Z}^K)$$

[6] 3 条件 (GS), (SI), (NC) と $\mathrm{M}^\natural$ 凹性との関連は S. Fujishige と Z. Yang [43], [44] によって最初に指摘された．

は $\mathrm{M}^\natural$ 凹関数である ((4.24) 参照)．ここで $|K|=1$(不可分財が 1 種類) の場合が Henry [55] で扱われている場合である．

(2) 1 変数の離散凹関数の族 $(u_i \mid i \in K \cup \{0\})$ (すなわち $-u_i \in \mathcal{C}[\mathbf{Z} \to \mathbf{R}]$) で定義される**擬分離凹関数**

$$U(x) = \sum_{i \in K} u_i(x_i) + u_0(\sum_{i \in K} x_i) \qquad (x = (x_i \mid i \in K) \in \mathbf{Z}^K)$$

は $\mathrm{M}^\natural$ 凹関数である ((4.25) 参照)．これは Bevia–Quinzii–Silva [7] で扱われている場合に相当する．

(3) 実数ベクトル $(a_i \mid i \in K)$ が与えられたとき，$a_* \leq \min_{i \in K} a_i$ を満たす a_* を選んで ($a_* = -\infty$ も可)，関数 $U : \mathbf{Z}^K \to \mathbf{R} \cup \{-\infty\}$ を

$$U(x) = \begin{cases} \max\{a_i \mid i \in \mathrm{supp}^+(x)\} & (x \in \mathbf{Z}_+^K \setminus \{\mathbf{0}\}) \\ a_* & (x = \mathbf{0}) \\ -\infty & (\text{その他}) \end{cases}$$

と定義すると，U は単調非減少な $\mathrm{M}^\natural$ 凹関数である ((4.29) 参照)．この関数 U を $\{0,1\}^K$ に制限した関数もまた $\mathrm{M}^\natural$ 凹関数である (定理 4.10) が，それに対応する集合関数 $\tilde{U}$ は

$$\tilde{U}(X) = \begin{cases} \max\{a_i \mid i \in X\} & (X \neq \emptyset) \\ a_* & (X = \emptyset) \end{cases}$$

で与えられる (unit demand preference と呼ばれる)．これは Quinzii [124] などで扱われている場合に相当する．　□

4. 均衡の存在

均衡価格をある関数の劣微分として特徴づけ，これを用いて $\mathrm{M}^\natural$ 凸性の下での均衡の存在を示そう．

4.1 一般の場合

最初に均衡の定義 (9.1), (9.10) を復習する．不可分財の初期保有量の総和を

$$x^\circ = \sum_{h \in H} x_h^\circ \qquad (9.22)$$

とおくとき，$x_h \in \mathbf{Z}_+^K$ $(h \in H)$, $y_l \in \mathbf{Z}_+^K$ $(l \in L)$, $p \in \mathbf{R}_+^K$ の組が均衡であることの定義は，

$$\sum_{h \in H} x_h - \sum_{l \in L} y_l = x^\circ, \tag{9.23}$$

$$x_h \in D_h(p) \quad (h \in H), \qquad y_l \in S_l(p) \quad (l \in L) \tag{9.24}$$

であった．ここで，D_h は消費者 h の需要関数，S_l は生産者 l の供給関数である．これより，$p \in \mathbf{R}_+^K$ が均衡価格であるための条件が

$$x^\circ \in \sum_{h \in H} D_h(p) - \sum_{l \in L} S_l(p) \tag{9.25}$$

で与えられることがわかる．この右辺は，$\mathbf{Z}^K$ における Minkowski 和である．

需要関数 D_h，供給関数 S_l の定義 (9.8), (9.2) を思い出し，劣微分の記号 (6.12), (4.75) を用いて条件 (9.24) を書き直すと，

$$p \in \partial'_{\mathbf{R}} U_h(x_h) \quad (h \in H), \qquad p \in \partial_{\mathbf{R}} C_l(y_l) \quad (l \in L) \tag{9.26}$$

となる (式 (2.31) 参照)．したがって，$p \in \mathbf{R}_+^K$ が均衡価格であるための条件は，ある $x_h \in \mathrm{dom}_{\mathbf{Z}} U_h$ $(h \in H)$ と $y_l \in \mathrm{dom}_{\mathbf{Z}} C_l$ $(l \in L)$ に対して (9.23), (9.26) が成り立つことである．さらに，$((x_h \mid h \in H), (y_l \mid l \in L), p)$ を均衡の一つとするとき，初期総保有量 x° に対する均衡価格の全体 $P^*(x^\circ)$ は

$$P^*(x^\circ) = \left(\bigcap_{h \in H} \partial'_{\mathbf{R}} U_h(x_h) \right) \cap \left(\bigcap_{l \in L} \partial_{\mathbf{R}} C_l(y_l) \right) \cap \mathbf{R}_+^K \tag{9.27}$$

と表される．とくに，この式の右辺は $((x_h \mid h \in H), (y_l \mid l \in L))$ の選び方によらない．

経済体系全体の生産費用と効用を集約した関数 $\Psi : \mathbf{Z}^K \to \mathbf{R} \cup \{\pm\infty\}$ を

$$\Psi(z) = \inf\{\sum_{l \in L} C_l(y_l) - \sum_{h \in H} U_h(x_h) \mid \sum_{h \in H} x_h - \sum_{l \in L} y_l = z\} \quad (z \in \mathbf{Z}^K) \tag{9.28}$$

で定義する．右辺が整数ベクトル上の合成積 (4.33) の形であり，($\Psi > -\infty$ のとき) 実効定義域が Minkowski 和の形

$$\mathrm{dom}_{\mathbf{Z}} \Psi = \sum_{h \in H} \mathrm{dom}_{\mathbf{Z}} U_h - \sum_{l \in L} \mathrm{dom}_{\mathbf{Z}} C_l \tag{9.29}$$

で与えられることに注意されたい (式 (4.34) 参照). 以下, 議論を簡単にするため, 各 $l \in L$ に対して $\mathrm{dom}_{\mathbf{Z}} C_l$ が有界であると仮定する. そうすると, 各 $h \in H$ に対して $\mathrm{dom}\, U_h \subseteq \mathbf{Z}_+^K$ であるから, 各 z に対して式 (9.28) の右辺の inf をとる範囲は実質的に有限となり, inf を min に置き換えることができる. とくに $\Psi > -\infty$ が成り立つ.

9.11 [命題]　各 $l \in L$ に対して $\mathrm{dom}_{\mathbf{Z}} C_l$ が有界であると仮定する. 初期総保有量 x° に対して均衡が存在するための必要十分条件は, $x^\circ \in \mathrm{dom}_{\mathbf{Z}} \Psi$ かつ $(-\partial_{\mathbf{R}} \Psi(x^\circ)) \cap \mathbf{R}_+^K \neq \emptyset$ となることである. このとき, 均衡価格の全体 $P^*(x^\circ)$ は $(-\partial_{\mathbf{R}} \Psi(x^\circ)) \cap \mathbf{R}_+^K$ に一致する. また, 均衡の一つを $((x_h \mid h \in H), (y_l \mid l \in L), p)$ とすると,

$$-\partial_{\mathbf{R}} \Psi(x^\circ) = \left(\bigcap_{h \in H} \partial'_{\mathbf{R}} U_h(x_h) \right) \cap \left(\bigcap_{l \in L} \partial_{\mathbf{R}} C_l(y_l) \right) \tag{9.30}$$

が成り立つ.

証明　仮定より, 定義式 (9.28) は

$$\begin{aligned} \Psi(z) = \min\{ & \sum_{l \in L} (C_l(y_l) - \langle p, y_l \rangle) - \sum_{h \in H} (U_h(x_h) - \langle p, x_h \rangle) \\ & \mid \sum_{h \in H} x_h - \sum_{l \in L} y_l = z \} \ - \langle p, z \rangle \end{aligned} \tag{9.31}$$

と書き直せるので,

$$\Psi[p](z) = \min\{ \sum_{l \in L} C_l[-p](y_l) - \sum_{h \in H} U_h[-p](x_h) \mid \sum_{h \in H} x_h - \sum_{l \in L} y_l = z \} \tag{9.32}$$

である. したがって,

$$\inf_z \Psi[p](z) = \sum_{l \in L} \inf_{y_l} C_l[-p](y_l) - \sum_{h \in H} \sup_{x_h} U_h[-p](x_h) \tag{9.33}$$

が成り立つ. 均衡 $((x_h \mid h \in H), (y_l \mid l \in L), p)$ が存在するならば, $x_h \in \arg\max U_h[-p]\ (h \in H)$, $y_l \in \arg\min C_l[-p]\ (l \in L)$ かつ (9.23) が成り立つので

$$\Psi[p](x^\circ) = \sum_{l \in L} C_l[-p](y_l) - \sum_{h \in H} U_h[-p](x_h) = \inf \Psi[p] \tag{9.34}$$

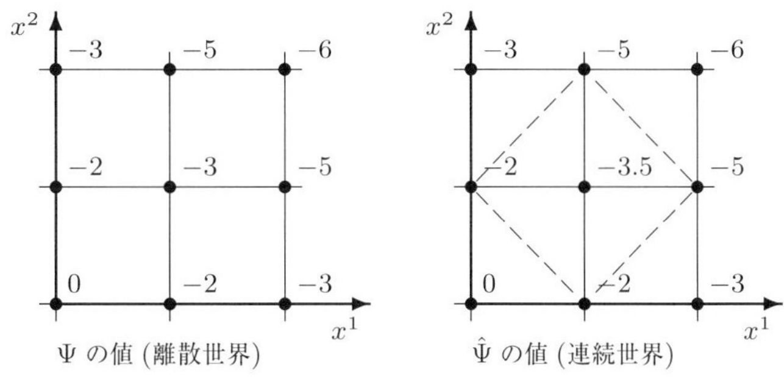

図 9.4　均衡が存在しない交換経済の Ψ と $\hat{\Psi}$

となり，しかも $p \in \mathbf{R}_+^K$ だから $p \in (-\partial_{\mathbf{R}}\Psi(x^\circ)) \cap \mathbf{R}_+^K$ である．

逆に，$p \in (-\partial_{\mathbf{R}}\Psi(x^\circ)) \cap \mathbf{R}_+^K$ のとき，$\Psi[p](x^\circ) = \inf \Psi[p]$ であり，$z = x^\circ$ に対して式 (9.32) の右辺の min を達成する $(x_h \mid h \in H)$, $(y_l \mid l \in L)$ をとると (9.34) が成り立つので，(9.33) より $x_h \in \arg\max U_h[-p]$ $(h \in H)$, $y_l \in \arg\min C_l[-p]$ $(l \in L)$ である．したがって，$((x_h \mid h \in H), (y_l \mid l \in L), p)$ は均衡である．式 (9.30) は上の議論から明らかである．■

交換経済 $(L = \emptyset)$ を考え，不可分財の離散性と上の命題 9.11 の条件との関係を考察しよう．命題 9.11 において，均衡価格の非負性は効用関数の単調性を仮定すれば保証できるであろう (後の定理 9.14 の証明の議論を参照されたい) から，離散性に起因する均衡不存在理由は，$\partial_{\mathbf{R}}\Psi(x^\circ)$ が空集合となることに集約されていると理解できる．このことを第 2 節の例で具体的に調べよう．

9.12 [例]　均衡の存在しない交換経済の例 (第 2 節) において，関数 Ψ の値は図 9.4 の左側に示すようになる．実効定義域は $\mathrm{dom}_{\mathbf{Z}}\Psi = [0,2]_{\mathbf{Z}} \times [0,2]_{\mathbf{Z}}$ である．Ψ の凸閉包 $\hat{\Psi}$ を図 9.4 の右側に示す．$\Psi(1,1) \neq \hat{\Psi}(1,1)$ である (Ψ は凸関数に拡張不可能)．ゆえに，$\partial_{\mathbf{R}}\Psi(1,1) = \emptyset$ であり，命題 9.11 より，$x^\circ = (1,1)$ に対しては均衡が存在しない．一方，たとえば，$x^\circ = (1,2)$ に対しては $(2,1) \in (-\partial_{\mathbf{R}}\Psi(x^\circ)) \cap \mathbf{R}_+^2$ であるから，$p = (2,1)$ は均衡価格である．□

4.2 M$^\natural$ 凸の場合

効用関数の M$^\natural$ 凹性と費用関数の M$^\natural$ 凸性の仮定の下で，均衡の存在と均衡価格全体の構造を考える．命題 9.11 における中心的な条件は Ψ の劣勾配の存在であったが，M$^\natural$ 凸性の下ではこれが保証される．この事実が離散性の困難を克服する要である．

9.13 [命題]　U_h $(h \in H)$ を M$^\natural$ 凹関数，C_l $(l \in L)$ を M$^\natural$ 凸関数として，$\Psi > -\infty$ を仮定する[7]．

(1) Ψ は M$^\natural$ 凸関数である．

(2) $x^\circ \in \mathrm{dom}_{\mathbf{Z}} \Psi$ ならば $\partial_{\mathbf{R}} \Psi(x^\circ) \neq \emptyset$ である．

証明　(1) Ψ は M$^\natural$ 凸関数の合成積の形であるから，これは M$^\natural$ 凸関数である (定理 4.10)．

(2) 定理 4.50(2) による．■

均衡の存在に関する定理を三つ述べる．最初に交換経済を扱い，次に，生産を含む場合を扱う．

9.14 [定理]　交換経済において，各経済主体の効用関数 U_h $(h \in H)$ が単調非減少な M$^\natural$ 凹関数ならば，任意の $x^\circ \in \mathrm{dom}_{\mathbf{Z}} \Psi$ に対して，均衡 $((x_h \mid h \in H), p)$ が存在する $(x_h \in \mathbf{Z}^K_+, p \in \mathbf{R}^K_+)$．

証明　命題 9.11 を用いる．命題 9.13 より $\partial_{\mathbf{R}} \Psi(x^\circ) \neq \emptyset$ であるから，$p \in -\partial_{\mathbf{R}} \Psi(x^\circ)$ の非負性を示せばよい．$U(z) = -\Psi(z)$ とおくと，$U(z)$ は単調非減少であり，

$$U(z) - U(x^\circ) \leq \langle p, z \rangle - \langle p, x^\circ \rangle$$

である．もし $p_i < 0$ となる $i \in K$ があったとすると，上の不等式において $z_i \to +\infty$ とすると，$U(z)$ の単調非減少性に矛盾する．■

生産を含む一般の場合にも，命題 9.13 が離散性の観点からは本質的である．均衡の存在条件を離散性に関わる部分と位相的な部分に分離するために，離散構造の凸化によって，分割可能な財からなる (連続世界の) 経済体系を構成して

[7] 補足 4.11 により，ある z_0 に対して $\Psi(z_0) > -\infty$ ならば $\Psi > -\infty$ である．

考えよう．この考え方は，既に本章 2 節の最後において簡単な例について記述したものと同じである．

効用関数 U_h は M$^\natural$ 凹関数であるから，凹関数 $\hat{U}_h : \mathbf{R}^K \to \mathbf{R} \cup \{-\infty\}$ に拡張可能である．また，費用関数 C_l は M$^\natural$ 凸関数であるから，凸関数 $\hat{C}_l : \mathbf{R}^K \to \mathbf{R} \cup \{+\infty\}$ に拡張可能である．このとき，連続世界における消費者 $h \in H$ の需要関数 $\hat{D}_h$，生産者 $l \in L$ の供給関数 $\hat{S}_l$ は

$$\hat{D}_h(p) = \arg\max_{x \in \mathbf{R}^K} (\hat{U}_h(x) - \langle p, x \rangle) \qquad (p \in \mathbf{R}^K_+), \tag{9.35}$$

$$\hat{S}_l(p) = \arg\max_{y \in \mathbf{R}^K} (\langle p, y \rangle - \hat{C}_l(y)) \qquad (p \in \mathbf{R}^K_+) \tag{9.36}$$

と定義されるが，$\hat{D}_h(p)$, $\hat{S}_l(p)$ はそれぞれ $D_h(p)$, $S_l(p)$ の凸包 $\overline{D_h(p)}$, $\overline{S_l(p)}$ に一致する．さらに，均衡は

$$x_h \in \hat{D}_h(p) \quad (h \in H), \qquad y_l \in \hat{S}_l(p) \quad (l \in L), \tag{9.37}$$

および，需給バランス (9.23) を満たす実数ベクトル $x_h \in \mathbf{R}^K_+$, $y_l \in \mathbf{R}^K_+$, $p \in \mathbf{R}^K_+$ の組 $((x_h \mid h \in H), (y_l \mid l \in L), p)$ として定義される．

次の定理に述べるように，M$^\natural$ 凸性の仮定の下では，連続化した経済体系における均衡の存在から不可分財をもつ離散的な経済体系における均衡の存在が導かれる．本章 2 節の例で見たように，このことは一般には成り立たないことを強調しておく．なお，連続化した経済体系における均衡の存在を保証する位相的な条件については経済学の分野で十分調べられているのでここでは立ち入らない (補足 9.4 に示した文献を参照).

9.15 [定理]　各消費者の効用関数 U_h $(h \in H)$ を M$^\natural$ 凹関数，各生産者の費用関数 C_l $(l \in L)$ を M$^\natural$ 凸関数とする．初期総保有量 $x^\circ \in \mathbf{Z}^K_+$ に対して，連続化した経済体系に均衡が存在するならば，不可分財の均衡 $((x_h \mid h \in H), (y_l \mid l \in L), p)$ が存在する $(x_h \in \mathbf{Z}^K_+$, $y_l \in \mathbf{Z}^K_+$, $p \in \mathbf{R}^K_+)$.

証明　定理 9.8 により，各 $p \in \mathbf{R}^K_+$ に対して $D_h(p)$, $S_l(p)$ は M$^\natural$ 凸集合または空集合である．したがって，次の定理 9.16 に帰着される．　■

9.16 [定理]　各 $p \in \mathbf{R}^K_+$ に対して，各消費者の需要集合 $D_h(p)$ $(h \in H)$ と各生産者の供給集合 $S_l(p)$ $(l \in L)$ が M$^\natural$ 凸集合または空集合であるとする．

初期総保有量 $x^\circ \in \mathbf{Z}_+^K$ に対して，連続化した経済体系に均衡が存在するならば，不可分財の均衡 $((x_h \mid h \in H), (y_l \mid l \in L), p)$ が存在する ($x_h \in \mathbf{Z}_+^K$, $y_l \in \mathbf{Z}_+^K$, $p \in \mathbf{R}_+^K$).

証明　連続化した経済体系の均衡価格 $p \in \mathbf{R}_+^K$ に対して

$$x^\circ \in \sum_{h\in H} \hat{D}_h(p) - \sum_{l\in L} \hat{S}_l(p)$$

が成り立つ．ここで，$\hat{D}_h(p) = \overline{D_h(p)}$, $\hat{S}_l(p) = \overline{S_l(p)}$ と定理 3.8, 命題 3.3(4) より，

$$\sum_{h\in H} \hat{D}_h(p) - \sum_{l\in L} \hat{S}_l(p) = \sum_{h\in H} \overline{D_h(p)} - \sum_{l\in L} \overline{S_l(p)} = \overline{\sum_{h\in H} D_h(p) - \sum_{l\in L} S_l(p)}$$

である．さらに，$\displaystyle\sum_{h\in H} D_h(p) - \sum_{l\in L} S_l(p)$ は $\mathrm{M}^\natural$ 凸集合であり (定理 3.20(3)), $\mathrm{M}^\natural$ 凸集合は穴をもたない (定理 3.8) から，

$$x^\circ \in \left(\overline{\sum_{h\in H} D_h(p) - \sum_{l\in L} S_l(p)}\right) \cap \mathbf{Z}^K = \sum_{h\in H} D_h(p) - \sum_{l\in L} S_l(p)$$

となる．したがって，ある整数ベクトル $x_h \in D_h(p)$ $(h \in H)$, $y_l \in S_l(p)$ $(l \in L)$ が存在して $x^\circ = \sum_{h\in H} x_h - \sum_{l\in L} y_l$. ∎

最後に均衡価格全体の組合せ構造を述べる．

9.17 [定理]　各消費者の効用関数 U_h $(h \in H)$ を $\mathrm{M}^\natural$ 凹関数，各生産者の費用関数 C_l $(l \in L)$ を $\mathrm{M}^\natural$ 凸関数とし，初期総保有量 x° に対して不可分財の均衡 (9.23), (9.24) が存在すると仮定するとき，均衡価格の全体 $P^*(x^\circ)$ は $\mathrm{L}^\natural$ 凸多面体をなす．したがって，$P^*(x^\circ)$ は束の構造をもつ (すなわち，$p, q \in P^*(x^\circ)$ ならば $p \vee q, p \wedge q \in P^*(x^\circ)$)．とくに，均衡価格には最大，最小のものが存在する．また，$P^*(x^\circ) = \mathbf{P}(\gamma, \hat{\gamma}, \check{\gamma})$ の形に表現される (式 (3.52), (3.58) 参照).

証明　式 (9.27) において，$\partial'_{\mathbf{R}} U_h(x_h)$ $(h \in H)$, $\partial_{\mathbf{R}} C_l(y_l)$ $(l \in L)$ はすべて $\mathrm{L}^\natural$ 凸多面体である (定理 4.50(2) 参照)．さらに，$\mathbf{R}_+^K$ も $\mathrm{L}^\natural$ 凸多面体である．いくつかの $\mathrm{L}^\natural$ 凸多面体の交わりは $\mathrm{L}^\natural$ 凸多面体である (定理 3.32, 補足 3.36) から，$P^*(x^\circ)$ は $\mathrm{L}^\natural$ 凸多面体である． ∎

以上の議論のように,

$$\text{財} \leftrightarrow \text{M}^{\natural}\text{凸}, \qquad \text{価格} \leftrightarrow \text{L}^{\natural}\text{凸}$$

という関係が見られる.

9.18［補足］　定理 9.16 の証明を検討すると, M$^{\natural}$ 凸集合の性質のうちで使っているのは, (a) M$^{\natural}$ 凸集合には穴がないことと, (b) M$^{\natural}$ 凸集合の Minkowski 和が M$^{\natural}$ 凸集合になることの二つだけである. そこで, 整数格子点の集合の族 $\mathcal{F}$ で, (a) 任意の $S \in \mathcal{F}$ と $x \in \mathbf{Z}^K$ に対して $S = \overline{S} \cap \mathbf{Z}^K$ かつ $x - S \in \mathcal{F}$ (式 (3.5) 参照), および, (b) Minkowski 和に関して閉じている ($S_1, S_2 \in \mathcal{F} \Rightarrow S_1 + S_2 \in \mathcal{F}$), の二つの性質をもつものに対して, 定理 9.16 を一般化することができる. すなわち, 次のことが成り立つ ($\emptyset \in \mathcal{F}$ としておく): 各 $p \in \mathbf{R}_+^K$ に対して, $D_h(p) \in \mathcal{F}$ ($h \in H$), $S_l(p) \in \mathcal{F}$ ($l \in L$) とするとき, 連続化した経済体系に均衡が存在するならば, 不可分財の均衡が存在する. □

9.19［補足］　交換経済において経済主体が 2 人ならば, 効用関数の L$^{\natural}$ 凹性, 需要集合の L$^{\natural}$ 凸性の下で均衡が存在する. 定理 9.14, 定理 9.15, 定理 9.16 に対応して, 次の主張が成り立つ.

(1) 効用関数 U_1, U_2 が単調非減少な L$^{\natural}$ 凹関数ならば, 任意の $x^\circ \in \mathrm{dom}_{\mathbf{Z}} \Psi$ に対して, 均衡が存在する.

(2) 効用関数 U_1, U_2 を L$^{\natural}$ 凹関数とする. 連続化した経済体系に均衡が存在するならば, 不可分財の均衡が存在する.

(3) 各 $p \in \mathbf{R}_+^K$ に対して, 需要集合 $D_1(p), D_2(p)$ が L$^{\natural}$ 凸集合または空集合であるとする. 連続化した経済体系に均衡が存在するならば, 不可分財の均衡が存在する. □

証明　(1) 定理 9.14 の証明において, Ψ は L$_2^{\natural}$ 凸関数であり, 定理 6.32 より $\partial_{\mathbf{R}} \Psi(x^\circ) \neq \emptyset$ となる.

(2) 定理 9.15 の証明において, 命題 5.13 より $D_1(p), D_2(p)$ は L$^{\natural}$ 凸集合または空集合となり, (3) に帰着される.

(3) 定理 9.16 の証明において, 二つの L$^{\natural}$ 凸集合の Minkowski 和の整数性 (定理 3.33) を用いる. ■

ノート

不可分財をもつ経済の均衡の問題に対する離散凸解析の立場からの統一的な枠組みは [20], [21] で与えられた．定理 9.15, 定理 9.16, 補足 9.18 は [20], [21] による．定理 9.17 は [105] による．定理 9.15 により，効用関数の $\mathrm{M}^{\natural}$ 凹性と費用関数の $\mathrm{M}^{\natural}$ 凸性の仮定の下で均衡が存在するが，均衡を求める問題は M 凸劣モジュラ流問題に帰着できる [113]．また，安定結婚問題も離散凸解析の枠組へと拡張される [153]．

均衡の存在における粗代替性の役割は，集合関数に関して [75], [54] によって論じられた ([130] も参照のこと)．集合関数の単改良性 (SI) と $\mathrm{M}^{\natural}$ 凹性の同値性は [43], [44] によって指摘された．定理 9.6, 定理 9.7 は [112] による．

本章でその一端を示したように，経済学やゲーム理論においても劣モジュラ性は重要な位置を占めている．初期の論文として [135] を，最近の文献として [9], [92], [145] を挙げておく．不可分財に関する最近の文献に [11] がある．

離散凸解析のゲーム理論への応用については [164] が詳しい．

参考文献

[1] R. K. Ahuja, T. L. Magnanti and J. B. Orlin: *Network Flows — Theory, Algorithms and Applications*, Prentice-Hall, Englewood Cliffs, 1993. (引用頁: 74)

[2] I. Althöfer and W. Wenzel: Two-best solutions under distance constraints: The model and exemplary results for matroids, *Advances in Applied Mathematics*, **22** (1999), 155–185. (引用頁: 74)

[3] K. J. Arrow and F. H. Hahn: *General Competitive Analysis*, Holden–Day, San Francisco, 1971. (引用頁: 263)

[4] O. Axelsson: *Iterative Solution Methods*, Cambridge University Press, Cambridge, 1994. (引用頁: 34)

[5] A. Berman and R. J. Plemmons: *Nonnegative Matrices in the Mathematical Sciences*, SIAM, Philadelphia, 1994. (引用頁: 34)

[6] D. P. Bertsekas: *Nonlinear Programming*, 2nd ed., Athena Scientific, Belmont, Mass., 1999. (引用頁: 73)

[7] C. Bevia, M. Quinzii and J. Silva: Buying several indivisible goods, *Mathematical Social Sciences*, **37** (1999), 1–23. (引用頁: 263, 271)

[8] S. Bikhchandani and J. W. Mamer: Competitive equilibrium in an exchange economy with indivisibilities, *Journal of Economic Theory*, **74** (1997), 385–413. (引用頁: 263)

[9] J. M. Bilbao: *Cooperative Games on Combinatorial Structures*, Kluwer Academic Publishers, Boston, 2000. (引用頁: 279)

[10] R. E. Bixby, W. H. Cunningham and D. M. Topkis: Parital order of a polymatroid extreme point, *Mathematics of Operations Research*, **10** (1985), 367–378. (引用頁: 238)

[11] H. Bodzin: *Indivisibilities: Microeconomic Theory with Respect to Indivisible Goods and Factors*, Physica-Verlag, Heidelberg, 1998. (引用頁: 279)

[12] A. Bouchet and W. H. Cunningham: Delta-matroids, jump systems, and bisubmodular polyhedra, *SIAM Journal on Discrete Mathematics*, **8** (1995), 17–32. (引用頁: 107)

[13] R. K. Brayton and J. K. Moser: A theory of nonlinear networks, I, II, *Quarterly of Applied Mathematics*, **22** (1964), 1–33, 81–104. (引用頁: 74)

[14] V. Chvátal: *Linear Programming*, W. H. Freeman and Company, New York, 1983. (阪田省二郎，藤野和建，田口東 訳: 線形計画法 (上，下)，啓学出版，東京，1986/1988.) (引用頁: 74)

[15] R. Clay: *Nonlinear Networks and Systems*, John Wiley and Sons, New York, 1971. (引用頁: 51)

[16] W. J. Cook, W. H. Cunningham, W. R. Pulleyblank and A. Schrijver: *Combinatorial Optimization*, John Wiley and Sons, New York, 1998. (引用頁: 73, 189, 205)

[17] W. H. Cunningham: Testing membership in matroid polyhedra, *Journal of Combinatorial Theory (B)*, **36** (1984), 161–188. (引用頁: 238)

[18] W. H. Cunningham: On submodular function minimization, *Combinatorica*, **5** (1985), 185–192. (引用頁: 238)

[19] W. H. Cunningham and A. Frank: A primal-dual algorithm for submodular flows, *Mathematics of Operations Research*, **10** (1985), 251–262. (引用頁: 251)

[20] V. Danilov, G. Koshevoy and K. Murota: Equilibria in economies with indivisible goods and money, RIMS Preprint 1204, Kyoto University, May 1998. (引用頁: 143, 263, 279)

[21] V. Danilov, G. Koshevoy and K. Murota: Discrete convexity and equilibria in economies with indivisible goods and money, *Mathematical Social Sciences*, **41** (2001), 251–273. (引用頁: 143, 263, 279)

[22] G. Debreu: *Theory of Value — An Axiomatic Analysis of Economic Equilibrium*, John Wiley and Sons, New York, 1959. (丸山徹 訳: 価値の理論 — 経済均衡の公理的分析，東洋経済新報社，1977.) (引用頁: 263)

[23] G. Debreu: Existence of competitive equilibrium, *Handbook of Mathematical Economics*, Vol. II (K. J. Arrow and M. D. Intriligator, eds.), North-Holland, Amsterdam, 1982, Chapter 15, 697–743. (引用頁: 263)

[24] A. W. M. Dress and W. Wenzel: Valuated matroid: A new look at the greedy algorithm, *Applied Mathematics Letters*, **3** (1990), 33–35.
(引用頁: 10, 11, 74, 255)

[25] A. W. M. Dress and W. Wenzel: Valuated matroids, *Advances in Mathematics*, **93** (1992), 214–250. (引用頁: 10, 11, 74)

[26] D.-Z. Du and P. M. Pardalos, eds.: *Handbook of Combinatorial Optimization*, Vols. 1–3, A, Kluwer Academic Publishers, Boston, 1998, 1999. (引用頁: 73)

[27] J. Edmonds: Submodular functions, matroids and certain polyhedra, *Combinatorial Structures and Their Applications* (R. Guy, H. Hanani, N. Sauer and J. Schönheim, eds.), Gordon and Breach, New York, 1970, 69–87. (引用頁: 10, 11, 107, 130, 238)

[28] J. Edmonds: Matroid intersection, *Annals of Discrete Mathematics*, **14** (1979), 39–49. (引用頁: 11)

[29] P. Favati and F. Tardella: Convexity in nonlinear integer programming, *Ricerca Operativa*, **53** (1990), 3–44. (引用頁: 10, 11, 74, 169, 255)

[30] R. Fletcher: *Practical Methods of Optimization*, 2nd ed., John Wiley and Sons, New York, 1987. (引用頁: 73)

[31] L. R. Ford Jr. and D. R. Fulkerson: *Flows in Networks*, Princeton University Press, Princeton, 1962. (引用頁: 74)

[32] A. Frank: A weighted matroid intersection algorithm, *Journal of Algorithms*, **2** (1981), 328–336. (引用頁: 11)

[33] A. Frank: An algorithm for submodular functions on graphs, *Annals of Discrete Mathematics*, **16** (1982), 97–120. (引用頁: 10, 11, 107)

[34] A. Frank: Generalized polymatroids, *Finite and Infinite Sets, I* (A. Hajnal, L. Lovász and V. T. Sós, eds.), North-Holland, Amsterdam, 1984, 285–294. (引用頁: 107)

[35] A. Frank and É. Tardos: Generalized polymatroids and submodular flows, *Mathematical Programming*, **42** (1988), 489–563. (引用頁: 107)

[36] S. Fujishige: Algorithms for solving the independent-flow problems, *Journal of Operations Research Society of Japan*, **21** (1978), 189–204. (引用頁: 226)

[37] S. Fujishige: Theory of submodular programs: A Fenchel-type min-max theorem and subgradients of submodular functions, *Mathematical Programming*, **29** (1984), 142-155. (引用頁: 10, 11, 188)

[38] S. Fujishige: On the subdifferential of a submodular function, *Mathematical Programming*, **29** (1984), 348-360. (引用頁: 10, 107)

[39] S. Fujishige: A note on Frank's generalized polymatroids, *Discrete Applied Mathematics*, **7** (1984), 105–109. (引用頁: 107)

[40] S. Fujishige: *Submodular Functions and Optimization*, 2nd ed., Annals of Discrete Mathematics, **58**, Elsevier, 2005. (引用頁: 12, 74, 94, 96, 107, 188, 205, 229, 244, 245, 251)

[41] S. Fujishige, K. Makino, T. Takabatake and K. Kashiwabara: Polybasic polyhedra: structure of polyhedra with edge vectors of support size at most 2, *Discrete Mathematics*, **280** (2004), 13–27. (引用頁: 96)

[42] S. Fujishige and K. Murota: Notes on L-/M-convex functions and the separation theorems, *Mathematical Programming*, **88** (2000), 129–146. (引用頁: 11, 169)

[43] S. Fujishige and Z. Yang: Indivisibilities, money, and equilibrium, Discrete Mathematics and Systems Science Research Report, No. 00-08, Division of Systems Science, Graduate School of Engineering Science, Osaka University, May 2000. (引用頁: 142, 263, 270, 279)

[44] S. Fujishige and Z. Yang: A note on Kelso and Crawford's gross substitutes condition, *Mathematics of Operations Research*, **28** (2003), 463–469. (引用頁: 107, 142, 270, 279)

[45] 福島雅夫: 数理計画法入門, 朝倉書店, 東京, 1996. (引用頁: 73)

[46] 福島雅夫: 非線形最適化の基礎, 朝倉書店, 東京, 2001. (引用頁: 74)

[47] 福島正俊: ディリクレ形式とマルコフ過程, 紀伊國屋書店, 東京, 1975. (引用頁: 37)

[48] M. Fukushima, Y. Oshima and M. Takeda: *Dirichlet Forms and Symmetric Markov Processes*, Walter de Gruyter, Berlin, 1994. (引用頁: 37)

[49] D. Gale: Equilibrium in a discrete exchange economy with money, *International Journal of Game Theory*, **13** (1984), 61–64. (引用頁: 263)

[50] D. Gale and T. Politof: Substitutes and complements in network flow problems, *Discrete Applied Mathematics*, **3** (1981), 175–186. (引用頁: 225)

[51] F. Granot and A. F. Veinott, Jr.: Substitutes, complements and ripples in network flows, *Mathematics of Operations Research*, **10** (1985), 471–497. (引用頁: 225)

[52] M. Grötschel, L. Lovász and A. Schrijver: The ellipsoid method and its consequences in combinatorial optimization, *Combinatorica*, **1** (1981), 169–197 [Corrigendum: *Combinatorica*, **4** (1984), 291–295]. (引用頁: 238)

[53] M. Grötschel, L. Lovász and A. Schrijver: *Geometric Algorithms and Combinatorial Optimization*, 1st ed., 2nd ed., Springer-Verlag, Berlin, 1988, 1993. (引用頁: 238)

[54] F. Gul and E. Stacchetti: Walrasian equilibrium with gross substitutes, *Journal of Economic Theory*, **87** (1999), 95–124. (引用頁: 263, 268, 279)

[55] C. Henry: Indivisibilités dans une économie d'echanges, *Econometrica*, **38** (1970), 542–558. (引用頁: 263, 271)

[56] J.-B. Hiriart-Urruty and C. Lemaréchal: *Convex Analysis and Minimization Algorithms I, II*, Springer-Verlag, Berlin, 1993. (引用頁: 17, 74)

[57] D. S. Hochbaum: Lower and upper bounds for the allocation problem and other nonlinear optimization problems, *Mathematics of Operations Research*, **19** (1994), 390–409. (引用頁: 12)

[58] 茨木俊秀: 離散最適化法とアルゴリズム，岩波講座応用数学，岩波書店，東京，1993. (引用頁: 73)

[59] 茨木俊秀，福島雅夫: 最適化の手法，共立出版，東京，1993. (引用頁: 73)

[60] M. Iri: *Network Flow, Transportation and Scheduling—Theory and Algorithms*, Academic Press, New York, 1969. (引用頁: 3, 51, 74, 107, 210)

[61] 伊理正夫: 線形計画法，共立出版，東京，1986. (引用頁: 74)

[62] 伊理正夫，藤重悟，大山達雄: グラフ・ネットワーク・マトロイド，産業図書，東京，1986. (引用頁: 73)

[63] M. Iri and N. Tomizawa: An algorithm for finding an optimal 'independent assignment', *Journal of the Operations Research Society of Japan*, **19** (1976), 32–57. (引用頁: 11)

[64] 岩野和生: ネットワークフロー問題の最近の進展,「離散構造とアルゴリズム II」(藤重悟 編)，近代科学社，79–153，1993. (引用頁: 74)

[65] 岩田覚: 劣モジュラ流問題,「離散構造とアルゴリズム VI」(藤重悟 編)，近代科学社，127–170，1999. (引用頁: 226, 244, 245, 251, 256)

[66] S. Iwata: A fully combinatorial algorithm for submodular function minimization, *Journal of Combinatorial Theory (B)*, **84** (2002), 203–212. (引用頁: 239)

[67] S. Iwata, L. Fleischer and S. Fujishige: A combinatorial, strongly polynomial-time algorithm for minimizing submodular functions, *Proceedings of the 32nd ACM Symposium on Theory of Computing* (2000), 97–106. (引用頁: 239)

[68] S. Iwata, L. Fleischer and S. Fujishige: A combinatorial, strongly polynomial-time algorithm for minimizing submodular functions, *Journal of the ACM*, **48** (2001), 761–777. (引用頁: 239)

[69] S. Iwata and M. Shigeno: Conjugate scaling algorithm for Fenchel-type duality in discrete convex optimization, *SIAM Journal on Optimization*, **13** (2003), 204–211. (引用頁: 255)

[70] P. M. Jensen and B. Korte: Complexity of matroid property algorithms, *SIAM Journal on Computing*, **11** (1982), 184–190. (引用頁: 239)

[71] M. Kaneko: The central assignment game and the assignment markets, *Journal of Mathematical Economics*, **10** (1982), 205–232. (引用頁: 263)

[72] M. Kaneko and Y. Yamamoto: The existence and computation of competitive equilibria in markets with an indivisible commodity, *Journal of Economic Theory*, **38** (1986), 118–136.　(引用頁: 263)

[73] K. Kashiwabara and T. Takabatake: Polyhedra with submodular support functions and their unbalanced simultaneous exchangeability, *Discrete Applied Mathematics*, **131** (2003), 433–448.　(引用頁: 96)

[74] N. Katoh and T. Ibaraki: Resource allocation problems, *Handbook of Combinatorial Optimization*, Vol.2 (D.-Z. Du and P. M. Pardalos, eds.), Kluwer Academic Publishers, Boston, 1998, 159–260.　(引用頁: 143)

[75] A. S. Kelso, Jr., and V. P. Crawford: Job matching, coalition formation, and gross substitutes, *Econometrica*, **50** (1982), 1483–1504.　(引用頁: 263, 268, 279)

[76] 児玉信三，須田信英: システム制御のためのマトリクス理論，計測自動制御学会，東京，1978.　(引用頁: 34)

[77] 今野浩: 線形計画法，日科技連出版社，東京，1987.　(引用頁: 74)

[78] 今野浩，山下浩: 非線形計画法，日科技連出版社，東京，1978.　(引用頁: 74)

[79] B. Korte, L. Lovász and R. Schrader: *Greedoids*, Springer-Verlag, Berlin, 1991.　(引用頁: 12)

[80] 久保幹雄: 組合せ最適化とアルゴリズム，共立出版，東京，2000.　(引用頁: 73)

[81] 久保幹雄，松井知己: 組合せ最適化:「短編集」，朝倉書店，東京，1999.　(引用頁: 73)

[82] J. P. S. Kung: *A Source Book in Matroid Theory*, Birkhäuser, Boston, 1986.　(引用頁: 74)

[83] J. P. S. Kung: Basis-exchange properties, *Theory of Matroids* (N. White, ed.), Cambridge University Press, London, 1986, Chapter 4, 62–75.　(引用頁: 270)

[84] E. L. Lawler: Matroid intersection algorithms, *Mathematical Programming*, **9** (1975), 31–56.　(引用頁: 11)

[85] E. L. Lawler: *Combinatorial Optimization: Networks and Matroids*, Holt, Rinehart and Winston, New York, 1976.　(引用頁: 73)

[86] L. Lovász: Matroid matching and some applications, *Journal of Combinatorial Theory (B)*, **28** (1980), 208–236. (引用頁: 239)

[87] L. Lovász: Submodular functions and convexity, *Mathematical Programming – The State of the Art* (A. Bachem, M. Grötschel and B. Korte, eds.), Springer-Verlag, Berlin, 1983, 235–257. (引用頁: 10, 11, 107, 130, 239)

[88] L. Lovász: The membership problem in jump systems, *Journal of Combinatorial Theory (B)*, **70** (1997), 45–66. (引用頁: 107)

[89] L. Lovász and M. Plummer: *Matching Theory*, North-Holland, Amsterdam, 1986. (引用頁: 74)

[90] O. L. Mangasarian: *Nonlinear Programming*, SIAM, Philadelphia, 1994. (引用頁: 73)

[91] L. McKenzie: General equilibrium, *The New Palgrave: General Equilibrium* (J. Eatwell, M. Milgate, P. Newman, eds.), Macmillan, London, 1989, Chapter 1. (引用頁: 263)

[92] P. Milgrom and C. Shannon: Monotone comparative statics, *Econometrica*, **62** (1994), 157–180. (引用頁: 279)

[93] B. L. Miller: On minimizing nonseparable functions defined on the integers with an inventory application, *SIAM Journal on Applied Mathematics*, **21** (1971), 166–185. (引用頁: 12)

[94] 森口聡子, 室田一雄, 塩浦昭義: スケーリング技法を用いたM凸関数の最小化アルゴリズム, 情報処理学会 研究報告, **2001-AL-76** (2001), 27–34. (引用頁: 143, 255)

[95] K. Murota: Valuated matroid intersection, I: optimality criteria, *SIAM Journal on Discrete Mathematics*, **9** (1996), 545–561. (引用頁: 10, 11, 226)

[96] K. Murota: Valuated matroid intersection, II: algorithms, *SIAM Journal on Discrete Mathematics*, **9** (1996), 562–576. (引用頁: 244, 256)

[97] K. Murota: Fenchel-type duality for matroid valuations, *Mathematical Programming*, **82** (1998), 357–375. (引用頁: 10, 11)

[98] K. Murota: Submodular flow problem with a nonseparable cost function, *Combinatorica*, **19** (1999), 87–109. (引用頁: 74, 198, 226, 255)

[99] K. Murota: Convexity and Steinitz's exchange property, *Advances in Mathematics*, **124** (1996), 272–311. (引用頁: 11, 142, 198, 226)

[100] K. Murota: Discrete convex analysis, *Mathematical Programming*, **83** (1998), 313–371. (引用頁: 11, 74, 107, 142, 169, 191, 198)

[101] 室田一雄: 離散凸解析,「離散構造とアルゴリズム V」(藤重悟 編), 近代科学社, 51–100, 1998. (引用頁: 74, 107, 142, 198)

[102] K. Murota: Discrete convex analysis — Exposition on conjugacy and duality, *Graph Theory and Combinatorial Biology* (L. Lovász, A. Gyarfas, G. O. H. Katona, A. Recski, and L. Szekely, eds.), The Janos Bolyai Mathematical Society, Budapest, 1999, 253–278. (引用頁: 169)

[103] K. Murota: Algorithms in discrete convex analysis, *IEICE Transactions on Systems and Information*, **E83-D** (2000), 344–352. (引用頁: 226, 256)

[104] K. Murota: *Matrices and Matroids for Systems Analysis*, Springer-Verlag, Berlin, 2000. (引用頁: 74, 143, 191, 217)

[105] 室田一雄: 経済均衡論における離散凸性, 日本オペレーションズ・リサーチ学会「最適化とアルゴリズム (SOA)」研究部会, 上智大学, 2000 年 2 月 19 日. (引用頁: 279)

[106] K. Murota and A. Shioura: M-convex function on generalized polymatroid, *Mathematics of Operations Research*, **24** (1999), 95–105. (引用頁: 11, 94, 142)

[107] K. Murota and A. Shioura: Extension of M-convexity and L-convexity to polyhedral convex functions, *Advances in Applied Mathematics*, **25** (2000), 352–427. (引用頁: 11, 72, 94, 107, 133, 137, 143, 158, 159, 169, 198, 226)

[108] K. Murota and A. Shioura: Relationship of M-/L-convex functions with discrete convex functions by Miller and by Favati–Tardella, *Discrete Applied Mathematics*, **115** (2001), 151–176. (引用頁: 72, 74, 198)

[109] K. Murota and A. Shioura: Quasi M-convex and L-convex functions: Quasi-convexity in discrete optimization, *Discrete Applied Mathematics*, **131** (2003), 467–494. (引用頁: 143, 169, 255)

[110] K. Murota and A. Shioura: Quadratic M-convex and L-convex functions, *Advances in Applied Mathematics*, **33** (2004), 318–341. (引用頁: 74, 143)

[111] K. Murota and A. Tamura: On circuit valuation of matroids, *Advances in Applied Mathematics*, **26** (2001), 192–225. (引用頁: 74)

[112] K. Murota and A. Tamura: New characterizations of M-convex functions and their applications to economic equilibrium models with indivisibilities, *Discrete Applied Mathematics*, **131** (2003), 495–512. (引用頁: 142, 269, 279)

[113] K. Murota and A. Tamura: Application of M-convex submodular flow problem to mathematical economics, *Japan Journal of Industrial and Applied Mathematics*, **20** (2003), 257–277. (引用頁: 279)

[114] H. Nagamochi and T. Ibaraki: Computing edge-connectivity in multigraphs and capacitated graphs, *SIAM Journal on Discrete Mathematics*, **5** (1992), 54–64. (引用頁: 239)

[115] G. L. Nemhauser, A. H. G. Rinnooy Kan and M. J. Todd, eds.: *Optimization*, Handbooks in Operations Research and Management Science, Vol. 1, Elsevier Science Publishers, Amsterdam, 1989. (伊理正夫，今野浩，刀根薫 監訳: 最適化ハンドブック，朝倉書店，1995.) (引用頁: 73)

[116] G. L. Nemhauser and L. A. Wolsey: *Integer and Combinatorial Optimization*, John Wiley and Sons, New York, 1988. (引用頁: 73)

[117] 二階堂副包: 現代経済学の数学的方法 — 位相数学による分析入門，岩波書店，1960. (引用頁: 263)

[118] 二階堂副包: 経済のための線型数学，培風館，1961. (引用頁: 34)

[119] H. Nikaido: *Convex Structures and Economic Theory*, Academic Press, New York, 1968. (引用頁: 263)

[120] J. Nocedal and S. J. Wright: *Numerical Optimization*, Springer-Verlag, New York, 1999. (引用頁: 73)

[121] 奥野正寛，鈴村興太郎: ミクロ経済学 I，II，岩波書店，1985，1988. (引用頁: 258)

[122] J. G. Oxley: *Matroid Theory*, Oxford University Press, Oxford, 1992. (引用頁: 74)

[123] M. Queyranne: Minimizing symmetric submodular functions, *Mathematical Programming*, **82** (1998), 3–12. (引用頁: 238)

[124] M. Quinzii: Core and equilibria with indivisibilities, *International Journal of Game Theory*, **13** (1984), 41–61. (引用頁: 263, 271)

[125] A. Recski: *Matroid Theory and Its Applications in Electric Network Theory and in Statics*, Springer-Verlag, Berlin, 1989. (引用頁: 74)

[126] R. T. Rockafellar: *Convex Analysis*, Princeton University Press, Princeton, 1970. (引用頁: 17, 24, 25, 74)

[127] R. T. Rockafellar: *Conjugate Duality and Optimization*, SIAM Regional Conference Series in Applied Mathematics, **16**, SIAM, Philadelphia, 1974. (引用頁: 17, 74)

[128] R. T. Rockafellar: *Network Flows and Monotropic Optimization*, John Wiley and Sons, New York, 1984. (引用頁: 3, 51, 74, 107, 210, 226)

[129] R. T. Rockafellar and R. J-B. Wets: *Variational Analysis*, Springer-Verlag, Berlin, 1998. (引用頁: 17, 74)

[130] A. E. Roth and M. A. O. Sotomayor: *Two-sided Matching — A study in game-theoretic modeling and analysis*, Cambridge University Press, Cambridge, 1990. (引用頁: 279)

[131] R. Saigal: *Linear Programming: A Modern Integrated Analysis*, Kluwer Academic Publishers, Boston, 1995. (引用頁: 74)

[132] A. Schrijver: *Theory of Linear and Integer Programming*, John Wiley and Sons, New York, 1986. (引用頁: 74, 91)

[133] A. Schrijver: A combinatorial algorithm minimizing submodular functions in strongly polynomial time, *Journal of Combinatorial Theory (B)*, **80** (2000), 346–355. (引用頁: 239)

[134] L. S. Shapley: On network flow functions, *Naval Research Logistics Quarterly*, **8** (1961), 151–158. (引用頁: 225)

[135] L. S. Shapley: Cores of convex games, *International Journal of Game Theory*, **1** (1971), 11–26 (errata, 199). (引用頁: 279)

[136] L. S. Shapley and H. Scarf: On cores and indivisibilities, *Journal of Mathematical Economics*, **1** (1974), 23–37. (引用頁: 263)

[137] A. Shioura: A constructive proof for the induction of M-convex functions through networks, *Discrete Applied Mathematics*, **82** (1998), 271–278. (引用頁: 226)

[138] A. Shioura: Minimization of an M-convex function, *Discrete Applied Mathematics*, **84** (1998), 215–220. (引用頁: 255)

[139] A. Shioura: Level set characterization of M-convex functions, *IEICE Transactions on Fundamentals of Electronics, Communications and Computer Sciences*, **E83-A** (2000), 586–589. (引用頁: 142)

[140] D. D. Šiljak: *Large-Scale Dynamic Systems — Stability and Structure*, North-Holland, New York, 1978. (引用頁: 34)

[141] J. Stoer and C. Witzgall: *Convexity and Optimization in Finite Dimensions I*, Springer-Verlag, Berlin, 1970. (引用頁: 17, 25, 74)

[142] L.-G. Svensson: Competitive equilibria with indivisible goods, *Journal of Economics*, **44** (1984), 373–386. (引用頁: 263)

[143] 武隈愼一: ミクロ経済学 (増補版), 新世社, 1989 (増補版 1999). (引用頁: 258)

[144] 冨澤信明: 超空間論 (XVI) — ヘドロンの構造について, 電子通信学会, 回路とシステム研究部会, CAS82-174, 1983. (引用頁: 107)

[145] D. M. Topkis: *Supermodularity and Complementarity*, Princeton University Press, Princeton, NJ, 1998. (引用頁: 74, 279)

[146] G. van der Laan, D. Talman and Z. Yang: Existence of an equilibrium in a competitive economy with indivisibilities and money, *Journal of Mathematical Economics*, **28** (1997), 101–109. (引用頁: 263)

[147] R. S. Varga: *Matrix Iterative Analysis*, Prentice-Hall, Englewood Cliffs, New Jersey, 1962. (渋谷政昭 訳: 計算機による大型行列の反復解法, サイエンス社, 1972.) 2nd ed., Springer-Verlag, Berlin, 2000. (引用頁: 34)

[148] J. Wako: A note on the strong core of a market with indivisible goods, *Journal of Mathematical Economics*, **13** (1984), 189–194. (引用頁: 263)

[149] D. J. A. Welsh: *Matroid Theory*, Academic Press, London, 1976. (引用頁: 74)

[150] N. White, ed.: *Theory of Matroids*, Cambridge University Press, London, 1986. (引用頁: 74)

[151] H. Whitney: On the abstract properties of linear dependence, *American Journal of Mathematics*, **57** (1935), 509–533. (引用頁: 11)

[152] Z. Yang: Equilibrium in an exchange economy with multiple indivisible commodities and money, *Journal of Mathematical Economics*, **33** (2000), 353–365. (引用頁: 263)

第 2 刷に際する追加文献

[153] S. Fujishige and A. Tamura: A general two-sided matching market with discrete concave utility functions, *Discrete Applied Mathematics*, **154** (2006), 950–970. (引用頁: 279)

[154] H. Hirai and K. Murota: M-convex functions and tree metrics, *Japan Journal of Industrial and Applied Mathematics*, **21** (2004), 391–403. (引用頁: 143)

[155] S. Moriguchi, K. Murota and A. Shioura: Scaling algorithms for M-convex function minimization, *IEICE Transactions on Fundamentals of Electronics, Communications and Computer Sciences*, **E85-A** (2002), 922–929. (引用頁: 255)

[156] K. Murota: *Discrete Convex Analysis*, Society for Industrial and Applied Mathematics, Philadelphia, 2003. (引用頁: 12)

[157] K. Murota: On steepest descent algorithms for discrete convex functions, *SIAM Journal on Optimization*, **14** (2003), 699–707. (引用頁: 255)

[158] K. Murota and A. Shioura: Conjugacy relationship between M-convex and L-convex functions in continuous variables, *Mathematical Programming*, **101** (2004), 415–433. (引用頁: 198)

[159] K. Murota and A. Shioura: Substitutes and complements in network flows viewed as discrete convexity, *Discrete Optimization*, **2** (2005), 256–268. (引用頁: 225)

[160] A. Shioura: Fast scaling algorithms for M-convex function minimization with application to the resource allocation problem, *Discrete Applied Mathematics*, **134** (2004), 303–316. (引用頁: 255)

[161] A. Tamura: On convolution of L-convex functions, *Optimization Methods and Software*, **18** (2003), 231–245. (引用頁: 195, 198)

[162] A. Tamura: Coordinatewise domain scaling algorithm for M-convex function minimization, *Integer Programming and Combinatorial Optimization* (W. J. Cook and A. S. Schulz, eds.), Lecture Notes in Computer Science, **2337**, Springer-Verlag, 2002, 21–35. *Mathematical Programming*, **102** (2005), 339–354. (引用頁: 255)

第 3 刷に際する追加文献

[163] 室田一雄: 離散凸解析の考えかた，共立出版，2007. (引用頁: 12)

[164] 田村明久: 離散凸解析とゲーム理論，朝倉書店，2009. (引用頁: 12, 279)

第 4 刷に際する追加文献

[165] 室田一雄，塩浦昭義: 離散凸解析と最適化アルゴリズム，朝倉書店，2013. (引用頁: 12, 256)

[166] K. Murota and A. Shioura: Exact bounds for steepest descent algorithms of L-convex function minimization, *Operations Research Letters*, **42** (2014), 361–366. (引用頁: 255)

記号表

記号	参照
$\mathbf{0}$: $=(0,0,\cdots,0)$	
$\mathbf{1}$: $=(1,1,\cdots,1)$	
$[\cdot,\cdot]$: (実数, 整数) 区間	(2.8), (2.128)
$[\cdot,\cdot]_{\mathbf{R}}$: 実数区間	(2.8)
$[\cdot,\cdot]_{\mathbf{Z}}$: 整数区間	(2.128)
$\langle\cdot,\cdot\rangle$: 内積 (pairing)	(2.22)
$+$: 和，Minkowski 和	(3.3), (3.4)
$\Box$: $\mathbf{R}^n$ 上の合成積	(2.41)
$\Box_{\mathbf{Z}}$: $\mathbf{Z}^n$ 上の合成積	(4.33)
$\vee$: 成分ごとの最大値	(2.100)
$\vee$: 束における「結び」	補足 8.6
$\wedge$: 成分ごとの最小値	(2.100)
$\wedge$: 束における「交わり」	補足 8.6
$\|\cdot\|_1$: ベクトルの L_1 ノルム	(2.111)
$\|\cdot\|_\infty$: ベクトルの L_∞ ノルム	(2.111)
$\overline{\cdot}$: 集合の凸包，関数の凸閉包	(3.1), (2.112)
$\lceil\cdot\rceil$: 整数への切上げ	第 3 章 3 節
$\lfloor\cdot\rfloor$: 整数への切捨て	第 3 章 3 節
$\partial_{\mathbf{R}} f(x)$: (凸) 関数 f の点 x における劣微分	(2.24), (4.75)
$\partial_{\mathbf{Z}} f(x)$: (凸) 関数 f の点 x における整数劣微分	(4.77)
$\partial'_{\mathbf{R}} h(x)$: (凹) 関数 h の点 x における劣微分	(6.12)
$\partial'_{\mathbf{Z}} h(x)$: (凹) 関数 h の点 x における整数劣微分	(6.12)
$\partial^+ a$: 枝 a の始点	第 2 章 3 節
$\partial^- a$: 枝 a の終点	第 2 章 3 節
∂a : 枝 a に接続する頂点の集合	第 2 章 3 節
$\partial\xi$: 流れ (フロー) ξ の境界	(2.64)
$\partial\Xi$: 実行可能流の境界の全体	第 7 章 2 節
$\partial\Xi^*$: 最適流の境界の全体	第 7 章 3 節
ξ : 流れ (フロー)	第 2 章 3 節, 第 7 章 1 節

ξ：電流ベクトル　第 2 章 3 節
η：テンション　第 2 章 3 節, 第 7 章 1 節
η：電圧ベクトル　第 2 章 3 節
$\delta^+ v$：頂点 v から出る枝の集合　第 2 章 3 節
$\delta^- v$：頂点 v に入る枝の集合　第 2 章 3 節
δv：頂点 v に接続する枝の集合　第 2 章 3 節
δp：ポテンシャル p の双対境界　(2.65), (7.38)
δ_S：集合 S の標示関数　(2.17), (3.2)
$\delta_S{}^\bullet$：集合 S の支持関数　(2.32)
Δ：ラプラシアン　第 2 章 2.1 項
$\Delta f(z; v, u)$：関数 f の $\chi_v - \chi_u$ 方向の差分　(4.2)
$\Delta^+ X$：X から出る枝の集合　(7.24)
$\Delta^- X$：X に入る枝の集合　(7.25)
γ：距離関数　第 3 章 3 節
$\hat{\gamma}$：距離関数 γ の拡張　(4.72)
γ：費用関数 (ネットワークフローの)　第 7 章 1 節
γ_p：修正された費用関数 (ネットワークフローの)　(7.51)
Γ_a：特性曲線（枝 a の）　(2.68)
κ：カット関数　(7.26)
Λ：凸結合係数の全体　(2.119)
μ：優モジュラ集合関数　第 3 章 2 節
Π^*：最適ポテンシャルの全体　第 7 章 3 節
ρ：劣モジュラ集合関数　(3.13)
ρ：マトロイドの階数関数　第 2 章 4 節
$\hat{\rho}$：集合関数 ρ の Lovász 拡張　(3.10)
χ_i：第 i 単位ベクトル　第 2 章 2.2 項
χ_X：集合 X の特性ベクトル　(2.99)
ω：付値マトロイド　第 2 章 4.2 項

$\mathrm{aff}\, S$：集合 S のアフィン包　第 2 章 1 節
$\arg\min f$：関数 f の最小値集合　(2.21)
$A[J]$：行列 A の列番号集合 J に対応する部分行列　第 2 章 4 節

B：M 凸集合，M 凸多面体　第 3 章 2 節
(B)：マトロイドの基の同時交換公理　第 2 章 4 節
$\mathcal{B}$：マトロイドの基族　第 2 章 4 節
$\mathbf{B}(\rho)$：劣モジュラ関数 ρ の定める基多面体　(3.17)
(B-EXC[$\mathbf{R}$])：M 凸多面体の交換公理（同時交換公理）　補足 3.24
(B-EXC$_+$[$\mathbf{R}$])：M 凸多面体の交換公理（片側交換公理）　補足 3.24

h：凹関数，M 凹関数　第 2 章 1.2 項, 第 6 章 2 節
h°：関数 h の (凹) 共役関数　(2.28), (6.5)
H：消費者の集合　第 9 章 1 節

inf：下限 (infimum)

k：L 凹関数　第 6 章 2 節
K：不可分財の集合　第 9 章 1 節

L：生産者の集合　第 9 章 1 節
$\mathcal{L}_0[\mathbf{Z}]$：L 凸集合の全体　第 3 章 3 節
$\mathcal{L}_0[\mathbf{R}]$：L 凸多面体の全体　補足 3.36
$\mathcal{L}_0[\mathbf{Z}|\mathbf{R}]$：整数多面体である L 凸多面体の全体　補足 3.36
$\mathcal{L}_0^{\natural}[\mathbf{Z}]$：L$^{\natural}$ 凸集合の全体　補足 3.35
$\mathcal{L}_0^{\natural}[\mathbf{R}]$：L$^{\natural}$ 凸多面体の全体　補足 3.36
$\mathcal{L}_0^{\natural}[\mathbf{Z}|\mathbf{R}]$：整数多面体である L$^{\natural}$ 凸多面体の全体　補足 3.36
$\mathcal{L}[\mathbf{Z} \to \mathbf{R}]$：L 凸関数の全体　第 5 章 1 節
$\mathcal{L}[\mathbf{Z} \to \mathbf{Z}]$：整数値 L 凸関数の全体　第 5 章 1 節
$\mathcal{L}^{\natural}[\mathbf{Z} \to \mathbf{R}]$：L$^{\natural}$ 凸関数の全体　第 5 章 1 節
$\mathcal{L}^{\natural}[\mathbf{Z} \to \mathbf{Z}]$：整数値 L$^{\natural}$ 凸関数の全体　第 5 章 1 節
$\mathcal{L}[\mathbf{R} \to \mathbf{R}]$：多面体的 L 凸関数の全体　第 5 章 6 節
$\mathcal{L}^{\natural}[\mathbf{R} \to \mathbf{R}]$：多面体的 L$^{\natural}$ 凸関数の全体　第 5 章 6 節
$\mathcal{L}[\mathbf{Z}|\mathbf{R} \to \mathbf{R}]$：整多面体的 L 凸関数の全体　第 5 章 6 節
$\mathcal{L}^{\natural}[\mathbf{Z}|\mathbf{R} \to \mathbf{R}]$：整多面体的 L$^{\natural}$ 凸関数の全体　第 5 章 6 節
${}_0\mathcal{L}[\mathbf{R} \to \mathbf{R}]$：正斉次性をもつ多面体的 L 凸関数の全体　第 5 章 7 節
${}_0\mathcal{L}[\mathbf{Z}|\mathbf{R} \to \mathbf{R}]$：正斉次性をもつ整多面体的 L 凸関数の全体　第 5 章 7 節
${}_0\mathcal{L}[\mathbf{Z} \to \mathbf{R}]$：正斉次性をもつ L 凸関数の全体　第 5 章 7 節
${}_0\mathcal{L}[\mathbf{Z} \to \mathbf{Z}]$：正斉次性をもつ整数値 L 凸関数の全体　第 5 章 7 節
$\mathcal{L}_2[\mathbf{Z} \to \mathbf{R}]$：L$_2$ 凸関数の全体　第 6 章 3 節
$\mathcal{L}_2[\mathbf{Z} \to \mathbf{Z}]$：整数 L$_2$ 凸関数の全体　第 6 章 3 節
$\mathcal{L}_2^{\natural}[\mathbf{Z} \to \mathbf{R}]$：L$_2^{\natural}$ 凸関数の全体　第 6 章 3 節
$\mathcal{L}_2^{\natural}[\mathbf{Z} \to \mathbf{Z}]$：整数 L$_2^{\natural}$ 凸関数の全体　第 6 章 3 節
(L$^{\natural}$-APR[$\mathbf{Z}$])：L$^{\natural}$ 凸関数の性質　第 5 章 4 節

max：最大値
min：最小値
$\mathcal{M}_0[\mathbf{Z}]$：M 凸集合の全体　第 3 章 2 節
$\mathcal{M}_0[\mathbf{R}]$：M 凸多面体の全体　補足 3.24
$\mathcal{M}_0[\mathbf{Z}|\mathbf{R}]$：整数多面体である M 凸多面体の全体　補足 3.24
$\mathcal{M}_0^{\natural}[\mathbf{Z}]$：M$^{\natural}$ 凸集合の全体　補足 3.23

$\mathcal{M}_0^\natural[\mathbf{R}]$：M$^\natural$ 凸多面体の全体　補足 3.24
$\mathcal{M}_0^\natural[\mathbf{Z}|\mathbf{R}]$：整数多面体である M$^\natural$ 凸多面体の全体　補足 3.24
$\mathcal{M}[\mathbf{Z} \to \mathbf{R}]$：M 凸関数の全体　第 4 章 1 節
$\mathcal{M}[\mathbf{Z} \to \mathbf{Z}]$：整数値 M 凸関数の全体　第 4 章 1 節
$\mathcal{M}^\natural[\mathbf{Z} \to \mathbf{R}]$：M$^\natural$ 凸関数の全体　第 4 章 1 節
$\mathcal{M}^\natural[\mathbf{Z} \to \mathbf{Z}]$：整数値 M$^\natural$ 凸関数の全体　第 4 章 1 節
$\mathcal{M}[\mathbf{R} \to \mathbf{R}]$：多面体的 M 凸関数の全体　第 4 章 7 節
$\mathcal{M}^\natural[\mathbf{R} \to \mathbf{R}]$：多面体的 M$^\natural$ 凸関数の全体　第 4 章 7 節
$\mathcal{M}[\mathbf{Z}|\mathbf{R} \to \mathbf{R}]$：整多面体的 M 凸関数の全体　第 4 章 7 節
$\mathcal{M}^\natural[\mathbf{Z}|\mathbf{R} \to \mathbf{R}]$：整多面体的 M$^\natural$ 凸関数の全体　第 4 章 7 節
${}_0\mathcal{M}[\mathbf{R} \to \mathbf{R}]$：正斉次性をもつ多面体的 M 凸関数の全体　第 4 章 8 節
${}_0\mathcal{M}[\mathbf{Z}|\mathbf{R} \to \mathbf{R}]$：正斉次性をもつ整多面体的 M 凸関数の全体　第 4 章 8 節
${}_0\mathcal{M}[\mathbf{Z} \to \mathbf{R}]$：正斉次性をもつ M 凸関数の全体　第 4 章 8 節
${}_0\mathcal{M}[\mathbf{Z} \to \mathbf{Z}]$：正斉次性をもつ整数値 M 凸関数の全体　第 4 章 8 節
$\mathcal{M}_2[\mathbf{Z} \to \mathbf{R}]$：M$_2$ 凸関数の全体　第 6 章 3 節
$\mathcal{M}_2[\mathbf{Z} \to \mathbf{Z}]$：整数 M$_2$ 凸関数の全体　第 6 章 3 節
$\mathcal{M}_2^\natural[\mathbf{Z} \to \mathbf{R}]$：M$_2^\natural$ 凸関数の全体　第 6 章 3 節
$\mathcal{M}_2^\natural[\mathbf{Z} \to \mathbf{Z}]$：整数 M$_2^\natural$ 凸関数の全体　第 6 章 3 節
(M-EXC[$\mathbf{Z}$])：M 凸関数の交換公理　第 2 章 5 節, 第 4 章 1 節
(M-EXC$_{\rm loc}$[$\mathbf{Z}$])：M 凸関数の局所交換公理　第 4 章 2 節
(M-EXC$_{\rm w}$[$\mathbf{Z}$])：M 凸関数の弱い交換公理　第 4 章 2 節
(M-EXC[$\mathbf{R}$])：M 凸関数の交換公理　第 2 章 5 節, 第 4 章 7 節
(M$^\natural$-EXC[$\mathbf{Z}$])：M$^\natural$ 凸関数の交換公理　第 4 章 1 節
(M$^\natural$-EXC[$\mathbf{R}$])：M$^\natural$ 凸関数の交換公理　第 2 章 2.2 項, 第 4 章 7 節
(M$^\natural$-EXC$^+$[$\mathbf{R}$])：M$^\natural$ 凸関数の交換公理の変種　第 2 章 2.2 項
(M$^\natural$-EXC$_{\rm d}$[$\mathbf{R}$])：M$^\natural$ 凸関数の交換公理の近似　第 2 章 2.2 項
(M$^\natural$-EXC$_{\rm d}^+$[$\mathbf{R}$])：M$^\natural$ 凸関数の交換公理の近似　第 2 章 2.2 項
(M-GS[$\mathbf{Z}$])：M 凸関数の性質　第 4 章 4 節
(M$^\natural$-GS[$\mathbf{Z}$])：M$^\natural$ 凸関数の性質　第 4 章 4 節
(M-SI[$\mathbf{Z}$])：M 凸関数の降下方向の性質　第 4 章 4 節
(M$^\natural$-SI[$\mathbf{Z}$])：M$^\natural$ 凸関数の降下方向の性質　第 4 章 4 節
($-$M$^\natural$-EXC[$\mathbf{Z}$])：M$^\natural$ 凹関数の交換公理　第 9 章 3 節
($-$M$^\natural$-GS[$\mathbf{Z}$])：M$^\natural$ 凹関数の性質 (粗代替性)　第 9 章 3 節
($-$M$^\natural$-SI[$\mathbf{Z}$])：M$^\natural$ 凹関数の上昇方向の性質　第 9 章 3 節

N(x)：点 x の整数近傍　(2.114)

p：L 凸関数の変数　第 2 章 5 節
p：ポテンシャル　第 2 章 3 節, 第 7 章 3 節

$p \vee q$: p と q の成分ごとの最大値からなるベクトル (2.100)
$p \wedge q$: p と q の成分ごとの最小値からなるベクトル (2.100)
$\mathbf{P}(\rho)$: 劣モジュラ関数 ρ の定める劣モジュラ多面体 (3.27)
$\mathbf{P}(\gamma, \hat{\gamma}, \check{\gamma})$: $(\gamma, \hat{\gamma}, \check{\gamma})$ の定める L$^\natural$ 凸多面体 (3.52)

$\mathbf{Q}(\rho, \mu)$: (ρ, μ) の定める M$^\natural$ 凸多面体 (3.31)

$\mathbf{R}$: 実数の全体
$\mathbf{R}_+$: 非負の実数の全体
$\mathrm{ri}\, S$: 集合 S の相対的内部 第 2 章 1 節

sup : 上限 (supremum)
supp : 台 (2.97)
supp^+ : 正の台 (2.98)
supp^- : 負の台 (2.98)
$\overline{S}$: 集合 S の凸包 (3.1)
S_l : 生産者 l の供給関数 第 9 章 1 節
(SI) : 単改良性 第 9 章 3 節
$\mathcal{S}[\mathbf{R}]$: 実数値劣モジュラ集合関数の全体 (3.14)
$\mathcal{S}[\mathbf{Z}]$: 整数値劣モジュラ集合関数の全体 (3.15)

$\mathcal{T}[\mathbf{R}]$: 三角不等式を満たす実数値距離関数の全体 第 3 章 3 節
$\mathcal{T}[\mathbf{Z}]$: 三角不等式を満たす整数値距離関数の全体 第 3 章 3 節

U_h : 消費者 h の効用関数 第 9 章 1 節

(VM) : 付値マトロイドの公理 第 2 章 4.2 項

x : M 凸関数の変数 第 2 章 5 節

$\mathbf{Z}$: 整数の全体
$\mathbf{Z}_+$: 非負の整数の全体

	関数	集合	正斉次関数	組合せ的関数
M 凸	$f \in \mathcal{M}$	$B = \mathbf{B}(\rho) \in \mathcal{M}_0$	$\hat{\gamma} \in {}_0\mathcal{M}$	$\gamma \in \mathcal{T}$ (距離関数)
L 凸	$g \in \mathcal{L}$	$D = \mathbf{D}(\gamma) \in \mathcal{L}_0$	$\hat{\rho} \in {}_0\mathcal{L}$	$\rho \in \mathcal{S}$ (劣モジュラ関数)

索　引

【コ】

【サ】

【シ】

【ス】

【セ】

【ソ】

【タ】

【チ，テ】

【ト】

【ニ，ネ】

【ハ，ヒ】

【フ】

【ヘ】

【ホ】

【マ】

【ミ，ム，モ】

【ユ，ヨ】

【リ】

【ル】

【レ】

【ロ】

Memorandum

Memorandum

著者紹介

室田一雄（むろた かずお）

1980年　東京大学大学院計数工学専攻修士課程修了

現　在　東京大学大学院情報理工学系研究科 教授

　　　　工学博士，理学博士

著　書　「Discrete Convex Analysis」（SIAM，2003），

　　　　「Matrices and Matroids for Systems Analysis」（Springer，2000），

　　　　「数値計算法の数理」（岩波，1994，共著）など．

共立叢書 現代数学の潮流

離散凸解析

2001年9月15日　初版1刷発行

2015年9月20日　初版4刷発行

著　者　室田一雄

発行者　南條光章

発行所　**共立出版株式会社**

東京都文京区小日向 4-6-19

電話　東京(03)3947-2511番（代表）

郵便番号 112-0006

振替口座 00110-2-57035番

URL http://www.kyoritsu-pub.co.jp/

印　刷　加藤文明社

製　本　ブロケード

検印廃止

NDC 417

ISBN 978-4-320-01690-3